张方秋　李小川　潘　文　周　平◎主　编
王振师　魏　丹　徐　斌　朱报著◎副主编

广东生态景观树种栽培技术

Cultivation Techniques of Ecological Landscape Trees in Guangdong Province

中国林业出版社

图书在版编目（CIP）数据

广东生态景观树种栽培技术 / 张方秋等　主编．-- 北京：
中国林业出版社，2012.6
ISBN 978-7-5038-6594-7

Ⅰ．①广…　Ⅱ．①张…　Ⅲ．①风景林－树种－栽培技
术－广东省　Ⅳ．① S727.5

中国版本图书馆 CIP 数据核字（2012）第 090643 号

责任编辑：于界芬
装帧设计：曹　来

出　版：中国林业出版社
　　　　（100009　北京西城区德内大街刘海胡同 7 号）
网　址：lycb.forestry.gov.cn
电　话：(010) 83224477
发　行：新华书店北京发行所
印　刷：北京中科印刷有限公司
版　次：2012 年 6 月第 1 版
印　次：2012 年 6 月第 1 次
开　本：787mm × 1092mm　1/16
印　张：26.5
字　数：611 千字
定　价：199.00 元

编委会

主　任

张育文

副主任

谭天泳　廖庆祥

主　编

张方秋　李小川　潘　文　周　平

副主编

王振师　魏　丹　徐　斌　朱报著

主　审

邢福武

编　委（按姓氏笔画排序）

丘佐旺　何波祥　余玉娟　宋　磊　张应中　李永泉
李伟雄　李祥云　杨　洋　林　新　赵丹阳　唐洪辉
梁德明　温小莹　蔡　坚　谭碧玥　瞿　超

摄　影（按姓氏笔画排序）

区璟晖　王　井　王军峰　王西武　王振师　朱报著
许秀玉　严福祥　何波祥　宋　磊　张方秋　张福龙
李伟雄　李芳华　李镇魁　杨　文　陆　璃　陆耀东
陈　旭　陈定如　周　平　林　雯　林遥轩　罗开文
赵鸿杰　唐嘉锴　徐　斌　郭文福　黄培森　彭　资
雷　珍　廖宝文　黎　明　魏　丹　魏洪聪

序 PREFACE

加快林业生态建设是广东省绿色低碳发展的战略选择，是构建区域生态安全体系的必然要求，是人民群众共建共享幸福广东的重要基石。

广东省委、省政府高度重视生态建设和现代林业建设，高瞻远瞩、审时度势，做出在全省统一规划建设生态景观林带的重大决策。汪洋书记在省委十届十一次全会上指出，建设生态景观林带是贯彻落实胡锦涛总书记视察广东重要讲话精神的实际举措，是建设生态文明的基础工程，是建设幸福广东的重要内容，是继“十年绿化广东”之后南粤大地掀起的新一轮“十年绿化广东”。

按省委、省政府的部署，全省统一规划建设23条共10000km、805万亩*的生态景观林带。力争3年初见成效，6年基本建成，9年完成各项目标任务。当前全省上下正积极响应省委、省政府的号召，掀起了建设生态景观林带的热潮。

有效实施这项重大的生态建设工程，必须紧紧依靠科技进步和创新，充分发挥科技在生态景观林带建设中的支撑作用，特别是要大力推广优良乡土阔叶树种、珍贵树种、木本花卉，采用先进实用栽培技术和造林模式，科学合理搭配造林树种，提高生态工程建设的科技含量，提高生态效能及景观效果。为此，广东省林学会、广东省林业科学研究院组织编写了《广东生态景观树种栽培技术》一书。该书重点介绍了121个主要生态景观树种的形态特

1亩=0.0667hm^2

征、生态特性、景观特色和栽培技术，并将科学性、指导性、实用性融于一体，图文并茂，通俗易懂。该书的出版将为各级林业行政主管部门、基层生产单位以及相关科技工作者、企业和农民群众提供有益的技术帮助。在此，谨对参与撰稿的有关林业专家和科技人员表示衷心感谢！

当前，科学发展广东现代林业已经迈上了新的历史起点，在南粤大地上正在启动实施新一轮绿化广东，着力建设全国一流、世界先进的现代大林业。让我们振奋精神，加倍努力，发扬当年“五年消灭荒山、十年绿化广东”的奋斗精神，用改革的思路、创新的方法、创业的劲头，努力推动广东生态立省建设，为建设生态良好、环境优美的幸福广东做出新的更大的贡献！

广东省林业厅厅长、广东省林学会理事长

2012年4月18日

前言 FOREWORDS

随着社会经济的高速发展，保护和建设好生态环境已成为城乡统筹发展的重要需求。生态景观林依托景观生态学理论，选择适宜各种立地条件、满足生态服务功能需求的树种，营建景观美学效果与生态服务功能兼备的森林景观，成为森林生态建设的重要主题。

构建优美生态环境，是推进生态文明建设的必然选择。2011 年 8 月，胡锦涛总书记视察广东时强调，要“加强重点生态工程建设，构筑以珠江水系、沿海重要绿化带和北部连绵山体为主要框架的区域生态安全体系，真正走向生产发展、生活富裕、生态良好的文明发展道路”。2011 年 8 月 26 日，广东省人民政府提出了《关于建设生态景观林带构建区域生态安全体系的意见》(粤府〔2011〕101 号文)。为贯彻落实广东省政府建设生态景观林带构建区域生态安全体系的精神，广东省林业厅组织技术力量对全省的生态景观林带进行了总体规划和设计。

在 2020 年前广东省将建设 23 条生态景观林带，共 10000 km、805 万亩。生态景观林带的建设主要在交通主干线两侧、江河两岸和沿海海岸一定范围内，构建多层次、多树种、多色彩、多功能、多效益的森林绿化带，要求达到“结构优、健康好、景观美、功能强、效益高”五个标准。生态景观林带建设将在广东生态立省、改善生态环境、建设宜居城乡等方面发挥重要功能。

营建生态景观林的重要物质基础是生态服务功能高和景观美学效果好的生态景观树种。本书在比较研究生态景观林带及其树种组成的理论与技术体系基础上，重点阐述了生态景观树种的概念、类型及生态价值和景观价值；分析了国外引种的景观树种、国内景观树种、广东地带性景观树种和主题景观树种等资源；系统介绍了生态景观树种在国内外的应用实践以及在广东的应用前景。在本书编写过程中，广东省林学会和广东省林业科学研究院组织有关专家和学者选择了适合广东省营建生态景观林带的121个树种，对其形态特征、近缘种或品种、生态习性、观赏与造景、栽培技术等进行了详细介绍，并配有树形、枝叶、花形、果实、种子、景观效果等图片，为广东生态景观林带建设提供重要参考。

本书可供林业、园林、苗木种植单位和技术人员参考。因时间仓促、水平所限，书中难免有疏漏或不足之处，敬请指正。

编者

2012年4月

目录 CONTENTS

广东生态景观树种栽培技术

目录 CONTENTS

广东生态景观树种栽培技术

第一章
生态景观树种概述

Shengtai jingguan shuzhong gaichu

Diyizhang

第一节　生态景观树种概念

生态景观树种是人们对生态景观林的研究、认识和建设实践而产生的。国内外对生态景观及生态景观林有诸多研究，提出了一些概念或定义，对指导生态景观林的建设起到了积极的促进作用。

一、生态景观的概念

根据全国科学技术名词审定委员会公布的科技名词定义：生态景观（ecoscape），是指由地理景观（地形、地貌、水文、气候）、生物景观（植被、动物、微生物、土壤和各类生态系统的组合）、经济景观（能源、交通、基础设施、土地利用、产业过程）和人文景观（人口、体制、文化、历史等）组成的多维复合生态体。它不仅包括有形的地理和生物景观，还包括了无形的个体与整体、内部与外部、过去和未来以及主观与客观间的耦合关系。该定义源于生态景观学理论，生态景观学（landscape ecology）是指研究在一个相当大的区域内，由许多不同生态系统所组成的整体（即景观）的空间结构、相互作用、协调功能及动态变化的一门生态学新分支。因此，生态景观强调的是生态系统所组成的景观。

二、风景林的概念

孟平等（1995）认为，风景林是风景名胜区的森林植被景观，由不同类型的森林植物群落组成，在森林的经济分类中属于特种用途林之一，风景林以发挥森林游憩、欣赏和疗养为主要经营目的。赵世伟等（2001）把风景林的范围从风景名胜扩展至自然风景区、国家公园、自然保护区、森林公园等，认为风景林是以发挥森林欣赏、游憩和疗养为主要经营目的的森林。上述关于风景林的概念，把风景林的主要功能定位在欣赏、游憩和疗养上。王小德（2000）认为，风景林是具有较高观赏价值的植物群落，风景林是风景旅游区、森林公园、自然保护区自然景观的重要组成部分。陈鑫峰等（2000）认为，风景林指具有较高美学价值并满足人们审美需求为目标的森林。欧美学者认为，风景林（aesthetic forest）指以观赏植物为主体的人工林，面积较小，但经营强度较高，一般配置在城市或城郊的森林公园内。随着我国风景林建设的理论研究和实践探索，对风景林的认识也不断深入。根据全国科学技术名词审定委员会公布的科技名词定义：风景林（aesthetic forest）是指给人类提供了原创性自然美和生态美感受的树林。以满足人类生态需求，美化环境为主要目的，分布在风景名胜区、森林公园、度假区、狩猎场、城市公园、乡村公园及游览场所内的森林、林木和灌木林。可见，风景林主要的服务功能是欣赏和游憩，主要强调森林的景观效果。

三、生态景观林（ecoscape forest）的概念

社会经济的发展，生态问题日益突出，社会更加渴望生态服务功能高同时又兼具景观效果好的森林，生态与景观的结合便成为森林生态建设发展的主题。生态景观林、景观生态林、景观防护林、生态风景林、风景生态林等名词应运而生。蒋有绪（2000，2001）认为：生态风景林为兼有防护功能的风景林，是符合风景林设计要求的具有专门保护功能的林种，认为城市生态风景林是城市化区域具有较高美学价值与生态服务功能，并为城市居民提供休闲游憩的森林类型，可满足人们了解自然生态、感悟自然美学的心理舒缓与美景鉴赏等需求。王定跃（2009）认为：风景生态林是以生态功能为主，以地带性顶级群落为目标，兼顾一定美学观赏性，考虑欣赏功能的一类森林。王定跃同时明确

了生态景观林的概念，指出生态景观林是以景观效果为主，兼顾生态功能，重点考虑欣赏功能的一类森林。综合上述学者观点，结合广东生态景观林建设的实践，我们认为：生态景观林可以理解为从景观特色出发，按生态学原理和美学原理，选择配置适应立地条件、满足生态服务功能需求的森林植物，营建景观美学效果与生态服务功能兼备的森林。

四、生态景观树种的概念

生态景观树种是营建生态景观林、构建生态景观所需要的植物物种。生态景观树种本身具有一定美学观赏性，与其他森林植物配植能形成景观美学效果，同时能适应生态景观建设区域立地条件、满足生态服务功能需求等特点。所以，生态景观树种是兼备生态服务功能和景观美学效果的树种，具有观赏性、建群性、地带性和适应性等特点。

第二节 生态景观林类型

生态景观林是生态公益林的一种特殊类型，是森林公园、生态保护区、生态旅游区、自然风景区、城市森林等的重要组成部分，在改善生态环境、美化景观中发挥着重要的作用。生态景观林利用植物群落产生生态效益和展现景观效果的植物群体，使人工建造的生态景观林具有与自然美相一致的观赏效果。根据生态景观林的功能特征和地域特点，主要分为以下十大类型。

一、城郊生态景观林

1. 功能特征

随着旅游和城市周边休闲功能的增强、城郊交通等基础设施的完善，城市近郊森林已逐渐成为容纳居民休闲游憩和锻炼的重要场所。城郊生态景观林是建设生态文明、发展生态旅游的必然要求，是进一步提升城市品味的迫切需要。

2. 建设思路

从自然地理、资源环境和社会经济发展的客观实际出发，以维护生态安全、优化生态环境、追求森林生态、经济和社会效益的和谐与可持续发展为目标，运用林学、景观生态学、恢复生态学和森林美学等原理建设城郊生态景观林，为市民提供了“朝而往，暮而返，四时之景不同”的休憩场所。

3. 成功案例

合肥环城公园，是在原围绕合肥老城区的旧城墙基础上，修建而成的多功能开放式公园。其生态林景观的营造作为市区内的防护林，它的整体形貌往往构成了城市的主景或背景，形成城市的轮廓线并充分考虑物种的生态位特征。合理选配植物种类，形成结构合理、种群稳定的植物群落结构，根据不同的立地条件选择相应生态位特征的树种。以合肥地区森林植被的植物群落组成和结构的调查研究为基础，遵循适地适树原则，以乡土树种为主、外来树种为辅、兼顾生态功能与景观效果。通过观叶类、观花类、观果类等景观树种的选择与有机搭配，形成壮丽的花海、色叶景观。在生态功能上选择木犀科（Oleaceae）、豆科（Leguminosae）、杉科（Taxodiaceae）、木兰科（Magnoliaceae）和松科（Pinaceae）等优势科属的建群植物代表作为骨干树种，以刺槐（*Robinia pseudoacacia* L.）、女贞（*Ligustrum lucidum* Ait.）、枫杨（*Pterocarya stenoptera* C. DC.）、重阳木 [*Bischofia polycarpa*（Levl.）Airy Shaw]、水杉（*Metasequoia glyptostroboides* Hu et Cheng）、栾树（*Koelreuteria paniculata* Laxm.）、加杨（*Populus* ×*canadensis* Moench）、荷花玉兰（*Magnolia grandiflora* L.）、桂花

[*Osmanthus fragrans*（Thunb.）Lour.]、雪松 [*Cedrus deodara*（Roxburgh）G. Don]、侧柏 [*Platycladus orientalis*（L.）Franco] 等为主，在色彩和层次等景观效果上配以三角枫（*Acer maximowiczii* Pax）、银杏（*Ginkgo biloba* L.）、无患子（*Sapindus mukorossi* Gaertn.）、五角枫（*Acer mono* Maxim.）、合欢（*Albizia julibrissin* Durazz.）、紫薇（*Lagerstroemia indica* L.）、樱花 [*Cerasus yedoensis*（Mats.）Yü et Li]、垂丝海棠（*Malus halliana* Koehne）、泡桐 [*Paulowinia fortune*（Seem.）Hemsl.]、杏树（*Armeniaca vulgaris* Lam.）、鸡爪槭（*Acer palmatum* Thunb.）等，以满足远景观赏、中景观看、近景游览的需要。

二、中心城区生态景观林

1. 功能特征

现代城市在空间、资源与人口上的高度集聚导致了城市生活方式的改变，也引起了生活环境质量的变化。中心城区的绿化是城市建设的重要基础设施，也是维护城市生态环境良性循环的重要保证，在改善城市生态环境，满足居民休闲娱乐的需求，美化环境和防灾避灾等方面具有重要作用。城市中心的生态景观林是建设宜居城市的一个重要内容。

2. 建设思路

建设首先要符合城市的文化基调，每一个建设单元，都要与城市的历史文化、名胜古迹、建筑环境相匹配，把城市名片的意境统一起来，体现出地文、人文特色，如西安的历史古都文化，深圳的特区都市感，成都的悠闲气氛等。对于城市而言，提高土地利用效率，最大限度地增加绿量显得尤为重要。在城市绿化树种选择上，提倡以高大乔木为主，实现乔灌草立体生物量最大化，达到生态功能最强，景观效果最好、群落稳定性最优的目的。

3. 成功案例

广州市瀛洲生态公园位于市东南郊海珠区新滘镇小洲村。公园内林木茂密，环境优美，被誉为广州市的“南肺”。公园总面积 142 hm²，园内种有各类果树 5 万多株，是广州市海珠区果树保护区的核心地带，亦是广州最大的农业生态公园。园内种植多种岭南名果，如石硖龙眼（*Dimocarpus longan* Lour. ‘Shixia’）、红果杨桃（*Averrhoa carambola* L.）、鸡心黄皮 [*Clausena lansium*（Lour.）Skeels] 等。公园内与珠江相连的河涌纵横交错，加之公园开放区的建设巧妙结合当地条件，运用有特色的造园手法，体现乡土风情，取得溪涌野趣、花果飘香的田园风光效果，形成了岭南水乡特色的生态旅游之地。公园建设巧妙结合当地条件，运用有特色的造园手法，体现乡土风情，取得溪涌野趣、花果留香的田园风光效果，使良好的生态环境得以保存。公园有果林观光、树荫品茗、采摘品果、绿洲放养、河涌捕捞、溪畔钓蟛蜞等田园旅游项目，充满自然、宁静、野趣的风味，还有水上活动、康乐活动、球场、烧烤区、仿古游戏等乡村休闲活动。

三、乡村生态景观林

1. 功能特征

乡村景观具有朴素的自然美，与人们日常的生活保持着最为直接和紧密的联系。社会主义新农村建设是我国现代化进程中的重大任务，是建设新农村物质文明和精神文明的民心工程。在保护自然环境和尊重传统地方文化的基础上，进行生态景观林建设，对改善人居环境，促进生产发展，培育森林资源，促进农民增收具有重要意义。

2. 建设思路

尊重乡村风俗习惯和乡土文化，营造自足无忧的田园风光。乡村周边绿化以生态防护林为主，按照近自然的林业要求，恢复稳定的森林生态系统，营造“村在林中”的自然景观；低山丘陵地带可以发展经济林，并拓展多种林下经济；平原区环乡村绿化可栽植速生丰产林，增加农民收入；村街绿化栽植多姿多彩的树种，展现积极向上的村风村貌。

3. 成功案例

壮族是中国少数民族中人口最多的民族，积淀着悠久的历史和璀璨的文化。广西百色市那坡县乡村生态景观林建设重视壮族乡村植物资源，对本地植物进行利用，推进10万亩竹子种植，扩大珍稀树种擎天树（*Parashorea chinensis* Wang Hsie）的培育和种植规模，有序发展优良珍贵乡土树种造林，展示出民族植物资源在民族地区社会经济发展、生态环境和文化保护利用等方面的价值，为乡村植物景观营造提供具有民族风情的素材，为少数民族地区新农村景观建设提供新思路和新方法，也为地域文化的传承与发展提供了良好的借鉴。

四、景区生态景观林

景区是指具有一定规模和质量的环境条件和森林风景资源，适合开展森林旅游的森林地域，主要包括风景名胜区、森林公园、旅游区、自然保护区、大型国有林场等单位所属的生态景观林。

1. 功能特征

景区是一个地区森林资源、生态环境最好的地方，承担着资源保护、维护物种安全和旅游开发的双重功能，一方面要保护区域生物、地质、水文等自然资源不受破坏，承担着林学、生态学、气象学、地质学、珍稀动植物研究和教育功能，另一方面通过开发旅游，满足人类欣赏、亲近和回归大自然的精神需求，并依靠旅游经营为资源保护工作提供经济支持。

2. 建设思路

针对不同的保护重点进行生态景观林建设。如水文资源保护类型包括风景河段、漂流河段、湖泊、瀑布、泉、冰川及其他水文景观等，要优先考虑水土保持和水源涵养功能强的树种；生物资源保护类型包括各种森林、草原、草甸、古树名木、奇花异草等植物景观，要优先考虑的是对原有植物类型的保护和生长培育。景区的生态景观林建设应当是近自然的，所以设计中要充分考虑地域、林分类型、城市文化、游憩群体及地带性差异等，尽量体现树木种类多样、色调多彩、形态多姿、布局多景。

3. 成功案例

梧桐山是深圳的最高峰，自古以来就被誉为“新安八景”之一，风景区占地31.8 km^2，被称为“深圳市肺”，对深圳水库水源的涵养、深圳新鲜氧气的输送，二氧化硫，二氧化氮等气体的吸收，城市小气候的调节，水土保持、美化深圳等都发挥了不可替代的作用，同时也为市民提供登高远足，回归自然提供了重要场所，对宣传环保理念，进行科普教育等方面具有极其重要的作用。

为提高公园的景观效果，在山坡上群植、片植了枫香（*Liquidambar formosana* Hance）、山乌桕 [*Sapium discolor*（Champ.ex Benth.）Muell. -Arg.]、大花紫薇 [*Lagetstroemia speciosa*（L.）Pers.]、黄金香柳（*Melaleuca bracteata* F.Muell.）、红木荷 [*Schima wallichii*（DC.）Choisy] 等彩叶树木，将钟花蒲桃（*Syzygium campanulatum* Korth.）、小叶榄仁（*Terminalia mantaly* H. Perrier.）、紫叶李（*Prunus cerasifera* Ehrh.f.*atropurpurea* Rehd.）、扁桃（*Amygdalus communis* L.）等树木成片栽植在宽阔的草坪上，将落羽杉 [*Taxodium distichum*（L.）Rich.]、水杉、水松 [*Glyptostrobus pensilis*（Staunton）K.Koch]、池杉（*Taxodium ascendens* Brongn.）彩叶植物群植在水体岸边，达到成林的规模，营造出有气势的景观。随着时间的推移，树木发芽、展叶、叶片成熟、落叶的生理变化，形成一系列的色彩变化，而且季相变化明显，极大地丰富了景区的园林景观，提高了深圳山体森林的景观水平，给游人带来一种自然美的享受。

五、道路生态景观林

1. 功能特征

交通干线两侧绿化，主要是沿公路、铁路、路两边及第一重山的绿化。道路的生态景观林带建设，实质上是一种生态恢复工程，主要起到保护、改善和恢复原生生态环境的作用，一是发挥生态作用，保护和恢复道路沿线的自然环境，具体表现为：稳固路基、防止水土流失、净化空气、吸滞粉尘、降低噪声、减少路面排水对自然水体冲刷和污染，保护行车免遭风、雪袭击或减轻其影响程度；二是发挥景观效应，提供优美舒适的交通环境，包括自然环境和社会环境，适宜的生态景观林，使道路景观与周围环境有机地结合在一起，形成一个景观整体。

2. 建设思路

以公路系统为例，绿化范围很广，包括路堑、路堤边坡、中央隔离带、互通立交、防护带、交通岛、停车场、桥涵两端、隧道进出口、路旁空地、公路服务设施等，绿化区域不同，功能需求就不同，所需植物也不同。

由于公路的建设给沿线的地貌及植被造成很大的破坏，利用生态景观学原理，尽量恢复重建沿路特有植被群落和景观，创造出优美的景观。生态景观林宜采取复层配置，通过植物的品种、色彩、高矮、造型与自然形，连续与间断的变化构图创造出美丽的自然景观，表现运动中立体的美感，给司乘人员以新鲜感和情趣，色彩应以绿色调为主，达到调节视觉与缓解精神疲劳的目的，保证行车安全。

3. 成功案例

南友高速公路由南宁至友谊关，路线分布横贯桂西南的崇左市，境内山多地少、地貌复杂多样，以丘陵和台地为主体，开山建路造成大量路堑边坡，严重破坏原有的山林景观。南友高速公路景观绿化建设，围绕创造“生态”环境、协调公路其它标段景观

绿化的目标，坚持环境与人文相结合的理念，突出“精品、样板、生态”的主题，在结合自然、文化、建筑、推行生态景观营造与现代景观绿化理念等指导思想下，运用绿色公路景观长廊，健全、人性的公路服务网以及绿色景观元素相结合的布局手法，造就一个具有浓厚壮乡文化内涵，并有机融入周围环境的生态公路绿色长廊。通过植物合理种植以改善小气候环境，在空地范围种植红花羊蹄甲（*Bauhinia blakeana* Dunn.）、朴树（*Celtis sinensis* Pers.）、小叶榄仁、樟树 [*Cinnamomum camphora*（L.）Presl]、美丽异木棉（*Chorisia speciosa* St.Hil.）、臭椿 [*Ailanthus altissima*（Mill.）Swingle]、构树（*Broussonetia papyrifera* L.）等具有抗污染能力的高大乔木，达到降低周围温度，净化空气生态效果。并通过片植大叶红草（*Altemanthera ficoidea*‘Ruliginosa’）、黄金榕（*Ficus microcarpa* L. f.‘ Golden Leaves’）、杏、黄素梅（*Duranta repens* L.‘Gold Leaves’）、彩叶朱槿（*Hibiscus rosa-sinensis* L.‘Cooper’）、花叶假连翘（*Duranta repens* L.‘Variegata’）等构成色带，营造喜庆的气氛，产生使人轻松愉快的优良景观效果。

六、河岸生态景观林

1. 功能和特征

河岸带是相邻生态系统之间的过渡带，它具有由特定时间、空间以及相邻生态系统间相互作用程度所决定的一系列特征。河岸生态园林景观是生态过渡带中的一部分，它一般位于城市中河流、湖沼、海岸等水体的周围，特点是一侧临水、空间开阔、环境优美。河岸生态园林景观营造是一项系统工程，在考虑生态效益的同时，必须兼顾景观塑造和经济效益。河岸园林景观营造不仅要解决黄土裸露、河流治理问题，而且要成为风景园林景观线，为城市居民提供丰富的休闲游览空间，达到林木扶疏、湖光山色、相映成趣的园林工程艺术设计要求。

2. 建设思路

在城市化过程中，应保留自然河流的绿色与蓝色基底，尽量少地改变原有地形和植被以及历史人文遗迹，同时满足城市人的休闲活动需要，创造一种当代人的景观体验空间。在完全保留原有河流生态廊道的绿色基底上，整合漫步、环境解释系统、乡土植物标本种植、灯光等功能和设施需要，用最少的干预满足都市人对绿色环境的最大需求。

3. 成功案例

江西龙南县的三江河流水系作为开敞的带状空间，是园林景观组织的良好场所。结合河岸线整治，对城区内渥江、濂江和桃江等 3 条河流进行岸线生态景观设计与建设。渥江充分利用立体空间增加植物配置，提高绿化覆盖率。在滨江驳岸上设置花槽种植叶子花（*Bougainvillea spectabilis* Willd.）、黄馨 [*Jasminum floridum* Bunge subsp. *giraldii*（Diels）Miao]、迎春花（*Jasminum nudiflorum* Lindl.）、爬山虎 [*Parthenocissus tricuspidata*（S. et Z.）Planch.] 等藤本植物作为垂直绿化。垂直绿化既可以增加绿量，又可以软化因保护河岸而形成的单调驳岸，营造较为美观的硬质景观。濂江两岸保持原有的绿色生态系统，以点、线、面绿化相互配合，营造绿化景观与水面景色融为一体的、具有特色的绿色开放空间。廉江大桥河岸线的绿化属于原生态，树木生长茂盛，形成了丰富的植物群落，在保持现有状态基础上，设计并建成休闲小径，形成休闲锻炼、夏日纳凉的良好场所。桃江岸线现有大片竹林，建设应针对桃江的自然地理情况因地制宜，在沿江线上建设竹林公园，形成优美的竹林景观，不仅可以美化环境，又起到保护自然和反映人文环境的作用，达到了情景交融、诗情画意的意境，让天然山水和人工公园绿地相得益彰的效果。

七、湿地生态景观林

1. 功能特征

湿地环境是与人们联系最紧密的生态系统之一，对湿地景观进行生态设计，加强对湿地环境的保护和建设，充分利用湿地渗透和蓄水的作用，降解污染，疏导雨水的排放，调节区域性水平衡和小气候，提高环境质量。同时还为人们提供良好的生活环境和接近自然的休憩空间，促进人与自然和谐相处，促进人们了解湿地的生态重要性，在环保和美学教育上都有重要的社会效益。一定规模的湿地环境还能成为常住或迁徙途中鸟类的栖息地，促进生物多样性的保护。

2. 建设思路

湿地植物，是湿地生态系统的基本组成成分，也是景观视觉的重要因素，多种类植物的搭配，不仅在视觉效果上相互衬托，形成丰富而又错落有致的景观效果，对水体污染物处理的功能也能够互相补充，配以必要的人工管理，有利于实现生态系统的完全或半完全的自我循环。利用灌木、草本植物、挺水、浮水和沉水植物，将这些植物进行搭配，在功能上可采用发达茎叶类植物以有利于阻挡水流、沉降泥沙，发达根系类植物以利于吸收等的搭配。既保持湿地系统的生态完整性，带来良好的生态效果，又在多层次水生植物精心配置后，给整个湿地的景观创造一种自然之美。

3. 成功案例

杭州西溪国家湿地公园，于浙江省杭州市区西部，距西湖不到 5 km，是目前国内集城市湿地、农耕湿地、文化湿地于一体的国家级湿地公园。通过一系列生态保护与修复工程，选择了生长期长、耐污能力及净化能力强、具有发达的根系和输氧能力较强的花叶芦竹（*Arundo donax* L. var. *versiocolor* Stokes）、美人蕉（*Canna indica* L.）、香根鸢尾（*Iris pallida* Lamarck Encycl）、芦苇 [*Phragmites australis*（Cav.）

Trin. ex Steud.]、花菖蒲（*Iris ensata* Thunb. var. *hortensis* Makino et Nemoto）、湿地松（*Pinus elliottii* Engelmann）、水杉、落羽杉、池杉、垂柳（*Salix babylonica* L.）等的多种植物进行优化配置和组合种植，使湿地水质环境和生态环境明显改善；通过优化植被配置和湿地植物园建设，清除了加拿大一枝黄花（*Solidago canadensis* L.）、葛藤（*Pueraria edulis* Pampan.）等有害生物，同时营造适宜鸟类、鱼类和水生生物的环境，使西溪湿地公园的生物多样性大幅增加，生态系统更加健康，生态旅游和科普教育功能显著增强。

八、沿海生态景观林

1. 功能特征

主要是沿海岸线构建的防护林体系，包括有景观效果的滩涂和海岸的防护林。沿海、海岸一带无山体阻挡，缺少天然屏障，易遭多种自然灾害的频繁侵袭。沿海防护林体系的生态效应可降低风速、降低蒸发量和调节气温。可见沿海防护林生态工程不仅具有防风固沙、保持水土、涵养水源的功能，而且具有抵御海啸和风暴潮危害、美化环境的作用。

2. 建设思路

沿海生态风景林建设应根据所处的自然条件、社会环境以及原有植被类型进行综合考虑，确定主要的发展类型。树种的选择主要考虑适应性、抗逆性和景观价值，应选择具有耐瘠薄、耐盐碱性和抗风性，沿海滩涂及入海河口以红树林树为主，岸边旱地以半红树树种抗海风、盐碱的树种相组合。配置时，从沿海实际需求出发，遵从常绿优先、乔、灌木相结合选择原则。

3. 成功案例

红树林具有独特的形态和生理生态特性，有“海上森林”的美誉，在抵御海啸和风、暴、潮等突发性生态灾难、保护海岸堤坝、保持沿海生物多样性等方面起着不可替代的作用。广东深圳、珠海、江门、阳江、湛江及周边的厦门和北海等城市。如位于深圳湾畔红树林自然保护区公园，面积 367.64 hm²，有 70hm² 天然红树林，22 种红树植物，在这里自然生长植物有海漆（*Excoecaria agallocha* L.）、木榄 [*Bruguiera gymnorrhiza*（L.）Lam]、秋茄 [*Kandelia candel*（L.）Druce] 等珍稀树种，还有引种的拉关木 [*Laguncularia racemosa*（L.）Gaertn. f.]、无瓣海桑（*Sonneratia apetala* B. Ham.）、海桑 [*Sonneratia caseolaris*（L.）Engl.] 等。这里也成为东半球 180 种鸟类候鸟迁徙的栖息地和中途歇脚点，产生了十分显著的生态、景观效果，社会效益也十分显著。目前，利用沿海地区滩涂地营造大面积红树林生态景观林，已成为华南沿海地区一道重要的绿色生态屏障。

九、库区生态景观林

1. 功能特征

水库库区周边的生态景观林以截留降水、蓄水保土、风景旅游、净化水质、调节气候、防治污染、保护水库、保障电站正常发电为目的，建设以水源涵养和森林旅游为主的多功能林业，发挥森林的多种效益。

2. 建设思路

水库生态景观林建设应以森林生态学理论为基础，遵循森林群落自然演替规律，根据树种的生物学特性，实行以封山育林为主，封、造、抚、改、管相结合，使退化的森林生态系统逐渐恢复成生态功能显著、抗逆性强、生长稳定、具有地带性森林景观特色的植被。在生态景观林营建中，通过对林相、林冠线、林缘线、季相、生态位的综合考虑，营建规划有纯林式和混交式两种配置模式，实现景观的多样化。

3. 成功案例

浙江千岛湖是中国著名的旅游景点，该区域地带性植被为亚热带常绿阔叶林。作为风景林保护对象，景区内部分地段的常绿阔叶林受到良好的保护。千岛湖景观类型由针叶林、阔叶林、针阔混交林、疏林、灌木林、经济林和水域等构成；景观类型面积最大的是松、杉类针叶林占41.83%，其次是水域占37.43%，以壳斗科（Fagaceae）、木兰科、樟科（Lauraceae）等乡土树种为主的阔叶林占11.51%，针阔混交林为5.91%；千岛湖周边森林担负着水源涵养的任务，也肩负着森林景观改造的重要职责。近几年，库区周边采用枫香、樟树、荷花玉兰、桂花等树种对景观林更新改造165.3hm²，抚育改造2390.1hm²，林下补植336.8hm²，使千岛湖库区生态景观林生态与景观效果逐见成效。

十、工业区生态景观林

1. 功能特征

环境污染是世界各国面临的重要问题，近代工业的迅速发展，大量有害气体、粉尘等污染物排入环境中，远远超过了环境的自我净化能力，整个生态系统也受到了强度破坏。抗污染树种具有良好的自我修复和抵抗有害气体、粉尘等污染物的能力，不仅可以提高环境的生态效益，而且还能达到净化环境的功效。

2. 建设思路

工业区的生态景观林地建设重在生态环境的改善，植物种类的选择应着重其抗污染能力，对污染环境的适应性以及对大气的净化能力，包括降低大气有害气体浓度、吸滞粉尘、减少空气含菌量及放射性物质含量等，景观效果其次。在建设中对于不同的污染源，应针对性选择适宜的抗污染树种，有效的抵抗和净化污染物，改善生态环境。

3. 成功案例

成都市青白江区是重工业基地，提升产能结构调整、打造生态厂区思想的主导下，自2006年以来，在工业区种植香樟、桂花、荷花玉兰、女贞、槐、松、柏、杨、柳等乔木12万余株，栽植小叶紫薇（*Lagerstroemia indica* L.）、黄杨 [*Buxus sinica*（Rehd. et Wils.）Cheng]、红叶石楠（*Photinia serrulata* Lindl.）、红花檵木（*Loropetalum chinense* Oliv. var. *rubrum* Yieh.）等灌木，绿化10万m²，并构建包括生态隔离带、路网、水网生态走廊和生态节点在内的生态网络体系。在川化、攀成钢等企业厂区周围建成800亩生态隔离带。同时，按照"环城绿带、道路绿网、水系网络、公园绿心"的总体布局，全面启动了城市绿化厂区生态建设工程，在工业区与主城区之间，利用河滩地建起了1200亩的生态绿化走廊；在城郊接合部和工业区周边种植乔木60万株，使工业区的生产、生活和交通环境大为改观，生态建设和景观效果得到了明显提高。成为省级工业基地生态区，并获得"中国人居环境范例奖"大奖。

第三节　生态景观林的价值与效应

一、生态价值

生态景观林在改善生态环境和保护生物多样性等方面扮演着重要角色，其生态价值主要体现在涵养水源、保育土壤、固碳释氧、积累营养物质、净化大气环境、森林防护、生物多样性保护和森林游憩等8个方面。

1. 涵养水源

生态景观林的涵养水源功能主要表现在调节水量和净化水质方面。林地可以通过树冠拦截降水量等方式，有效调节地表径流量、渗透到土壤的水量，起到类似海绵的作用，而达到涵养水源的效果。

城市的生态景观林通过减少雨季时的地表径流而消减洪峰和减轻对城市排水系统的压力。公路、铁路两边的生态景观林会增加降水渗透到林内裸露的土壤中，减少坡面径流，而起到涵养水源和减少水土流失的作用。另外，林地也可以通过枯落物层和土壤层，层层过滤的过程而达到净化水质的效果。江河生态景观林的营建和保护对水质尤为重要。在广东省，一般的生态林单位面积涵养水源量约 2101m³ / hm^2 · a，优良的生态林单位面积涵养水源量达 6062 m³ / hm^2 · a。

2. 保育土壤

公路、铁路两旁的生态景观林、沿海生态景观林、江河生态景观林等营造后，能改善土壤养分结构。生态景观林凭借树冠、枯枝落叶层及网络状的根系截留降水，减少雨滴对土壤表层的直接冲击，有效保护地表土层，保育土壤体系，降低地表径流对土壤的冲蚀，使土壤养分流失量大大降低。其生长发育和代谢产物不断对土壤产生物理及化学影响，参与土体内部的能量转化和物质循环，使土壤肥力提高。研究表明，广东省森林单位面积固土壤量达 19.33 ~ 50.46 t / hm^2 · a。

3. 固碳释氧

生态景观林一方面通过直接发挥固碳释氧作用，直接抵消一定量的碳排放；另外一方面，也因为有生态景观林的遮荫作用而减少对能量消耗的需求，而减少能源部门 CO_2 的排放。在减少温室气体效应以及对人类提供生存呼吸的基本要素上具有不可替代的作用。大规模的沿海生态风景林、道路生态风景林等会发挥良好的固碳释氧功能。森林通过光合作用吸收大气中的 CO_2 和放出 O_2，减少大气中的 CO_2，提高大气中的 O_2，根据光合作用化学反应，森林植被每积累 1 g 干物质，可以吸收 1.63g CO_2，释放 1.19 g 氧气。广东省森林面积 1100 万 hm²，年固碳量 1.67 ~ 5.09 t / hm^2·a。且释氧量 4.09 ~ 12.61 t / hm^2 · a。

4. 积累营养物质

具有绿化、美化、生态化的生态景观林在经营管理中较多地应用近自然的方式，因此林木在生长过程中不断从周围环境吸收营养物质，固定在植物体中，营养物质的积累和释放成为生物—环境循环的重要环节。广东森林单位面积减少土壤中 N 损失量位于 0.023 ~ 0.080 t / hm^2 · a，减少土壤中 P 损失量位于 0.011 ~ 0.029 t / hm^2 · a，减少土壤中 K 损失量位于 0.37 ~ 0.96t / hm^2 · a，减少土壤中有机质损失量位于 0.38 ~ 0.97 t / hm^2 · a。这些无机或有机的物质，成为树木等植物的养分积累到了生物体内。

5. 净化大气环境

大气中的有害物质主要包括二氧化硫、氟化物、氮氧化物等有害气体和粉尘，这些有害气体在空气中的过量积聚会导致人体呼吸系统疾病、中毒、形成光化学雾和酸雨，损害人体健康与环境。森林能有效吸收这些有害气体和阻滞粉尘，还能释放氧气与萜烯物，从而起到净化大气作用。生态景观林可以提供负离子、吸收污染物和阻挡、过滤、吸附粉尘。许多生态景观树种，如凤凰木、潺槁树等对空气污染物具较强的吸收净化能力。森林单位面积年滞尘量达 1.06 万 ~ 3.34 万 kg / hm^2，生态景观林的营建有利于增加空气中负氧离子的数量。广东森林单位面积提供负离子个数位于 3.21×10^{18} ~ 9.89×10^{18} 个 / hm^2 · a 之间，对广东省空气环境质量的提高直到了积极作用。

单株树对空气污染物的吸收能力和对灰尘的吸附能力明显小于成排或成群的林地，且越接近排放源时，树木的吸收净化效果越显著。因此对于城市的生态景观林和道路两旁的生态景观林带，其对这些大气污染物，如二氧化硫、氟化物、氮氧化物、挥发性有机化合物等的吸收净化作用十分显著。

6. 森林防护

林业是保障农牧业生产的生态屏障，大

尺度的生态景观林带能有效降低田间风速、减少蒸发、增加湿度、调节温度，为农作物生长发育创造良好的生态环境。

防护林带结构最优时，在30倍树高范围内，平均风速降低40% ～ 50%，在20倍树高范围内，平均风速降低50 % ～ 60%。所以，沿海或平原地区的农田防护林网格化不仅能为农田生产提供保护，还增添了乡村的景观效果。

7. 生物多样性保护

森林是生物多样性最丰富的区域，是生物多样性生存和发展的最佳场所，在生物多样性保护方面有着不可替代的作用。影响林地生物多样性的主要因素有：(1) 林地起源和生长自然水平；(2) 林地大小；(3) 经营利用的干涉程度。越原始越接近自然水平，其生物多样性越丰富；大型森林能够提供更加不同的森林类型，为更多的物种提供栖息地；强烈的干扰会降低生物多样性。广东生态景观林规划建10000 km，覆盖805万亩的面积，这种连接成带状、覆盖面积大、近自然的林带将为生物多样性保护发挥更大效能。

8. 森林游憩

生态景观林带能为人类提供休闲的地方和娱乐场所。生态环境优美、人文文化活跃的地方，森林成为孕育地域森林文化的重要基础，竹文化、茶文化、花文化、树文化、风水树等创造出一系列生态旅游产品，吸引人们前往旅游、娱乐、运动和悠闲，当前日益丰富的生态旅游成为人们生活中不可缺少的部分。生态景观林带亦将发挥着重要的森林游憩功能。

二、景观效应

生态风景林因树种组成、景观区位、观赏时间和地点的不同，其景观效应具有多样性。

1. 色彩效应

英国著名心理学家格列高里："颜色知觉对于我们人类具有极其重要的意义——它是视觉审美的核心，深刻地影响了我们的情绪状态"。生态风景林自然美的感知主要是通过视觉、听觉、嗅觉、味觉和触觉来获得的，以视觉的感知权重最大，约占87%。可见，生态景观林斑块的色彩美是视觉审美的核心。

孙冰、庄梅梅利用激光视距仪与分光测色仪进行植物色彩量化研究后指出，视距与色彩植物配置因紫色与蓝色系树种观赏距离较小，为450 ～ 800 m，适合近景配置；红色系、白色系与黄色系树种观赏距离达700 ～ 1200m，可作为中远景配置；而且还认为主要色彩斑块的面积比例中，以绿色作为本底色彩，观赏斑块的色彩与周围本底色差值越大，越容易引起人们的注意。当主要观赏斑块面积小于整个视觉画面的1/3时，无法对人产生视觉冲击，导致景观的感染力不强；当主要观赏斑块面积大于整个视觉画面的2/3时，观赏点变成本底，虽有强烈的震撼力，但容易使人产生视觉疲劳。因此，当主要观赏斑块色彩与周围本底色差值最大，且主要观赏斑块占整个画面比例的1/3 ～ 2/3时，该群落或植物景观处于最佳观赏期。表明了视觉与植物的色彩效应关系。

2. 林分效应

林分，指树林的内部结构成分，主要特征为组成大体一致而与邻近地段有明显区别的一些树林。林分的组成是森林群落基本外貌的反映，根据构成树种的不同具有多种不同景致，有针叶林与阔叶林、纯林与混交林、常绿林与落叶林等。落叶林给人以稀疏而通透的印象；常绿林给人以葱郁而幽深的观感；常绿与落叶混交林则介于两者之间。针叶林如松、柏等，表现出苍翠、庄严的景观效果；一些树种组成的阔叶林如尖叶杜英(*Elaeocarpus apiculatus* Mast.)、青皮(*Citrus reticulate* Blanco)，则表现出圆浑、高耸；单一的纯林整齐而壮观；混交林则参差错落，林冠线起伏，叶色花色不一；而热带地区的棕榈科（Arecaceae）、桑科（Moraceae）植物则呈现出浓郁的热带风光。

3. 季相效应

季相是生态景观林在一年中因各种树木的不同物候进程，在不同季节里表现出来的不同外貌。树木在一年四季的生长过程中，叶、花、果的形状和色彩随季节而变化，产生不同的观赏效果。给人鲜明的季节感，表现出生态景观林特有的艺术效果。如春季山花烂熳，夏季繁荫笼罩，秋季硕果满园，冬季枝形写意等。气候、土壤、养护管理等因素都影响树木季相的变化，如低温和干旱会推迟樱花等早春草木萌芽和开花；日夜温差小会影响枫香等红叶树种叶色的变红。植物的季相变化以及各品种类型间的合理搭配，可以使一处景观在一年的生长中有四季色彩之烂漫。

4. 时态效应

一天中会有日出、正午、日落和夜晚的光线变化，也会有晴、阴、雨、雪、风、霜、雾、霭等气象变化。不同时刻的光线投射方向不同，光源照明的性质不同，生态景观林的情态、意境也会截然不同。清晨充满朝气，傍晚暮色静谧，雨中的景观林清润舒展，雪后的林子素裹银装。

5. 林龄效应

林龄是指林分的平均年龄。林分按林龄可划分为幼龄林、中龄林、成熟林等。不同林龄的生态景观林，表现出整体的外貌、疏密、高矮、色彩均不相同。如幼龄林树冠多呈塔形或圆锥形，林分低矮开朗；中龄林树冠变为圆头形，林分多为郁闭幽深；老龄林稀疏而不规则，林分多浅露。

6. 视角（位）效应

对生态景观林的观赏，观景者的位置、视角不同，都会获得到不同的景观效果。作为景点，景观林的规模宏大，人的视野往往只能捕捉林分中的鲜明点。在林外，登高远望，林海苍茫壮观；入林仰视，树木高大挺拔；平视，密林深幽莫测。同时，随观赏者视点的移动，又会出现不同的风景画面，得到一个动态的生态景观林风景序列。

7. 水平地带性效应

水平地带性是指从南到北，由纬度和经度的不同所引起的气候环境的地带性变化，在植物群落的分布上，形成了植物群落地带性的分布规律。说明了不同区域有各自的生态风景林景观特点，如亚寒带针叶林、亚热带常绿阔叶林、温带落叶阔叶林、热带季雨林等。植物的分布具有明显的地带性特征。

8. 垂直地带性效应

生态景观林在山地受海拔高度的影响，随海拔高度的变化呈现出不同的类型，其原因是气温随山地高度的提升而降低。如在青藏高原南缘的喜马拉雅山脉南翼，从低到高有如下各垂直自然带：低山季雨林带—山地常绿阔叶林带—山地针阔叶混交林带—山地暗针叶林带—高山灌丛草甸带—高山草甸带—冰雪带。植物的分布随着山地海拔高度的变化，所产生的植物景观效应也具有明显的地带性。

第二章
生态景观树种资源

Shengtai jingguan shuzhong ziyuan

Dierzhang

生态景观林树种作为生态景观林的构成主体，应以乡土树种为主、外来树种为辅，速生和慢生树种兼顾，生态效益与景观效应结合，适地适树，因地制宜地配置。我国地域辽阔，地跨热带、亚热带、温带3个气候带，是世界上植物种类和资源最丰富的国家之一，随着我国对植物资源的调查研究不断深入，越来越多的生态景观林树种资源被开发与利用。

第一节　外引生态景观树种

我国在观赏植物引种驯化的实践上取得了良好的效果。近20年间，我国在盆花、观叶植物、切花、球根等商品观赏植物上共引进了500多种、4000多个品种。现有商品性生产的观赏品种，绝大多数都是国外培育，尤其是大宗的切花、盆花和花坛植物品种，如月季（*Rosa chinensis* Jacq.）、香石竹（*Dianthus caryophyllus* L.）、唐菖蒲（*Gladiolus gsndavensis*）、百合、菊花、大花蕙兰（*Cymbidium hybridum* Hort.）、蝴蝶兰（*Phalaenopsis aphrodita* Rchb.）、鸢尾类、杜鹃花、风信子、安祖花类（*Anthurium* sp.）、马蹄莲 [*Zantedeschia melanoleuca* (L.) Spreng.]、六出花、报春类、龙胆（*Gentiana scabra* Bunge）等。

棕榈科植物是热带景观的象征，是热带乃至亚热带地区最重要的园林绿化植物，全世界约有棕榈科植物200余属、3000余种，我国约有18属、100多种。近10年来，华南和西南地区的一些植物园、园林公司和苗圃开展了大规模的引种工作，并已形成批量生产，引进的主要种类有霸王棕（*Bismarckia nobilis* Hildebr et H. Wendl.）、三角椰子（*Neodypsis decaryi* Jum）、加拿利海枣（*Phoenix canariensis* Hort. ex Chab.）、银海枣（*Phoenix sylvestris* Roxb.）、海枣（*Phoenix dactylifera* L.）、国王椰子（*Ravenea rivularis* Jum. et H. Perr.）、华盛顿棕榈（*Washingtonia filifera* H.Wendl.）、狐尾椰子（*Wodyetia bifurcata* A.Irvine）、竹茎椰子（*Pritchardia gaudichaudii* H. Wendl.）、荷威椰子（*Howea forsteriana* Becc.）等品种，据不完全统计，我国棕榈科植物已达到90属300余种，并成为华南地区园林绿化的重要树种。

我国对彩色树的引进、驯化、培植和研究是从本世纪初兴起的，为了增加城市环境的色彩景观，改变少花季节色彩单调的情况，一些科研教学机构，如林业院校、植物园、中国林业科学研究院及一些省级林科院（所）等，进行了大量彩叶木本观赏植物的引种工作，彩叶植物的大量引入，已成为现阶段生态景观林建设的一个重要内容。从国外近千种彩色树种和品种中，我国先后引进了美国红栌（*Cotinus coggygria* ‘Royal purple’）、紫叶矮樱（*Prunus×cistena*）、金叶小檗（*Berberis thunbergii* DC. ‘Aurea’）、金森女贞（*Ligustrum japonicum* Thunb. ‘Howardii’）、金禾女贞（*Ligustrum × vicaryi* Rehder.）、美国红枫（*Acer rubrum* L.）、日本红枫（*Acer palmatum* Thunb. ‘Atropurpureum’）、北美枫香（*Liquidambar styraciflua* L.）、北美红橡树（*Quercus rubra* L.）、红叶石楠、火焰卫矛 [*Euonymus alatus*（Thunb.）Sieb. ‘Compacta’]、秋海棠（*Begonia evansiana* Dry.）、日本紫藤 [*Wisteria floribunda*（Willd.）DC.]、蓝杉（*Picea pungens* Engelm.）、欧洲山茱萸（*Cornus mas* L.）、茶条槭（*Acer ginnala* Maxim.）、青榨槭（*Acer davidii* Franch.）、挪威槭（*Acer platanoictes* L.）、欧亚槭（*Acer pseudoplatanus* L.）、金山绣线

菊（*Spiraea* × *bumalda* ‘Goalden mound’）、金焰绣线菊（*Spiraea* × *bumalda* ‘Coldfiame’）、花叶锦带 [*Weigela florida*（Bunge）A. DC. ‘Variegata’]、红千层（*Callistemon rigidus* R. Br.）、美国梓（*Catalpa bignonioides* Walter ‘Aurea’）、紫叶梓树（*Catalpa bignonioides* Walter ‘Purpurea’）、花叶复叶槭（*Acer negundo* L. var. *variegatum*）、金叶线柏 [*Chamaecyparis pisifera*（Siebold et Zuccarini）Enelicher ‘Filifera Aurea’]、金叶雪松 [*Cedrus deodara*（Roxburgh）G. Don ‘Aurea’]、蓝云杉（*Picea pungens* Engelm. ‘ Engelmann’）、白云杉 [*Picea glauca*（Moench）Voss]、金叶欧洲紫杉（*Taxus baccata* L. ‘Ericoides’）、金叶刺槐（*Robinia pseudoacacia* L. ‘Frilis’）、金叶皂荚（*Gleditsia triacaanthos* L. ‘Sunburst’）、金叶连翘 [*Forsythia koreana*（Rehder）Nakai ‘Sun Gold’]、灰绿云杉（*Picea pungens* Engelm. ‘Glauca’）等上百个种和品种，同时还引进了鸡冠刺桐（*Erythrina crista-galli* L.）、澳洲火焰木 [*Brachychiton acerifolim*（Cunn.）F. muell]、苏格兰金链花（*Laburnum anagyroides* Medic.）、北美冬青（*Ilex verticillata* L.）、欧洲白桦（*Betula pendula* Roth.）等其它观赏植物，并从中筛选出适宜各地栽培的种类，不断应用于道路、庭园、旅游景地、滩涂驳岸及城乡生态环境建设中。

抗逆性树种的引进也是生态建设的一个重要内容。目前，我国引种成功并已大规模推广应用的抗逆性树种主要有木麻黄（*Casuarina equisetifolia* L.）、无瓣海桑、巨桉（*Eucalyptus grandis* Hill ex Maiden）、尾巨桉（*Eucalyptus urophylla* × *grandis*）、大叶相思（*Acacia auriculiformis* A. Cunn.ex Benth）、厚荚相思（*Acacia crassicarpa* Cunn. ex Benth.）、卷荚相思（*Acacia cincinnata* F. Muell）、红叶石楠、槭树类、欧洲山毛榉（*Fagus sylvatica* L.）、美国皂角（*Gleditsia triacanthos* L.）、美国黑核桃（*Juglans nigra* L.）、北美黄松（*Pinus ponderosa* Douglas ex C. Lawson）、花旗松 [*Pseudotsuga menziesii*（Mirbel）Franco]、北美红杉 [*Sequoia sempervirens*（D. Don）Endl.]、欧洲绣球树（*Viburnum opulus* L.）、日本紫藤、秋橄榄（*Elaeagnus umbellate* Thunb.）、沙枣（*Elaeagnus angustifolia* L.）、美国白蜡（*Fraxinus americana* L.）等，这些在抗寒、抗旱、抗盐、抗大气污染和抗病虫害等抗性方面各具特色的树种的不断引进，为我国困难立地的造林绿化和生态恢复发挥了重要作用。

第二节　国内生态景观树种

我国幅员辽阔，气候带复杂，有热带、亚热带、暖温带、温带、寒温带，是世界上植物资源最为丰富的国家之一，全世界有植物种类约 30 万种以上，我国有 3 万多种植物，约占 1/10，其中苔藓植物 106 科，占世界科数的 70%，蕨类植物 52 科，2600 种，分别占世界科数的 80% 和种数的 26%，木本植物 8000 种（包括种、变种、变型和栽培种），其中乔木约 2000 种。全世界裸子植物共 12 科 71 属 750 种，中国就有 11 科 34 属 240 多种，针叶树的总种数占世界同类植物的 37.8%，被子植物占世界总科、属的 54% 和 24%。我国特有的属、种丰富，有 243 个特有属 527 个特有种，我国原产的木本植物约有 7500 种。经过近 30 年的调查和研究，我国观赏植物资源基本搞清，全世界观赏植物约有 3 万种，常用的约 6000 种，我国原产的观赏植物约1万～2万种，常用的约2000种。我国观赏植物种质资源的主要特点是种类繁多，变异丰富，分布集中，特点突出，遗传性好，中国也被西方国家称为“世界园林之母”，世界上许多著名的观赏植物为我国特产，如山茶（*Camellia japonica* L.）、金花茶 [*Camellia chrysantha*（Hu）Tuyama]、牡丹（*Paeonia suffruticosa* Andr.）、银杏、珙桐（*Davidia involucrate* Baill.）、金钱松 [*Pseudolarix amabilis*（J.Nelson）Rehd.]、银杉（*Cathaya argyrophylla* Chun et Kuang）、白豆杉 [*Pseudotaxus chienii*（Cheng）Cheng]、水松、台湾杉（*Taiwania cryptomerioides* Hayata）、水杉、蜡梅 [*Chimonanthus praecox*（L.）Link]、七子花（*Heptacodium miconioides* Rehd.）、喜树（*Camptotheca acuminata* Decene）、青檀（*Pteroceltis tatarinowii* Maxim.）、连翘 [*Forsythia suspensa*（Thunb.）Vahl]、猬实（*Kolkwitzia amabilis* Graebn.）等。此外，世界上许多重要观赏植物的分布中心在中国，如槭属（*Acer*）、山茶属（*Camellia*）、百合属（*Lilium*）、石蒜属（*Lycoris*）、含笑属（*Michelia*）、木犀属（*Osmanthus*）、丁香属（*Syringa*）、报春花属（*Primula*）、竹类植物、兰科（Orchidaceae）植物、蔷薇属（*Rosa*）等。

第三节　广东地带性生态景观树种

广东受第四纪冰期影响较小，地形复杂，光照充足，雨量丰沛，植物区系发展悠久，野生森林植物种类丰富。改革开放以来，随着与国外交流的增加，交通和信息条件的改善，引种技术水平的提高，成功引种了大量的外来植物。据调查统计，广东有维管植物7717种（包括亚种、变种和变型），隶属289科，2051属，其中野生植物6135种，栽培植物1582种，这些植物不但提高了省内植物区系的复杂性，还为人们提供了材用、药用、观赏、食用、纤维和香料等植物资源；而可供应用的野生木本景观植物近千种，与引种的景观植物组成了种类丰富、观赏类型多样、配置方式各异的景观植物类群，为广东的生态环境和美化建设提供了物质基础。根据景观植物的生物学特性、生态学特性和广东的自然地理特点，可将广东生态景观树种分为四种类型，即热带常绿季雨林生态景观树种，南亚热带生态景观树种，中亚热带生态景观树种、红树和半红树生态景观树种。

一、热带常绿季雨林生态景观树种

热带常绿季雨林主要分布在广东西部雷州半岛至阳江、茂名和廉江一线以南地区，为本省热带地区的次生性植被，组成森林的建群种和共建种以大戟科（Euphorbiaceae）、桃金娘科（Myrtaceae）、壳斗科、桑科（Moraceae）等热带科属为主，林木层以喜光常绿乔木为主，杂以落叶树，下木层繁杂，附生植物种类较少。这类景观树种的主要特点是受夏季台风影响大，树体较小，终年常绿，叶色变化不大，园林用途上多以遮阴为主，观花和观果为辅，配置方式上以孤植、列植、片植为主，主要的地带性生态景观树种有第伦桃科（Dilleniaceae）的大花第伦桃（*Dillenia turbinata* Pinet et Gagnep）、小花第伦桃（*Dillenia pentagyna* Roxb.），桃金娘科的海南蒲桃 [*Syzygium cumini*（L.）Skeels]、钟花蒲桃、肖蒲桃 [*Acmena acuminatissima*（Bl.）Merr.et Perry]、水翁 [*Cleistocalyx operculatus*（Roxb.）Merr. et Perry] 等，大戟科的五月茶 [*Antidesma bunius*（L.）Spreng.]、秋枫（*Bischofia *javanica* Bl.)、黄桐（*Endospermum chinense* Benth.)、血桐 [*Macaranga tanarius*（L.）Muell. Arg. var. *tomentosa*(BL.)Miill.Arg.] 等，苏木科（Caesalpiniaceae）的仪花（*Lysidice rhodostegia* Hance）、短萼仪花（*Lysidice brevicalyx* Wei）、羊蹄甲（*Bauhinia purpurea* L.）等，蝶形花科（Papilionaceae）的荔枝叶红豆（*Ormosia semicostata* Hance f. *litchifolia* How）、海南红豆 [*Ormosia pinnata*（Lour.）Merr.]、大果油麻藤（*Mucuna macrocarpa* Wall.）等，桑科的桂木 [*Artocarpus nitidus* Trec. subsp. *lingnanensis*（Merr.）Jarr.]、白桂木（*Artocarpus hypargyreus* Hance）、二色波罗蜜（*Artocarpus styracifolius* Pierre）等。主要引种的观花树种有鸡冠刺桐、木槿（*Hibiscus syriacus* L.）、腊肠树（*Cassia fistula* L.）、黄槐（*Cassia surattensis* Burm. f.）、红绒球（*Calliandra haematocephala* Hassk.）、美丽异木棉等；庭荫树种有非洲桃花心木 [*Khaya senegalensis*（Desr.）A. Juss.]、印度榕（*Ficus elastica* Roxb.ex Hornem）、菩提树（*Ficus religiosa* L.）、阿江榄仁（*Terminalia arjuna* Wight et Arn.）、银桦（*Grevillea robusta* A. Cunn. ex R. Br.）等。

二、南亚热带生态景观树种

南亚热带主要分布在广东南亚热带地区，包括阳江、茂名和廉江一线以北，及大埔、蕉岭、龙川、英德、怀集一线以南地区，海拔 600m 以下为季风常绿阔叶林，海拔 1200m 以下为常绿阔叶林，1200m 以上为山顶矮林，也是广东经济最为活跃地区，区内植物资源丰富，园林用途多样。

1. 季风常绿阔叶林生态景观树种

分布在广东省南亚热带沿海丘陵台地赤红壤上的一种季风常绿阔叶林，也是南亚热带气候顶极的地带性森林植被类型。构成森林的植物成分是热带、亚热带科属的综合，树种组成复杂，主要以樟树、壳斗科、桑科、茶科（Theaceae）、桃金娘科、大戟科、茜草科（Rubiaceae）、金缕梅科（Hamamelidaceae）、蝶形花科、苏木科、紫金牛科（Myrsinaceae）、冬青科（Aquifoliaceae）等热带、亚热带科属为主，优势种也不大明显；下木层以热带性灌木种类为多，藤本、附生植物比较发达，板根、茎花现象仍然存在。森林结构和生态特征仍具有雨林的景观，但受季风气候的影响，植物的生育与群落的外貌都有较明显的季节性变化。这类景观树种的主要特点是受夏季台风影响较小，树体较大，多数终年常绿，叶色变化大，园林用途多样，以庭阴、观花、观叶、观果、观形等为主，配置方式也较复杂，孤植、列植、群植和片植均可，构成的森林群落生态效果好。主要的树种有樟科的樟树、阴香 [*Cinnamomum burmannii*（C.G.et Th. Nees）Bl.]、黄樟 [*Cinnamomum porrectum*（Roxb.）Kosterm.]、潺槁树 [*Litsea glutinosa*（Lour.）C.B.Rob]、红楠（*Machilus thunbergii* Sieb.et Zucc.）、短序润楠 [*Machilus breviflora*(Benth.)Hemsl.] 和中华楠 [*Machilus chinensis*（Champ. Ex Benth.）Hemsl.] 等，山茶科（Theaceae）的木荷（*Schima superba* Gardn. et Champ.）、广宁红花油茶（*Camellia semiserrata* Chi）、杜鹃红山茶（*Camellia azalea* C. F. Wei）、大头茶（*Gordonia axillaris* Dietr.）等，野牡丹科（Melastomataceae）的野牡丹（*Melastoma candidum* D. Don）、多花野牡丹（*Melastoma affine* D. Don）、展毛野牡丹（*Melastoma normale* D. Don）等，大戟科的油桐 [*Vernicia fordii*（Hemsl.）Airy Shaw]、千年桐（*Vernicia montana* Lour.）、秋枫、乌桕 [*Sapium sebiferum*（L.）Roxb.] 和山乌桕等，含羞草科（Mimosaceae）的台湾相思（*Acacia confuse* Merr.）、海红豆 [*Adenanthera pavonina* L. var. *microsperma*(Teijsm. et Binn.) Nielsen] 和银合欢 [*Leucaena leucocephala*（Lam.）de Wit] 等，苏木科的白花羊蹄甲（*Bauhinia acuminate* L.）、洋

紫荆（*Bauhinia variegate* L.）、粉叶羊蹄甲[*Bauhinia glauca*（Wall. ex Benth.）Benth.]、格木（*Erythrophleum fordii* Oliv.）和仪花等，金缕梅科的红花荷（*Rhodoleia championii* Hook. f.）、米老排（*Mytilaria laosensis* Lecomte）和大果马蹄荷 [*Exbucklandia tonkinensis*（Lec.）Steenis] 等，五加科（Araliaceae）的幌伞枫[*Heteropanax fragrans*（Roxb.）Seem.]、短梗幌伞枫（*Heteropanax brevipedicellatus* Li）和鸭脚木 [*Schefflera heptaphylla*（L.）Frodin] 等，杜鹃花科（Ericaceae）的满山红（*Rhododendron mariesii* Hemsl. et Wils.）、映山红（*Rhododendron simsii* Planch.）和吊钟花（*Enkianthus quinqueflorus* Lour.）等，紫金牛科的朱砂根（*Ardisia crenata* Sims）、紫金牛 [*Ardisia japonica*（Thunb.）Bl.] 和密花树（*Myrsine seguinii* H.Léveillé）等，夹竹桃科（Apocynaceae）的海杧果（*Cerbera manghas* L.）、蕊木（*Kopsia arborea* BL.）等。主要引种的观花树种有红千层、串钱柳（*Callistemon viminalis* G.Don）、火焰木（*Spathodea campanulata* Beauv.）、多花野牡丹、大花紫薇、凤凰木 [*Delonix regia*（Boj.）Raf.] 等；庭荫树种有蝴蝶果 [*Cleidiocarpon cavaleriei*（H. Lévl.）Airy-Shaw]、南洋楹 [*Falcataria moluccana*（Mig.）Barneby et Grimes]、菠萝蜜（*Artocarpus macrocarpus* Lam.）、高山榕（*Ficus altissima* Bl.）、人心果 [*Manilkara zapota*（L.）Van Royen] 等；观形的有小叶榄仁、福木（*Garcinia subelliptica* Merr.）、南洋杉（*Araucaria heterophylla* Ait. ex Sweet）、雪松等。

2. 山地常绿阔叶林生态景观树种

分布在广东省南亚热带山地黄壤上的一种常绿阔叶林，构成森林的植物成分是亚热带和热带的科属综合，树种组成较简单，主要以山茶科、壳斗科、樟科、桃金娘科、茜草科、金缕梅科、蝶形花科、苏木科、紫金牛科、冬青科等亚热带、热带科属为主，优势种明显；下木层以亚热带性灌木种类为多，藤本较少。植物的发育与群落的外貌都有较明显的季节性变化。这类景观树种的主要特点是受夏季台风影响较大，树体较小，常绿和落叶树种并存，叶色变化大，景观园林用途，以观花和观叶为主，观果和观形等为辅，配置方式也较简单，列植和片植均可，构成的森林群落生态效果中等。主要的景观树种有山茶科的木荷、石笔木 [*Pyrenaria spectabilis*（Charp.）C.Y.Wu & S.X.Yang] 等，樟科的黄樟、中华楠等，大戟科的乌桕和山乌桕等，金缕梅科的蕈树 [*Altingia chinensis*（Champ.）Oliv. ex Hance]、米老排和大果马蹄荷等，五加科的短梗幌伞枫和鸭脚木等，杜鹃花科的满山红和吊钟花等，紫金牛科的朱砂根、紫金牛和密花树等。

三、中亚热带生态景观树种

主要分布在广东北部，即大埔、蕉岭、龙川、英德、怀集一线以北地区，是中亚热带典型常绿阔叶林的一部分，西面与广西部分相毗连，北部与湘赣，东北与福建丘陵山地常绿阔叶林毗连，南边和南亚热带季风常绿阔叶林相接。海拔 200m 以下为南亚热带季风常绿阔叶林，800m 以下为中亚热带典型常绿阔叶林，1300m 以下为山地常绿落叶阔叶混交林，1000 或 1300m 以上为山地针阔叶树混交林或山地常绿阔叶矮林。地处广东经济欠发达地区，区内植物资源丰富，园林用途多样，以生态环境保护为主。

1. 典型常绿阔叶林生态景观树种

构成森林的建群种和共建种以壳斗科、樟科、山茶科、木兰科、金缕梅科、松科等科的种类为主，林下植物以冬青科、山茶科（Theaceae）的柃木属（*Eurya*）和竹亚科（Bambusoideae）的植物占有优势；群落

高度比雨林矮，林木层一般分为两层，上层乔木的芽多具芽鳞、茎花现象，板根、层间植物繁茂的雨林特征已大大减少或不存

在。这类景观树种的主要特点是受夏季台风影响最小，树体较大，常绿和落叶树种并存，叶色变化大，园林用途较单一，以庭阴、观花、观叶等为主，配置方式也较简单，多数为列植和片植，构成的森林群落生态景观效果中等。主要的景观树种有木兰科的火力楠（*Michelia macclurei* Dandy）、乐昌含笑（*Michelia chapensis* Dandy）、深山含笑（*Michelia maudiae* Dunn.）、金叶含笑（*Michelia foveolata* Merr. ex Dandy）、观光木（*Tsoongiodendron odorum* Chun）、木莲（*Manglietia fordiana* Oliv.）等，樟科的毛黄肉楠 [*Actinodaphne pilosa*（Lour.）Merr.]、浙江润楠（*Machilus chekiangensis* S. K. Lee）、刨花润楠（*Machilus pauhoi* Kanehira）、广东润楠（*Machilus kwangtungensis* Yang）、闽楠 [*Phoebe bournei*（Hemsl.）Yang]、紫楠 [*Phoebe sheareri*（Hemsl.）Gamble]、檫木 [*Sassafras tzumu*（Hemsl.）Hemsl.] 等，山茶科的木荷、厚皮香 [*Ternstroemia gymnanthera*（Wight et Arn.）Beddome.]、石笔木、广东山茶（*Camellia kwangtungensis* Chang）等，杜英科的山杜英 [*Elaeocarpus sylvestris*（Lour.）Poir.]、日本杜英（*Elaeocarpus japonicas* Sieb. et Zucc.）、中华杜英 [*Elaeocarpus chinensis*（Gardn. et Champ.）Hook. f. ex Benth.] 等，大戟科的乌桕、山乌桕，金缕梅科的枫香、檵木 [*Loropetalum chinense*（R. Br.）Oliv.]，蔷薇科（Rosaceae）的各种樱花、豆梨（*Pyrus calleryana* Dcne.）、全缘火棘 [*Pyracantha atalantioides*（Hance）Stapf] 等，含羞草科的猴耳环 [*Archidendron clypearia*（Jack）Nielsen]、亮叶猴耳环 [*Archidendron lucidum*（Benth.）Nielsen]、薄叶猴耳环 [*Archidendron utile*（W.Y.Chun et F.C.How）I.C.Nielsen] 等，蝶形花科的厚荚红豆（*Ormosia elliptica* Q. W. Yao et R. H. Chang）、凹叶红豆 [*Ormosia emarginata*（Hook.et Arn.）Benth.]、木荚红豆（*Ormosia xylocarpa* Chun ex L. Chen）等，金缕梅科的蕈树、细柄蕈树（*Altingia gracilipes* Hemsl.）、小叶蚊母树 [*Distylium buxifolium*（Hance）Merr.] 等，壳斗科的红锥（*Castanopsis hystrix* A.DC.）、米槠 [*Castanopsis carlesii*（Hemsl.）Hayata.]、小叶青冈 [*Cyclobalanopsis myrsinaefolia*（Bl.）Oerst.]、青冈 [*Cyclobalanopsis glauca*（Thunberg）Oersted] 等，冬青科的铁冬青（*Ilex rotunda* Thunb.）、谷木叶冬青（*Ilex memecylifolia* Champ.ex Benth.）、广东冬青（*Ilex kwangtungensis* Merr.）等，芸香科（Rutaceae）的楝叶吴茱萸 [*Evodia glabrifolia*（Champ. ex Benth.）Huang]、华南吴茱萸（*Evodia austrosinensis* Hand.-Mazz.）和三叉苦 [*Melicope pteleiflolia*（Champ. ex Benth.）T.G.Hartley] 等。主要引种的观叶树种有银杏、鹅掌楸 [*Liriodendron chinense*（Hemsl.）Sarg.]、红叶李等，观花树种有荷花玉兰、梅花（*Prunus mume* Siebold）、紫玉兰（*Magnolia liliflora* Desr.）等，观果树种有火刺 [*Pyracantha fortuneana*（Maxim.）Li]、南天竹（*Nandina domestica* Thunb.）、石榴（*Punica granatum* L.）等。

2. 山地常绿落叶阔叶混交林生态景观树种

构成森林的建群种和共建种以壳斗科、樟科、山茶科、木兰科、杜鹃花科、松科等科的种类为主，林下植物以冬青科、山茶科的柃木属和竹亚科的植物占有优势；群落高度比常绿阔叶林矮，林木层一般分为两层，上层乔木的芽多具芽鳞现象。这类景观树种的主要特点是受夏季台风影响最小，树体较小，常绿和落叶树种并存，针叶和阔叶树种同在，叶色变化大，园林用途单一，以观叶和观花等为主，配置方式简单，多数为片植，构成的森林群落生态景观效果中等。主要的景观树种有木兰科的深山含笑、金叶含笑、木莲等，樟科的广东润楠、闽楠、檫木等，山茶科的木荷、厚皮香、石笔木等，杜英科（Elaeocarpaceae）的山杜英、日本杜英、中华杜英等，杜鹃花科的云锦杜鹃（*Rhododendron fortunei* Lindl.）、羊角杜鹃（*Rhododendron moulmainense* Hook. f.）、乳源杜鹃（*Rhododendron rhuyuenense* Chum ex Tam）等，大戟科的乌桕、山乌桕，金缕梅科的枫香、檵木等，蔷薇科的各种樱花、豆梨、全缘火棘等，壳斗科的青冈属（*Cyclobalanopsis*）和石栎 [*Lithocarpus glaber*（Thunb.）Nakai]。

四、红树和半红树树种生态景观树种

红树和半红树植物是具有保护海岸和滩涂，滋养海洋生物，提供各种工农业和日常生活必需品等多种用途的海滨之宝。红树植物是生长在热带海洋潮间带的木本植物，当海水退潮以后，它在海边形成一片绿油油的“海上林地”，也有人称之为碧海绿洲。半红树植物既能在潮间带成为红树林群落的优势种，又能在内陆生长。红树林伴生植物是指在红树林中，所有的草本及藤本植物。红树、半红树、红树林伴生植物对调节热带气候和防止海岸侵蚀起了重要作用。目前我国有 26 种真红树林树种，11 种半红树树种和 19 种常见伴生植物。广东真红树林树种有 10 种。这类景观树种的主要特点是受夏季台风影响最大，树体小，四季常绿，叶色变化小，园林用途单一，以海岸和滩涂防护为主，观花和观叶等为辅，配置方式简单，多数为片植，构成的森林群落生态景观效果中等。主要的真红树景观树种有红树科（Rhizophoraceae）的木榄、秋茄、红茄冬（*Rhizophora mucronata* Poir.）、红海榄（*Rhizophora stylosa* Griff.）、海桑科（Sonneratiaceae）的海桑，紫金牛的桐花树 [*Aegiceras corniculatum*（L.）Blanco]，大戟科的海漆，爵床科（Acanthaceae）的老鼠簕（*Acanthus ilicifolius* L.）。

主要的半红树景观植物有马鞭草科（Verbenaceae）的许树 [*Clerodendrum inerme*（L.）Gaertn.]，梧桐科（Sterculiaceae）的银叶树（*Heritiera littoralis* Dryand. ex Ait），夹竹桃科的海杧果，锦葵科（Malvaceae）的杨叶肖槿 [*Thespesia populnea*（L.）Sol.ex Corr.]，黄槿（*Hibiscus tiliaceus* L.），蝶形花科的水黄皮 [*Pongamia pinnata*（L.）Pierre]。主要引种的真红树景观树种有海桑科的无瓣海桑，使君子科（Combretaceae）的拉关木等。

第四节　主题生态景观树种

生态景观树种种类繁多，大小不一，形态各异。经过长期的实践，人们根据树种的主要观赏特性及功能，将其划分为如下 13 个类型。

一、彩叶主题观赏树种

观红叶类树种主要有美国红栌、美国红枫、红叶李、三角枫、五角枫、乌桕、红花檵木、火炬树（*Rhus typhina* L.）、红叶石楠、鸡爪槭、黄栌（*Cotinus coggygria* Scop.）、漆树（*Toxicodendron vernicifluum*（Stokes）F. A. Barkl.）、盐肤木（*Rhus chinensis* Mill.）、枫香、柿树（*Diospyros kaki* Thunb.）、卫矛 [*Euonymus alatus*（Thunb.）Sieb.]、黄连木（*Pistacia chinensis* Bunge.）等。

观黄叶类树种主要有金叶小檗、洒金柏（*Platycladus orientalis* Nemperourescens）、银杏、鹅掌楸、金叶女贞、金边瑞香（*Daphne odora* var. *marginata*）、金叶栀子（*Gardenia jasminoides* Ellis）、金边黄杨（*Euonymus japonicus* Thunb. var. *aurea-marginatus* Hort.）、黄花柳（*Salix caprea* L.）、金叶

刺槐、金叶连翘、金叶红瑞木（*Cornus alba* Opiz‘Aurea’）、金叶接骨木（*Sambucus williamsii* Hance‘Aurea’）、金合欢 [*Acacia farnesiana*（L.）Willd.]、栾树、雪荔（*Ficus pumila* L.‘Variegata’）等。

观银叶类树种主要有银白杨（*Populus alba* L.）、白背悬钩子（*Rubus sachalinensis* Lévl.）、胡颓子（*Elaeagnaceae pungens* Thunb.）等。

观紫叶类树种主要有：紫叶小檗（*Berberis thunbergii* DC.‘Atropurpurea’）、紫叶李、紫叶锦带花 [*Weigela florida*（Bunge）A. DC.‘Foliia purpureis’]、紫叶矮樱（*Prunus×cistena*）、紫叶桃（*Amygdalus persica* L. var. *persica* f. *atropurpurea* Schneid.）等。

观赏奇特叶形的树种有笔管榕（*Ficus superba* Miq. var. *japonica* Miq.）、鹅掌楸、翻白叶树（*Pterospermum heterophyllum* Hance）、米老排、银桦、银叶树、檫木和鸭脚木等。

二、观花主题树种

1. 红色观花主题树种

春季开红色花的树种有木棉（*Bombax malabaricum* DC.）、红花羊蹄甲、红千层、串钱柳、火焰木、刺桐（*Erythrina variegata* L.）、 桃（*Amygdalus persica* L.）、悬铃花（*Malvaiscus arboreus* Cav.）、叶子花、映山红、红花荷、紫玉盘（*Uvaria microcarpa* Champ. ex Benth.）、桃金娘（*Rhodomyrtus tomentosa*（Ait.）Hassk.）、假苹婆（*Sterculia lanceolata* Cav.）、苹婆（*Sterculia nobilis* Smith）、吊钟花等。

夏季开红花的主要树种有红淡比（*Cleyera japonica* Thunb.）、多花野牡丹、野牡丹、地稔（*Melastoma dodecandrum* Lour.）、展毛野牡丹、毛稔（*Melastoma sanguineum* Sims.）、凤凰木、红叶金花（*Mussaenda erythrophylla* Schumach. & Thonn.）、红鸡蛋花（*Plumeria rubra* L.）、夹竹桃（*Nerium oleander* L.）等。

秋冬季开花主要树种有红花油茶（*Camellia chekiangoleosa* Hu）、华南山茶花、木芙蓉（*Hibiscus mutabilis* L.）、一品红（*Euphorbia pulcherrima* Willd. ex Klotzsch）等。

2. 黄色观花主题树种

春季开黄色花的树种有厚壳桂 [*Cryptocarya chinensis*（Hance）Hemsl.]、黄果厚壳桂（*Cryptocarya concinna* Hance）、鼎湖钓樟（*Lindera chunii* Merr.）、假柿树 [*Litsea monopetala*（Roxb.）Pers]、中华楠、龙眼楠（*Machilus oculodracontis* Chun）、大叶新木姜（*Neolitsea levinei* Merr.）、光叶海桐（*Pittosporum glabratum* Lindl.）、狭叶海桐（*Pittosporum glabratum* Lindl. var. *neriifolium* Rehd. et Wils.）、土沉香 [*Aquilaria sinensis*（Lour.）Spreng.]、竹节树 [*Carallia brachiate*（Lour.）Merr.]、桂木、牛木 [*Cratoxylum cochinchinese*（Lour.）Bl.]、余甘子（*Phyllanthus emblica* L.）、金叶含笑、大花第伦桃、无忧树 [*Saraca asoca*（Roxb.）de Wilde]、降香黄檀（*Dalbergia odorifera* T. Chen）、扁桃、蝴蝶果、榄仁树（*Terminalia catappa* L.）、非洲桃花心木、紫檀（*Pterocarpus indicus* Willd.）、楹树 [*Albizia chinensis*（Osbeck）Merr.]、枫香、朴树、秋枫、铁冬青等。

夏季开黄色花的树种有樟树、黄樟、潺槁树、假鹰爪（*Desmos chinensis* Lour.）、瓜馥木 [*Fissistigma oldhamii*（Hemsl.）Merr.]、香港瓜馥木 [*Fissitigma uonicum*（Dunn）Merr.]、越南山龙眼（*Helicia cochinchinensis* Lour.）、网脉山龙眼（*Helicia reticulate* W. T. Wang）、多花山竹子（*Garcinia multiflora* Champ）、岭南山竹子（*Garcinia oblongifolia* Champ. ex Benth.）、破布叶（*Microcos paniculata* L.）、华南云实（*Caesalpinia crista* L.）、海红豆、甜锥 [*Castanopsis eyrei*（Champ. ex Benth.）Tutch.]、米槠、中华锥 [*Castanopsis chinensis*（Spreng.）Hance]、厚皮锥（*Castanopsis* chunii Cheng)、罗浮栲(Castanopsis fabri Hance)、黧蒴 [Castanopsis fissa (Champ. Ex Benth.) Rehd. et Wils.]、红锥、红背锥(Castanopsis fargesii Franch.)、狗牙锥(Castanopsis lamontii Hance)、胡氏青冈 [Cyclobalanopsis hui (Chun) Chun ex Y. C. Hsu et H. W. Jen]、饭甑青冈 [Cyclobalanopsis fleuryi (Hick. et A. Camus) Chun ex Q. F. Zheng]、小叶青冈、硬斗柯 [Lithocarpus hancei (Benth.) Rehd.]、甜茶稠(Lithocarpus polystachyus Rehd.)、怀集稠(Lithocarpus tsangii A. Camus)、紫玉盘石栎 [Lithocarpus uvariifolius (Hance) Rehd.]、中华卫矛(Euonymus nitidus Benth.)、橄榄 [Canarium album (Lour.) Raeusch.]、乌榄(Canarium pimela Leenh.)、南酸枣 [Choerospondias axillaria (Roxb.) Burtt et Hill]、少叶黄杞(Engelhardtia fenzelii Merr.)、黄杞(Engelhardtia roxburghiana Wall.)、牛耳枫(Daphniphyllum calycinum Benth.)、虎皮楠 [Daphniphyllum oldhami (Hemsl.) Rosenth.]、水杨梅 [Adina pilulifera (Lam.) Franch. ex Drake]、狗骨柴 [Tricalysia dubia (Lindl.) Masam.]、山银花 [Lonicera confuse (Sweet) DC.]、金银花(Lonicera japonica Thunb.)、大花忍冬 [Lonicera macrantha (D.Don) Spreng]、羊角拗 [Strophanthus divaricatus (Lour.) Hook. et Arn.]、玉叶金花(Mussaenda pubescens Ait. f.)、黄槐、复羽叶栾树(Koelreuteria bipinnata Franch.)、糖胶树 [Alstonia scholaris (L.) R. Br.]、铁刀木(Cassia siamea Lam.)、腊肠树、黄槿、梧桐 [Firmiana platanifolia (L. f.) Marsili]、麻楝(Chukrasia tabularis A. Juss.)、团花 [Neolamarckia cadamba (Roxb.) Bosser]、榔榆(Ulmus parvifolia Jacq.)、鹰爪花 [Artabotrys hexapetalus (L. f.) Bhandari]、黄花夹竹桃 [Thevetia peruviana (Pers.) K. Schum.]、米兰(Aglaia odorata Lour. var. microphyllina C.DC.Monogr.)等。

秋冬季开黄色花的树种有绒楠(Machilus velutina Champ. ex Benth.)、广西新木姜子(Neolitsea kwangsiensis Liou)、毛叶嘉赐树(Casearia villilimba Bl.)、嘉赐树(Casearia glomerata Roxb.)、鸭脚木、金花茶、血桐、桂花、炮仗花 [Pyrostegia venusta (Ker-Gawl.) Miers]、幌伞枫等。

3. 蓝紫色观花主题树种

主要包括苦楝(Melia azedarach L.)、紫花杜鹃(Rhododendron mariae Rehd. et Wils.)、山牡荆 [Vitex quinata (Lour.) Will.]、蔓荆(Vitex trifolia L.)、山鸡血藤(Millettia dielsiana Harms)、鸡血藤(Millettia reticulata Benth.)、谷木(Memecylon ligustrifolium Champ.)、白棠子树 [Callicarpa dichotoma (Lour.) K. Koch]、杜虹花(Callicarpa formosana Rolfe)、广东紫珠(Callicarpa kwangtungensis Chun)、大叶紫珠(Callicarpa macrophylla Vahl)、裸花紫珠(Callicarpa nudiflora Hook. et Arn.)、红紫珠(Callicarpa rubella Lindl.)、紫玉兰、二乔玉兰(Magnolia soulangeana Soul.-Bod.)、蓝花楹(Jacaranda mimosifolia D. Don)、大叶紫薇、紫薇、猫尾木 [Dolichandrone cauda-felina (Hance) Benth. et Hook. f.]、宫粉羊蹄甲、泡桐、美丽异木棉、紫色叶子花(Bougainvillea glabra Choisy)、日本紫藤等。

4. 白色观花主题树种

春季开白色花的树种有观光木、深山含笑、白花含笑(Michelia mediocris Dandy)、金叶含笑、火力楠、荷花玉兰、石碌含笑(Michelia shiluensis Chun et Y. F. Wu)、亮叶含笑(Michelia fulgens Dandy)、石栗 [Aleurites moluccana (L.) Willd.]、白花羊蹄甲、人面子(Dracontomelon duperreranum Pierre)、岭南酸枣、阴香、朴树、无患子、茶 [Camellia sinensis (L.) O. Ktze.]、米碎花(Eurya chinensis R. Br.)、千年桐、车轮梅 [Raphiolepis indica (L.) Lindl. ex Ker Gawl.]、烂头钵(Phyllanthus reticulatus Pior.)、大叶桂樱 [Laurocerasus zippeliana (Miq.) Yü]、水锦树(Wendlandia uvariifolia Hance)、岭南槭(Acer tutcheri Duthie)、黄杨、白花酸

藤果（*Embelia ribes* Burm. F.）、网脉酸藤果（*Embelia rudis* Burm. F.）等。

夏季开白色花的树种有香港木兰（*Magnolia championii* Benth.）、秦氏木莲（*Manglietia chingii* Dandy）、木莲、广东木莲 [*Manglietia kwangtungensis*（Merrill）Dandy]、毛桃木莲（*Manglietia moto* Dandy）、两广黄瑞木（*Adinandra glischroloma* Hand.-Mazz.）、黄瑞木 [*Adinandra millettii*（Hk. et Arn.）Benth. et Hk. f. ex Hance]、木荷、疏齿木荷（*Schima remotiserrata* Chang）、小果石笔木（*Tutcheria microcarpa* Dunn）、石笔木、日本杜英、山杜英、长柄梭罗（*Reevesia longipetiolata* Merr. et Chun）、两广梭罗（*Reevesia thyrsoidea* Lindley）、华鼠刺（*Itea chinensis* Hook. et Arn.）、香花枇杷（*Eriobotrya fragrans* Champ. ex Benth.）、石斑木 [*Rhaphiolepis indica*（L.）Lindl.]、金樱子（*Rosa laevigata* Michx.）、大叶合欢 [*Albizia lebbeck*（L.）Benth.]、首冠藤（*Bauhinia corymbosa* Roxb. ex DC.）、白花油麻藤（*Mucuna birdwoodiana* Tutch.）、杨梅 [*Myrica rubra*（Lour.）Sieb. et Zucc.]、密花树、水翁、蒲桃 [*Syzygium jambos*（L.）Alston]、香港四照花 [*Dendrobenthamia hongkongensis*（Hemsl.）Hutch.]、山指甲 [*Callicarpa dichotoma*（Lour.）K. Koch]、梅叶冬青 [*Ilex asprella*（Hook. et Arn.）Champ. ex Benth.]、毛冬青（*Ilex pubescens* Hook. et Arn.）、长花厚壳树（*Ehretia longiflora* Champ. ex Benth.）、厚壳树 [*Ehretia thyrsiflora*（Sieb. et Zucc.）Nakai]、白蜡树（*Fraxinus chinensis* Roxb.）、珊瑚树（*Viburnum odoratissimum* Ker.-Gawl.）、蝶花荚蒾（*Viburnum hanceanum* Maxim.）、栀子（*Gardenia jasminoides* Ellis）、白兰（*Michelia alba* DC.）、夜香木兰 [*Magnolia coco*（Lour.）DC. Syst.]、九里香（*Murraya exotica* L. Mant.）、无患子、水石榕（*Elaeocarpus hainanensis* Oliver）、橄榄等。

秋冬开白色花的树种有木莲、银桂 [*Osmanthus fragrans*（Thunb.）Loureiro]、白花油茶（*Camellia oleifera* Abel.）、白千层（*Melaleuca leucadendra* L.）、鸭脚木、天料木 [*Homalium cochinchinense*（Lour.）Druce]、多花勾儿茶 [*Berchemia floribunda*（Wall.）Brongn.]、铁包金 [*Berchemia lineata*（L.）DC.]、大头茶、白楸 [*Mallotus paniculatus*（Lam.）Muell. Arg.]、楝叶吴茱萸、大青（*Clerodendrum cyrtophyllum* Turcz.）、黄牛奶树 [*Symplocos laurina*（Retz.）Wall.]、龙须藤 [*Bauhinia championii*（Benth.）Benth.]、黄毛楤木（*Aralia decaisneana* Hance）、角花胡颓子（*Elaeagnus gonyanthes* Benth.）、蔓胡颓子（*Elaeagnus glabra* Thunb.）等。

三、观果主题树种

以果色或果形为主要特色的观赏树种有复羽叶栾树、观光木、海桐 [*Pittosporum tobira*（Thunb.）Ait.]、假苹婆、假鹰爪、腊肠树、猫尾木、木菠萝（*Artocarpus heterophyllus* Lam.）、糖胶树、苹婆、铁冬青、土沉香、五月茶、红果仔（*Eugenia uniflora* L.）、越南叶下珠 [*Phyllanthus cochinchinensis*（Lour.）Spreng.]、朱砂根、乌饭（*Vaccinium bracteatum* Thunb.）、杨桃和银叶树等。

四、芳香型主题树种

天然挥发芳香类物质的树种主要有木香 [*Saussurea costus*（Falc.）Lipsch.]、松柏类、枸橼（*Citrus medica* L.）、山苍子 [*Litsea cubeba*（Lour.）Pers.]、细叶香桂（*Cinnamomum subavenium* Miq.）、油樟 [*Cinnamomum longepaniculatum*（Gamble）N. Chao ex H. W. Li]、黄樟、樟树、蓝桉（*Euacalyptus globulus* Labill.）、柠檬桉（*Eucalyptus citriodora* Hook. f.）、桂花、白玉兰 [*Magnolia heptapeta*（Buchoz）Dandy]、玳玳（*Citrus aurantium* L.‘Daidai’）、

茉莉 [*Jasminum sambac*（L.）Aiton]、金合欢、红千层、白千层、栀子花、山茶花、梅花、杜鹃（*Rhododendron bachii* Levl.）、刺槐、蜡梅、大西洋黄连木（*Pistacia atlantica* Desf.）、宽叶杜香（*Ledum palustre* L. var. *dilatatum* Wahlanberg）、肉桂（*Cinnamomum cassia* Presl）、八角（*Illicium verum* Hook. f.）、阴香等。

五、天然观形树种

在自然生长下具有优良树形的树种有银杏、荷花玉兰、观光木、鹅掌楸、南洋杉、池杉、木棉、尖叶杜英、喜树、香椿 [*Toona sinensis*（A. Juss.）Roem.]、梧桐、柳杉（*Cryptomeria fortune* Hooibrenk ex Otto et Dietr.）、松树、假槟榔 [*Archontophoenix alexandrae*（F. muell.）H. Wendl. et Drude]、大王椰子 [*Roystonea regia*（Kunth.）O. F. Cook]、串钱柳、紫薇、大叶紫薇、夹竹桃、黄槐、垂柳、桃、希茉莉（*Hamelia patens* Jacq.）、九里香、山指甲、蒲桃、红豆杉 [*Taxus chinensis*（Pilger）Rehd.]、鸡蛋花（*Plumeria rubra* L.‘Acutifolia’）、红瑞木（*Swida alba* Opiz）、酒瓶棕（*Mascarena lagenicaulis* L.）、棕竹 [*Rhapis excelsa*（Thunb.）Henry ex Rehd.] 等。

六、招鸟引蝶主题树种

以大量花果的色或味等为独有特征吸引鸟类等聚集的树种主要有白兰、阴香、秋枫、朴树、铁刀木、构树、乌材（*Diospyros eriantha* Champ. ex Benth.）、潺槁树、细叶榕（*Ficus benjamina* L.）、人心果、桂木、杨梅、粗糠柴 [*Mallotus philippensis*（Lam.）Muell. Arg.]、黄槐、降真香 [*Acronychia pedunculata*（L.）Miq.]、柑橘（*Citrus reticulate* Blanco）、黄杨、荚蒾（*Viburnum dilatatum* Thunb.）、盐肤木、算盘子 [*Glochidion puberum*（L.）Hutch.]、鸭脚木、夹竹桃、大青等。

七、抗大气污染树种

对于二氧化硫及硫化物具主要吸附及抵抗能力的树种有人心果、荷花玉兰、阿江榄仁、糖胶树、朴树、海南蒲桃、红果仔、红背桂（*Excoecaria cochinchinensis* Lour.）、散尾葵（*Chrysalidocarpus lutescens* H. Wendl.）、侧柏、棕榈 [*Trachycarpus fortunei*（Hook.）H. Wendl.]、苏铁（*Cycas revoluta* Thunb.）、杨梅、乌桕、无患子、紫藤 [*Wisteria sinensis*（Sims）Sweet]、石竹（Dianthus chinensis L.）、黄连木、杧果（*Mangifera indica* L.）、扁桃、阴香、蝴蝶果、黄槿、海南红豆、假槟榔、银桦、女贞、无花果（*Ficus carica* L.）、合欢、紫茉莉（*Mirabilis jalapa* L.）、鸡冠花（*Celosia cristata* L.）、栀子花、荷花玉兰、水蜡（*Ligustrum obtusifolium* S. et Z.）、桂花、枸骨（*Ilex cornuta* Lindl. et Paxt.）、罗汉松 [*Podocarpus macrophyllus*（Thunb.）D. Don]、较强的有珊瑚树、大叶黄杨（*Euonymus japonicus* Thunb.）、垂柳、泡桐、构树、九里香、高山榕、印度橡胶榕、高山榕、小叶榕（*Ficus microcarpa* L. var. *pusillifolia*）、菩提榕、木麻黄、杜鹃、木槿、紫薇、山茶、米兰、月季、樟树、臭椿、枇杷 [*Eribotrya japonica*（Thunb.）Lindl.]、柏树、加杨、小青杨（*Populus pseudo-simonii* Kitag.）、旱柳（*Salix matsudana* Koidz.）、花曲柳（*Fraxinus rhynchophylla* Hance）、山楂（*Crataegus pinnatifida* Bge.）、山桃 [*Amygdalus davidiana*（Carr.）C. de Vos]、刺槐、卫矛、山杏 [*Armeniaca sibirica*（L.）Lam.]、梓树（*Catalpa ovata* G. Don）、榆树（*Ulmus pumila* L.）、桑树（*Morus alba* L.）、椴树（*Tilia tuan* Szyszyl.）、山皂角（*Gleditsia horrida* Gordon ex Y. T. Lee）、沙枣、丁香 [*Syzygium aromaticum*（L.）Merr. et Perry]、水蜡、忍冬（*Lonicera japonica* Thunb.）、紫穗槐（*Amorpha fruticosa* L.）、

胡枝子（*Lespedeza bicolor* Turcz.）等。

具抗汽车尾气及有效吸尘、滞尘的树种有盆架树（*Winchia calophylla* A. DC.）、细叶榕、杧果、樟树、高山榕、细叶榕、榆树、悬铃木、臭椿、羊蹄甲、海桐、紫薇、夹竹桃、龙柏 [*Juniperus chinensis*（L.）Ant. var. *chinensis* ‘Kaizuca’ Hort.]、小叶女贞（*Ligustrum quihoui* Carr.）、扶桑（*Hibiscus rosa-sinensis* L.）、福建茶 [*Carmona microphylla*（Lam.）G. Don]、非洲茉莉（*Fagraea ceilanica* Thunb.）、黄金榕、红绒球、紫叶小檗、旱柳、榆树、加杨、桑、刺槐、山桃、复叶槭（*Acer negundo* L.）、山楂、花曲柳、梓、稠李（*Prunus padus* L.）、丁香、水蜡、沙枣、枇杷、朴树、木槿、荷花玉兰、重阳木、大叶黄杨、苦楝、构树、五角枫、高山榕、夹竹桃等。

对烟尘、一氧化碳、氮氧化物、苯等空气污染物有良好抗性的树种有香樟、荷花玉兰、细叶榕、垂枝榕、紫薇、雪松、蒲葵 [*Livistona chinensis*（Jacq.）R. Br.]、罗汉松、木槿、桂花、含笑 [*Michelia figo*（Lour.）Spreng.]、苏铁、小叶女贞、凤尾兰（*Yucca gloriosa* L.）、黄杨、龙柏、福建茶、黄金榕、矮牵牛 [*Petunia hybrida*（J. D. Hooker）Vilmorin]、高山榕、樟叶槭（*Acer albo-purpurascens* Hayata）、构树、盆架树、杧果、蒲葵、山茶、夹竹桃、海桐、侧柏、月季、垂直绿化吊兰 [*Chlorophytum comosum*（Thunb.）Baker]、常春藤（*Hedera nepalensis* K. Koch）、榆、山桃、加杨、梓树、柳树、核桃（*Juglans regia* L.）、鼠李、丁香、水蜡、接骨木（*Sambucus williamsii* Hance）等。

具有较强抗氟化物的树种有榆树、桑树、柳树、杨树、刺槐、花曲柳、卫矛、沙枣、侧柏、红皮云杉（*Picea koraiensis* Nakai）、女贞、泡桐、枇杷、苦楝、力楠、侧柏、黄皮 [*Clausena lansium*（Lour.）Skeels]、大叶桃花心木（*Swietenia macrophylla* King）、白玉兰、大王椰子、团花、母生（*Homalium hainanensis* Gagnep.）、羊蹄甲、石榴、扶桑、梧桐、罗汉松、竹柏 [*Nageia nagi*（Thunb.）Kuntze] 等。

具有抗氧化物作用的树种有油松（*Pinus tabuliformis* Carr.）、樟子松（*Pinus sylvestris* L. var. *mongolica* Litv.）、柳、刺槐、山桃、复叶槭、蒙古栎（*Quercus mongolica* Fischer ex Ledebour）、枫杨、花曲柳、榆、丁香、卫矛、紫穗槐、水蜡、茶条槭、枇杷等。

具有良好抗氯、吸氯的树种有松树、梓树、紫荆（*Cercis chinensis* Bunge）、榆树、中国槐（*Sophora japonica* L.）、石栗、杧果、扁桃、阴香、海南红豆、假槟榔、米兰、银桦、合欢、紫茉莉、栀子花、肉桂、番石榴（*Psidium guajava* L.）、桂花、银柳（*Salix argyracea* E. L. Wolf）、旱柳、水蜡、大叶黄杨、黄杨、卫矛、忍冬、竹柏、盆架树、细叶榕、高山榕、印度橡胶榕、棕榈、蒲葵、香樟、荷花玉兰、夹竹桃、龙柏、臭椿、苦楝、构树、木槿、蒲桃、山茶、金钱松、夹竹桃、樟叶槭、无花果、乌桕、海桐、垂柳、小叶驳骨丹（*Grendarussa valgaris* Nees）、构骨（*Ilex crenata* Thunb.）、珊瑚树、小叶女贞、接骨木等。

八、金属吸附树种

具有良好重金属吸附作用的树种主要有垂枝榕、菩提树、凤凰木、南洋杉、红枫 [*Acer palmatum* Thunb. ‘Rubellum’]、鸡爪槭、桂花、女贞、龙柏、银杏、黄杨、香樟、杨树、刺槐、大叶樟 [*Deyeuxia langsdorffii*（Link）Kunth]、潺槁树、棕竹、尾叶桉（*Eucalyptus urophylla* S.T. Blake）、悬铃木、栾树、荷花玉兰、梨树（*Pyrus* sp.）、桑树、无患子、蒙古栎、红松（*Pinus koraiensis* Siebold et Zuccarini）、梓树、垂柳、旱柳、山槐 [*Albizia kalkora*（Roxb.）Prain]、白桦（*Betula platyphylla* Suk.）、核桃、接骨木等。

九、防风树种

具有良好防风效果的树种有母生、紫檀、竹柏、锡兰橄榄（*Elaeocarpus serratus* L.）、南洋杉、乌桕、圆柏 [*Sabina chinensis*（L.）Ant.]、洋蒲桃 [*Syzygium samarangense*（Blume）Merr. et Perry]、椰子（*Cocos nucifera* L.）、大王椰子、蒲葵、糖胶树、榄仁（*Termninalia catappa* L.）、石栗、海南红豆、台湾相思、大叶相思、柠檬桉、人面果（*Dracontomelon duperreanum* Pierre）、木麻黄、落羽杉、池杉、南洋杉、竹柏、毛竹 [*Phyllostachys heterocycla*（Carr.）Mitford]、小叶榕、高山榕、菩提树、白千层、千层金（*Melaleuca bracteata* F.Muell.）、水翁、夹竹桃、石栗、血桐、凤凰木、苦楝、麻楝、非洲桃花心木、大叶山楝（*Aphanamixis grandifolia* Bl.）、香樟、杧果、扁桃、银桦、山杜英、木棉、爪哇木棉 [*Ceiba pentandra*（L.）Gaertn.]、糖胶树、吊瓜木 [*Kigelia africana*（Lam.）Benth.]、猫尾木、人心果、番石榴、旱柳、花曲柳等。

十、防火树种

具有良好耐火性的树种有罗汉松、木荷、红花荷、火力楠、红锥、楠木（*Phoebe zhennan* S. Lee et F. N. Wei）、桂花、竹柏、细柄蕈树、珊瑚树、油茶、蘘荷、杨梅、台湾相思、马占相思（*Acacia mangium* Willd.）、大叶相思、铁冬青、罗浮栲、石栎、米老排、海南蒲桃、山杜英、大果马蹄荷、山乌桕、土蜜树（*Bridelia tomentosa* Bl.）、香叶树（*Lindera communis* Hemsl.）、泡桐、麻栎（*Quercus acutissima* Carr.）、网脉山龙眼、海桐、女贞、光叶石楠 [*Photinia glabra*（Thunb.）Maxim.]、臭椿等。

十一、耐湿树种

适于湿地种植的主要树种有落羽杉、墨西哥落羽杉（*Taxodium mucronatum* Tenore）、池杉、中山杉（*T.scendens×mucronatum*）、柳树、重阳木、乌桕、无患子、栾树、水杉、喜树、杂交马褂木（*Liriodendron chinense × tulipifera*）、红叶李、枫杨、赤杨 [*Alnus japonica*（Thunb.）Steud.]、苦楝、湿地松、杜梨（*Pyrus betulaefolia* Bge.）、紫穗槐、麻栎、榉树 [*Zelkova serrata*（Thunb.）Makino]、山苍子、柿树、雪柳（*Fontanesia fortunei* Carr.）、白蜡、紫藤、凌霄 [*Campsis grandiflora*（Thunb.）Schum.]、水松、圆柏、杨树、桑、薄壳山核桃、榔榆、丝绵木（*Euonymus bungeanus* Levl.）、紫薇、棕榈、栀子、构树、水曲柳（*Fraxinus mandshurica* Rupr.）、木麻黄、垂柳、榄仁树、小叶榕、水石榕、木槿、黄花夹竹桃、白千层、茶梅（*Camellia sasanqua* Thunb.）、台湾桤木 [*Alnus formosana*（Burkill）Makino]、香椿等。引进树种有水紫树（*Nyssa aquatica* L.）、美国紫树（*Nyssa sylvatica* Marsh.）、黑栎（*Quercus velutina* Lam）、北美枫香、复叶槭、柳叶栎（*Quercus salicina* Blume）、弗栎（*Quercus virginiana* P. Mill.）、欧洲桤木 [*Alnus glutinosa*（L.）Gaertn.]、二球悬铃木 [*Platanus ×acerifolia*（Ait.）Willd.] 等。

十二、耐盐碱树种

适合不同程度盐碱地造林的树种有木麻黄、柳树、乌桕、落羽杉、构树、苦楝、桃、榉树、槭树、红叶石楠、柳杉、榆树、黄榆（*Ulmus macrocarpa* Hance）、樟子松、水曲柳、锦鸡儿（*Caragana microphylla* Lam.）、胡枝子、丁香、大扁杏（*Armeniaca vulgaris* Lam.）、美国白蜡、枣（*Zizyphus jujube* Mill.）、梨、枸杞（*Lycium chinense* Miller）、刺槐、桑树、柽柳（*Tamarix chinensis* Lour.）、沙枣、臭椿、银杏、合欢、木槿、白杨（*Populus tomentosa* Carr.）、胡杨（*Populus euphratica* Oliv.）、泡桐、皂角（*Gleditsia sinensis* Lam.）、楸树（*Catalpa bungei* C. A. Mey.）、赤桉（*Eucalyptus camaldulensis* Dehnh.）、邓恩桉（*Eucalyptus dunnii* Maiden）、弗栎、卫矛、珊瑚树、

重阳木等。

十三、耐干旱瘠薄树种

适合贫瘠立地造林的树种有落叶松[*Larix gmelinii*（Ruprecht）Kuzeneva]、黑松（*Pinus thunbergii* Parlatore）、油松、侧柏、小叶杨（*Populus simonii* Carr.）、榔榆、朴树、构树、枫香、山楂、杏、山桃、合欢、山槐、紫荆、中国槐、刺槐、黄檀（*Dalbergia hupeana* Hance）、黄连木、盐肤木、栾树、白蜡、蜡梅、锦鸡儿、胡枝子、卫矛、柽柳、紫薇、连翘、接骨木、印楝（*Azadirachta indica* A. Juss.）、槭树、白枪杆（*Fraxinus malacophylla* Hemsl.）、冬樱花[*Cerasus caudata*（Franch.）Yü et Li]、银合欢、云南沙棘（*Hippophae rhamnoides* L.subsp. *yunnanensis* Rousi）、臭椿、红瑞木等。

第三章

生态景观树种应用

Shongtai jingguan shuzhong yingyong

Disanzhang

评价一个树种是否适合营造生态景观林，考虑的因素主要有：(1) 所在地点的环境和功能要求；(2) 区域天然物种的生物多样性；(3) 人类和社会的因素。

用于营建生态景观林的树种具有明显的地带性和本地偏好。目前世界各地均建立了具有代表性和影响力的主题生态景观林，成功案例阐述如下。

第一节　国外应用与实践

一、日本以樱花为主题的景观

1. 日本樱花大道

主题树种：樱花，蔷薇科樱属小乔木。

分布：原产北半球温带环喜马拉雅山地区，在世界各地都有栽培。以日本樱花最为著名，共有 200 多个品种。

观赏价值：樱花色彩美，花单生枝或 3 ~ 6 簇生，成伞状花序，花色多为白色、粉色或红色，非常鲜艳。最漂亮的樱花品种是垂枝樱，又称瀑布樱花，如粉红瀑布一样悬挂下来，极富诗情画意。

人文价值：人类和社会因素，人们很欣赏樱花娇艳灿烂的壮美，也更痛惜它花期短暂，转瞬即逝的凄美。樱花开放时间短暂，一般不超过 7 天，在开放时节会吸引大量的人们观赏。

景观特色：樱花在季相上有极强的色彩视觉冲击力，进而使整个景观的美学特点更突出。

2. 日本富士山樱花景观

景观特色：樱花是日本富士山樱花景观的建群种，是一种近自然景观，在生态方面能进行自组织和调节，具有更高的生态稳定性。盛开时节花繁艳丽，满树烂漫，如云似霞，极为壮观，形成“花海”景观。红粉色樱花花海的背景是银色的、终年积雪的日本

富士山和青绿色的湖水，由此形成一种和谐壮观的视觉和静谧安详的意境。

二、韩国以木槿为主题的景观

主题树种：木槿，锦葵科木槿属灌木。

分布：木槿属主要分布在热带和亚热带地区，木槿属植物起源于非洲大陆，非洲木槿属植物种类繁多，呈现出丰富的遗传多样性。此外，在东南亚、南美洲、大洋洲、中美洲也发现了该物种的野生类型。我国也是一些木槿属物种的发源地之一。对木槿属树种研究与栽培多集中在美国的夏威夷、韩国等地，韩国的气候环境适合木槿的生长，在木槿的200多个品种中，有100多个为韩国本土品种。

观赏价值：木槿花的外表热情豪放，却有一个独特的花心，这是由多数小蕊连结起来，包在大蕊外面所形成的，结构相当细致，就如同热情外表下的纤细之心。花大，呈红、黄、粉、白等色，花期全年，夏秋最盛。

人文价值：木槿花生命力极强，象征着历尽磨难而矢志弥坚的性格。1990年，韩国将单瓣红心系列品种定名为韩国国花。旗杆顶端使用国花——木槿花加以装饰。

景观特色：绿篱和道路景观效果。木槿适合作绿篱和道路绿化，该树种栽培容易，耐修剪，花朵鲜艳夺目，观赏期长。用木槿作篱，既可观叶，又可观花，为夏、秋季节重要花木。

三、印度以菩提树为主题的景观

主题树种：菩提树，桑科榕属常绿乔木。

分布：原产印度，在世界佛教圣地广泛栽培。

观赏价值：菩提树叶片呈心形，前端骤然变得细长似尾，被称作“滴水叶尖”，十分俊俏。树干粗壮雄伟，树冠亭亭如盖。

人文价值：“菩提”一词为古印度语（即梵文）Bodhi 的音译，意思是觉悟、智慧，用以指人如梦初醒，豁然开朗，顿悟真理，达到超凡脱俗的境界。因佛祖在此树下“成道”，被称为菩提树。佛教视菩提树为圣树，印度定菩提树为国树。菩提树在印度广泛栽培应用，特别是在印度的哈里亚纳州、比哈尔邦、喀拉拉邦和中央邦居多，在印度虎国家公园也有。

景观特色：菩提树常常与佛教的“五树六花”中其它植被一起搭配进行造景。这些植被有菩提树、高山榕（*Ficus altissima* Bl.）、贝叶棕（*Corypha umbraculifera* L.）、槟榔（*Areca catechu* L.）和糖棕（*Borassus flabillifer* L.）；六花是指荷花（*Nelumbo nucifera* Gaertn.）、文殊兰 [*Crinum asiaticum* L. var. *sinicum*（Roxb.ex Herb.）Baker]、黄姜花（*Hedychium flavum* Roxb.）、鸡蛋花、缅桂花（*Michelia alba* DC. Syst.）和地涌金莲 [*Musella lasiocarpa*（Fr.）C. Y. Wu ex H. W. Li]，带有浓郁的佛教特色和热带亚热带地域特色。

四、澳大利亚以金合欢为主题的景观

主题树种：金合欢，含羞草科金合欢属有刺灌木或小乔木。

分布：原产于世界热带及亚热带地区，

更多分布于澳大利亚和非洲。

观赏价值：花极香，可提取香精和芳香油。花开时，好像金色的绒球。树态端庄优美，春叶嫩绿，意趣浓郁，冠幅圆润，呈现出迎风招展的风采。

人文价值：在澳大利亚，金合欢是最具代表性的植物，是澳大利亚国花。

景观特色：澳大利亚采用金合欢作制篱，种在房屋周围，非常别致。花开时节，花篱似一道金色屏障，带着浓郁的花香，令人沉醉。

五、新西兰以桫椤为主题的景观

主题树种：桫椤 [*Alsophila spinulosa* (Wall. ex Hook.) Tryon] 是现存唯一的木本蕨类植物。

分布：在距今约 1.8 亿万年前，桫椤曾是地球上最繁盛的植物，与恐龙一样，同属"爬行动物"时代的两大标志。但经过漫长的地质变迁，地球上的桫椤大都罹难，只有在极少数被称为"避难所"的地方才得以保存。桫椤位居中国国家一类 8 种保护植物之首，新西兰是桫椤产地之一。

观赏价值：桫椤树形美观、树冠犹如巨伞、茎苍叶秀、高大挺拔，极具观赏价值。

生态价值：生物多样性保护的生态意义重大。不仅因为桫椤随时有灭绝的危险，更由于桫椤对研究蕨类植物进化和地壳演变有着非常重要的科学意义。

六、法国以法国梧桐为主题树种的景观

主题树种：三球悬铃木（*Platanus orientalis* L.）又称法桐。属悬铃木科（Platanaceae）悬铃木属。树高达 30m，树皮深灰色。

分布：原产英国，现在已经广泛栽植于世界各地，喜温润气候。

观赏价值：树形高大壮观、枝叶茂盛。春季树叶新绿，秋天树叶变黄，不同季相树

叶色彩变化明显。

生态价值：抗空气污染能力较强，叶片具吸收有毒气体和滞积灰尘的作用，对二氧化硫、氯气等有毒气体有较强的抗性。

景观特色：法国梧桐是世界著名的优良庭荫树和行道树，具有“行道树之王”的美誉。在法国的蒙波利埃，悬铃木约占这个城市行道树的47%。

七、西班牙以石榴为主题的景观

主题树种：石榴，石榴科石榴属的落叶灌木或小乔木。

分布：原产中亚的伊朗、阿富汗。现在伊朗、阿富汗和阿塞拜疆以及格鲁吉亚共和国海拔300～1000 m的山上，尚有大片的野生石榴林。石榴是人类引种栽培最早的果树和花木之一。现在亚洲、非洲、欧洲沿地中海各地，均作为果树栽培。

观赏价值：石榴既可观花又可观果。石榴花开于初夏，绿叶荫荫之中，燃起一片火红，灿若烟霞，绚烂之极。赏过了花，再过两三个月，红红的果实又挂满了枝头，丹葩结秀，华实美丽。地栽石榴适于风景区的绿化配置。

人文价值：现代生长在我国的石榴，是汉代张骞出使西域时带回国的。人们借石榴多籽，来祝愿子孙繁衍，家族兴旺昌盛。石榴树是富贵、吉祥、繁荣的象征。在西班牙的国徽上有一个红色的石榴，石榴是西班牙的国树。

景观特色：西班牙的气候很适宜石榴的生长，在西班牙50万km^2的土地上，不论高原山地、市镇乡村、房前屋后，还是滨海公园，到处都可见石榴树，形成较壮观的景观效果。

八、加拿大以糖槭为主题的景观

主题树种：糖槭（*Acer saccharum* Marsh.），槭树科槭树属落叶乔木。

分布：原产北美洲，以加拿大为多。

观赏价值：树型雄伟，木质坚硬，首选遮荫树种，秋季叶片金黄色至橘红色。

生态价值：瑰丽的糖槭树是世界三大糖料木本植物之一，含糖量很丰富，这种树液的含糖量为0.5%～7%，高的可达10%，一株15年的糖槭树，每年可采制两三千克糖，每株树可连续产糖50年。

人文价值：加拿大境内多枫树，素有“枫叶之国”的美誉。长期以来，加拿大人民对枫叶有着深厚的感情，把枫叶作为国徽，国旗正中绘有一片红色枫叶，枫树为国树。

景观特色：从加拿大魁北克到尼亚加

拉大瀑布，行程 800 km，是加拿大有名的枫树大道。多伦多、金斯顿、渥太华、蒙特利尔等大城市都分布在这条枫树大道上。著名的圣劳伦斯河起源于碧波荡漾的蓝色安大略湖，与枫树大道平行，1000 多个大小湖泊星罗棋布般散落在枫树大道旁，因而形成了湖畔、河边、路旁枫叶红于二月花的美丽景观。灿烂的枫叶映红了蓝天碧水，染红了城镇村庄，红透了整个加拿大，无论走到哪里，人们都会惊叹层林尽染、灿若朝霞的美景。

九、美国以红杉为主题的景观

主题树种：红杉 [*Sequoia sempesvisens* (D. Don) Endl.]，杉科北美红杉属巨大乔木。

分布：在 1.4 亿年前，红杉遍布于北美大陆大部分地区。后来由于气候的变化，这一树种分布的范围也就越来越小。目前只生存于太平洋沿岸从俄勒冈州西南部到加利福尼亚州的蒙特雷的狭长地带。

观赏价值：北美红杉树姿雄伟、枝叶密生、生长迅速，形成的景观秀丽、气势非凡。红杉林下生长很多名贵的加利福尼亚月桂，开花的季节散发着特异的芳香，沁人心脾。

生态价值：红杉树国家公园作为世界自然遗产和国际生态保护组织受保护的资源，为很多国家的人们所珍视。公园呈现出缤纷多彩的自然生态景观，已被记录的植被种类多达 856 种，其中 699 种是土生土长的、最具优势的植被形态则是红杉。公园内的动物多样性也非常丰富，目前的哺乳类有 75 种，鸟类则超过了 400 种。

人文价值：19 世纪中叶以后，红杉曾被大量砍伐，许多动物失去栖息地，直到后来红杉树国家公园的建立，红杉才得以保护，人类地球上这片具有震撼力的资源和景观才得以延续。

景观特色：美国加利福尼亚州的北部海岸，从圣弗兰西斯科往西北直达俄勒冈州界，绵亘约 500km 多雾的狭长地带，拥有明媚的海滨，幽静的河谷，特别是那片片挺拔壮观的红杉树林，巨树参天，最高达 112m，最古老的树龄超过 2000 年。

十、阿根廷以刺桐为主题的景观

主题树种：刺桐，豆科刺桐属落叶乔木。

分布：原产亚洲热带，被阿根廷广泛栽培，为阿根廷的国树。

观赏价值：树身高大挺拔，枝叶茂盛。早春枝端抽出总状花序，长 15cm，花大，蝶形，密集，有橙红、紫红等色。

人文价值：阿根廷人普遍喜欢刺桐，并以之为国花，这可能与当地的一个古老传说有关。据说当时阿根廷境内，有许多地区常遭水灾，可是说也奇怪，只要有刺桐的地方，就不会被洪水淹没。因此，人们就把刺桐看成是保护神的化身，四处广为栽培，并更进一步将它推举为国花。

景观特色：花色鲜红，花形如辣椒，花序硕长，若远远看去，每一只花序就好似一串熟透了的火红的辣椒。

十一、加蓬以火焰木为主题的景观

主题树种：火焰木，紫葳科火焰木属落叶大乔木。

分布：原产非洲，是加蓬共和国的国树。

观赏价值：花期冬春之间，花开放在树冠顶层，如熊熊燃烧的水焰一般，花艳如火，极为醒目。深红色的花瓣边缘有一圈金黄色的花纹，异常绚丽。冠幅较大，遮荫效果好。

景观特色：隆冬时节，北国大地，千里冰封，万里雪飘，而南方的火焰树却枝叶繁茂，亭亭如盖，青翠欲滴，浓荫匝地，枝叶之间，群花盛开，艳红无比，如火如荼。远远望去，犹如一团团熊熊燃烧的火焰，又似一片片天边眩目的彩霞，十分壮观。仲春之际，火焰树落英缤纷，遍地殷红，落红更护花。

十二、马达加斯加以凤凰木为主题的景观

主题树种：凤凰木，苏木科凤凰木属的树种。

分布：原生非洲马达加斯加，是濒危物种。

观赏价值：树冠优美，平展成伞形；树叶秀丽，叶为二回羽状复叶。花瓣五瓣，花色艳红且带黄晕。花红叶绿，满树如火，富丽堂皇，遍布树冠，犹如蝴蝶飞舞其上。由于“叶如飞凰之羽，花若丹凤之冠”，故取名凤凰。

生态价值：具有降温增湿的小气候效应。在盛夏 7 ~ 8cm 胸径的凤凰木最大冠幅可达 $8m^2$ ~ $10m^2$，其遮光率在 50% ~ 70% 之间，凤凰木分枝较多，树冠中间与边缘相差不大，遮荫效果比较均匀且通风条件较好。树冠内相对温度比外界裸露处低 3℃，最大低 6℃。夏季栽植地一般维持在 23 ~ 28℃左右，树

冠内相对湿度比外界裸露地高10～20%。林下可以种植茶花，比较适合茶花生长发育。凤凰木的根部也有根瘤菌，可以改善土壤的养分状况。另外，它还抗大气污染。

十三、坦桑尼亚以丁香花为主题的景观

主题树种：紫丁香（*Syringa oblata* Lindle.），木犀科丁香属落叶灌木或小乔木。

分布：世界范围内主要分布在东亚、中亚和欧洲的温带地区。

观赏价值：花色有紫色、紫红、蓝紫、黄、红和白色，可谓五彩缤纷；在丁香花含苞待放时，海风吹来，满林飘香，直沁心脾。慕名而来的游客，络绎不绝，流连忘返，为吸到一口气味芬芳的花香而感到荣幸和欣慰。

生态价值：丁香对二氧化硫及氟化氢等多种有毒气体，都有较强的抗性。

景观特色：丁香开花时芳菲满目，清香远溢。在坦桑尼亚的奔巴岛，生长着360万株丁香树，成为举世闻名的"丁香之岛"，它与"姐妹岛"——桑给巴尔岛上的100万株丁香树，所产的丁香总量，占国际市场的80%。奔巴岛因为有香花树种丁香花的壮丽景观而被人称为"世界上最香的地方"。

第二节　国内应用与实践

中国地域辽阔，地形复杂，南北气候差异大，从北到南都有独特的生态景观林。如东北大小兴安岭有一望无际的红松林；河北承德避暑山庄有万树园；北京香山有以黄栌为主的红叶林；南京城有以二球悬铃木为主体的道路景观林；武汉东湖有漫山的樱花林；长沙岳麓山有以枫香为主的红叶林；安徽黄山有黄山松林；广东有天井山云锦杜鹃灌木风景林；海南岛有椰子林等，其重点主题生态景观林分述如下。

一、广东省外生态景观林

1. 北京香山红叶

香山位于北京西北郊，自然条件优越，植物种类丰富，拥有"香山红叶"这一知名的生态风景林，是我国四大赏枫胜地之一。红叶树种包括黄栌、元宝枫（*Acer truncatum* Bunge.）、火炬、栓皮栎（*Quercus variabilis* Blume）、槲栎（*Quercus aliena* Blume）、蒙古栎、柿树、白蜡等。其中黄栌为主要的秋色叶树种。黄栌栽植于清代乾隆年间，200

年来，逐渐形成拥有94000余株的黄栌生态景观林。

主题树种：黄栌，漆树科（Anacardiaceae）黄栌属落叶灌木或小乔木。

分布：分布于西南、华北和浙江；南欧至叙利亚，伊朗，巴基斯坦，印度北部也有。生海拔600～1500 m向阳山林中。

观赏价值：黄栌在生态景观林中的应用主要是秋色叶树种。树冠浑圆，树姿优美，茎、叶、果都有较高的观赏价值，特别是深秋叶片经霜变红时（秋叶开始变色的平均物候期为10月9日，秋叶全变色时间在10月17～30日间，11月11日落叶末），色彩鲜艳、美丽壮观；其果形别致，成熟果实颜色鲜红，艳丽夺目。另外，在夏初不育花的花梗伸长成紫色羽毛状，簇生于枝梢，留存很久，远望宛如万缕罗纱缭绕树间，故又有"烟树"（smoke-tree）之称。

生态价值：喜光，也耐半荫；耐寒，耐干旱耐瘠薄，但不耐水湿。以深厚、肥沃而易排水之沙壤生长最好。生长快，根系发达。萌蘖性强。对二氧化硫有较强抗性。

人文价值：黄栌是北京香山红叶的品牌树种，也是北京市实施"彩叶工程"的首选树种。金代就有"山林朝寺两茫然，红叶黄花自一川"（金代周昂写的《香山》）的描述。元代更在每年金秋采红叶于宫中，"宫中储大宰皆簪紫菊、金莲红叶于帽，又一年矣"，谓之赏红叶。相传长年累月在皇室中的宫女，思念亲人，将诗写在红叶上，放在水沟中流出宫外，以寄相思，称为"红叶为媒"。明代香山更是成为游览胜地。清乾隆把香山色彩斑斓的黄栌林叫"绚秋林"。新中国成立后，政府为满足人们需要，在西山大面积种植黄栌、元宝枫等秋色叶树种。为保留香山地区特有的秋季红叶观赏活动，发掘和传承历史文化，香山已陆续举办红叶文化节20余届，经久不衰。

景观特色：在香山，每到秋天，漫山遍野的黄栌树叶红得像火焰一般，霜后呈深紫红色。极目远眺，远山近坡，鲜红、粉红、猩红、桃红，层次分明，瑟瑟秋风中，宛若红霞，它与侧柏等深色常绿树种形成鲜艳活泼的混交林景观，红绿相间，瑰奇绚丽。

2. 武汉东湖磨山樱园

武汉东湖磨山樱园位于磨山南麓，始建于1979年，占地150亩，有樱花树5000株。与日本青森县的弘前樱花园，美国华盛顿州的樱花园并称为世界三大樱花之都。

主题树种：樱花，蔷薇科樱属落叶小乔木。

分布：原产北半球温带环喜马拉雅山地区，在世界各地都有栽培。全世界共100种以上，我国约45种。其中供观赏用樱花，分属于山樱花和东京樱花2种，在我国各地庭园均有栽植，磨山樱园以东京樱花为主要树种。

观赏价值：樱花是春季最美丽的花木之一，3月20日至4月中旬为盛花期，一朵樱花从开放到凋谢大约为7天，整棵樱花树从开花到全谢大约16天左右，形成樱花边开边落的特点。

生态价值：性喜光，喜温暖湿润的气候，对土壤要求不严，以深厚肥沃的沙质土壤生长最好，不耐盐碱土，根系浅，对烟尘、有害气体及海潮风的抵抗力均较弱。有一定的耐寒和耐旱力。

人文价值：早在秦汉时期，樱花栽培已应用于宫苑之中，唐朝时已普遍出现在私家庭院，白居易有诗“小园新种红樱树，闲绕花枝便当游”，便是描述了樱花盛开的景况。在武汉地区较早就有樱桃栽培的记载，樱花供人们观赏是从20世纪70年代才引起重视。磨山樱园内种植的第一批樱花由日本前首相田中角荣赠送给邓颖超，再由邓颖超转赠东湖。樱花园里，有一个叫七十八樱花亭的亭，有樱花78株，是为纪念1978年《中日友好条约》的签订。现在的绝大部分樱花是中日双方1998年共同投资栽种的，自2001年开园以来每年都举行樱花节。现在赏樱已是武汉市民每年必不可少的踏春项目，也是武汉市每年春季吸引全国游客旅游的招牌项目。

景观特色：樱园是中日友好的象征，采用日式庭院设计理念。在柔缓的山坡上，几千株樱花烂漫的竞相开放，灿若朝霞，白如初雪。微风吹来，木塔水影，波泛幽香，花枝摇曳，落英缤纷。在樱花树下配置了各种LED灯、水下彩灯，烘托出满树的花影，

夜间游园赏樱，让游客感受樱花的梦幻景观。

3. 湖南岳麓山红叶

长沙市麓山景区是中国四大传统红叶观赏胜地之一，景区内现有的秋色树种主要有枫香、重阳木、乌桕、黄连木、南酸枣、臭辣树（*Evodia fargesii* Dode.）、臭椿、香椿和野鸦椿 [*Euscaphis japonica*（Thunb.）Kanitz] 等，枫香是其中的主题树种。

主题树种：枫香，金缕梅科枫香属落叶大乔木。

分布：广布于黄河以南，西至四川、贵州，南至广东，东至台湾平原或丘陵地区。

观赏价值：枫香为南方观秋景的主要树种，在我国南方低山、丘陵地区营造风景林，大树参天十分壮丽。在秋季日夜温差作用下叶依次变红、紫、橙红等，增添园中秋色。常与绿树配合种植，秋季红绿相衬，会显得格外美丽。

生态价值：具有较强的耐火性和对有毒气体的抗性。

人文价值：枫香红叶景观为岳麓山景区名胜资源一大特色，陆游即有“数树丹枫映苍桧”的诗句，杜牧亦有“霜叶红于二月花”。2004 ~ 2007 年连续四届的“红枫文化节”，将岳麓山的自然景观元素赋予了丰富的文化内涵，彰显出景区的自然景观和文化特色。

景观特色：岳麓山青枫峡谷中，爱晚亭周围环绕着古木参天的枫香，每当秋季叶红之时，层林尽染，红叶缤纷，赏秋游人纷至沓来，成为观赏红叶的绝佳去处。

4. 南京市中山陵梧桐陵园大道

中山陵为“中国旅游胜地四十佳”之一，其中有著名的景点：法国梧桐景观林荫大道。这种俗称为“法国梧桐”的树木通称“悬铃木”，属悬铃木科悬铃木属植物，悬铃木包括三种，即美国悬铃木（俗称美国梧桐，简称“美桐”），英国悬铃木（俗称英国梧桐，简称“英桐”）和法国悬铃木（俗称法国梧桐，简称“法桐”）。其中英国悬铃木是法国悬铃木和美国悬铃木的杂交种，根据果枝上的球果数来看：美桐多为一果球；英桐多为两果球；法桐则有三个或三个以上的果球。现在，南京街头所看见的“法桐”树，大部分都是两球的英国梧桐，即称为二球悬铃木。

主题树种：二球悬铃木，悬铃木科悬铃木属落叶乔木。

分布：1646 年英国育成三球悬铃木和一球悬铃木（*Platanus occidentalis* L.）的杂交种，现广泛种植于世界各地。我国引入栽培百余年，北自大连、北京、河北，西至陕西、甘肃，西南至四川、云南，南至广东及东部沿海各地都有栽培。

观赏价值：树形雄伟，枝叶茂密，冠大荫浓，是世界著名的优良庭荫树和行道树。世界四大行道树之一，有“行道树之王”之称。

生态价值：对土壤要求不严，耐干旱、瘠薄，亦耐湿。根系浅易风倒，萌芽力强，耐修剪。抗烟尘、硫化氢等有害气体。

人文价值：悬铃木是南京最主要的行道树种，是南京城市的“象征树”。因俗称“梧桐”，取“家有梧桐树，引来金凤凰”之意，寄托着人们的美好愿望。宋美龄带领中外专家，经过勘查选定悬铃木，曾留学法国的东南大学教授常宗惠奉命从上海法租界购得数

千株，植于陵园大道的有 1000 多株，后人继续种植，合计近 3000 株。与中国陵园传统的种植松柏比较，松柏寓意长青，梧桐寓意吉祥高伟，中山陵是孙中山先生之陵，后人通过梧桐树的寓意表达对孙先生的崇敬和悼念。

景观特色：陵园大道上，春夏天时节，十几米高的二球悬铃木，形成一个高大雄伟的绿色空间。秋季，叶子全变成黄色，落叶铺满路面，十分美观。

5. 黄山奇松

黄山位于安徽省南部黄山市境内，为三山五岳中三山之一，有“天下第一奇山”的美称。徐霞客曾两次游黄山，留下“五岳归来不看山，黄山归来不看岳”的感叹。1985 年入选全国十大风景名胜。黄山以奇松称绝。

主题树种：黄山松（*Pinus taiwanensis* Hayata），松科松属常绿乔木。1961 年起，大部分学者认为黄山松与台湾松是同一树种，故采用相同学名。

分布：为我国特有树种，分布于台湾中央山脉海拔 750 ~ 2800m 和福建东部（戴云山）及西部（武夷山）、浙江、安徽、江西、湖南东南部及西南部、湖北东部、河南南部海拔 600 ~ 1800m 山地，常组成单纯林。

观赏价值：针叶二针一束，通常长 7 ~ 10cm，短粗稠密，叶色浓绿，枝干曲生，树冠扁平，显出一种朴实、稳健、雄浑的气势。

生态价值：喜光、深根性树种，喜凉润、空中相对湿度较大的高山气候，在土层深厚、排水良好的酸性土及向阳山坡生长良好；根系可不断分泌一种有机酸，能慢慢溶解岩石，把岩石中的矿物盐类分解出来为已所用；花草、树叶等植物腐烂后，也分解成肥料；这样黄山松便在贫瘠的岩缝中存活、成长。但生长迟缓。

人文价值：黄山松能坚强地立于岩石之上，美丽奇特，但生长的环境十分艰苦，一棵高不盈丈的黄山松，往往树龄上百年，甚至数百年；根部常常比树干长几倍、几十

倍，由于根部很深，虽历风霜雨霜却依然永葆青春。因此象征了坚韧不拔的拼搏精神、百折不挠的进取精神、众木成林的团结精神、广迎四海的开放精神、全心全意的奉献精神。

景观特色：黄山延绵数百里，千峰万壑，比比皆松。黄山松针叶粗短，苍翠浓密，干曲枝虬，千姿百态。或倚岸挺拔，或独立峰巅，或倒悬绝壁，或冠平如盖，或尖削似剑。有的循崖度壑，绕石而过；有的穿罅穴缝，破石而出。

二、广东省生态景观林

1. 广州“青山绿地、碧水蓝天”工程

从21世纪初，广州全面启动了“青山绿地、碧水蓝天”工程建设，主要包括“一环两带、三网四片，五组团六新城”的建设任务。重点抓好环城高速公路及15条高快速路、23条铁路专线绿化带的建设和改造；抓好新城市中轴线绿化带、珠江和河涌两岸的绿化景观建设；抓好中心城区1174个旧社区的综合整治；抓好新机场、新火车站、奥体新城、金沙洲、花地湾五个新发展组团和珠江新城、白云新城、大学城、广州新城、广州科学城和南沙新城的生态绿地建设，高标准构建新的绿地体系。近年来，应用于“青山绿地、碧水蓝天”工程的生态景观树种，成为建设绿色广州、生态广州、和谐广州的绿化主角。

突出乡土阔叶树种为主体的多元化结构，选植了大量岭南珍贵的高大生态景观树种，以广州市市花木棉为代表共应用了120多个树种，配置了相当数量的樟树、美丽异木棉、黄槐等生态景观树种。

以珠江新城中轴线的花城广场为例，将岭南园林精髓与都市时尚元素有机结合，广场内修建了木栈道形式的园林小径，配置了喷雾降温系统，大量种植了紫荆、木棉、桃花等开花乔木，在南国花城节点上配置以疏朗的棕榈植物和浓荫的常绿树种，两侧以花带及四块色彩植物组团，充分展现了现代都市的繁华气息。花城广场由北至南以各种岭南奇花异草、园林精雕细琢，营造了广汇群英、金穗溢彩、两仪交辉、阳春花海、珠水新风五个景观带，表现了绚烂多姿、流光溢彩的岭南历史文化和浓郁的南国风情，最终实现岭南园林与人文关怀有机结合，成为广州新城市中心的一张靓丽名片。

营造了广州亚运第一路的机场高速公路20多km的4种具有广州风貌的森林景观带，塑造了“红棉迎宾”、“南国椰风”、“四季花海”、“岭南榕韵”四种岭南森林景观风格。

2. 深圳生态风景林建设工程

将全市划分为城市背景型森林景观区、远山型森林景观区和道路原野型森林景观区，针对9个森林植被类型（山顶矮林、常绿阔叶灌丛、常绿阔叶次生林、针叶人工林、相思类人工林、桉树类人工林、针阔人工混交林、荔枝龙眼林和红树林），共改造营建5400多hm^2生态风景林。

以当地优势阔叶景观树、长寿命的阔叶景观树种、耐瘠耐干旱耐污染的、生态功能强的乡土景观树种为主。如桐基山生态风景林建设共有52景观种，分属20科。其中：春花型景观树种：蔷薇钟花（*Tabebuia pentaphylla* Hemsl.）、中华楠、木棉、刺桐、美丽异木棉、深山含笑、乐昌含笑、观光木、海南木莲（*Manglietia hainanensis* Dandy）等。夏绿型景观树种：香樟、依兰芷、高山榕、细叶榕、阴香、海南蒲桃、尖叶杜英等。秋叶型树种：红枫、米老排、山杜英、岭南槭等。冬黛型景观树种：大头茶、红花油茶、木荷、红木荷、铁冬青、小果铁冬青 [*Ilex rotunda* Thunb. var. *microcarpa*（Lindl.et Pax）S.Y.Hu]、石笔木、油茶等。珍贵树种：降香黄檀、檀香（*Santalum album* L.）、土沉香、格木、红锥、楠木、铁力木（*Ceylon ironwood*）、大果紫檀（*Pterocarpus macarocarpus* Kurz）、柚木（*Tectona grandis* L.f.）、非洲桃花心。生物防火树种：木荷、红木荷、石笔木、杨梅、大头茶、火力楠、红花油茶等。野生动物栖息生态景观树种：红锥、潺槁树、榕树、香樟等。招蜂引蝶树种：潺槁树、秋枫、鸭脚木、阴香等。

生态风景林的整体建设体现以生态景观为本、亲近自然的原则，在健康、稳定的生态景观林建设基础上，为广大人民提供更加自然的、视觉愉悦、心理愉悦的游憩场所。

以桐基山为例，根据设计原则、布局和结合作业设计林地的地理位置、立地情况，分为四大建设目标类型：春花型、夏绿型、秋色型和冬黛型。春花型：在桐基山的东面，多采用春季开花的木兰科、樟科芳香树种，间或配置木棉、凤凰木等红色系列的木本花卉，营造花团锦簇，色彩缤纷的森林美景。夏绿型：在桐基山的南面，比邻横坪公路，应用具有良好水土保持、水源涵养和保健特性的常绿乡土阔叶树种，片状种植，形成林深鸟鸣、郁郁葱葱的森林意境，为今后改建森林公园奠定基础。秋色型：在桐基山的西面，按自然式分散板块景观的种植格局，采用色彩丰富的秋景树种进行改造，如乌桕、红枫、黄栌等，形成秋叶精美的深邃情境，使森林景观令人乐而忘返。冬黛型：在桐基山的北面，主要配置冬青科、芸香科和山茶科的常绿树种，以形成墨绿如黛的森林景观。

3. 中山“一区三线”林业重点工程

1999年中山市启动了“一区三线”林业重点生态工程建设，主要包括中山往珠海的东西中三条沿线公路第一重山以及长江旅游区的森林改造工程，改建森林面积3.5万亩。

重点采用地带性科建群树种，如樟科、金缕梅科、山茶科等科属的红锥、樟树、木荷等作为主体树种，同时配植具有色叶、季相变化或野生木本花卉树种，形成具有乡土性、观赏性、共有30多个阔叶树种组成的多种生态景观林。

经过连续多年的抚育管理，逐步演替、形成了多树种、多层次、多色彩、多功能、多效益的“五多”森林群落类型，充分展现了南亚热带常绿阔叶林的地带性景观特色，成为广东山地森林改造及其生态景观树种应用的典范。

4. 梅州曼陀山庄

位于梅州平远县长田镇的曼陀罗山庄，是目前世界最大的万亩油茶产业园。在佛教中，曼陀罗是梵语的音译，意为“悦意”，红山茶称为曼陀罗树，为祥瑞之花。山庄中有一处曼陀园，是我国第一家集园林、文化于一体的山茶种质资源圃。

主题树种：山茶，山茶科山茶属常绿灌木或乔木。

分布：原产于东亚北回归线两侧，我国有238种，以云南、广西、广东及四川最多。余产中南半岛及日本。

观赏价值：植株形姿优美，花叶浓绿光泽，花型秀美多样，花姿优雅多态，花色艳丽缤纷。茶花花期长，盛花期1～3月。在百花凋零的寒冬史放，恰处元旦至春节期间，因而身份更加高贵。

生态价值：对工业污染中的二氧化硫、氟化氢等气体有较强抗性。

人文价值：山茶是我国传统十大名花之一，明代李时珍的《本草纲目》和王象晋的《群芳谱》，清代朴静子的《茶花谱》等都对山茶有详细记载。从2010年起，每年春节前后，平远在曼陀山庄举办茶花节，旨在让世界名优茶花走进普通人家，走进园林绿化，并加快对外交流的步伐。同时，茶花也逐渐成为平远县新年迎春花市的主题花卉。

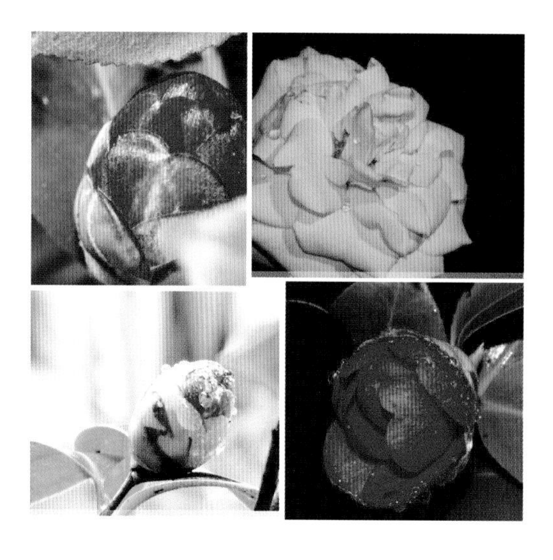

景观特色：茶花节期间，曼陀园中揽尽世界各地的名贵茶花达400多种，10000多株，其中名贵茶花100多种。还有小桥流水、亭廊楼榭、瀑布飞流、诗词、楹联、碑刻、文字石等，形成了让人目不暇接、赏心悦目的“曼陀十八景”。

5. 河源万亩桃园

河源市连平县上坪镇拥有3.8万亩桃园，为华南地区种植面积最大的桃基地。因桃果带有鹰嘴钩状而称鹰嘴桃。

主题树种：桃，蔷薇科桃属落叶乔木。

分布：原产我国，各地广泛栽培。世界各地均有栽植。

观赏价值：花瓣五个离生，花深粉红色，娇艳美丽。每年2～3月盛开，先花后叶，花期一般15天左右。

人文价值：桃花是中国传统的园林花木，其树态优美，枝干扶疏，花朵丰腴，色彩艳丽，为早春重要观花树种。

景观特色：连平县的鹰嘴桃主要种植区在上坪镇，因“三月赏花，七月品桃”，于是有了“桃花节”和“桃宴盛会”。每年3月，万亩桃园，漫山遍野的桃花，争奇斗艳，既有怒放的姿容，也有含苞欲开的花蕾，粲

如锦绣，艳如红霞。2005 年，该镇被中国特产之乡推荐暨宣传活动组织委员会确认为“中国鹰嘴蜜桃之乡”。

6. 潮州滨江红棉

位于韩江潮州市区段一江两岸的红棉树，是潮州新八景之一。红棉，又名木棉、英雄花。

主题树种：木棉，木棉科木棉属落叶大乔木。

分布：产云南、四川、贵州、广西、江西、广东、福建、台湾等省区亚热带地区。印度，斯里兰卡、中南半岛、马来西亚、印度尼西亚至菲律宾及澳大利亚北部都有分布。

观赏价值：树型高大雄伟，在干热地区，花先叶开放，花红色或橙红色，直径约 10cm。

生态价值：耐旱，抗污染、抗风，深根性，速生，萌芽力强。

人文价值：木棉树是英雄的化身，冲霄耸立，形态刚劲，表现出坚韧不屈的气概，鼓舞着人们奋发向上。

景观特色：春季来临，滨江的木棉树竞相开花，构成长达数千米的花带。红花映入韩江，在澄碧江水中形成了第二条花带；已掉落的无数红棉花，在滨江绿草地上形成了第三条花带，三条庞大的花带，与迢迢的春水，巍峨的古阙，秀逸的青山，众多的名胜，游憩其间的人群，汇成一个充满诗情画意，令人陶醉的独特景观。“韩江潮州河段环境整治与滨江景观建设项目”荣获“2007 年度中国人居环境（范例）奖”。

7. 南雄梅岭古道

梅岭古道是位于赣粤交界的古通道，始通于秦汉时期，梅岭在岭南经济文化发展史上起了重要作用，自越人开发后，成了中原汉人南迁的落脚点。因梅多而得名，自古已有“梅开庾岭为香国”的美誉。

主题树种：梅，蔷薇科杏属落叶小乔木。

分布：原产我国南方，现各地均有栽培，但以长江流域以南各地最多，江苏北部和河南南部也有少数品种，某些品种已在华北引种成功。日本和朝鲜也有。

观赏价值：梅花色彩众多，常见为白、红、黄三色。尤其白色，冰清玉洁与冰雪相和谐。梅花的色、香、形，个性明显，具有很高的审美价值，而中国美学又十分强调“以形写神”、“神采为上”，因此总有浪漫的想象与精妙的比喻，使之神采活现。

生态价值：喜光树种，花期忌暴雨，涝渍数日即可大量落黄叶或根腐致死。对土壤要求不严。

人文价值：梅是中国特有的传统花木，已有3000多年的栽培历史。赏梅的兴起，大致始自汉初。《西京杂记》载：“汉初修上林苑，远方各献名果异树，有朱梅，姻脂梅。”这时的梅花品种，属既观花又结实的兼用品种。到了南北朝，艺梅、赏梅、咏梅之风更盛，梅花蕴含着中华民族的审美趋向、情感脉络和道德标准。“庚岭寒梅”是我国历史上有名的四大探梅胜地之一（梅岭包括五岭：大庚岭、骑田岭、萌渚岭、都庞岭、越城岭），北宋著名文学家苏轼登梅岭赏梅赋诗云：“梅花开尽杂花开，过尽行人君不来，不趁青梅尝煮酒，要看红雨熟黄梅。”历代文人墨客以梅为对象在梅岭留下了大量的诗文，形成了独有的梅文化。

景观特色：梅岭各种梅花先后开放的时间共三个月，白梅先开，红梅随后，一直持续到2月下旬。梅花遍布岭南岭北，每到冬天梅花怒放，漫山遍野，成了梅花的世界。岭古驿道两侧，梅花绚烂绽放时节，疏影横斜，暗香浮动，把整条古道装扮得分外妖娆。由于梅岭地跨赣粤两地，气候有明显差异，因此可看到“南枝花落，北枝始开”的独特自然景观。

8. 南雄银杏景观

南雄市有银杏树10万亩，有10多个乡镇都有上百亩连片的银杏树林。在南雄，千年以上的银杏树有2棵，百年以上的老树有1680多棵，油山的银杏树王高50多m，树身要10个人才能合抱。

主题树种：银杏，银杏科银杏属为落叶乔木，变种及品种有：黄叶银杏（*Ginkgo biloba* L.‘Aurea’）、塔状银杏（*Ginkgo biloba* L.‘Fastigiata’）、裂银杏（*Ginkgo biloba* L.‘Baiera’）、垂枝银杏（*Ginkgo biloba* L.‘Pendula’）、斑叶银杏（*Ginkgo biloba* L.‘Variegata’）。

分布：第四纪冰川后，位于欧洲、北美和亚洲绝大部分的银杏均已灭绝，第四纪冰川期后仅存中国大陆的孑遗树种，有活化石之称。南雄年均气温19.6℃，昼夜温差较大，光、热、水资源充足，适合银杏生长。

观赏价值：树冠挺拔高耸，树身端直、纹理细密、有很好的观赏和绿化价值。叶似扇形。叶形古雅，寿命绵长。为中国四大长寿观赏树种（松、柏、槐、银杏）之一。

生态价值：银杏可以绿化环境、净化空气、保持水土、防治虫害、调节气温、调节心理等。具有较强的抗烟尘、抗火灾、抗有毒气体能力。银杏树是理想的造林、绿化、观赏树种。可用于园林绿化、行道、公路、田间林网、防风林带建设。

人文价值：银杏耐腐抗蛀，富有弹性，声乐性好，木材是雕刻、镶嵌、装饰、器乐的特殊材种，是制匾、木鱼、印章、木模的上好材料，叶和白果还可以治疗疾病，深受人们钟爱。

景观特色：南雄银杏树体高大，树干通直，姿态优美。春夏翠绿，生机盎然，有清雅秀丽之感。深秋金黄可掬，在密密的银杏林里望到的是蔚蓝的天空、金色的银杏树叶，黄得透彻，秋风过后，撒下满地的金黄，深秋季节南雄的万亩银杏山林呈现出一片金色景观，有华贵典雅之感。

9. 天井山云锦杜鹃

广东省境内仅在韶关市乳源县广东天井山国家森林公园广东屋脊景区有云锦杜鹃的分布，花开时形成独特胜景。

主题树种：云锦杜鹃，杜鹃花科杜鹃花属常绿灌木或小乔木。

分布：原产我国长江流域及华南地区，生于海拔620～3000m的山脊阳处或林下。

观赏价值：花朵盛开时，由7～13朵

小花团簇组成一朵朵大若碗口、妩媚无比的花团，一树千花，故又称“千花杜鹃”。一般花期在 7 ～ 10 天，花色有大红、粉红、白色和紫色等，间杂一起，形成一片缤纷夺目的“花海”。

人文价值：被誉为“花中之王”、“中华奇观”的云锦杜鹃是中国特有珍稀树种，它以“苍干如松柏，花姿若牡丹”而成为《中国高等植物图鉴》中记载的 377 种杜鹃花中的佼佼者，为我国特有的珍稀树种。清初张联元作《杜鹃花》：“翠岫从容出，名花次第逢。最怜红踯躅，高映碧芙蓉。琪树应同种，桃源许并。无人移上苑，空置白云封。”将别名红踯躅的云锦杜鹃与仙界琪树、碧桃花相比，既感慨它没有被收入皇家花园，也说只有在白云缭绕中观花，才能有一种超脱凡尘之感。

景观特色：天井山的云锦杜鹃，花期为每年的 4 月 10 ～ 20 日。花开粉红色，在路边、道旁、岩上、林间、坡地上，星星点点，丛丛簇簇，望之粉若芙蓉，姣若清荷，灿若云霞。人在花中游，仿佛置身一幅色彩鲜明、格调清新的图画中。

10. 广宁竹海大观

广东省广宁县是全国十大竹乡之一，广宁竹海大观景区占地面积 8.13km²，空气负离子达 9.8 万个 /m³，竹子制氧量是常绿阔叶林的 1.5 倍，浓浓的纯氧和竹林精气，堪称中国南部最大的氧吧之一。

主题树种：竹子，竹为高大、生长迅速的禾草类植物，茎为木质。

分布：原产中国，类型众多，适应性强，分布极广。全世界共计有 70 个属 1200 种，盛产于热带、亚热带和温带地区。中国是世界上产竹最多的国家之一，共有 22 个属、200 多种，分布全国各地，以珠江流域和长江流域最多，秦岭以北雨量少、气温低，仅有少数矮小竹类生长。

观赏价值：竹身形挺直、外直中通、素面朝天、玉竹临风、顶天立地，正直、坚韧、挺拔；不惧严寒酷暑，万古长青。

生态价值：竹林具有庞大的根系，水源涵养，水土保持，防风防震能力强。

人文价值：人们欣赏竹的精神，竹枝秆挺拔，修长，四季青翠，凌霜傲雨，备受中国人民喜爱。它不仅是"四君子"（梅兰竹菊）之一，也是"岁寒三友"（松竹梅）之一。

景观特色：广宁被称为锦绣玉竹乡，这里的溪流与两岸的山体形成连绵万顷苍莽的竹海，苍翠欲滴，十分壮观。竹海大观内翠竹绵延浩如烟海，构成一幅气势雄伟，景色奇特的天然竹林美景。全年四季均可观竹，构成四景：春看竹雾、夏赏竹绿、秋览竹浪、冬观竹翠。

11. 电白木麻黄景观

广东电白县是风沙、暴潮等自然灾害多发地区。近10年来，该县大力推广了良种壮苗和逐步推广混交造林，尤其是大面积推广优良无性苗代替实生苗效果显著。以木麻黄为主的81 km长、4.2万亩防护林带已形成一道"绿色长城"。

主题树种：木麻黄，木麻黄科（Casuarinaceae）木麻黄属（*Casuarina*）常绿乔木。

分布：原产澳大利亚、太平洋诸岛。中国引种约有80多年历史，我国广东、广西、

福建、台湾，南海诸岛均有栽培。

观赏价值：树冠塔形，姿态优雅，为庭园绿化树种。

生态价值：木麻黄生长迅速，抗风力强，不怕沙埋，能耐盐碱，是中国南方滨海防风固林的优良树种。近50年以来，中国在沿海地区营造大面积木麻黄，建成了数千千米的绿色屏障，有效地抵御风沙危害，保护了农田，提高农作物产量，改善了沿海地区群众的生活和生存环境。

人文价值：木麻黄生长在环境恶劣的海边沙岸上，用根系固定流沙，还能枝干阻挡狂风巨浪的冲击，保卫身后的家园和农田，“风吹浪打，宁折不弯。”这就是木麻黄的品质，已成为顽强的生命力的象征。

景观特色：在广东省茂名市电白县海湾，沿海前缘沙质地带木麻黄形成一道道绿色的屏障，犹如绿色的绸带。远远望去，海陆之处，浓绿尽染。形成无可替代的沿海沙地之绿，被誉为“南海长城”。

12. 湛江红树林景观

湛江红树林自然保护区地处雷州半岛，为我国现存红树林面积最大的一个自然保护区，其中红树植物有12科、16属、17种，是除海南岛外我国红树种类最多的地区，其中分布最广、数量最多的红树为白骨壤、桐花树、红海榄、秋茄和木榄。该保护区在控制海岸侵蚀、保持水土和保护生物多样性等方面发挥着重要的作用。

主题树种：白骨壤 [*Aricennia marina* (Forsk.) Vierh.] 为马鞭草科白骨壤属常绿树；桐花树为紫金牛科桐花树属（*Aegiceras*）灌木或小乔木；红海榄为红树科红树属（*Rhizophora*）常绿灌木或小乔木；秋茄为红树科秋茄树属（*Kandelia*）灌木或小乔木；木榄为红树科木榄属（*Bruguiera*）常绿乔木。

分布：以上红树在广东、海南、广西等省区沿海滩涂均有分布。

观赏价值：观桐花树、木榄、秋茄的胎生苗。果实还挂在树上时，种子已长出胚根。

果实落下时，尖的胚根会插进泥土内开始生长。赏桐花树的膝状根、伞形花序；红海榄的支柱根和聚伞花序。

生态价值：湛江红树林在抗御台风、减缓潮水流速、促淤造陆、保护堤岸、吸收转化污染物、净化海水和保护生物多样性等方面发挥着极重要的生态作用。

人文价值：红树树种长期以来形成与环境相适应的特性：具有胎生现象，奇形怪状的呼吸根、支柱根和板根，叶子有泌盐现象等，另外，红树林下栖息着大量鸟类及鱼、虾、蟹、贝类，而使红树林的森林景观具有较高的观赏性、知识性、趣味性、娱乐性。

景观特色：位于广东省湛江市的红树林有真红树和半红树植物 15 科 25 种，主要的伴生植物 14 科 21 种，是我国大陆海岸红树林种类最多的地区，也是我国现存红树林中面积最大的区域。白骨壤在大潮时仅露出树冠顶端甚至全部淹没，而被称为“海底森林”或“海底绿岛”。近年来湛江红树林自然保护区进行了红树林景观恢复，共种植了 1000 hm^2 红树林，主要采用当地的优势树种红海榄、木榄、秋茄、桐花、白骨壤等，更加增添了原有红树林的景观。

第三节 广东生态景观树种应用前景

从 20 世纪 90 年代至今，广东生态景观林建设进行了卓有成效的实践，在区域生态安全、城市景观改善、宜居创业环境等方面取得显著效果。广东对于生态景观树种进行了大胆地探索与实践，特别是在广州的“青山绿地工程”建设、深圳“生态风景林工程”建设、珠海“森林大道工程”建设、中山“一区三线”林业重点工程建设、东莞“整山工程”建设等林业生态景观建设工程中得到了长足的发展，随着广东全面实施生态景观林带建设、森林进城森林围城等重点生态工程建设的大力推进，生态景观树种在广东具有十分广阔的应用前景。

一、生态景观林带工程建设需求

2011 年 8 月，胡锦涛总书记在视察广东时强调，要“加强重点生态工程建设，构筑以珠江水系、沿海重要绿化带和北部连绵山体为主要框架的区域生态安全体系，真正走向生产发展、生活富裕、生态良好的文明发展道路”。生态建设是维护区域生态安全的基础，是实现区域经济、社会和生态可持续发展的必要保障。2011 年 8 月 26 日，广东省人民政府发布了“关于建设生态景观林带构建区域生态安全体系的意见”（粤府〔2011〕101 号文），决定在广东省统一规划建设 23 条共 10000 km、805 万亩的生态景观林带，规划提出：要在主要江河沿江两岸、沿海海岸及交通主干线两侧一定范围内，营建具有多层次、多树种、多色彩、多功能、多效益的森林绿化带；建成的生态景观林带要达到结构优、健康好、景观美、功能强、效益高等五个标准；在推进林业转型发展、改善生态环境、建设宜居城乡等方面发挥突出功能，打造最好的林相。广东生态景观林带建设工程涉及 21 个地级以上市，100 个市、县（区），需要生态景观树种苗木大约 2.53 亿株。

2011 年 12 月广东生态景观林带示范段建设正式启动后，各地生态景观林带建设如火如荼，广州将在完成省里部署的建设 9 条高速公路和武广高铁生态景观林带示范段的任务的同时，2012 年重点抓好机场高速、广园快速路、南沙港快速等共 150 km 生态景观林带示范段建设；深圳规划在 2012 ~ 2020 年建设 19 条共 461 km、12 万亩的生态景观林带，其中绿化景观带（两侧 50 米）建设任务 1.7 万亩，生态景观林带（1 公里可视范围）建设任务 7.5 万亩，景观节点建设任务 2.8 万亩；惠州将投入 7.4 亿元重点建设 14 条、总面积 49.9 万亩、总里程 1028 km（可绿化里程 800 km）的生态景观林带，仅 2012 年惠州要完成生态景观林地建设任务 304 km，面积 89249 亩；江门将投入 3.14 亿元建设 4 条共 413 km、218536 亩的生态景观林带（江门范围的广湛高速公路、西部沿海高速、西部沿海防护林、西江水源涵养林）。佛山仅 2012 年就完成 112 km 生态景观林示范段建设任务。各级地方政府在结合自身特点基础上，将省政府下达的目标责任进行了扩充建设，实际上，广东生态景观林建设进程可能会在更大规模上进行。

二、森林进城围城工程建设需求

广东在促进森林连接成片、形成“绿色输送通道”的同时，进一步推进森林进城、森林围城工程建设，进一步拓展城市森林公园、公共绿地和主要湿地等“绿肺”建设，让森林进山、下乡、上路、入城、围湖、拓海，构建广东城乡绿化美化一体化体系。在珠三角城市圈内，依据城市的生态景观格局，采用近自然林业经营管理技术模式，重点是构筑生态廊道，优化森林网络，实现城区、山区、岗地、平原一体的森林生态网络体系，适合城市发展的生态景观树种已成为现阶段重要的建设需求。

三、森林公园等景观工程建设需求

目前全省共建立森林公园 418 处，总面积 98.09 万 hm^2，占广东省国土面积的 5.5%，占林业用地的 8.9%。其中国家级 26 处，面积 20.66 万 hm^2，省级 61 处，面积 10.32 万 hm^2，市县级 331 处，面积 67.11 万 hm^2。随着森林公园建设和景观资源发掘利用水平的不断提高，快速强化生态景观树种的广泛应用，已成为整体提高广东森林公园质量的一个重要途径，在未来一段时间内将成为森林公园提质增效的一种重要发展趋势。

四、应用实践的问题与对策

目前，广东生态景观树种应用仍然存在不少问题，如乡土树种挖掘不够、缺少系统研究和驯化选育、栽培技术经验不足，种子收集困难，缺少栽培养护的技术规范等。推广应用生态景观树种必须解决一些关键技术问题，一是系统挖掘地带性乡土树种资源，同时针对性引进优良的国内外品种；二是系统开展生态景观树种生态学、生理学研究；三是开展生态景观树种观赏价值和生态功能分析研究评价研究；四是加强生态景观树种培育及管护技术研究；五是开展城市典型立地景观树种筛选和应用技术研究，如抗污染、吸 PM2.5 等。

广东正处于生态景观林、城市森林的大规模建设和快速发展时期，生态景观树种的选育十分最重要。“十年树木”，无论从当前的生态景观林建设需要出发，还是从生态建设长远发展考虑，因地制宜地选育适应广东省气候条件和生态景观建设需要的树种，切实解决种苗培育、树木栽培、抚育管理及病虫害防治等问题，对生态景观树种的科学发展和合理利用都具有重要的价值。

第四章

生态景观树种栽培各论

Shengtai jingguan shuzhong zaipei gelun

Disizhang

贝壳杉

学名：*Agathis dammara* (Lamb.) Rich.

南洋杉科贝壳杉属

【形态特征】 常绿大乔木，在原产地高达38 m，胸径达45 cm以上；树皮厚，含有树脂；树冠圆锥形，枝微下垂。叶宽而扁，对生，革质，具平行脉，深绿色，长圆状披针形或椭圆形，长5 ~ 12 cm，宽1.2 ~ 5 cm，先端钝圆，边缘增厚，叶柄长3 ~ 8 mm。雄花序长5 ~ 7.5 cm。球果宽卵圆形或近圆球形，长达10cm，宽5 ~ 8 cm；苞鳞先端增厚，反曲，宽2.5 ~ 3 cm；种子倒卵形，长约1.2cm，宽约7 mm，种翅上部宽达1.2 cm。果期8 ~ 9月。

【近缘种或品种】 近缘种：猴子杉 *Araucaria cunninghamii* D.Don。高60 ~ 70 m，树皮粗糙，大枝轮生，平展或斜展，侧生小枝下垂；幼树和侧生小枝的叶钻形，具3 ~ 4棱，通常两侧压扁。球果较大，近球形，苞鳞刺状且尖头向后显著反曲。种子两侧具膜质翅。原产于澳大利亚和新几内亚岛。热带、亚热带地区多有栽培。主干浑圆通直，苍翠挺拔，树冠尖塔形，优雅壮观，是优良的园林风景树和行道树。播种和扦插繁殖。异叶南洋杉 *Araucaria heterophylla*（Salisb.）Franco。原产地高可达50m，树皮横裂，树冠塔形。叶二型，幼树及侧生小枝的叶排列疏松，钻形，两侧略扁，长7 ~ 18 mm；大树及花果枝上的叶排列紧密，宽卵形或三角状卵形，长5 ~ 9 mm。球果近球形，苞鳞先端向上弯曲。种子椭圆形，两侧具宽翅。原产于大洋洲诺福克岛。我国福州、广州等地有引种栽培。树形高大，姿态苍劲挺拔，树冠塔形，整齐而优美，为世界著名的庭园风景树和行道树，是世界五大公园树之一。播种和扦插繁殖。

【生态习性】 原产于马来西亚和菲律宾，广

东珠江三角洲地区、厦门和福州等地引种栽培。深根性树种。幼苗喜半阴，大树喜阳光，越冬温度不低于10℃。

【观赏与造景】 观赏特色：四季常绿，树形高大挺拔，树冠圆锥形，高雅大方，形状甚美，适合作园景树、行道树和景观林树种。

造景方式：常与假山和奇石配置进行造景，可在南亚热带及以南地区公园、庭园、绿化小区列植作行道树，群植作庭园观赏树；可用于南亚热带及以南地区公路、江河、沿海生态景观林带中片植作基调树种。

【栽培技术】

采种 种子于8～9月成熟，当球果由绿色变黄色，果鳞微裂时进行采收。由于树体高大，分枝少，结果率低，且多数球果生长在树梢，采种比较困难。采集到果实后，摊开晾干，待球果开裂后，抖落种子收藏。种子含油脂较高，不耐贮藏，宜随采随播；如要短期贮藏，种子要充分晾干，装入塑料袋，置于冷库中或室内低温、干燥处保存，并要适度通风。

育苗 因贝壳杉越冬温度不能过低，圃地应选择在热带或南亚热带南缘地区，最好选择在交通便利，排灌条件良好，日照时间较长的南坡。种子宜随采随播；如用干藏种子，用40～50℃温水浸种12h，再用0.5%的福尔马林溶液浸泡25min，取出后密封0.5 h，用清水洗去残药，晾干后播种。因种子较少，应以培育营养袋苗为主，可用高12～15 cm，直径6～7 cm的营养袋，用黄心土87%、火烧土10%和钙镁磷肥混合均匀作营养土装袋。种子体积较大，可直接点播在营养袋，也可先在苗床上点播培育小苗。苗床高15 cm左右，纯净黄心土加火烧土（比例为4:1）作育苗基质，用小木板压平基质，播种时种子的大头一侧朝上，小头一侧朝下，覆土时应露出种子上端，播种后覆盖稻草，做好保湿和防晒工作，15天后开始发芽，发芽率可达45%。发芽后应及时揭除稻草，并用遮光网进行遮荫，透光度控制在30%～40%，保持苗床或营养袋湿润。待小苗长至2～3片真叶时上营养袋种植，种植后保持湿润，盖好遮光网。生长季节每月施1次浓度约为1%复合肥水溶液；冬季用薄膜保温，以防冻伤。

栽植 选择南亚热带及以南地区、土层深厚而肥沃的半阴坡进行造林。栽植株行距3 m×4 m或4 m×5 m，造林密度33～56株/亩。造林前先做好砍山、整地、挖穴、施基肥和表土回填等工作，种植穴长×宽×高规格为50 cm×50 cm×40 cm，基肥穴施钙镁磷肥1 kg或沤熟农家肥1.5 kg。在春季，当气温回升，雨水淋透林地时进行造林。造林时去掉营养袋，保持土球完整，覆土略高于土球2～3 cm，压实泥土，淋足定根水，成活率可达90%以上。

抚育管理 种植后2～3年，每年春季和秋季抚育1次，抚育包括除草、松土、扩穴和施追肥等工作。每株施复合肥100～150g。肥料应放至离叶面最外围滴水处左右，以免伤根，影响生长，4～5年即可郁闭成林。

病虫害防治

（1）病害防治：主要病害是根腐病，防治方法是不选择积水的苗圃地，并做高床培育小苗，定期用25%多菌灵500倍液、或50%代森锌水剂500倍液喷洒。

（2）虫害防治：主要虫害有地老虎和尺蠖等，地老虎可采用毒饵诱杀，尺蠖等食叶害虫可喷施浓度为500倍的30%敌百虫或浓度为850倍的40%氧化乐果进行防治。

池杉

学名：*Taxodium ascendens* Brongn.

杉科落羽杉属

别名 池柏、沼落羽松

【形态特征】 落叶乔木，高达25 m，主干挺直，树干基部膨大，常有屈膝状呼吸根，在低湿地生长者“膝根”尤为显著；树皮褐色，纵裂，成长条片脱落；枝条向上形成狭窄的树冠，尖塔形，形状优美。叶钻形，长4 ~ 10 mm，略内曲，常在枝上螺旋状伸展，下部多贴近小枝，基部下延。雌雄同株，雄球花多数，聚成圆锥花序，集生于下垂的枝梢上；雌球花单生枝顶。球果圆球形或长圆状球形，有短梗，熟时褐黄色，长2 ~ 4 cm，宽1.8 ~ 3 cm；种子不规则三角形，略扁，红褐色，长1.3 ~ 1.8 cm，宽0.5 ~ 1.1 cm，边缘有锐脊。花期3 ~ 4月，球果10月成熟。

【近缘种或品种】 栽培品种：垂枝池杉（*T. ascendens* Brongn ‘Nutans’），3 ~ 4年生枝条常平展，1 ~ 2年生枝条细长柔软，下垂或下倾，分枝较多；侧生小枝亦下垂，分枝多。锥叶池杉（*T. ascendens* Brongn ‘Zhuiyechisha’），树皮灰色，皮厚裂深。叶绿色，锥形，散展，螺旋状排列，少数树干下部侧枝或萌发枝的叶常扭成2列状。线叶池杉（*T. ascendens* Brongn ‘Xianyechisha’），叶深绿色，条状披针形，紧贴小枝或稍散展。凋落性小枝细，线状，直伸或弯曲成钩状。枝叶稀疏，树皮灰褐色。羽叶池杉（*T. ascendens* Brongn ‘Yuyechisha’），叶草绿色，枝叶浓密，凋落性小枝再分枝多；树冠中下部的叶条形而近羽状排列，上部叶多锥形；树冠塔形或尖塔形，树皮深灰色，枝叶常呈团状。

【生态习性】 原产北美国东南部沼泽地区。中国自20世纪初开始引种，长江以南地区广泛栽培。强喜光树种，不耐阴。喜温暖、湿润环境，耐寒能力较强，能耐短暂-17℃低温。适生于深厚疏松的酸性或微酸性土壤，苗期在碱性土种植时黄化严重，生长不良，长大后抗碱能力增加。耐涝，也能耐旱。生长迅速，抗风力强。萌芽力强。抗重金属污染，能涵养水源和保持水土。

【观赏与造景】 观赏特色：落叶乔木，树干基部膨大，枝条向上形成狭窄的树冠，尖塔形，形状优美；夏秋季枝叶翠绿，是优良观形树种，可作庭园观赏、防护林和景观林树种使用。

造景方式：因抗风性强，耐水湿，可在湖边或低湿地片植，作固堤护岸树种。耐寒能力较强，可用于长江南北水网地区重要造林和园林树种。可用于广东公路、铁路、江河和沿海地区生态景观林带的潮湿地段栽植。

【栽培技术】

采种　10月，选择15年以上的健壮母树，当

球果由黄绿色变为褐黄色，种皮由黄褐色变为红褐色时，种子逐渐成熟，即可采收。将球果摊于室内阴干，球果开裂后，轻轻敲击脱出种子，每 100 kg 鲜球果阴干后可得到净种子 10.5 ～ 16 kg，种子千粒重 74 ～ 118 g。种子可混沙湿藏，也可带果鳞干藏。

育苗 以播种育苗为主，也可扦插育苗。

（1）播种育苗：播种选地下水位较高，pH 值 5 ～ 6.5，肥沃湿润的沙壤土。播种前可用冷水或 40 ～ 50℃的温水（自然冷却）浸种 4 ～ 5 天，每天换水一次，捞出沥干水分即可播种。播种时间以 12 月至翌年 2 月均可。由于池杉种子不易与球果鳞片分开，生产中大多连同果鳞一起播种。多用宽幅条播，条宽 10 ～ 15 cm，条距 30cm，沟深 10 cm。沟内施足基肥，填些细土，再播入种子，幼苗出土力弱，覆土不宜太厚，以 2 cm 左右为宜。覆土后随即覆盖一层稻草或薄膜，以利保墒并防止土壤板结。每米条沟播种 30 ～ 50 粒，每公顷播种 120 ～ 150 kg，折合带壳种子 300 ～ 350kg。出芽后应及时揭去稻草或薄膜，以防伤苗。幼苗期对水分亏缺反应敏感，应经常保持苗床湿润。从 5 月下旬开始至 8 月中旬，每隔 2 ～ 4 周追速效肥一次，以尿素计算，每公顷用肥量为 150 ～ 225 kg。为防苗木黄化，还应及时施入适量的硫酸亚铁。每次施肥和灌水后应及时松土除草。池杉播种苗当年高生长达 0.8 ～ 1m，地径 0.8 ～ 1 cm，每公顷可产苗 30 万～ 45 万株。

（2）扦插繁殖：插条用高锰酸钾液浸泡 2 h，效果更好。①嫩枝扦插：6 ～ 8 月，在中幼龄树上选取当年萌发的侧枝，剪成 10 ～ 12 cm 的插穗，上部留 3 ～ 5 片叶，用沙壤土作基质，扦插株行距为 5 cm × 10 cm，并盖遮光网遮荫，保持插床湿润，9 月中旬以后即可愈合生根。②硬枝扦插：3 ～ 4 月，从 1 ～ 2 年生实生苗上切取穗条，去梢后，剪成 10 ～ 12 cm 的插穗，用沙壤土作基质，株行距为 5 cm × 20 cm，保持插床湿润，6 ～ 7 月插条即可愈合生根，成活率达 80% 以上。

栽植 造林应在冬季和早春进行造林，春季阴雨天栽植最好。造林地宜选择在土壤深厚、湿润、肥沃、显酸性或中性的低海拔地区。河流两岸、湖泊、水库周围、水渠道路两旁以及山区、丘陵的谷地、洼地和缓坡地均是栽植池杉的好地方。一般采用穴垦整地；如进行间作，则要全面整地。株行距 2 m × 2 m 或 3 m × 3 m，造林密度 74 ～ 167 株 / 亩。可用 1 年生苗，但最好用 2 年生以上大苗栽植，栽植淋足定根水。

抚育管理 栽植后 2 ～ 3 年内，每年要除草中耕抚育 2 ～ 3 次，在干旱季节要淋水抗旱。林内最好间种粮、油或绿肥作物，直到林分郁闭为止。抚育包括除草、松土、扩穴和施追肥等工作。每株施复合肥 50 ～ 100 g。为保持树干形状，只保留 1 个主梢，应及时修剪弱小的梢头，树冠下部生长不良的侧枝或特别粗大的侧枝。

病虫害防治

（1）病害防治：主要病害为黄化病，其防治方法主要是采用填药法和喷洒法喷施硫酸亚铁，或采用混合药液法，即在 1.0% ～ 1.5% 的硫酸亚铁溶液中，加入磷酸二氢钾 0.2% ～ 0.3% 或 0.5% ～ 1.0% 尿素进行喷洒防治，其效果更佳。

（2）虫害防治：主要虫害有大袋蛾，防治方法为在干旱季节（7 ～ 8 月）大发生时，可人工摘除幼虫（连袋），集中烧毁；或用 10% 杀螟松 1000 倍液喷杀幼虫。

落羽杉

学名：*Taxodium distichum* (L.) Rich.

杉科落羽杉属

别名：落羽松

【形态特征】 落叶大乔木，在原产地高达50m，胸径可达2m。树干尖削度大，干基通常膨大，常有屈膝状的呼吸根。树皮棕色，裂成长条片脱落。枝条水平开展，树冠幼树呈圆锥形，老树为宽圆锥状。新生枝绿色，到冬季则变为棕色。侧生小枝排成2列。叶条形，扁平，基部扭曲在小枝上列成2列，羽状，长1～1.5 cm，宽约1mm，先端尖，上面中脉下凹，下面黄绿色或淡绿色，中脉隆起，每边有4～8条气孔线，凋落前变成暗红褐色。雄球花卵圆形，有短梗，在小枝顶端排列成总状花序状或圆锥花序状。球果球形或卵圆形，有短梗，向下斜垂，成熟后淡褐黄色，有白粉，直径约2.5 cm。种鳞木质，盾形，顶部有明显或微明显的纵槽，种子为不规则三角形，有锐棱，长1.2～1.8 cm，褐色。花期4月下旬，球果成熟期10月。

【近缘种或品种】 近源种：墨西哥落羽杉 *T. mucronatum* Ten.。半常绿或常绿性乔木，大树的小枝微下垂，侧生小枝螺旋状排列。叶条形，扁平，羽状2列，长约1cm，侧生小枝不排成二列，向上渐变短。球果卵球形。原产于墨西哥及美国西南部，生于温暖的沼泽地。我国长江中下游城市引种栽培较多。优良庭园观赏和生态景观林树种。播种繁殖。

【生态习性】 原产北美东南部，广泛分布于沿河沼泽地和每年有8个月浸水的河漫滩地。我国南方广为栽培，珠江三角洲地区栽培十分普遍，生长迅速，旺盛。喜光、喜温暖多湿气候，耐低温，不耐干旱，尤耐水湿，抗风性很强。垂直分布于50 m以下的江河冲积平原、滩地，以及200 m以下山谷凹地。喜深厚疏松湿润的酸性土壤。在湿地上生长的，树干基部可形成板状根，自水平根系上能向地面上伸出筒状的呼吸根，称为“膝根”。除此之外，落羽杉抗污染的能力也很强，落羽杉能耐工业烟尘和碱性灰尘的污染，能耐城市废水和核反应堆冷却水的污染，也能够忍受一些重金属的污染。落羽杉还可作为生态防护林建设树种之一，增强水源涵养和水土保持能力。

【观赏与造景】 观赏特色：树冠圆锥形，冠形雄伟秀丽，枝叶茂盛，叶在小枝上排列呈羽毛状，色翠绿，冬季落叶前，由绿变黄再变为褐红色，连同小枝一齐脱落，季相变化明显。

造景方式：可成片植于湖边或低湿地，是优美的庭园、道路绿化树种。抗风性强，耐水湿，可作固堤护岸树种。其种子是鸟雀、松鼠等野生动物喜食的饲料，因此在生物链、水土保持、涵养水源等方面均起到很好的作

用。可用于沿路、沿江河和沿海生态景观林带的潮湿地段栽植。

【栽培技术】

采种　每年 10 月中、下旬球果成熟时，便可采种。球果采后摊放在室内阴干或日晒，使其自然开裂，然后轻轻敲脱种子。净种后，立即将种子放在湿沙层里，置于 5℃的冷库或冰箱中；或用湿沙与种子混合（沙和种子的比例约为 8∶1），装入塑料袋中，放入地窖或室外背阴处。定期检查沙是否失水干燥，如干燥（沙色发白）时应浇水保湿；还可连同果壳放在麻袋或箩筐中干藏。种子千粒重 74 ~ 188 g，发芽率 30% ~ 60%。

育苗　以播种育苗为主，亦可扦插育苗。

（1）播种育苗：冬播在 12 月为好，春播在 2 月中、下旬进行。播种前用清水或 40 ~ 50℃的温水浸种 4 ~ 5 天，每天换水 1 次，捞出晾干后即可播种。圃地应选择地下水位较高，灌溉方便，土层深厚、肥沃、疏松，排水良好的微酸性沙壤土或壤土。整地作床，床宽 1 m，高 0.3 ~ 0.4 m。采用宽幅条播，播种沟深 10 cm、条宽 10 ~ 15 cm，条距 20 ~ 30 cm，1 m 长条沟播种 30 ~ 50 粒。种子发芽后做好中耕、除草、施肥、灌溉和防治害虫等管理工作。当年苗木高可达 0.8 ~ 1.0 m，地径可达 1.0 cm 左右，可供应翌年春季造林及培育大苗的需要。

（2）扦插育苗：采用嫩枝扦插育苗，春、夏、秋季均可进行扦插。春季用上年枝条，剪成 10 ~ 12cm 的插穗，用沙壤土作基质，扦插株行距为 5cm × 10cm，并盖遮光网遮荫，保持插床湿润。夏季和秋季当年萌生的半木质化枝条，剪成 10 ~ 12 cm 的插穗，上部留 3 ~ 5 片叶，用沙壤土作基质，扦插株行距为 5cm × 10 cm，并盖遮光网遮荫，保持插床湿润。为促进生根，可用 50 mg/kg 的萘乙酸处理 6h，或用 500 ~ 1000 mg/kg 萘乙酸处理 0.5 ~ 1 h。一般 20 ~ 30 天生根，夏插当年苗高可达 50cm 左右。

栽植　造林地选择土壤深厚、肥沃、疏松、湿润的河流两岸或湖泊和水库周围、渠道沿线、道路两旁等。如在“四旁”单行栽植，株行距为 2m × 2m 或 3m × 2m。春季种植最好。

抚育管理　栽植后 2 ~ 3 年内，每年要除草中耕 2 ~ 3 次。重点是除草松土，连续抚育 3 年。需及时间伐。

病虫害防治　抗性强，病虫害少。

竹柏

学名：*Nageia nagi* (Thunb.) Kuntze

罗汉松科竹柏属

别名：罗汉柴、大果竹柏、船加树、小叶竹柏

【形态特征】 常绿乔木，高 20 ～ 30 m，胸径 50 ～ 70 cm。树干通直，树皮褐色，平滑，薄片状脱落。叶交叉对生，质地厚，革质，宽披针形或椭圆状披针形，无中脉，有多数并列细脉，长 8 ～ 18 cm，宽 2.2 ～ 5 cm，先端渐尖，基部窄成扁平短柄，上面深绿色，有光泽，下面有多条气孔线。雌雄异株，雄球花状，常 3 ～ 6 穗簇生叶腋，有数枚苞片，上部苞腋着生 1 或 2 ～ 3 个胚株，仅一枚发育成种子，苞片不变成肉质种托。种子核果状，圆球形，为肉质假种皮所包，直径 1.5 ～ 1.8 cm，梗长 2.3 ～ 2.8 cm。花期 3 ～ 4 月，种子 10 月成熟。

【近缘种或品种】 近缘种：窄叶竹柏 *P. formosensis*，乔木，胸径达 50cm；树皮粗糙，淡灰色或暗褐色；小枝通常近对生，稀互生，向上伸展，扁四棱形，平滑无毛。叶交叉对生，质地厚，排列紧密，有多数并列细脉，无中脉，窄椭圆形或椭圆状披针形，长 2 ～ 7 cm，宽 0.7 ～ 1.5 cm，先端钝呈截状，基部楔形，窄成扁平的短柄。长叶竹柏 *P. fleuryi* Hickel，与竹柏的主要区别在于叶为宽披针形，长 8 ～ 18 cm，宽 2.2 ～ 5 cm。雄球花常 3 ～ 6 个簇生。种子径 1.5 ～ 1.8 cm。产于我国云南、广西、广东、海南和台湾等地；越南、柬埔寨也有分布。枝叶翠绿，四季常青，树形美观，在南方庭园绿化时可作庭阴树或居住区行道树，在公园和风景名胜区可以成片栽植。播种繁殖。

【生态习性】 分布于我国江西、浙江、福建、湖南、广西、广东等地常绿阔叶林中，最适宜的年平均气温在 18 ～ 26℃；抗寒性弱，极端最低气温为 -7℃，否则易遭受低温危害。在平均降雨量 1200 ～ 1800mm 的地区生长良好，低于 800mm 降雨量，则生长不良，性喜湿润但无积水的地带，低洼积水地栽培亦生长不良。耐阴树种，常散生于我国亚热带东南部丘陵低山的常绿阔叶林中，阴坡比阳坡生长快 5 ～ 6 倍，在阳光强烈的阳坡，根颈会发生日灼或枯死的现象。年光照在 500 ～ 800h 即可，在林冠下天然更新良好。对土壤要求严格，在沙页岩、花岗岩、变质岩等母岩发育的深厚、疏松、湿润、腐殖质层厚、酸性的沙壤土至轻黏土较适宜，石灰岩地不宜栽培。喜山地黄壤及棕色森林土壤，尤以沙质壤土生长迅速，初生长期缓慢，4 ～ 5 年后生长逐渐加快，6 ～ 10 年生树高 5m，胸径 8 ～ 10cm，生长 10 年左右开始开花结实，15 年生植株结实株产可达 5 ～ 15kg 左右，40 年生可高达 500 ～ 650kg。可吸收甲醛。由于其根系发达，能耐季节性短时间水淹，因此又是水土保持及水源涵养的树种。

【观赏与造景】 观赏特色：叶形奇异，终年苍翠；树干通直，树态优美，叶茂荫浓，抗病虫害能力强，为优美的常绿观赏树木。

造景方式：常在公园、庭园、住宅小区、街道等地段内成片栽植，也可与其他常绿落叶树种混合栽种。可用于沿路、沿江河生态

景观建设。

【栽培技术】

采种　3 ~ 4 月开花，种子 10 月成熟。有的 1 年两次开花结果，第一年 11 ~ 12 月开花，翌年 3 月果实成熟。宜选择 20 ~ 50 年生无病虫害的健壮植株作采种母树，当果实外皮由青转黄时即可采收。采集的果实置于阴凉通风处，经 10 ~ 20 天即可完成后熟。当果皮变紫色、果肉较软时，即可洗去果肉，将种子阴干即可播种。也可用沙藏层积处理：每层厚 10 cm，一层种子一层沙，堆高不超过 1m，翌春播种。种子千粒重 455g 左右，发芽率 90%以上。

育苗

（1）播种育苗：播种以冬播或随采随播为好，亦可春播，春播在 2 月中下旬。选择日照较短、水源方便、肥沃湿润、通透性好的沙壤土作床育苗。做成深沟高床，在床上开沟点播，沟距 25 cm，沟深 3 cm，种距 5cm，每亩用种 15 kg。播种后应搭盖透光度为 30% ~ 50%的遮荫棚。及时除草松土和追肥排灌，当年苗高 20 ~ 30 cm，可出圃造林。作行道树用苗，则最好留圃多培育 1 ~ 2 年。采用容器育苗，应于种子出芽至 2 ~ 3 片真叶时移苗上袋，苗期管理与上同。

（2）扦插育苗：春末秋初用当年生的嫩枝枝条进行扦插，或于早春用上年生的枝条进行老枝扦插。进行嫩枝扦插时，在春末至早秋植株生长旺盛时，选用当年生粗壮枝条作插穗。把枝条剪下后，选取壮实的部位，剪成 5 ~ 15 cm 长的一段，每段要带 3 个以上的叶节。剪取插穗时需要注意，上面的剪口距最上一个叶节的上方大约 1cm 处平剪，下面的剪口距最下面的叶节下方大约为 0.5 cm 处斜剪，上下剪口都要平整（刀要锋利）。进行硬枝扦插时，在早春气温回升后，选取上年的健壮枝条作插穗。每段插穗通常保留 3 ~ 4 个节，剪取方法同嫩枝扦插。插穗生根的最适温度为 20 ~ 30℃，低于 20℃，插穗生根困难、缓慢；高于 30℃，插穗的上、下两个剪口容易受到病菌侵染而腐烂，并且温度越高，腐烂的比例越大。扦插后应采取控温控光措施。待根系长出后，可移苗上袋继续培育。苗期管理与上同。

栽植 在低山或丘陵的阴坡和半阴坡选择土壤肥沃的地块整地栽植。坡度20°以下的地块采用全垦挖穴整地，20°以上的坡地采用带状挖穴整地。株行距为1.5m×2.0 m，种植穴长×宽×高规格为50 cm×50 cm×40 cm，每穴施入厩肥或土杂肥4kg，回填表土，拌匀肥料。早春在苗木萌芽前起苗栽植。要做到苗根舒展、苗身端正、栽植深度适度、根土密接，然后用松土培蔸。如混交造林，可采用株间或行间混交，竹柏与其他树种比例为1:1为宜。

公园、庭院、风景区可在较阴湿处成片或零星栽植。一般偏好用大苗移栽。培育竹柏应在3～4年后移植，株距以4 m、6 m为宜，也可根据实际需要确定。挖穴规格视苗木粗细而定，以长0.5～0.8 m、宽0.5～0.8 m，深0.4～0.6 m为宜。移植前，应在穴底部施足基肥（也可在种植成活后追肥）。竹柏大苗必须带土团，土团大小依苗木而定，一般胸径3～5 cm带土团直径为15～30 cm。起苗时，先挖去土团周围土壤，用草绳将土球上部缚牢并扎紧，以防土团松散。然后将底部土挖去，切断主根，轻抬至地面，再用草绳将整个土团缚好、扎牢。栽植前应合理修剪枝叶，以防水分过度蒸发造成干枯。苗木放入栽植穴后，应将草绳四周剪断，以利填土时紧密结合，并使草绳易腐烂。栽好时苗根际表土应高于地面5～10 cm，并一次浇透水，视移栽季节考虑蔽荫情况，成活率一般可达95%以上。

抚育管理 栽植当年要适时中耕除草，追施肥料，若遇干旱要浇水降温并覆草保湿。以后每年要中耕除草1～2次，直至郁闭成林或树高3 m以上。10年生左右应视植株生长情况进行间伐，去弱留强，去小留大，去密留稀，去劣留优，以促进植株生长发育。作为园林观赏用的植株应进行整形修剪，以保持良好的树形，提高观赏价值。

病虫害防治

（1）病害防治：①黑斑病：喷40%多菌灵800倍液或65%的代森锌400～500倍液防治。②锈病：喷25%粉锈宁1500～2000倍液或65%代森锌可湿性粉剂500～600倍液防治。③白粉病：50%喷多菌灵的800倍液或病毒灵低浓度液防治。

（2）虫害防治：①蚜虫：用50%抗蚜威3000～5000倍液或40%的氧化乐果1500～2000倍液防治。②蚧类：用10%杀螟松2000倍液防治。③潜叶蛾：用10%杀螟松1000～1500倍液或90%的敌百虫1500倍液防治。

罗汉松

学名：*Podocarpus macrophyllus*（Thunb.）D. Don

罗汉松科罗汉松属

别名：土杉

【形态特征】 常绿乔木，枝叶稠密。叶螺旋状排列，条状披针形，长 7 ~ 12 cm，宽 7 ~ 10 mm，先端渐尖或钝尖，基部楔形，有短柄，上下两面有明显隆起的中脉。雌雄异株或偶有同株。雄球花穗状，常 3 ~ 5（稀 7）簇生叶腋，长 3 ~ 5 cm；雌球花单生叶腋，有梗，基部有少数苞片。种子卵圆形，长 1 ~ 1.2 cm，熟时肉质假种皮紫色或紫红色，有白粉，着生于肥厚肉质的种托上，种托红色或紫红色，味甜可食，梗长 1 ~ 1.5 cm。花期 4 ~ 5 月，种熟期 8 ~ 9 月。

【近缘种或品种】 变种：狭叶罗汉松 *P. macrophyllus*（Thunb.）D. Don var. *angustitolius* Blume，叶条状而细长，长 5 ~ 9 cm，宽 3 ~ 6 mm，先端渐窄成长尖头，基部楔形。小叶罗汉松 *P. macrophyllus*（Thunb.）Sweet. var. *maki* Siev. & Zucc.，又称雀舌罗汉松、雀舌松、短叶土杉，呈灌木状，叶短而密生，多着生于小枝顶端，背面有白粉。 兰屿罗汉松 *Podocarpus costalis* Presl，又称台湾罗汉松。常绿小乔木。叶互生，线状倒披针形，先端圆钝，叶缘反卷。花腋生；雄花毬单生，圆柱形无柄。核果状种子，椭圆形，成熟时深蓝色；种托肉质，成熟时红色。花期 3 ~ 5 月，果 8 月成熟。原产兰屿岛。优良海岸防风林带、绿篱、庭园观赏树种。播种繁殖。

【生态习性】 在我国长江以南各地均有栽培，日本也有分布。半喜光树种，在半阴环境下生长良好，要求富含腐殖质、疏松肥沃、排水良好的微酸性土壤，生长缓慢，寿命长，可达几百岁，甚至千岁以上。适合温和湿润的气候条件，夏季无酷暑湿热，冬季无严寒霜冻。

【观赏与造景】 观赏特色：树形优美，四季常青，绿色的种子与红色的种托，似许多披着红色袈裟在打坐的罗汉，因此得名。可孤植作庭荫树，或对植于厅堂前，是优良盆景植物。

造景方式：南方寺庙、庭院、公路多有种植。门前对植，中庭孤植，或于墙垣一隅与假山、湖石相配。可在广东公路、铁路生态景观林带群植或片植作基调树种使用。

【栽培技术】

采种 种子在 8 ~ 9 月成熟。种子卵圆形，初为深红色，成熟后变为紫色，有白粉，易脱落。每颗果内有 1 粒种子，种仁富含油脂，久藏易霉变。种子千粒重 550 ~ 560 g，鲜种子发芽率为 60% ~ 70%。种子可随采随播，也可阴干沙藏至翌年春季 2 ~ 3 月播种。

种子采下后不宜在烈日下暴晒，也不能过分脱水或堆沤。

育苗

（1）播种育苗：选择地势平坦或略有倾斜易排水、质地疏松、微酸性的沙质壤土或轻黏壤土作圃地，经过三犁两耙细致整地，将基肥均匀撒入圃地后，采用筑高 15 ~ 20 cm、宽 100 ~ 115 cm 的高床进行条播，行距为 15 ~ 25 cm。播种时先在整好的苗床畦面铺上一层干净的细沙，厚度 1 ~ 2 cm，目的是不让种子直接接触土壤，易于根系生长及防止烂根，然后用少量母树林下的土壤均匀拌种播下，以利于幼苗根菌产生。播种后用细沙或细土覆盖，覆土厚度为种子直径的 1.5 ~ 2 倍，最后盖上稻草。每亩播种 22 ~ 25 kg。出苗后及时揭草搭棚遮荫，土干时浇水保持土壤湿润，同时每隔 15 ~ 20 天施 1 次稀薄饼肥水。若是 8 月随采随播，9 月后应停止施肥，入冬后要注意防寒。随采随播播种后 20 天开始发芽，发芽率可达

75% 以上，培育一年苗高可达 35 cm。

（2）扦插育苗：可在春季和秋季进行。春插以每年 3 月上、中旬进行为佳，幼龄母树应选择树冠中部枝条上的，年龄较大的母树应选择树冠上部枝条上 1 年生粗壮的枝条作插穗。插穗每节带踵剪下有利于生根，截长 10 ～ 12 cm，去掉中部以下叶片，将插穗放到用 100 ml 丰叶宝与 2 g 吲哚乙酸（酒精溶解）加 2 ～ 4 kg 水配制成的生根剂溶液中浸泡 5s 即可进行扦插，或将上述生根剂与滑石粉混合调制成糊状剂，扦插时将插穗直接蘸上糊状生根剂，有利于保护插穗基部不受损。扦插方法可先开沟后扦插或直接插入苗床。入土深度一般为插穗长度的一半（即 5 ～ 6 cm），有利于快速生根。扦插的株行距为 10 cm × 20 cm，插后及时用喷壶浇透水一次，有利于插穗与土壤密接以及插穗补充水分。

为了管理方便和促使苗木生长均匀，扦插时各类插穗（长短、粗细）要分床扦插。秋季扦插可在 8 ～ 9 月进行，取半木质化的嫩枝为插穗，方法同春插。扦插后应及时架设荫棚遮荫，减少蒸腾，防止插穗在生根前萎蔫。同时要常喷叶面水，保持土壤湿润，约 60 ～ 80 天即可生根。温度高时要盖双帘，必要时四周加设风障。荫棚必须做到晴天早盖晚揭，久雨后迟盖早揭，视天气晴盖阴揭；生根后逐步晚盖早揭，并适当控制浇水的次数和水量，土壤过湿容易烂根死亡。入冬后要盖塑料薄膜防寒。

栽植　成片大面积造林：在罗汉松适宜生长的气候范围内，无论山地、丘陵或平原，只要土地肥沃湿润、质地疏松、排水良好、微酸性的沙质壤土均可种植。造林株行距可采用 3 m × 2 m 或 2 m × 2 m，造林密度 167 ～ 111 株 / 亩，种植穴长 × 宽 × 高的规格 50 cm × 40 cm × 40 cm。扦插小苗可在早春 3 月带土移植；一年生裸根苗在种植时要浆根，即用每 100ml 丰叶宝加 20 ～ 25 kg 水与黄泥浆配制成的浆根剂，拌匀后浆根，促进移栽后的苗木长新根。

盆栽移植：盆土选用肥沃湿润、质地疏松、排水良好、微酸性的沙质壤土。装盆时，根据花盆大小，在花盆底部先填一层 2 ～ 3 cm 粗塘泥或陶粒，以利于透水，提高移栽成活率，也有利于苗木的生长。盆栽一般 1 ～ 2 年翻盆一次，以春季 3 ～ 4 月进行为好。翻盆时剪去枯根，削去 1/3 旧土，将须根舒展开。

抚育管理　种植后 3 年，每年春、夏和秋季各抚育 1 次，抚育包括除草、松土、施肥等，成片大面积采用半圆状沟施，每次施速溶性复合肥 100 ～ 150 g，肥料应放至离叶面最外围滴水处，以免伤根，影响生长；盆栽每次喷施含复合肥 0.5% ～ 1.0%的水肥或稀薄饼水肥。

病虫害防治

（1）病害防治：主要病害为叶枯病，防治方法：冬季剪除枯枝及重病叶并清除地表的病叶集中销毁；在 4～ 5月、8～ 9 月用 45%代森锌水剂 1000 倍液或 75%百菌清可湿性粉剂 500 倍液或 1:1:100 波尔多液，每隔 7天喷 1 次，连续喷 3～ 5次，效果显著。

（2）虫害防治：① 黑褐圆盾蚧：4 ～ 5 月卵孵化盛期，喷 23 % 多杀宝乳油 800 ～ 1000 倍液或 25 % 速杀死乳油 1000 ～ 1500 倍液或 15 % 利而杀乳油 1000 ～ 1200 倍液，每 10 天喷 1 次，连续喷 2 ～ 3 次。② 红蜘蛛：4 ～ 5 月卵孵化盛期，喷 23%多杀宝乳油 800 ～ 1000 倍液或 25%速杀死乳油 1000 ～ 1500 倍液或 15% 利而杀乳油 1000 ～ 1200 倍液，每 10 天喷 1 次，连续喷 2 ～ 3 次。③ 蚜虫：在早春罗汉松尚未萌芽时喷布波美 1 ～ 3 度石硫合剂液杀灭越冬卵；在 4 月下旬越冬卵孵化完毕，若蚜开始危害时，喷 23% 多杀宝乳油 1000 ～ 1500 倍液，或 25% 速杀死 1000 ～ 1500 倍液，喷杀效果很好。

南方红豆杉

学名：*Taxus wallichiana* Zucc. var. *mairei* (Lemée et Lévl.) L. K. Fu & Nan Li

红豆杉科红豆杉属

别名：美丽红豆杉、杉公子、海罗松

【形态特征】 常绿乔木。小枝互生，叶螺旋状着生，基部扭转排成2列，条形或近镰状，通常微弯，长1～2.5 cm，宽2～2.5 mm（蘖生或幼苗更长可达4 cm，宽可达5 mm），边缘微反曲，先端渐尖或微急尖，上面中脉凸起，下面沿中脉两侧有两条宽灰绿色或黄绿色气孔带，绿色边带极窄，中脉带上有密生均匀的微小乳头点或完全无乳头点；雌雄异株；球花单生叶腋；雌球花的胚珠单生于花轴上部侧生短轴的顶端，基部托以圆盘状假种皮。种子扁卵圆形，生于红色肉质的杯状假种皮中，长约5mm，先端微有二脊，种脐卵圆形。花期4～5月，果期10～12月。

【近缘种或品种】 曼地亚红豆杉（*T. madia*）原产于美国、加拿大，是一种天然杂交品种，其母本为东北红豆杉（*T. cuspidata*），父本为欧洲红豆杉（*T. bauata*），在美国、加拿大生长发展已有近100年的历史。我国20世纪90年代中期从加拿大引种而来，现在四川、广西、山东等地有栽培。为常绿灌木，生物量十分巨大，生长时间短。其主根不明显，侧根发达，枝叶茂盛，萌发力强，能耐-25℃的低温。在全国大部分地区可以栽种。生长快，是国内红豆杉（中国红豆杉、云南红豆杉等）的300%～700%生长量。

【生态习性】 产于我国长江流域以南，常生于海拔1000～2000 m山林中，星散分布。耐阴树种，喜温暖阴湿环境。自然生长在山谷、溪边、缓坡腐殖质丰富的酸性土壤中，中性土、钙质土也能生长。耐干旱瘠薄，不耐低洼积水。生长缓慢，寿命长。

【观赏与造景】 观赏特色：四季常绿，枝叶浓郁，植株生长旺盛，树形优美独特，树干紫红通直，红色肉质假种皮鲜艳夺目，惹人喜爱。国家一级保护野生植物。是广东北部优良的自然保护小区和景观林优良观赏树种。

造景方式：可在建筑背阴面的门庭或路口对植，山坡、草坪边缘、池边、片林边缘丛植或孤植点缀，国外用欧洲红豆杉作整形绿篱，效果很好。可用于广东北部地区的公路生态景观林带作基调树种栽植。

【栽培技术】

采种　种子10～12月成熟，为坚果状，藏于假种皮内部，待假种皮变红后方可采收。此时种子含油量较高，种皮角质化不易吸水，待种子采收后要及时去除假种皮，并在一段时间内用湿沙存储。将处理后的种子放置在粗糙水泥地上，进行反复摩擦，这样可使种皮变薄，易于吸水。种子千粒重约100 g 。

育苗 ①种子处理。种子后熟期较长，胚根、胚芽具双休眠特性，在自然条件下经两冬一夏方可萌发，为促进种子萌发，将破了种皮的红豆杉种子混上湿沙，置 -3℃的环境中冷冻 25 ～ 40 天，解除其胚芽休眠；3 月上旬，将混上湿沙的种子保持适宜的湿度，晚上洒水并混合均匀堆放，白天均匀摊开，不宜洒水，须勤翻动，使种子均匀受热，人工加温到 25℃，经过 30 ～ 40 天，打破其胚根休眠。4 月上旬开始催芽，将筛去沙子的种子用 0.5%的高锰酸钾溶液浸种 2 h，室内气温控制在 25℃左右，空气相对湿度控制在 80%，种子表面保持适宜的水分（能看见湿气，看不见水为宜），保持室内通风，直至种子露白。②播种。以春播为主，宜早不宜晚。在 4 月下旬至 5 月上旬，气温上升到 15℃以上，采用点播方式播种。在催芽的种子中挑选出露白的种子进行点播，每个容器袋点 2 粒种子，覆土 1 ～ 1.5 cm，覆土后喷洒 0.1%的高锰酸钾或 1%的硫酸亚铁溶液，播种后喷 1 次清水（用水量与用药量相同），最后用遮光网离苗床面 30 cm 遮盖，保持床面阴湿。③苗期管理。出苗前和幼苗生长期要经常保持基质表层湿润，保证苗木生长所需水分。浇水要适量，采用量少次多的喷水方法，既可以降低地表温度，又能调节苗木周围的相对湿度。越冬前要控制浇水，提高幼苗的抗寒能力。红豆杉幼苗从出现初生叶进入速生期开始追肥。追肥要与喷水相结合，以防发生肥害。幼苗期要及时除草，做到容器内、床面和步行道内无杂草。

栽植 选择土层较厚、水分条件好的灌木林地或宜林荒山荒地的中下部为宜。定植时，可将药用枝叶采集和城市绿化树木培育 2 种用途相结合，确定定植密度。初植密度以每亩 660 株为宜，株行距为 1 m×1 m。用 2 年生容器苗移植，采用穴状整地方式，整地规格为 40 cm×40 cm×30 cm，做到土壤分层堆放，表土还原，栽正踏实。植苗时要将容器袋底部划破，便于幼苗扎根，覆土略高于容器袋口。

抚育管理 幼林抚育每年 2 次，连续数年，至幼林郁闭为止。前 5 年每年施肥 1 次，每株施尿素和过磷酸钙混合肥 0.5kg，促进幼树生长。

病虫害防治 苗木出土期是病虫害多发期，主要以防南方红豆杉苗猝倒病和立枯病为主。从苗木出土时起，每 7 天用 0.2%高锰酸钾 500 ～ 800 倍液和 1%硫酸亚铁溶液交替喷施预防病害，喷施后要用清水冲洗苗木，同时彻底地清除已发病的苗木。可用遮光网预防日灼。

荷花玉兰

学名：*Magnolia grandiflora* L.

木兰科木兰属

别名：广玉兰、洋玉兰、大花玉兰

【形态特征】 常绿大乔木，高 20 ~ 30 m。树皮淡褐色或灰色，呈薄鳞片状开裂。小枝、芽、叶下面、叶柄均被褐色或灰褐色短茸毛。叶厚革质，椭圆形或倒卵状长圆形，长 10 ~ 20 cm，宽 4 ~ 10 cm，先端钝或渐尖，基部楔形，上面深绿色，有光泽，下面淡绿色，有锈色细毛，侧脉 8 ~ 9 对。花芳香，白色，呈杯状，直径 15 ~ 20 cm，开时形如荷花。花梗精壮具茸毛。花被片 9 ~ 12，倒卵形，厚肉质。雄蕊多数，长约 2cm，花丝扁平，紫色，花药向内，药隔伸出成短尖头。雌蕊群椭圆形，密被长茸毛，心皮卵形，长 1 ~ 1.5 cm，花柱呈卷曲状，聚合果圆柱状长圆形或卵形，密被褐色或灰黄色茸毛，果先端具长喙。种子椭圆形或卵形，侧扁，长约 1.4 cm，宽约 6 mm。花期 5 ~ 6 月，果期 9 ~ 10 月。

【近缘种或品种】 近缘种：夜合花 *Magnolia coco*（Lour.）DC。常绿灌木或小乔木，高 2 ~ 4 m。叶椭圆形或狭椭圆形，长 7 ~ 14 cm，叶脉明显，具短柄，托叶痕达叶柄顶端。花乳白色，花被片 9，质厚，倒卵形，易脱落；花梗长约 2 cm，向下弯垂。花期 5 ~ 7月。原产于我国南部。名贵香花树种，宜作园景树。花期长，花大洁白，花开时花被片不完全张开，形似下垂的圆球。夜间香气更浓，故名“夜合花”。播种、嫁接、扦插或压条法繁殖。

【生态习性】 原产于南美洲。现广为栽培。我国长江流域及以南各城市有栽培。喜光，幼时稍耐阴。喜温暖湿润气候，有一定的抗寒能力。适生于肥沃、湿润与排水良好的微酸性或中性土壤，在碱性土种植时易发生黄化，忌积水和排水不良。对烟尘及二氧化硫气体有较强的抗性，病虫害少。根系深广，抗风力强。

【观赏与造景】 观赏特色：树姿雄伟壮丽，叶大绿荫浓，花似荷花，芳香馥郁，硕大洁白的花朵备受青睐，为美化树种，耐烟抗风，对二氧化硫等有毒气体有较强抗性，可用于净化空气保护环境。为江苏省常州市、南通市、连云港市，安徽省合肥市，浙江省余姚市的市树。

造景方式：在庭园、公园、游乐园、墓地均可采用。大树可孤植草坪中，或列植于通道两旁；中小型者，可群植于花台上。与西式建筑尤为协调，故在西式庭园中较为适用。可用于广东北部和东北部的沿路生态景观林带建设。

【栽培技术】

采种 果实 9 ~ 10 月成熟，成熟时果实开裂，

露出红色假种皮，需在果实微裂、假种皮刚呈红黄色时及时采收。果实采下后，放置阴处晾5～6天，促其开裂，取出具有假种皮的种子，放在清水中浸泡1～2天，擦去假种皮和除出瘪粒，也可拌以草木灰搓洗除去假种皮。取得的白净种子拌入煤油或磷化锌以防鼠害。

育苗

（1）播种育苗：可随采随播，亦可翌春播种。苗床地要选择肥沃疏松的沙质土壤，深翻并灭草灭虫，施足基肥。床面平整后，开播种沟，沟深5cm，宽5 cm，沟距20 cm左右，进行条播，将种子均匀播于沟内，覆土后稍压实。在幼苗具2～3片真叶时可移植。由于苗期生长缓慢，要经常除草松土。5～7月间，追肥3次，可用充分腐熟的稀薄粪水。

（2）嫁接育苗：常用紫玉兰作砧木。3～4月，剪取有顶芽和1～2个腋芽的健壮枝条作接穗，接穗长5～7 cm，剪去叶片。用切接法嫁接至地径0.5 cm以上的紫玉兰砧木上，接口离地面3～5 cm，接后培土，微露接穗顶端，促使伤口愈合。也可用腹接法进行，接口离地面5～10 cm进行嫁接。有些地区用天目木兰、凸头木兰等作砧木，嫁接苗木生长较快，效果更为理想。

栽植　大树移栽以早春为宜，一般土球直径为树木胸径的8～10倍，土球应挖成陀螺形，用草绳扎紧。广玉兰为肉质根，在挖运、栽植时要求迅速、及时，适当修枝摘叶，施用生根粉，设支撑木固定树干。

抚育管理　移植后注意排水，避免根部积水，应用草绳裹干2 m左右以减少水分蒸发，可向草绳喷水增湿。若天气干旱，可向树冠喷雾或架高空喷雾，营造一个湿润的小环境，降低叶片温度。每年松土施肥2次。

病虫害防治

（1）病害防治：①炭疽病：可用50%多菌灵可湿性粉剂500倍液喷洒。②白藻病：应注意通风透光，雨后及时排水，染病后可喷洒50%托布津500倍液防治。③干腐病：应注意修剪枝条的伤口保护，及时涂抹保护剂，发病后可涂抹70%托布津800倍液进行防治。

（2）虫害防治：常见害虫有扁刺蛾、大蓑蛾等。可喷施90%晶体敌百虫、或50%马拉松、或25%亚胺硫磷乳剂1000～1500倍液、或50%杀螟松1000倍液。发生严重的年份，在卵孵化盛期和幼虫低龄期喷洒1500倍25%天达灭幼脲3号液、或20%天达虫酰肼2000倍液、或2.5%高效氯氟氰菊酯乳油2000倍液，或0.5亿/ml芽孢的青虫菌液。

二乔玉兰

学名：*Magnolia soulangeana* Soul.-Bod.

木兰科木兰属

别名：二乔木兰

【形态特征】 落叶小乔木，高 6 ~ 10 m，小枝无毛。叶片互生，叶纸质，倒卵形，长 6 ~ 15 cm，宽 4 ~ 7.5 cm，先端短急尖，2/3 以下渐狭成楔形，上面基部中脉常残留有毛，下面多少被柔毛，侧脉每边 7 ~ 9 条，干时两面网脉凸起，叶柄长 1 ~ 1.5cm，被柔毛，托叶痕约为叶柄长的 1/3。花蕾卵圆形，花先叶开放，浅红色至深红色，花被片 6 ~ 9，外轮 3 片花被片常较短，约为内轮长的 2/3。雄蕊长 1 ~ 1.2 cm，花药长约 6mm，侧向开裂，药隔伸出成短尖，雌蕊群无毛，圆柱形，长约 1.5cm。聚合果长约 8cm，直径约 3cm；蓇葖卵圆形或倒卵圆形，长 1 ~ 1.5 cm，熟时黑色，具白色皮孔。种子深褐色，宽倒卵形或倒卵圆形，侧扁。花期 2 ~ 3 月，果期 9 ~ 10 月。

【近缘种或品种】 近缘种：紫玉兰 *M. liliiflora* Desr.，落叶灌木，高达 3m，常丛生，树皮灰褐色，小枝绿紫色或淡褐紫色。叶椭圆状倒卵形或倒卵形，先端急尖或渐尖，基部渐狭沿叶柄下延至托叶痕，上面深绿色，幼嫩时疏生短柔毛，叶背灰绿色，沿脉有短柔毛。原产于福建、湖北、四川、云南。花芳香艳丽，适合作园景树和大型盆栽。播种、高压和嫁接繁殖。玉兰 *Magnolia denudata* Desr.，又称玉堂春，白玉兰。落叶乔木。叶倒卵状椭圆形，长 8 ~ 18 cm，先端突尖而短钝，幼时背面有毛。花大，纯白色。早春叶前开花；果期 9 ~ 10 月。原产于长江流域高海拔山地。花朵大而多，洁白芳香，色香并茂，为驰名中外的珍贵庭园观花树种。播种和嫁接繁殖。

【生态习性】 二乔玉兰系玉兰和紫玉兰的杂交种。与二亲本相近，但更耐旱，耐寒。喜光，适合栽培于气候温暖地区，不耐积水和干旱。移植难。喜中性、微酸性或微碱性的疏松肥沃的土壤以及富含腐殖质的沙质壤土，但不能生长于石灰质和白垩质的土壤中。抗风性能良好，对大气污染也有很强的耐受力，可耐 -20℃的短暂低温，其根系发达，萌蘖、萌芽力强，耐修剪整形，但伤愈能力较差，剪后要涂硫磺粉防腐。肉质根怕损伤，因此不易移植，若需移植则要在秋末落叶或春末花后温暖湿润的天气下进行。二乔玉兰需经常整枝修剪，并及时清除病、残、枯枝，否则树形会向灌木状发展，也不利于花芽的生长。

【观赏与造景】 观赏特色：早春色、香俱全的观花树种，花大色艳，观赏价值很高，是城市绿化的极好花木。

造景方式：广泛用于公园、绿地和庭园

等孤植观赏。可用于排水良好的沿路及沿江河生态景观建设。

【栽培技术】

采种　二乔木兰花后一般不结实，少量结实的果实在 9 ～ 10 月成熟。当蓇葖转红绽裂时即采，早采不发芽，迟采易脱落。采下蓇葖后经薄摊处理，将带红色外种皮的果实放在冷水中浸泡搓洗，除净外种皮，取出种子晾干，层积沙藏。

育苗

（1）播种：2 ～ 3 月播种，发芽率 7% ～ 80%。二乔玉兰实生苗的株形好，适宜于地栽，但由于它为杂交种，后代性状不稳定，不能保持优良品种的所有习性，在良种繁殖时较少使用，多用于选育新品种。

（2）扦插：在 5 ～ 7 月生长旺盛期进行。选择幼树当年生枝条作插穗，上部留少量叶片，将枝条下部浸入 50mg/L 的吲哚乙酸、生根粉或萘乙酸中 6h 后，插入湿沙或蛭石床内，适当遮荫，并经常喷雾保湿，成活率可达 70%左右。

（3）嫁接：通常以亲本紫玉兰或玉兰，或用含笑属的黄兰和白兰等作砧木，可采用劈接、芽接、切接、腹接等方法进行嫁接，劈接和芽接的成活率较高。

（4）压条：选取生长良好的植株，取粗 0.5 ～ 1.0 cm 的 1 ～ 2 年生枝条作压条，如有分枝，可压在分枝上。压条的时间选择在 2 ～ 3 月较好，压后当年能生根。定植后 2 ～ 3 年能开花。

（5）组织培养：二乔木兰的组织培养能保持其品种的优良性状，一般采用顶芽和侧芽等为外植体，初代和继代培养的培养基为 MS +（3.0mg/L）6-BA +（0.2mg/L）IBA，诱导生根的培养基为 1/2MS +（0.5mg/L）NAA。

栽植　多为地栽，盆栽时宜培植成桩景。栽植以早春发芽前 10 天或花谢后展叶前栽植最为适宜。播种苗出土后 1 ～ 2 年的盛夏季节需适当遮荫，入冬后，在北方地区还应防寒。移植时间以萌动前，或花刚谢、展叶前为好。移栽时无论苗木大小，根须均需带着泥团，并注意尽量不要损伤根系，以确保成活。大苗栽植要带土球，挖大穴，深施肥，即一般在栽植前应在穴内施足充分腐熟的有机肥作底肥。适当深栽可抑制萌蘖，有利生长。栽好后封土压紧，并及时浇足水。

抚育管理　二乔玉兰较喜肥，但忌大肥。新栽植的树苗可不必施肥，待落叶后或翌年春天再施肥。生长期一般施 2 次肥即可，有利于花芽分化和促进生长，可分别于花前与花后追肥，前者促使鲜花怒放，后者有利于孕蕾，追肥时期为 2 月下旬与 5 ～ 6 月。肥料多用充分腐熟的有机肥。除重视基肥外，酸性土壤应适当多施磷肥。修剪期应选在开花后及大量萌芽前，应剪去病枯枝、过密枝、冗枝、并列枝与徒长枝，平时应随时去除萌蘖。此外，花谢后如不留种，还应将残花和蓇葖果穗剪掉，以免消耗养分，影响翌年开花。

病虫害防治

（1）病害防治：主要病害为炭疽病，防治方法：及时清除病株病叶，同时向叶片喷施 50% 多菌灵 500 ～ 800 倍的水溶液，或用 70% 托布津 800 ～ 1000 倍的溶液进行防治。

（2）虫害防治：①蚜虫：在若虫孵化盛期，喷 25 %亚胺硫磷乳油 1000 倍液，每隔 4-6 天喷 1 次，喷 3 次即可见效，也可采用洗衣粉 500 倍液的喷灭，过后再用清水喷洗枝叶。②介壳虫：用 0.3% ～ 0.4% 的醋酸液喷杀。

灰木莲

学名：*Manglietia glauca* Blume

木兰科木莲属

别名：越南灰木莲、睦南木莲

【形态特征】 常绿乔木，树高30m左右，胸径50～70cm，树干通直圆满，树形整齐美观，树冠广卵形，枝叶茂盛。花大清香，似白玉兰花，2～3月开花，9～10月种子成熟。

【近缘种或品种】 木莲*Manglietia fordiana* (Hemsl.) Oliv.，别名绿楠。常绿乔木，高可达20m。嫩枝及芽有红褐色短毛。单叶，互生，革质，长椭圆状披针形，全缘，叶柄上托叶痕半椭圆形，长3～4cm。花被片通常9枚，白色。聚合蓇葖果卵形或阔卵形。种子暗红色。花期3～4月；10月果熟。分布于长江流域以南各地。树姿雄伟，树冠浑圆，枝叶浓密，花大，状如莲花，洁白芳香，果熟后紫红色，优良庭园观赏和景观林树种。播种、扦插和嫁接繁殖。

【生态习性】 原产越南及印度尼西亚，适生于南亚热带。幼龄时稍耐阴，中龄后偏阴，喜温暖湿润环境，在土壤干旱、瘠薄立地生长较差，忌积水地，抗污染能力一般。一般种植于海拔800m以下丘陵平原，土层深厚、疏松、湿润的赤红壤和红壤。

【观赏与造景】 观赏特色：四季常绿，枝繁叶茂，生长快，适应性较强。干形通直，树形优美，花多且花期长，花大而洁白，并能散发清香，是优良的观赏绿化树种。此外，灰木莲还具有较强的杀菌保健功能。

造景方式：适于在城镇市区街道、公园、庭院、路旁、草坪等地种植，在城市主干道作行道树效果甚佳。可营造纯林，亦可与其他树种营造混交林。适合在广东中部至南部

的公路、铁路和江河生态景观林带片植。但种植区域地下水位不宜过高。

【栽培技术】

采种　9～10月种子成熟，果实由浅绿色变为黄绿色，稍微裂，即可采种，出种率23%，种子千粒重40～50g，发芽率70%～80%。

育苗　主要为种子繁殖，因其种子不易保存，所以最好能随采随播。播种前，将处理好的种子用0.2%～0.5%的高锰酸钾或多菌灵溶液浸种0.5h，捞出沥干后播于沙床内进行催芽。待种子发芽，幼苗长出沙面，子叶完全展开且转绿时，将芽苗移植到装配好营养基质的育苗袋内，按照常规容器苗培育措施进行水肥管理和病虫害防治。苗木高度达到25cm以上，可出圃造林。灰木莲具有移植容易成活且移栽恢复快的优点，是非常适于移植的优良树种。

栽植　灰木莲喜湿、喜肥，造林地宜选择土层疏松肥沃的坡中下部，土壤pH值为5～6。秋后进行炼山、整地，挖穴，种植穴长×宽×高规格为50cm×50cm×35cm。株行距为3 m×3 m，早春雨后定植。

抚育管理　种植3年内，每年进行1～2次铲草松土施肥。

病虫害防治

（1）病害防治：幼苗易发生根腐病，发病初期可用50%代森铵水剂500倍液、或25%多菌灵500倍液、或70%敌克松1000倍液喷洒防治，病株根部可用1%～2%石灰水灌浇，控制病害的发展。

（2）虫害防治：主要为蛀干害虫木蠹蛾，可在树干基部钻孔灌药、内吸传导、毒杀干内幼虫，常用药剂为50%久效磷乳油或35%甲基硫环磷内吸剂原液。

白 兰

学名：*Michelia alba* DC.

木兰科含笑属

别名：白兰花

【形态特征】 常绿乔木，高达17 m，枝广展，呈阔伞形树冠，胸径30 cm，树皮灰色，揉枝叶，有芳香。嫩枝及芽密被淡黄白色微柔毛，老时毛渐脱落。叶薄革质，长椭圆形或披针状椭圆形，长10～27 cm，宽4～9.5 cm，先端长渐尖或尾状渐尖，基部楔形，上面无毛，下面疏生微柔毛，叶柄长1.5～2 cm，疏被微柔毛，托叶痕几达叶柄中部。花白色，极香，花被片10，披针形长，3～4 cm，宽3～5 mm，雄蕊的药隔伸出长尖头，雌蕊群被微柔毛，雌蕊群柄长约4mm，心皮多数，通常部分不发育，成熟时随着花托的延伸，形成蓇葖疏生的聚合果。蓇葖熟时鲜红色。花期4～9月，夏季盛开，通常不结实。

【近缘种或品种】 近缘种：含笑 *M. figo* (lour.) Spreng.，别名小叶含笑、含笑花、香蕉花。常绿灌木或小乔木。叶柄及花梗均密被黄褐色茸毛，花有水果香气，花被片淡黄绿色，边缘带红色或紫红色。黄兰 *M. champaca* L.，常绿乔木，树皮灰褐色，花色为橙黄色，香气甜润比白兰花更浓，花期稍迟，6月开始开花，叶柄上的托叶痕超过叶柄长度的1/2以上。

【生态习性】 原产喜马拉雅地区，现我国北京及黄河流域以南地区均有栽培。喜光照充足、暖热湿润和通风良好的环境，不耐寒、不耐阴，怕高温和强光，但具有相对较高抗污染物的能力。宜种植于排水良好、疏松、肥沃的微酸性土壤，最忌烟气、台风和积水。

【观赏与造景】 观赏特色：观花树种，株形直立有分枝，落落大方，树姿优美，叶片清翠碧绿，花朵洁白，香如幽兰。

造景方式：在南方可露地庭院栽培，是南方园林中的骨干树种，常孤植、散植或列植于道路两旁。北方盆栽，可布置庭院、厅堂、会议室。中小型植株可陈设于客厅、书房。白兰花含有芳香性挥发油、抗氧化剂和杀菌素等物质，可以美化环境、净化空气、香化居室。可用于在广东大部分地区沿路生态景观林带作为基调树种种植。

【栽培技术】

采种 少见结实。9月底或10月初，将成熟的果采下，取出种子，用湿沙层积法进行冷藏。

育苗 以嫁接繁殖为主，亦可播种、扦插、压条进行繁殖。

（1）嫁接：多用黄兰、含笑、火力楠、木兰等为砧木，于清明前进行切接，南方也可于秋分前后切接或在8～9月芽接。切接、芽接均与一般花木同。

（2）播种：常于10月进行，用草木灰水浸种1～2天，然后搓去蜡质假种皮，再用清水洗净即可播种；也可于翌年3月在室内盆播，20天左右即可出苗。

（3）压条：有普通压条和高枝压条2种。①普通压条：压条最好在2～3月进行，将所要压取的枝条基部割进一半深度，再向上割开一段，中间卡一块瓦片，接着轻轻压入土中，不使折断，用"U"形的粗铁丝插入土中，将其固定，防止翘起，然后堆上土。春季压条，待发出根芽后即可切离分栽。②高枝压条：入伏前在母株上选择健壮和无病害的嫩枝条（直径1.5～2 cm），于盆岔处下部切开裂缝，然后用竹筒或无底瓦罐套上，里面装满培养土，外面用细绳扎紧，小心不去碰动，经常少量喷水，保持湿润，翌年5月前后即可生出新根，取下定植。

栽植　白兰喜暖畏寒，喜光畏煤烟，既不耐湿，又不耐旱。地栽宜选择避风向阳、排水良好、富含腐殖质的微酸性沙质壤土，不宜在盐碱地栽种。栽植应在春季进行。栽植株行距为3 m×3 m，种植穴长×宽×高规格为60 cm×60 cm×50 cm。

盆栽白兰，应选择疏松、透气性强且含腐殖质较丰富的土壤栽培，可使用由腐叶、粗沙、园土所配成的混合基质，比例按体积计依次为1∶1.5∶1.5。通常选用透气性好的瓦盆、紫沙盆（缸）或用底孔较多的塑料盆。盆内土壤最好能有一定量的大小不等的颗粒状土壤，以利渗水透气。除华南地区以外，其他地区均要在冬季进房养护，最低室温应保持5℃以上，出房时间在清明至谷雨为宜。

抚育管理　地栽白兰，种植前2年每年进行1～2次除杂、松土、扩穴。同时在每年的5～8月，每株追施150g～200g复合肥。

盆栽白兰花，可行蟠扎处理，即在四月发芽后，随着新梢的生长，随时进行蟠扎，扎成弯曲姿态，限制主干拔高。要选择适宜的高度，用修剪刀剪去顶芽及剪短部分侧枝。顶芽剪掉后以利于多长侧枝，多长花蕾多开花。

浇水是养好白兰的关键，但又因根系肉质，怕积水，又不耐干。春季出房浇透水，以后隔天浇1次透水；夏季早晚各1次，太干旱须喷叶面水；秋季2～3天1次；冬季扣水，只要盆土稍湿润即可；雨后及时倒去积水。薄肥勤施，以饼肥为好，冬季不施肥，在抽新芽后开始至6月，每3～4天浇1次肥水，7～9月每5～6天浇1次肥水，施几次肥以后应停施1次。花前应有充足的水分和肥料，以促其花大香浓。

根据白兰的树冠大小和树龄的年限长短而更换大小适当的盆、缸，以利于植株生长旺盛。通常2～3年换盆1次，在谷雨过后换盆较好，并增添疏松肥土。

病虫害防治

（1）病害防治：①炭疽病：可用50%多菌灵可湿性粉剂500倍液或50%托布津可湿性粉剂500倍液，每隔5～10天喷洒一次防治。②黄化病：又名缺绿病，属生理性病害，发病后，立即向叶面上喷撒0.5%的硫酸亚铁溶液，每周喷一次，连续喷3～4次，同时施用矾肥水。③根腐病：属真菌性病害，改善土壤排水条件是防病的重要措施；植株生长期染病，可用65%代森锌250倍液，50%代森铵250倍液，或50%多菌灵500倍液等化学药剂浇灌根部土壤。

（2）虫害防治：①介壳虫：将洗衣粉、尿素、水按1∶4∶100的比例，搅拌成混合液后，用以喷洒植株，可收到灭虫、施肥一举两得之效。②红蜘蛛：用50%三硫磷1000倍液喷洒防治。③蚜虫：可用40%氧化乐果1000倍液或25%亚胺硫磷乳油1000倍液。

乐昌含笑

学名：*Michelia chapensis* Dandy

木兰科含笑属

别名：景烈白兰、麦氏含笑

【形态特征】 常绿乔木，高 15 ～ 30 m，胸径 1m，小枝无毛，嫩时节上被灰色微柔毛。单叶，互生，薄革质，倒卵形或长圆状倒卵形，长 6.5 ～ 15 cm，宽 3.5 ～ 6.5 cm，先端骤狭短渐尖或短渐尖，尖头钝，基部楔形，上面深绿色，有光泽，侧脉每边 9 ～ 12 条，叶柄长 1.5 ～ 2.5 cm，无托叶痕。花梗长 4 ～ 10mm，花被片淡黄色，6 片，芳香，2 轮，外轮倒卵状椭圆形，长约 3 cm，宽约 1.5 cm，内轮较狭。聚合果紫红色，长约 10cm，果梗长约 2cm，蓇葖长圆体形或卵圆形，长 1 ～ 1.5 cm，宽约 1 cm，顶端具短细弯尖头，基部宽。种子红色，卵形或长圆状卵圆形，长约 1cm，宽约 6mm。花期 3 ～ 4 月，果期 8 ～ 9 月。

【近缘种或品种】 近缘种：长蕊含笑 *M. longistamina* Law，乔木，高达 15m，胸径达 50cm，树皮灰色；芽、托叶背面、总花梗、苞片背面均被淡黄色开展的长柔毛；小枝疏生圆点状皮孔，无毛。叶片薄革质，卵状椭圆形，椭圆形或倒卵状椭圆形，长 7 ～ 14 cm，宽 2.5 ～ 5 cm，先端短渐尖或急尖，基部楔形或阔楔形，上面深绿色，有光泽，两面均无毛；无托叶痕。花蕾椭圆形，花被片白色，两轮，外轮 3 片倒卵形。聚合果长 8 ～ 11 cm；蓇葖宽倒卵圆形、长圆形或近球形，长约 1.5 cm，宽约 6 mm，顶端具向下弯的尖喙。

【生态习性】 原产我国江西、湖南、广东、广西、贵州等地，越南也有分布。喜温暖湿润的气候，生长适宜温度为 15 ～ 32℃，能耐 41℃的高温，亦能耐寒，1 ～ 2 年生小苗在 -7℃低温下有轻微冻害。不耐大气污染。喜光，但苗期喜偏阴。喜土壤深厚、疏松、肥沃、排水良好的酸性至微碱性土壤。能耐地下水位较高的环境，在过于干燥的土壤中生长不良。

【观赏与造景】 观赏特色：常绿乔木，树形优美，枝叶翠绿，在庭院中栽植既具宝塔形树冠，又因小枝细软，叶面微波状，给人一种婀娜多姿之美。春天，满树黄白色花朵似兰花般清香，随风远飘，沁人肺腑，令人心旷神怡；夏日，它的翠绿能给人以清凉之感，使人顿生忘暑之情；金秋，果序挂满枝头，果皮开裂，露出鲜红的种子似粒粒红豆悬垂在绿叶丛中；冬季，又能保持浓绿，呈现一片生机。

造景方式：优良的园林新秀，可孤植、丛植、列植，作为园林绿化的基调树种。可用于广东北部和东北部的沿路生态景观林带作为基调树种种植。

0.5mm
1 2 3 4 5 6 7 8 9

【栽培技术】

采种　8～9月，选择20～40年生的健壮母树进行采种，采下的果实放在室外摊晒数天再移放室内，开裂后取出种子。当种子红色假种皮软化后，放在清水中擦洗干净，放在室内摊放数天后用湿沙贮藏。种子千粒重约104～121 g。

育苗　种子可随采随播，也可于早春2月播种。播种前可用40℃以下温水将种子浸泡12～24h，使其吸足水分，促进种子萌芽，并可使出苗整齐。在苗床上全面均匀地进行播种，苗床上加盖一层稻草以保持苗床湿度，以后根据种子出土的先后采取分次揭草。播种后20～30天就可萌发，出苗期持续15～20天左右；当幼苗出现2～3片真叶，可移植上袋。适当遮荫，及早除草松土，注意防治病虫害，适量追施稀薄的氮、磷肥；5～6月苗高30 cm时可上山定植。

栽植　上山成片造林，宜与木荷、枫香、红锥等阔叶树种混植，乐昌含笑与其他树种混交比例约1 ∶ 3，采用株间或行间混交均可，株行距2 m ×2m。

抚育管理　造林后3年，第1年9～10月幼林除草松土，追肥1次；第2～3年每年2次抚育，上半年追肥1次。

病虫害防治

（1）病害防治：苗期主要病害为猝倒病，可喷0.5%波尔多液于苗木茎叶，喷后用清水洗苗。

（2）虫害防治：主要是夜蛾类或蝼蛄类的幼虫，防治时，要清除杂草，杀灭虫卵，防止杂草上的幼虫转移到幼苗上危害。早晨在苗圃地缺苗或断苗的周围，将土扒开捕捉幼虫；用90%敌百虫1000倍液或20%乐果乳油300倍液喷雾杀虫。

广东含笑

学名：*Michelia guangdongensis* Y. H. Yan, Q. W. Zeng et F. W. Xing

木兰科含笑属

【形态特征】 常绿灌木或小乔木，高3～6 m，胸径达15cm；树皮灰褐色；芽、嫩枝、叶柄均密被红褐色平伏短柔毛。单叶，互生，革质，倒卵状椭圆形或倒卵形，长4.5～9 cm，宽2.5～4.5 cm，基部圆形至楔形，叶缘稍外卷，先端圆至急尖，叶脉密集，每侧叶脉4～9条，叶柄长0.1～1.5 cm。花两性，芳香，花芽长卵形，佛焰苞1个，花瓣9～12，白色，基部稍绿色，外层3～5个花瓣卵状椭圆形，长5.6～6.2 mm，宽2.5～3 mm，中层3～4瓣卵形至卵状椭圆形，长5.6～7 mm，宽2.7～3 mm，内层3瓣，长5.4～7 mm，宽1.9～2.5 mm；雄蕊50～70个，浅绿色，紫红色花丝长3mm，花丝链接突起高1mm；花药6～8 mm，披柔毛的绿色；雌蕊柄6～8 mm；心皮13～20个，每心皮4～6个胚珠，粉红色外翻1～3 mm。花期3月。

【近缘种或品种】 近缘种：野含笑*M. skinneriana* Dunn。常绿乔木，高15m。叶窄倒卵状椭圆形、倒披针形至窄椭圆形，长5～14 cm，宽2.5～4 cm，先端尾状渐尖。花淡黄色，芳香。花期5～6月，果8～9月。优良庭园观赏和香花树种。产于我国南方地区。用嫁接、播种、压条繁殖苗木。

【生态习性】 分布于我国广东英德石门台自然保护区海拔1200～1400m的灌丛中，目前野生大树不足10棵，根据《中国植物红皮书》对物种保育的等级评估及划分标准，广东含笑只有1个居群，地理分布有很大的局限性、仅存于特殊生境或有限的地方。因此，可认定广东含笑属于濒危种。

【观赏与造景】 观赏特色：四季常绿，树形紧凑，因芽、嫩枝、叶柄均密被红褐色平伏短柔毛，阳光下闪闪发亮，微风吹过，晃如红色海洋，花芳香，是优良庭园绿化和盆栽观赏树种。

造景方式：因树体较小，适合在公园、小区的大树下群植或在办公楼、住宅和别墅前孤植或群植作庭园观赏树；可进一步矮化作盆栽，在花期供室内观赏。不耐水湿，种植地水位不能过高。可用于沿路生态景观建设。

【栽培技术】

采种 采回果实后堆放于通风凉爽处，待果瓣开裂后种子自然脱出；种子脱出堆放3～5天，红色假种皮软化后搓去假种皮，用清水洗净，得黑色的种子。因种子容易丧失发芽力，可随采随播。

育苗 用嫁接、圈枝和播种方法繁殖苗木。

（1）播种育苗：因种子稀少且异常珍贵，

播种宜在育苗盆里完成。用纯净黄心土加火烧土（比例为 4 ∶ 1）作育苗基质，用小木板压平基质，用撒播方法进行播种，用细表土或干净河沙覆盖，厚度约 0.5 ～ 0.8 cm，以淋水后不露种子为宜，再用遮光网遮荫，保持苗床湿润，当苗高达到 3 ～ 4 cm，有 2 ～ 3 片真叶时即可上营养袋（杯）。用黄心土 87%、火烧土 10% 和钙镁磷酸 3% 混合均匀作营养土装袋。种植后应覆盖遮光网遮荫，种植 40 天以后到生长季节每月施 1 次浓度约为 1% 复合肥水溶液，后用清水淋洗干净叶面肥液；培育 1 年苗高约 25 cm 以上，地径约 0.6 cm，可达到出圃苗木规格标准。

（2）嫁接育苗：芽接嫁接宜在 12 月至翌年 2 月进行。可用 2 年生地径约 1.5 cm 的观光木或含笑属的黄兰和火力楠等营养袋作砧木；用 0.5 ～ 1 年生生长健壮的枝条接穗，砧木高度 10 ～ 13 cm 处剪断，用切接法嫁接，用常规嫁接苗木管理办法，成活率可达 85% 以上。1 年后接穗长至 20 cm 时可换盆种植。

（3）圈枝育苗：选择树体健壮、分枝良好的母株进行圈枝繁育。2 ～ 4 月，当气温回升到 18℃以上，选择 2 或 3 年生枝条，枝条直径 1.5cm 以上，相距 2.5 ～ 3.5cm 环割一圈，剥去韧皮部树皮，用水搅拌纯净黄心土，使黄心土用手能捏成团，松手后不松散为宜，包捆在环割处，土球长度比环割口长 2.5 ～ 3 倍，宽度为圈枝条的 4 ～ 5 倍；用半透明薄膜包好，上下要用包装绳捆好，用树枝固定，以防风折。圈枝后应对母树进行施肥，干旱需适量淋水。2 ～ 3 个月后，上切口下方逐渐长出不定根；6 个月后，土球内根系较多，部分根长达 3cm，圈枝条生长健壮时可剪下种植，剪时切口应离土球下方 2 cm 左右，适度修剪枝条和叶片，把苗木种植在适度大小营养袋（杯）中，用黄心土拌火烧土（比例为 4 ∶ 1）作育苗基质，盖好遮光网，保持基质湿润，2 个月后苗木生长稳定施浓度为 1.5% 复合肥水液。第 2 年春季苗木高度达 40 cm 以上，根系发达，可出圃。

栽植 应根据苗木大小每年换盆栽植。换盆最好用纯黄泥，或纯黄泥拌泥炭土（比例为 1 ∶ 1）作育苗基质，春季换盆成活率高。换盆后合理淋水，做到不干不淋、淋必淋透的原则。

抚育管理 40 天以后，每月可施沤熟花生麸或复合肥水液。夏季应适当遮荫。应适度修剪重叠枝、内樘枝和交叉枝。

病虫害防治

（1）病害防治：苗期主要病害为猝倒病，可喷 0.5% 波尔多液于苗木茎叶，喷后用清水洗苗。

（2）虫害防治：幼苗或幼树期有食叶害虫危害叶片和顶芽，用含量 4.5% 的高效氯氰菊酯，浓度为 800 ～ 1000 倍液喷洒，效果良好。

香梓楠

学名：*Michelia hedyosperma* Y. W. Law.

木兰科含笑属

别名：黑枝苦梓、香子含笑、香籽含笑、香子楠

【形态特征】 常绿乔木，高达 21 m，胸径 60 cm，小枝黑色，老枝浅褐色，疏生皮孔；芽、嫩叶柄、花梗、花蕾及花被密被平伏状短绢毛，其余无毛。叶揉碎有八角气味，薄革质，倒卵形或椭圆状倒卵形，长 6 ～ 13 cm，宽 5 ～ 5.5 cm，先端尖，尖头钝，基部宽楔形，两面鲜绿色，有光泽，无毛，侧脉每边 8 ～ 10 条，网脉细密，侧脉及网脉两面均凸起；叶柄长 1 ～ 2cm，无托叶痕。花蕾长圆形，长约 2 cm，花梗长约 1cm，花芳香，花被片 9，3 轮，外轮膜质，条形，长约 1.5 cm，宽约 2 mm，内两轮肉质，狭椭圆形，长 6 ～ 7 mm，背面有 5 条纵棱，花柱长约 2mm，外卷，胚珠 6 ～ 8。聚合蓇葖果灰黑色，椭圆形，长 2 ～ 4.5 cm，宽 1 ～ 2.5 cm，密生皮孔，顶端具短尖，种子 1 ～ 4。花期 3 ～ 4 月，果期 9 ～ 10 月。

【近缘种或品种】 近缘种：灰岩含笑 *M. calcicola* C. Y. Wu，小乔木，高 3 ～ 8 m。芽圆柱形或狭卵形，长 2.5 ～ 3.5cm，被黄褐色长茸毛，嫩枝被淡黄色茸毛，老枝无毛，深褐色，有圆点状皮孔。叶革质，长圆形或卵状长圆形，长 13 ～ 18 cm，宽 4.5 ～ 7 cm，先端渐尖或急尖，中脉凹下，嫩时被茸毛，老时无毛，托叶与叶柄离生，无托叶痕。花梗密被淡黄色长茸毛，花黄色。聚合果圆柱形。花期 3 月，果期 11 月。

【生态习性】 天然分布于我国海南白沙、昌江、乐东、琼中，广西那坡、靖西、龙州、凭祥，云南西畴、西双版纳。分布区年平均温度 20 ～ 22. 5℃，最冷月平均温度 11 ～ 14℃，极端低温 -2℃，年降水量 1200 ～ 1500 mm，干湿季节明显，雨季集中在 4 ～ 9 月，土壤多属页岩、沙页岩和流纹岩风化成的微酸性红壤土，喜肥沃湿润、排水良好、阳光充足的立地。适应性较强，幼苗具有一定的耐阴性，对土壤要求不严，适宜栽植于土层深厚、腐殖质较多、土壤水分充足的地区。

【观赏与造景】 观赏特色：花芳香，可提取芳香油，枝叶浓绿，树冠塔形，树形挺拔秀丽。

造景方式：适宜于四旁、丘陵及低山等绿化树种。是城郊森林的优良造林树种之一。可用于广东中部、东部和南部地区的公路和铁路生态景观林带种植，但种植地下水位不宜过高。

【栽培技术】

采种　宜选 20 ～ 40 年生、干形通直的植株作采种母树。10 月中下旬，当聚合果由绿色变为紫红色时进行采收，以树上采摘为主。将采回的果实摊开风干，待聚合果自然开裂后，拣去带红色的假种皮种子，

浸泡 24 h 后掺沙搓去种皮，鲜果出种率 16% ～ 18%，种子千粒重 250 ～ 270 g，发芽率 70% ～ 80%。用含水率约为 30% 的 5 ～ 10 倍于种子重量的新鲜河沙混合贮藏，在 21 ～ 25℃常温下，15 ～ 20 天后种子陆续萌发；在 4 ～ 5℃温度条件下，低温拌湿润细沙贮藏，可将种子贮藏至翌年 2 月。

育苗 可随采随播，条播或撒播均宜。播后需遮荫。幼苗长出 1 ～ 2 片真叶时，即可移植到容器或圃地，移植宜选择阴天，剪叶，浆根再移入育苗容器。容器苗高达 25 cm 时，可出圃造林。1 年生裸根苗高可达 70 ～ 100 cm、地径 1.5 ～ 2 cm，每亩产合格苗 1.5 万株。

栽植 香梓楠造林地宜选择土层深厚、腐殖质较多、土壤水分充足、空气湿度大的阴坡中下坡或山谷。山地造林，坡度 25° 以下用带垦，种植穴长 × 宽 × 高规格为 40 cm × 40 cm × 25 cm 或 50 cm × 50 cm × 30 cm。坡度超过 25° 时，炼山后穴垦。株行距为 2 m × 3 m 或 2 m × 2.5 m。春季阴雨天种植。裸根苗造林最好是 1 ～ 2 月，最迟不超过 3 月中旬；容器苗造林不受季节制约，但仍以 1 ～ 4 月造林为好。

香梓楠生长速度中等，幼林阶段有一定的耐阴性，可与南亚热带众多乡土树种如米老排、红锥、火力楠等树种进行混交造林，也可与杉木营造针阔叶混交林。混交方式可行间，也可带状或块状。

抚育管理 造林当年夏季抚育松土 1 次，同时追施氮、磷、钾复混肥 100 ～ 150g/ 株，秋季再除草 1 次。以后每年除草松土 2 次，追肥 1 次，连续 3 年。在抚育除草同时，要修剪萌条，修剪时注意勿伤树干，切口要平滑，不撕裂。

病虫害防治 适生性强，目前，尚未见有危害严重的病虫害。

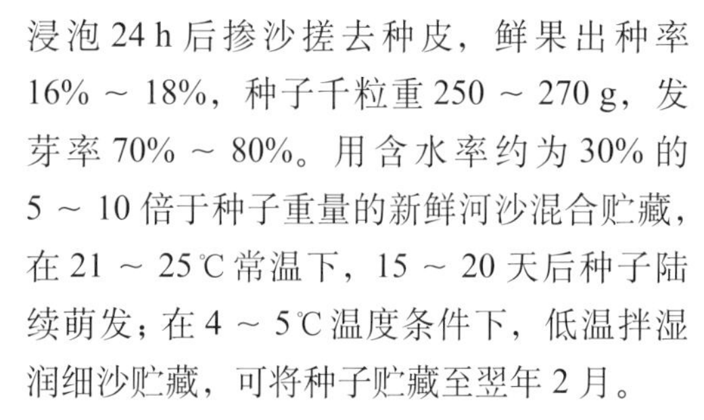

火力楠

学名：*Michelia macclurei* Dandy

木兰科含笑属

别名：醉香含笑

【形态特征】 常绿乔木，高35 m，树型高大，胸径1m以上。树皮灰白色，光滑不开裂。芽、嫩枝、叶柄、托叶及花梗均被紧贴而有光泽的红褐色茸毛。叶革质，倒卵形、椭圆状倒卵形，菱形或长圆状椭圆形，长7 ~ 14 cm，宽5 ~ 7 cm，先端短急尖或渐尖，基部楔形或宽楔形，上面初被短柔毛，后脱落无毛，下面被灰色毛杂有褐色平伏短茸毛，侧脉每边10 ~ 15条，纤细，在叶面不明显，网脉细，蜂窝状。叶柄长2.5 ~ 4 cm，上面具狭纵沟，无托叶痕。心皮卵圆形或狭卵圆形，长4 ~ 5 mm。聚合果长3 ~ 7 cm，蓇葖长圆形、倒卵状长圆形或倒卵圆形，长1 ~ 3 cm，宽约1.5 cm，顶端圆，红色，基部宽阔着生于果托上，疏生白色皮孔，沿腹背二瓣开裂。种子1 ~ 3颗，扁卵圆形，长8 ~ 10 mm，宽6 ~ 8 mm。花期3 ~ 4月，果期9 ~ 11月。

【近缘种或品种】 近缘种：石碌含笑 *Michelia shiluensis* Chun et Y.Wu。常绿乔木，顶芽狭椭圆形，被橙黄色或灰色有光泽的柔毛，小枝和叶柄均无毛。单叶，革质，羽状脉，倒卵状楔形或倒卵状长圆形，叶面深绿色，背面粉绿色，叶柄无托叶痕。花白色，花期3 ~ 4月，果期9 ~ 11月。产于广东。树形优美，叶色浓绿，可作园景树和行道树。国家二级重点保护植物。播种和嫁接繁殖。

【生态习性】 分布于我国广东东南部（雷州半岛）、北部、中南部，海南、广西北部；越南北部也有分布。喜光，喜温暖湿润气候，生于海拔500 ~ 1000 m的密林中。适应性强，生长迅速，耐寒，耐旱，忌积水，抗污染力强，栽培地全日照或半日照均能正常生长，树冠宽大，侧根发达，萌芽力强，寿命长（百年以上），容易繁殖，病虫害少，是一种优良的防火树种；与杉木、马尾松等混交造林还能富集养分，改良土壤，防止杉松多代连作造成的地力衰退，保持水土，涵养水源，调节气候。

【观赏与造景】 观赏特色：树形美观，枝叶繁茂，花色洁白，花香浓郁，果实鲜红色，是园林中优良的观花乔木。

造景方式：适宜广场绿化、庭院绿化及道路绿化，单植、丛植、群植和列植均宜；成林具有一定的抗火能力，可营造防火林。可用于广东北部、中南部的沿路生态景观林带种植，但种植地下水位不宜过高。

【栽培技术】

采种 宜选20 ~ 50年生的健壮、通直、无病虫害的母树采种。10 ~ 11月果壳呈紫红色时即可采收果实，将其暴晒脱粒筛取种子，再浸入水中搓去红色假种皮，然后用

湿沙贮藏。果实出籽率4%～5%，千粒重110～170 g，发芽率85%左右。

育苗

（1）播种育苗：播种以冬播或随采随播为好，亦可春播，春播在2月中下旬，播种时一般在苗床上进行挖穴播种，行距为15～20 cm，穴距为10cm左右，每穴以2～3粒为宜，播种量为200～250 kg/hm²，播种后用火烧土或黄心土覆盖1～1.5 cm，再盖上杂草或稻草及其他覆盖物。以保持苗床土壤疏松、湿润，有利于种子发芽出土。冬播或随采随播的种子出苗参差不齐，春播稍好，20天后开始发芽出土。种子发芽出土后应将覆盖物逐渐撤掉，第一次撤去1/3，30天后撤去剩余覆盖物2 /3，40天后撤去全部覆盖物。采用容器育苗时，幼芽4～5 cm时上袋。营养袋直径和高的规格为12 cm×20 cm，营养土为75%黄泥心土+23%火烧土+2%过磷酸钙，装袋后排成畦状，每畦以宽不超1.5 m为宜，四边培土，淋透后移苗上袋。1年生苗高0.85～1 m，生长壮旺，根系发达，可出圃上山造林。

（2）压条繁殖：选取健壮的枝条，从顶梢以下大约15～30 cm处把树皮剥掉一圈，剥后的伤口宽度在1cm左右，深度以刚刚把表皮剥掉为限。剪取一块长10～20 cm、宽5～8 cm的薄膜，上面放些淋湿的园土，像裹伤口一样把环剥的部位包扎起来，薄膜的上下两端扎紧，中间鼓起。约4～6周后生根。生根后，把枝条边根系一起剪下，即为一棵新的植株。

栽植　宜选择土层深厚、腐殖质多、土壤水分充足、空气湿度较大的阴坡、海拔600m以下的山谷地造林。造林前秋冬季节，要完成林地的清理，采用块状或穴状整地。植穴规格为50cm×40cm×40cm，按品字型沿等高线排列植穴。当坡度较大时，可在坡的中部沿等高线保留一个天然植物保护带。造林时间一般在12月至翌年2月，最迟不超过3月上旬，选择小雨天或阴天栽植为宜。如果营造短轮伐期工业原料林，造林密度为4500株/hm²，一般用材林为3900株/hm²。防火林为3300株/hm²。火力楠可与杉木、木荷和细柄阿丁枫等树种混交。若以火力楠为主栽树种，混交比例为1：1或2：1；反之，比例为3：1或5：1。混交方式除比例为1：1时用行间混交外，其余用带状、块状或插花状混交均可。

抚育管理　栽植后3～5年内，每年夏秋应进行中耕抚育1～2次，中耕深度不宜过深，以免伤根。

病虫害防治

（1）病害防治：主要病害有根腐病、茎腐病和藻斑病。防治时要注意排涝，特别春梅雨季节，苗床幼苗较密，易感茎腐病，雨季要注意及时排水，并定期喷杀菌药，如50%多菌灵可湿性粉剂1 g/L溶液和70%根腐灵1g/L溶液效果好。

（2）虫害防治：①蚜虫：可喷施2.5%溴氰菊酯0.67～1.00 g/L溶液。②潜叶蛾：可用40%乐果乳剂500倍液喷被害植株。

深山含笑

学名：*Michelia maudiae* Dunn.

木兰科含笑属

别名：光叶白兰

【形态特征】 常绿乔木，高达 20 m，全株无毛；树皮薄、浅灰色或灰褐色；芽、嫩枝、叶背、苞片均披白粉。单叶，互生，革质，矩圆形或矩圆状椭圆形，长 7 ~ 18 cm，宽 4 ~ 8 cm，先端急尖，基部楔形或宽楔形，全缘，上面深绿色有光泽，下面有白粉，中脉隆起，侧脉每边 7 ~ 12 条，直或稍曲，至近叶缘开叉网结、网眼致密；叶柄长 2 ~ 3 cm，无托叶痕。花两性，单生于枝梢叶腋，大型，白色，芳香，直径 10 ~ 12 cm，花梗绿色，具 3 环状苞片脱落痕，佛焰苞状苞片淡褐色，薄革质，长约 3cm；花被片 9，排成 3 轮，纯白色，基部稍呈淡红色，外轮的倒卵形，长 5 ~ 7 cm，宽 3.5 ~ 4 cm。聚合蓇葖果长 7 ~ 15 cm；蓇葖矩圆形，有短尖头，背缝开裂；种子斜卵圆形，长约 1 cm，宽约 5 mm，稍扁。花期 2 ~ 3 月，果期 9 ~ 10 月。

【近缘种或品种】 近缘种：金叶含笑 *M. foveolata* Merr. ex Dandy。常绿乔木，芽、幼枝、叶柄、叶背、花梗密被赤铜色短茸毛，叶长圆状椭圆形或阔披针形。优良庭园观赏和生态景观林树种。产于广东、广西和湖南等地。播种繁殖。

【生态习性】 产于我国广东、湖南、广西、福建、江西、贵州及浙江。花供药用，可提取芳香油。根系发达，树冠浓密，喜温暖、湿润环境，喜土层深厚、疏松、肥沃而湿润的酸性沙质土，自然更新能力强，生长快，适应性广，4 ~ 5 年生即可开花，繁殖容易。抗干热，有一定耐寒和抗旱能力，对二氧化硫的抗性较强，对酸雨有一定抗性，对铅胁迫的抗性较弱。幼树稍耐阴，成年树喜光，常生于海拔 500 ~ 1000m 山地常绿阔叶林中，与大果马蹄荷、阿丁枫和壳斗科树种混交成林。

【观赏与造景】 观赏特色：四季常绿，树干挺直，树冠浓密，花多色白、具芳香味，是我国长江以南各地著名园林绿化和香花植物。

造景方式：树形美观，花芳香，可在公园、绿化小区坡地群植作庭园观赏和香花树；在自然保护区和风景林片植作景观林树种。可用于广东北部和东北地区沿路生态景观林带作基调树种栽植。不耐水湿，种植地水位不能过高。

【栽培技术】

采种　种子于 9 ~ 10 月成熟，蓇葖果由青灰变成赤褐色进行采收。果熟时种子易脱落，应及时采收，在露天晒裂果实，取出带假种皮的种子，用水浸搓洗假种皮，得干净种子，

种子千粒重约130 g。因种子容易丧失发芽力，可随采随播。短期贮藏可用湿沙或湿润椰糠保湿，翌春播种。

育苗　在南亚热带和有保温条件的地区可随采随播；如无保温条件的地区翌春播种。育苗地应选择坡度平缓、阳光充足、排水良好、土层深厚肥沃的沙壤土，苗床高15 cm左右，纯净黄心土加火烧土（比例为4 ：1）作育苗基质，用小木板压平基质，用撒播方法进行播种，用细表土或干净河沙覆盖，厚度约0.5 ～ 0.8 cm，以淋水后不露种子为宜，再用遮光网遮荫，保持苗床湿润，播种后约70天种子开始发芽出土，经50天左右发芽结束，发芽率60% ～ 80%。当苗高达到3 ～ 6 cm，有2 ～ 3片真叶时即可上营养袋（杯）或分床种植。用黄心土87%、火烧土10%和钙镁磷酸3%混合均匀作营养土装袋。种植后应覆盖遮光网遮荫，种植40天以后生长期每月施1次浓度约为1%复合肥水溶液；培育1年苗高约25 ～ 40 cm，地径约0.6 cm，可达到造林苗木规格标准。

栽植　造林地最好选择在中亚热带及以北地区，海拔200 m以上，土层深厚的地方。栽植株行距2 m×3 m或2.5 m×3 m，造林密度89 ～ 111株/亩。造林前先做好砍山、整地、挖穴、施基肥和表土回填等工作，种植穴长×宽×高规格为50 cm×50 cm×40 cm，基肥穴施钙镁磷肥1 kg或沤熟农家肥1.5 kg。如混交造林，可采用株间或行间混交，深山含笑与其他树种比例为1 ：1至1 ：2为宜。裸根苗应在春季造林，营养袋苗在春夏季也可造林。在春季，当气温回升，雨水淋透林地时进行造林；如要夏季造林，须在大雨来临前1 ～ 2天或雨后即时种植，或在有条件时将营养袋苗的营养袋浸透水后再行种植。浇足定根水，春季造林成活率可达90%以上，夏季略低。

抚育管理　造林后3年内，每年4 ～ 5月和9 ～ 10月应进行抚育各1次。抚育包括全山砍杂除草，并扩穴松土，穴施沤熟农家肥1 kg或复合肥0.15 kg，肥料应放至离叶面最外围滴水处左右两侧，以免伤根，影响生长，4 ～ 5年即可郁闭成林。抚育时应注意修枝整形，以促进幼林生长。

病虫害防治

（1）病害防治：苗期易患根腐病，发现病株立即清除，并用50%可湿性粉剂多菌灵或70%可湿性粉剂代森锰锌等杀菌剂800 ～ 1000倍液喷洒，抑制蔓延，对密度过大的芽苗，及时移植。苗床可用高锰酸钾750 ～ 1000倍液消毒。

（2）虫害防治：地下害虫：4月下旬至5月中旬易被蛴螬、地老虎等地下害虫啃咬幼苗根颈部，易造成苗木枯死，可结合雨季做好清沟排水工作，并用90%敌百虫1000倍液和50%马拉松乳剂1000溶液，用竹签在苗床插洞后灌浇，效果较佳。

介壳虫：5～ 6月易感染介壳虫，当树叶上介壳虫虫口密度过大时，用 50%马拉松1500倍液或25%亚胺硫磷乳油1000倍液。

观光木

学名：*Tsoongiodendron odorum* Chun

木兰科观光木属

别名：香花木、观光木兰

【形态特征】 常绿乔木，高达25m，胸径1 ~ 2 m。树皮灰褐色，平滑；小枝、芽、叶柄、叶下面和花梗均生黄棕色糙伏毛。单叶，互生，纸质，倒卵状椭圆形，长8 ~ 17 cm，宽3.5 ~ 7 cm，顶端急尖或钝，基部楔形，叶面绿色，有光泽，中脉凹陷被小柔毛，侧脉每边10 ~ 12条；托叶与叶柄贴生，叶柄长1.2 ~ 2.5 cm，托叶痕几达叶柄中部。花两性，单生叶腋，淡紫红色，芳香；花被片9，分3轮，倒卵状椭圆形，外轮最大，长17 ~ 20 mm，向内渐小；雄蕊多数30 ~ 45枚，长7.5 ~ 8.5 mm；雌蕊9 ~ 13枚，狭卵圆形，密被平伏柔毛；心皮10 ~ 12，结果时完全合生。聚合蓇葖果长椭圆形，长10 ~ 18 cm，直径7 ~ 9cm，重0.5 ~ 0.7 kg，垂悬于具皱纹的老枝上，成熟时沿背缝线开裂，外果皮榄绿色，有苍白色大形皮孔，干时深棕色，具显着的黄色斑点；种子具红色假种皮，呈三角状倒卵形或椭圆形，垂悬于宿存丝状、有弹性的珠柄上，长约15 mm，宽约8 mm。花期2 ~ 4月，果期9 ~ 10月。

【近缘种或品种】 近缘种：乐东拟单性木兰 *Parakmeria lotungensis*（Chun et C. Tsoong）Law，拟单性木兰属，常绿乔木，干形通直，嫩叶鲜红雅致，老叶翠绿色，花白色，芳香。优良庭园观赏树种。产于广东、海南、湖南和江西等地。播种繁殖。

【生态习性】 产于我国云南、贵州、广西、湖南、福建、广东等亚热带地区。观光木根系发达，树冠浓密，喜温暖湿润气候及深厚肥沃的土壤，多生于海拔500 ~ 1000 m的沙页岩山地的山地黄壤或红壤上pH值4 ~ 6，分布区的年平均气温17 ~ 23℃，年降雨量1200 ~ 1600 mm，相对湿度不低于80%，在广东、广西南部，常与米老排、阿丁枫、红锥等组成常绿阔叶林。观光木为弱喜光树种，幼树耐阴，长大喜光；对弱光的利用效率较高，抗旱能力一般，抗寒性较差；有较强萌芽能力。

【观赏与造景】 观赏特色：四季常绿，树干挺直，树冠浓密，花多而美观，具芳香味，可提取香料，果实独特，是我国长江以南各地著名园林绿化和香花植物。木兰科单种属植物，国家珍稀濒危植物稀有种，中国特有的古老孑遗树种，对研究古植物区系、古地理、古气候都有重要的科学价值。

造景方式：树形美观，花芳香，可在公园，绿化小区列植作行道树，群植作庭园观赏树；在自然保护区和风景区片植作景观林树种；可用于广东北部、东北部地区沿路生态景观林带作基调树种栽植。不耐水湿，种

植地水位不能过高。

【栽培技术】

采种　种子于10～11月成熟，蓇葖果呈灰黄褐色，果瓣微裂时进行采收。采回果实后堆放于通风凉爽处，待果瓣开裂后种子自然脱出；种子脱出堆放3～5天，红色假种皮软化后搓去假种皮，用清水洗净，得黑色的种子，种子千粒重约430g。因种子容易丧失发芽力，可随采随播。短期贮藏可用湿沙或湿润椰糠保湿，翌春播种。

育苗

（1）播种育苗：在南亚热带和有保温条件的地区可随采随播；如无保温条件的地区翌春播种。育苗地应选择坡度平缓、阳光充足、排水良好、土层深厚肥沃的沙壤土，苗床高15 cm左右，纯净黄心土加火烧土（比例为4 ∶ 1）作育苗基质，用小木板压平基质，用撒播方法进行播种，用细表土或干净河沙覆盖种子，厚度约0.8～1.0 cm，以淋水后不露种子为宜，再用遮光网遮

荫，保持苗床湿润，播种后约 20 天种子开始发芽出土，经 20 天左右发芽结束，发芽率 60% ～ 70%。当苗高达到 4 ～ 7 cm，有 2 ～ 3 片真叶时即可上营养袋（杯）或分床种植。用黄心土 87%、火烧土 10% 和钙镁磷酸 3% 混合均匀作营养土装袋。种植后应覆盖遮光网遮荫，冬季用薄膜覆盖保温；春季揭开遮荫网和薄膜，生长季节每月施 1 次浓度约为 1% 复合肥水溶液；培育 1 年苗高约 40 ～ 60 cm，地径约 0.7 cm，可达到造林苗木规格标准。

（2）圈枝育苗：选择树体健壮、分枝良好的母株进行圈枝繁育。3 ～ 4 月，当气温回升到 18℃以上，选择 2 或 3 年生枝条，枝条直径 1.5cm 以上，相距 2.5 ～ 4 cm 环割一圈，剥去韧皮部树皮，用水搅拌纯净黄心土，使黄心土用手能捏成团，松手后不松散为宜，包捆在环割处，土球长度比环割口长 2.5 ～ 3 倍，宽度为圈枝条的 4 ～ 5 倍；用半透明薄膜包好，上下要用包装绳捆好，用树枝固定，以防风折。圈枝后应对母树进行施肥，干旱需适量淋水。2 ～ 3 月后，上切口逐渐长出不定根；6 个月后，土球内根系较多，部分根长达 3cm，枝条生长健壮时可剪下种植。剪下时切口应离土球下方 2 cm 左右，适度修剪枝条和叶片，把苗木种植在适度大小营养袋（杯）或分床种植，用黄心土拌火烧土（比例为 4 ：1）作育苗基质，覆盖遮光网遮荫，保持基质湿润，2 个月后苗木生长稳定施浓度为 1.5% 复合肥水溶液，1 个月施 1 次。第 2 年苗木高度达 70 cm 以上，根系发达，可上山造林。

（3）嫁接育苗：芽接嫁接宜在 1 ～ 3 月进行。可用 2 年生地径约 1.5 cm 的黄兰或火力楠等营养袋作砧木；用 0.5 ～ 1 年生生长健壮枝条接穗，砧木高度 10 ～ 13 cm 处剪断，用切接法嫁接，用常规嫁接苗木管理办法，成活率可达 85% 以上，接穗长至 20 cm 时可换盆种植。

栽植　观光木造林地最好选择在中亚热带及以北地区，海拔 200 ～ 600 m 山坡中下部或山涧低谷，排水良好的地方，对土壤无严格要求。栽植株行距 2 m × 3 m 或 3 m × 3 m，造林密度 74 ～ 111 株 / 亩。造林前先做好砍山、整地、挖穴、施基肥和表土回填等工作，种植穴长 × 宽 × 高规格为 50 cm × 50 cm × 40 cm，基肥穴施钙镁磷肥 1 kg 或沤熟农家肥 1.5 kg。如混交造林，可采用株间或行间混交，观光木与其他树种比例为 1 ：1 至 1 ：2 为宜。裸根苗应在春季造林，营养袋苗在春夏季也可造林。在春季，当气温回升，雨水淋透林地时进行造林；如要夏季造林，须在大雨来临前 1 ～ 2 天或雨后即时种植，或在有条件时将营养袋苗的营养袋浸透水后再行种植。淋足定根水，春季造林成活率可达 95% 以上，夏季略低。

抚育管理　造林后 3 年内，每年 4 ～ 5 月和 9 ～ 10 月应进行抚育各 1 次。抚育包括全山砍杂除草，并扩穴松土，穴施沤熟农家肥 1 kg 或复合肥 0.15 kg，肥料应放至离叶面最外围滴水处左右两侧，以免伤根，影响生长，4 ～ 5 年即可郁闭成林。抚育时应注意修枝整形，以促进幼林生长。

病虫害防治

（1）病害防治：苗期易患根腐病，防治方法同深山含笑。

（2）虫害防治：虫害发生较少。

长叶暗罗

学名：*Polyalthia longifolia* (Sonn.) Thw.

番荔枝科暗罗属

别名：旗杆树、假无忧树、佛树、印度杉树

【形态特征】 常绿乔木，株高可达 15m，主干挺立，叶片互生，革质光亮，新叶铜棕色柔然下垂，然后逐渐变浅绿色至暗绿色，呈下垂状，狭披针形，长 15 ~ 20cm，叶缘具波状。春天开星形浅绿色花，花期 2 ~ 3 周。聚合果，每果 10 ~ 20 粒种子，果实开始绿色，熟后逐渐变紫变黑，鸟类与蝙蝠特别喜吃。花期 3 ~ 5 月，果期 7 ~ 8 月。

【近缘种或品种】 栽培品种：垂枝长叶暗罗

P.longifolia 'Pendula'，常绿小乔木，株高可达 8 m。主干高耸挺直，侧枝纤细下垂。叶互生，下垂，狭披针形，叶缘具波状。

【生态习性】 原产印度、斯里兰卡、巴基斯坦，在很多热带国家引种成功。喜光照，喜温暖湿润环境，不耐寒。

【观赏与造景】 观赏特色：树冠塔形，十分对称，叶面油亮，四季青翠，树姿飒爽，树体可修剪成各种规格大小的形状。

造景方式：作庭荫树、行道树、风景林，丛植、群植、孤植或作为背景树，可用于广东的高速公路出入口、城市周边景观林带栽植。

【栽培技术】

采种 成熟果实呈椭圆形，果皮紫黑色。采集后立即处理出种子，随即播种育苗，种子保存一般不要超过 1 个月，种子千粒重约 370g。经精选的种子净度可达 99% 以上，优良度可达 90%；新鲜种子发芽率可达 80% 以上。种子不耐贮藏，常温下袋藏 30 天发芽率下降 70%；如干藏 3 个月以上；将全部丧失发芽力。

育苗 种子发芽较容易，为使发芽整齐，可在播种前将种子用湿润清洁河沙或湿润消毒锯末混藏催芽 15 ～ 25 天，催芽期间应注意经常翻动，并注意保持适当的湿度，见种子萌动露白后，可直接播于育苗容器或沙质苗床中，播在苗床上的种子一般可采用条播或撒播。播种后覆土约 2cm，用塑料膜搭荫棚，以保温、保湿，促进种子萌发。由于种子种粒较大，富含淀粉和油脂，鼠类喜食，播后应注意防治鼠害。播种后大约 10 天左右开始发芽出土，经催芽的种子 15 天左右出齐。待芽苗高约 3 cm 时可移入备好的容器中进行培育，也可留床继续培育。幼苗生长极为缓慢，后期逐渐加快。1 年生苗高 20 ～ 30 cm 可出圃定植。

栽植 喜高温、高湿和强光环境，林地土壤要求深厚、松软、湿润，以富含有机质的沙质壤土为佳。苗木定植前要求细致整地，定植前挖穴宜大，深度要达到 50 cm 以上，穴底预埋腐熟基肥。种植时间在 3 ～ 5 月的雨天进行。

抚育管理 每年早春整枝一次，主干四周生长不均的分枝加以修剪即可。生长期间半年追肥一次，施肥应以有机肥为主，矿质肥为辅。

病虫害防治 抗病虫害能力强，暂无发现严重病虫害。

依兰香

学名：*Cananga odorata* (Lamk.) Hook.f. et Thoms

番荔枝科依兰属

别名：夷兰、香水树、依兰

【形态特征】 常绿大乔木，高达20m，胸径达60 cm；树干通直，树皮灰色；小枝无毛，有小皮孔。叶大，膜质至薄纸质，卵状长圆形或长椭圆形，长10 ~ 23 cm，宽4 ~ 14 cm，顶端渐尖至急尖，基部圆形，叶面无毛，叶背仅在脉上被疏短柔毛；侧脉每边9 ~ 12条，上面扁平，下面凸起；叶柄长1 ~ 1.5 cm。花序单生于叶腋内或叶腋外，有花2 ~ 5朵；花大，长约8 cm，黄绿色，芳香，倒垂；总花梗长2 ~ 5 mm，被短柔毛；花梗长1 ~ 4cm，被短柔毛，有鳞片状苞片；花瓣内外轮近等大，线形或线状披针形，长达8cm，宽8~ 16mm，初时两面被短柔毛，老渐几无毛；成熟的果近圆球状或卵状，长约1.5 cm，直径约1 cm，黑色。花期5 ~ 11月，果熟期12月至翌年3月。

【近缘种或品种】 变种：小依兰 *C. odorata* var. *fruticosa*（Craib）J. Sind.，别名矮依兰。植株矮小，灌木，高1 ~ 2m，原产泰国、印度尼西亚、马来西亚，花的香气较淡，精油品质差，但花多，可选作育种材料。

【生态习性】 原产东南亚的缅甸、印度尼西亚、马来西亚、菲律宾等地，现广泛分布于世界热带地区，我国广东、广西、福建、四川、云南、台湾等地有栽培。为热带海岛速生树种，喜高温潮湿环境。在年平均温度22℃以上，最冷月平均温度15℃左右，绝对低温不低于4 ~ 5℃，年降雨量1300 ~ 1800 mm，相对湿度80%以上，静风，低海拔微酸性壤土上均可种植。

【观赏与造景】 观赏特色：属热带木本香料植物，花朵较大，长达8 cm，刚长出来时为绿色，后变黄色，具有独特浓郁的芳香气味，是珍贵的香料工业原材料，用它提炼的“依兰依兰”油是当今世界上最名贵的天然高级香料和高级定香剂，所以人们称之为“世界香花冠军”、“天然的香水树”等。

造景方式：作为庭荫树、行道树、风景林，可丛植、群植、孤植，用于公路两边及城市周边景观林带绿化。

【栽培技术】

采种　果熟时自然脱落，可在地面捡拾，存放1周后果皮腐烂后冲洗出种子，晾干，即可播种，也可存放在冰箱，开春后再播种最佳。

育苗　种子繁殖，用40℃温水将新鲜种子浸泡24h后，再用30℃温水换洗浸泡1天可播种，25天后发芽，苗高达3 ~ 5 cm，即可移植。移植后遮荫1周，冬天小苗怕冷，要盖薄膜越冬。

栽植 热带速生树种，喜高温、多湿、强光环境，一般长于低海拔地区的微酸性沙质壤土，栽植时间一般在每年 3 ~ 6 月雨季造林为佳。种植穴长 × 宽 × 高规格为 50 cm × 50 cm × 40 cm。株行距 2 m × 2 m，2 m × 3 m。

抚育管理 依兰香生长迅速，对立地要求较严，喜肥，喜水，栽植后每年秋冬除草一次，春天施复合肥 0.3 ~ 0.5 kg。

病虫害防治 引种多年，抗病虫害能力强，暂没发现有严重病虫害发生。

樟树

学名：*Cinnamomum camphora* (L.) Presl

樟科樟属

别名：香樟、小叶樟、乌樟、山乌樟

【形态特征】 常绿乔木，高达 30 ～ 50 m，树冠庞大，广卵形；树皮幼时绿色，平滑，老时渐变为黄褐色或灰褐色纵裂；冬芽卵圆形；枝和叶都有樟脑味。单叶，互生，薄革质，卵形，长 6 ～ 12 cm，宽 3 ～ 6 cm，下面灰绿色，两面无毛，有离基三出脉，脉腋有明显的腺体。圆锥花序腋生或侧生，长 5 ～ 7.5 cm。花小，淡黄绿色；花被片 6，椭圆形，长约 2mm，内面密生短柔毛；能育雄蕊 9，花药 4 室，第三轮雄蕊花药外向瓣裂；子房球形，无毛。果球形，直径 6 ～ 8 mm，紫黑色；果托杯状。花期 4 ～ 5 月，果期 10 ～ 11 月。

【近缘种或品种】 近缘种：黄樟 *C. parthenoxylon*，常绿乔木，高达 10 ～ 20 m，胸径可达 40cm。树皮暗灰褐色，上部为灰黄色，深纵裂，内皮带红色，具有樟脑气味。

【生态习性】 广泛分布于我国长江以南及西南地区，日本也有。喜光，稍耐阴；喜温暖湿润气候，耐寒性不强，对土壤要求不严，较耐水湿，但当移植时要注意保持土壤湿度，水涝容易导致烂根缺氧而死，不耐干旱、瘠薄和盐碱土。主根发达，深根性，能抗风。萌芽力强，耐修剪。生长速度中等，树型巨大如伞，能遮荫避凉。存活期长，可以生长为成百上千年的参天古木。具抗海潮风及耐烟尘和抗有毒气体能力，并能吸收多种有毒气体，较能适应城市环境。

【观赏与造景】 观赏特色：枝叶茂密，冠大荫浓，树姿雄伟，能吸烟滞尘、涵养水源、固土防沙和美化环境，是城市绿化的优良树种。

造景方式：广泛作为庭荫树、行道树、防护林及风景林，丛植、群植、孤植或作为背景树，可用于广东公路、铁路和沿海地区生态景观林带的山地栽植。

【栽培技术】

采种　选择当地优良母树采种，果实一般于 10 ～ 11 月成熟，成熟时果皮由青变紫黑色，采回后即用清水浸泡 1 ～ 3 天，除去果肉，再拌加草木灰脱脂 12 ～ 24h，洗净阴干，可随采随播，亦可用含水率 30% 的湿沙、锯屑、谷壳等层积贮藏。

育苗　圃地宜选择土层深厚、肥沃，排水良好的沙壤土或轻黏壤土为佳，苗床宽 80cm，长度 3 ～ 6 m 为宜，用火烧土覆盖，厚度 1 ～ 2 cm，用 50% 遮光网遮荫，每天淋水一次，小苗有 3 ～ 4 片真叶时移入营养袋，通过管理，1 年生苗高 50 ～ 80 cm，可出圃栽种。

栽植 樟树对林地的要求较高，造林地应选择土层深厚、湿润、肥沃的山坡下部、山谷、河旁冲积地带。造林前先进行砍杂、炼山，采用穴状整地，穴长 × 宽 × 高规格为 50 cm × 50 cm × 40 cm。株行距 2m × 3m，3 m × 3 m。雨季造林为佳。栽种也可以采用混交林方式。

抚育管理 栽植后 3 年内，每年进行砍伐杂灌、除草、松土、扩穴、施肥等抚育管理 2 ~ 3 次。3 年后每年砍杂 1 ~ 2 次，直至幼林郁闭，郁闭后注意修枝，以培育干形，促进幼林生长。

病虫害防治

（1）病害防治：①白粉病：注意苗圃卫生，适当疏苗，发现病株应立即拔除烧掉，病症明显时，用波美 0.3 ~ 0.5 度的石硫合剂，每 10 天喷一次，连续喷射 3 ~ 4 次。②黑斑病：播种时做好种子、土壤及覆盖物等消毒工作，在发病时，先拔除烧毁病苗，并用 0.5% 高锰酸钾或福尔马林喷射二、三次，即可防止蔓延。

（2）虫害防治：①樟叶蜂：用 90% 晶体敌百虫或 50% 马拉松乳剂各 2000 倍液喷杀，也可用 0.5 kg 闹羊花或雷公藤粉末加水 75 ~ 100 kg 制成药液喷杀。②樟梢卷叶蛾：可用 40% 乐果 200 ~ 300 倍液喷杀幼虫，当幼虫大量化蛹期间结合抚育进行林地除草培土，杀死虫蛹。③樟巢螟：当幼虫刚开始活动尚未结成网巢时，用 90% 晶体敌百虫 4000 ~ 5000 倍液喷杀，如幼虫已结成网巢，可人工摘除烧掉。

潺槁树

学名：*Litsea glutinosa*（Lour.）C. B. Rob

樟科木姜子属

别名：潺槁木姜子、油槁、胶樟、潺树、潺胶木

【形态特征】 常绿乔木，高达 15 m；树皮灰色或灰褐色。小枝灰褐色，幼时有灰黄色绒毛，后渐脱落无毛。叶互生，革质，倒卵形、倒卵状长圆形或椭圆状披针形，长 6.5 ～ 10 cm，宽 5 ～ 11 cm，先端钝或稍圆，基部锲形或近圆形，上面仅中脉略有毛，下面有灰黄色茸毛或近无毛，侧脉 8 ～ 12 对，直伸，中脉、侧脉在叶面微凸；叶柄长 1 ～ 2.6 cm，有灰黄色绒毛。伞形花序单生或数个生于一总梗上，总梗长 2 ～ 4 cm 或更长，花序梗长 1 ～ 1.5 cm，均被灰黄色茸毛；花被裂片不全或缺；发育雄蕊 9 或更多，花丝长，有柔毛。果球形，径约 7 mm；果梗长 5 ～ 6 mm，先端略膨大。花期 5 ～ 6 月，果期 8 ～ 10 月。

【近缘种或品种】 近缘种：假柿叶木姜子 *L. monopetala*（Roxb.）Pers.。常绿大乔木，叶纸质，倒卵形、倒卵状椭圆形或宽卵形，先端圆钝，基部圆形或宽楔形，长 8 ～ 20 cm，宽 8 ～ 15 cm。伞形花序簇生，橙黄色。花期 5 ～ 6 月，果期 7 ～ 8 月。优良的庭园观赏树种。产于我国广东、广西、云南，东南亚和印度。播种繁殖。

【生态习性】 产于我国福建、广东、海南、广西、云南，越南、菲律宾和印度也有分布。常生于海拔 200 ～ 1900 m 山地溪边、灌丛、林缘或疏林中，根系发达，萌芽能力强，是优良的乡土绿化、生态公益林和景观林带树种，对重金属累积能力较强，抗性较好。

【观赏与造景】 观赏特色：四季常绿，分枝茂密，树形优美，花黄色，萌芽能力强，是优良的庭园绿化观赏和行道树种。

造景方式：因萌芽能力强，适合在公路、小区道路列植作行道树；在庭园群植作庭荫树；在自然保护区或风景区片植作风景林树种。可用于公路、铁路、江河和海岸生态景观林带片植作基调树种栽植。

【栽培技术】

采种 种子于 8 ～ 10 月成熟，在浆果由绿色转为蓝紫色时进行采收；将果实用沙混合搓洗果皮，洗净种子，种子千粒重约 174 g，应随采随播。

育苗 育苗地应选择坡度平缓、阳光充足、排水良好、土层深厚肥沃的沙壤土，苗床高 15 cm 左右，纯净黄心土加火烧土（比例为 4 ∶ 1）作育苗基质，用小木板压平基质，用撒播方法进行播种，用细表土或干净河沙覆盖，厚度约 0.6 ～ 0.8 cm，以淋水后不露种子为宜，再用遮光网遮荫，保持苗床湿润。播种后约 30 天种子开始发芽出土，经 20 天

左右发芽结束，发芽率 60% ～ 70%。当苗高达到 3 ～ 6 cm，有 2 ～ 3 片真叶时即可上营养袋（杯）或分床种植。用黄心土 87%、火烧土 10% 和钙镁磷酸 3% 混合均匀作营养土装袋。应覆盖遮光网遮荫，种植 40 天后生长季节每月施 1 次浓度约为 1% 复合肥水溶液；培育 1 年苗高约 50 ～ 60 cm，地径约 0.6 cm，可达到造林苗木规格标准。

栽植　对土壤无严格要求，但不能积水。栽植株行距 2 m×3 m 或 3 m×3 m，造林密度 74 ～ 111 株 / 亩。造林前先做好砍山、炼山、整地、挖穴、施基肥和表土回填等工作，种植穴长 × 宽 × 高规格为 50 cm×50 cm×40 cm，基肥穴施钙镁磷肥 1 kg 或沤熟农家肥 1.5 kg。如混交造林，可采用株间或行间混交，潺槁树与其他树种比例为 1∶1 至 1∶2 为宜。裸根苗应在春季造林，营养袋苗在春夏季也可造林。在春季，当气温回升，雨水淋透林地时进行造林；如要夏季造林，须在大雨来临前 1 ～ 2 天或雨后即时种植，或在有条件时将营养袋苗的营养袋浸透水后再行种植。有条件淋水的地方需浇足定根水，春季造林成活率可达 95% 以上，夏季略低。

抚育管理　造林后 3 年内，每年 4 ～ 5 月和 9 ～ 10 月应进行抚育各 1 次。抚育包括全山砍杂除草，并扩穴松土，穴施沤熟农家肥 1 kg 或施复合肥 0.1 kg，肥料应放至离叶面最外围滴水处左右两侧，以免伤根，影响生长，3 ～ 4 年即可郁闭成林。

病虫害防治

（1）病害防治：斑枯病：在夏、秋季发生，受害部位叶片呈褐色斑点，即用 1 ∶ 1 ∶ 100 倍波尔多液喷射。

（2）虫害防治：有大头蟋蟀、地老虎等危害幼苗，可用毒饵诱杀。

浙江润楠

学名：*Machilus chekiangensis* S. K. Lee

樟科润楠属

【形态特征】 常绿乔木，高约10 m。单叶，常集生枝顶，羽状脉，倒披针形，长6.5 ～ 13 cm，革质或薄革质，中脉在上面稍凹下，叶被突起，侧脉每边10 ～ 12条，小脉纤细，在两面上构成细密的蜂巢状浅穴；叶柄纤细，长8 ～ 15 mm。花两性，整齐排列，细小，在小枝基部聚生成圆锥花序；雄蕊基部有腺体，花柱被毛。果序长7 ～ 9 cm，有灰白色小柔毛，自中部或上部分枝；果球形，绿色，直径约6 mm，干时带黑丝。花期12月至翌年1月，果期6月。

【近缘种或品种】 近缘种：短序润楠*M. brevflora*（Benth.）Hemsl.。高约8m。单叶，互生，革质，常生于枝先端，长4 ～ 5cm，先端钝，基部渐狭，两面无毛，背面粉白；叶柄短。圆锥花序，常呈复伞形花序状。果球形，蓝黑色。花期7 ～ 9月；果期10 ～ 12月。分布于广东和海南。四季常绿，树形美观，枝叶浓密，是优良的庭园观赏和景观林带树种。播种繁殖。

【生态习性】 分布在我国浙江、福建沟谷常绿阔叶林中，多呈散生状态。生长在温暖而潮湿的环境，山谷或河边等地较为常见，特别是山谷、山洼、阴坡下部及河边台地，要求土层深厚、排水良好、土质疏松、湿润的中性或微酸壤土或沙壤土。

【观赏与造景】 观赏特色：四季常绿，树冠呈尖塔形，冠层厚而浓密，主干通直，枝叶茂密，树形整齐端庄，嫩叶浅红色，春景艳丽；花多而密，花色浅黄，有香味。

造景方式：优良的水源涵养林树种和绿化树种。可用于广东北部、中部地区的公路、铁路、江河和沿海生态景观林带作主题树种或基调树种种植。

【栽培技术】

采种　6月下旬当果实由青色转为黑色时成熟。采收果实后，放入水中浸泡1 ～ 2天，然后捞起，揉搓去掉果皮、果肉等杂质，洗净后摊放在通风的室内阴干，晾3 ～ 4天即可播种。若不能马上播种，需及时用湿润细沙短期（7 ～ 10天）贮藏，沙子不能太湿，这是贮藏成败的关键。细沙湿度的标准是用手抓一把湿沙，用力握时不滴水，松开沙子又不散开（即接近60%的含水率），按3 ： 1充分混合贮藏。

育苗　浙江润楠幼苗初期生长缓慢，耐阴湿，宜选择日照时间短、排灌方便、疏松肥沃湿润的土壤作圃地。播种随时均可进行。播种前，种子用0.5%的高锰酸钾溶液浸泡20 ～ 30min进行消毒，圃地要施足基

肥，整地筑床要细致。条距 40 cm，条沟深 2 cm。每条播种沟内播下 25 粒种子，播种量 225 kg/hm²，播后覆盖火烧土，再覆草、锯屑或谷壳，以保持湿润。

栽植 用裸根苗造林，种植时间选在 2 月前后，苗木尚未萌动时造林。选择阴雨天定植。前一年年底之前应完成林地清理、整地和挖穴工作。采取全面清理、穴垦整地方式，穴长 × 宽 × 高规格为 50 cm × 40 cm × 30 cm，株行距为 2 m × 2 m。苗木放入预先挖好的穴中扶正，使根系舒展伸直，覆土后将苗稍稍提起，防止窝根，然后分层回土，踩实，再盖上一层松土。定植之前回土施基肥，南方土壤普遍缺磷，施肥应以磷肥为主。回土时先回表土，回满 1/2 时提苗一次，让根系舒展，最后让回满土成馒头状，以防积水。

抚育管理 前期生长缓慢，造林后前 5 年，每年抚育 2 次，抚育包括除草、松土、施肥等，每次施速溶性复合肥 100 ～ 150 g，肥料应放至离叶面最外围滴水处，以免伤根，影响生长；山坡下部及山谷杂草繁茂地带还应适当增加抚育次数。幼年时期严禁打枝，抚育时不得损伤树皮。在树冠完全郁闭，林下杂草稀少，出现较多被压木时，应进行抚育间伐。间伐后郁闭度控制在 0.7 左右。

病虫害防治 病虫害较少。

红毛山楠

学名：*Phoebe hungmaoensis* S. Lee

樟科楠属

别名：红丹、毛丹

【形态特征】 常绿乔木，高达25 m。幼枝叶柄及芽有红褐色柔毛，叶革质、倒披针形或椭圆状，长6.0 ~ 15 cm，宽1.7 ~ 4.7 cm，腹面深绿色，上面无毛，中脉较粗有柔毛，下面密被柔毛，在叶面下凹或平，叶背突起。叶柄长0.8 ~ 2.7 cm。花序生于新枝中下部，长8 ~ 18 cm，被柔毛。花长4 ~ 6 mm，花丝被毛，腺体无柄。果椭圆形，长约1 cm，径5 ~ 6 mm。花期4 ~ 5月，果期8 ~ 12月。

【近缘种或品种】 近缘种：闽楠 *Phoebe bournei*（Hemsl.）Yang。高达30m，树干通直，分枝少，树皮灰白色，小枝近无毛或披柔毛。叶革质，披针形或倒披针形，长7~ 13 cm，腹面光亮，无毛，背面被短柔毛，脉上披伸展的长柔毛。果椭圆形，熟时紫黑色，花期4月；果期 10月。分布于广东、江西、福建、浙江、湖南、贵州。树冠枝叶浓密，树形美观，为优良园景树和景观林树种。国家二级重点保护植物。播种繁殖。

【生态习性】 原产海南、广东南部和广西东南部，适生于热带常绿季雨林和山地雨林中的半荫蔽处。喜光，幼年稍耐阴，多在海拔800m 以下的山腹缓坡或山谷中呈散生分布。对土壤要求不严，在土层深厚、疏松的酸性沙壤中生长较好。

【观赏与造景】 观赏特色：树冠广伞形或锥形，枝叶浓密，枝干平伸或微下垂，层次非常清晰，叶呈簇状生长于树枝顶部，远看呈轮环状，非常优美。

造景方式：已作为华南地区行道、庭园、公园等绿化树种推广，深受欢迎。可用于广东南部的公路、铁路和江河生态景观林带作为基调树种种植。

【栽培技术】

采种 10 ~ 12 月果熟，果熟时由绿色转黄青色。采集的果实需薄摊在室内通风处稍加晾干，忌暴晒，以免灼伤胚芽。晾干的纯净种子千粒重约60 g。种子阴干后即可播种，放置时间以不超过20 天为好，否则丧失发芽力。

育苗 播种一般采用条播法进行，幼苗初期生长缓慢，喜阴湿环境，苗床应选择肥沃湿润的立地作圃地。土质黏重、排水不良、土壤干燥缺水，都对幼苗生长不良。苗床起好后即可按条距15 ~ 20 cm 开沟播种，播后用火烧土覆盖0.5 ~ 1 cm，并用遮光网搭荫棚遮光，以保持床面湿润。播种后约1个月大部分种子均可发芽，新鲜种子发芽率可达80%，小苗期还要适当荫蔽，否则难以成苗。

栽植 造林地以山谷或溪涧半荫处为佳。土壤以疏松的红黄壤或黄壤为主。在雨季来临之前，先行砍杂、炼山，按 2 m × 2.5 m 的株行距开穴，穴长 × 宽 × 高规格为 50c m × 40 cm × 40 cm，并回表土满穴，定植前剪去苗木 1/3 的枝叶，以减少水分的消耗。定植后穴面用草覆盖，以免土面干燥。

抚育管理 为增强小苗的抗旱、抗病能力。造林后当年 12 月或翌年年初进行穴状除草、培土 1 次。往后每年抚育 2 次，主要进行带状除草和穴状松土，立地条件较差的则要追肥。连续 5 年左右能郁闭成林。

病虫害防治

（1）病害防治：病害发生较少。

（2）虫害防治：嫩叶、嫩梢多被蓝绿象成虫啃食，严重可使嫩梢枯萎，可用 40% 氧化乐果乳油 800 ～ 1000 倍液喷洒新梢，可杀死梢上幼虫。

大花紫薇

学名：*Lagetstroemia speciosa* (L.) Pers.　**千屈菜科紫薇属**

别名：大叶紫薇、百日红

【形态特征】 落叶大乔木，高可达25 m；树皮灰色，平滑；小枝圆柱形，无毛或微被糠秕状毛。叶革质，矩圆状椭圆形或卵状椭圆形，长10～25 cm，宽6～12 cm，顶端钝形或短尖，基部阔楔形至圆形，侧脉9～17对，在叶缘弯拱连接；叶柄长6～15 mm，粗壮。花淡红色或紫色，直径约5cm，顶生圆锥花序长15～25 cm；花梗长1～1.5 cm，花轴、花梗及花萼外面均被黄褐色糠秕状的密毡毛；花萼有棱12条，被糠秕状毛，长约13 mm，6裂，裂片三角形，反曲；花瓣6，近圆形至矩圆状倒卵形，长2.5～3.5 cm，几不皱缩；雄蕊多数，达100～200；子房球形，4～6室，无毛，花柱长2～3 cm。蒴果球形至倒卵状矩圆形，长2～3.8 cm，直径约2 cm，褐灰色，6裂；种子多数，长10～15 mm。花期5～7月，果期10～11月。

【生态习性】 原产印度、斯里兰卡、马来西亚等亚洲热带地区，我国海南及广东、广西、福建等南部有引种栽培，原产地为低纬度高温的湿润及半湿润区。耐热、耐旱、较耐寒、可适应0℃的极端低温。喜光，1～2年生幼树在无遮荫环境下生长快速，大树喜充足光照。在肥沃土壤上生长良好。较耐水湿地。

【观赏与造景】 观赏特色：枝叶茂密，花开华丽，树姿飘逸；叶片平滑，枝叶略为下垂，花在枝条顶成串朝上绽开，花朵满布枝头，优雅的紫花如同扬翅飞舞的凤蝶围绕枝头，非常显眼。盛开时幽柔华丽，极为壮观。冬季叶子转为红色或暗红色，别有一番景色。

造景方式：作行道树、园景树，单植、列植、群植均可。适于庭园、校园、公园、游乐区、庙宇等地种植，亦可用于公路、铁路和江河两岸生态风景林建设。

【栽培技术】

采种　每年10～11月采收种子。果实成熟后为赤黄色或浅褐色。采集的果实置通风干燥处或置日光下暴晒，开裂后敲打出种子，捡去果壳，即得净种。鲜果的出种率约为21%，种子千粒重7～11g。种子可晒干裸露贮藏，含水量宜在10%以下，置室内干燥避光处。贮藏期一般为半年；若长期贮藏，需用塑料袋密封，置0～5℃低温处，发芽能力可保持1年以上。

育苗　播种育苗：多用条播法，可随采随播或翌年春在沙质壤土的苗床上播种。每平方米播种3～4g，覆土0.5～1cm，场圃发芽率约为40%。保持苗床湿润，经10～15天即能出苗，幼苗出土后，应适当遮荫，待苗高5～10cm时，可把苗移栽到营养杯或育苗袋中。在整个幼苗期，要经常保持土壤湿润，可追

肥 1 ～ 2 次。冬季注意给苗木防寒，翌年 3 月即可出圃定植。

栽植 大花紫薇的栽植在 11 月落叶后至翌年 4 月进行。以土层深厚、质地疏松而肥沃的沙质壤土栽培为宜。大花紫薇与其它花色植物品种搭配栽植时，其株行距及树坑大小应根据具体要求实施。栽植留主干高 2.0 ～ 3.0m，剪去上部大部分枝叶，待新的春梢生长后选留适宜的 3 ～ 4 个主枝，让其生长开花。

抚育管理 栽植时要浇足水，在发芽成活前如遇干旱应及时补水。新栽植的苗木不宜过早施肥，大花紫薇的施肥管理是 3 月上旬施抽梢肥，以腐熟有机肥为主，氮、磷、钾配合施用，5 月下旬至 6 月上旬补施 1 次磷、钾肥，以壮枝催花，促使花开长久色彩艳丽。

大花紫薇枝条萌发力强，树冠不整齐，在秋冬季、早春都可修剪，剪掉残弱枝或影响景观的枝条，促进积累养分和多开花。花芽在当年生新梢顶端形成，5 ～ 7 月份盛花谢后，及时短截花枝，剪去花序，不让其结籽，促进萌发新梢和长出花蕾，以便秋季再次开花。冬季整形修剪与树干涂白结合进行。树干涂白可防寒防冻、杀死树干上的病菌和虫卵，减少来年病虫危害。

病虫害防治

（1）病害防治：①煤烟病：在每年 6～10月是危害的高峰期，介壳虫、蚜虫、木虱等为该病的传播媒介，主要危害叶片。防治方法为及时发现并消灭介壳虫等害虫，一旦发病可用 50%多菌灵 500 倍液或 70%代森锰锌 800 倍液配以 20%灭扫利 2000 倍液等高效、低毒的药物进行叶面喷洒。②白粉病：防治白粉病，应加强管理，创造有利的环境条件，使植株生长健壮，提高抗病能力。发病初期，发现病叶，及时摘除烧毁，减少传染源。

（2）虫害防治：①紫薇绒蚧和长斑蚜：一是结合冬季修剪，剪去虫枝虫叶，集中销毁。二是选用喷洒 40% 速蚧克（即速扑杀）乳油 1500 倍液，或 48% 毒死蜱乳油（乐斯本）1200 倍液，或 40% 氧化乐果乳油 1000 倍液，或 50% 杀螟松乳油 800 倍液等。②黄刺蛾：可喷洒 50% 辛硫磷乳油 1000 倍液，或 2.5% 溴氰菊酯乳油 4000 倍液。③天牛幼虫：在卵期或幼虫孵化初期，可喷洒 40% 久效磷乳油 2000 倍液，或 50% 磷胺乳剂 2000 倍液等药剂。对蛀干深入木质部的幼虫，可用细铁丝钩从通气排粪孔掏出粪屑后，将蘸有 40% 氧化乐果乳油 10 ～ 30 倍液的棉球，塞入洞内毒杀幼虫。

小叶紫薇

学名：*Lagerstroemia indica* L.

千屈菜科紫薇属

别名：紫薇、痒痒树、百日红、紫金花

【形态特征】 落叶乔木，高 10 ~ 20 m；干高 3 ~ 5 m，径粗 0.3 ~ 0.5 m；幼枝具四棱，后变为圆柱形，无毛或顶端被微毛，节处膨大，有时小枝在节处成束状簇生。叶革质，单叶对生或近对生，椭圆形至倒卵形，长 3 ~ 7 cm，近无毛或沿背面中脉有毛，具短柄。总状花序，腋生或顶生；花呈白、蓝、红、紫等色，径约 2.5 ~ 3 cm；花萼半球形，绿色，顶端 6 浅裂，花瓣 6，近圆形，边缘皱缩状，基部具长爪；雄蕊多数，生于萼筒基部；子房上位。蒴果近球形，黑色，6 瓣裂，径约 1.2 cm，基部具宿存花萼；种子有翅。花期 6 ~ 9 月，果期 7 ~ 11 月。

【近缘种或品种】 常见变种：银薇 *L. indica* L. var. *alba* Nichols.，花白色或微淡蓝色，叶淡绿；翠薇 *L. indica* L. var. *rubra* Lav.，花紫堇色，叶暗绿。

【生态习性】 分布于中国、斯里兰卡、印度、尼泊尔、孟加拉国至印度尼西亚。性喜温暖、湿润，喜光而稍耐阴，有一定的抗寒力和耐旱力。小叶紫薇对二氧化硫、氟化氢及氮气的抗性强，能吸收有害气体。喜生于石灰性土壤和肥沃的沙壤土，虽在黏质土中亦能生长，但速度较慢。喜生于排水良好之地，而种植在长期水涝之地，则不能生长。长寿树，可活 500 年以上，古树仍可开花繁茂。幼树生长迅速，中老年树生长缓慢。

【观赏与造景】 观赏特色：树干扭曲，树形优美，树身如有微小触动，枝梢就颤动不已，确有“风轻徐弄影”的风趣，故人们称其为痒痒树。花朵繁茂，花色艳丽，花期特长，故有“紫薇开最久，烂熳十旬期，夏日逾秋序，新花继故枝”的赞诗和“百日红”、“满堂红”等美称。树姿、树干、花、叶俱美，又能吸收多种有毒气体，园林用途广泛。

造景方式：在园林绿化中被广泛配植于公园、道路、住宅区、工矿区环境，也可制作树桩或盆景，是绿化美化环境和家庭种植的优良木本花卉。可用于广东大部分地区的公路、铁路和江河生态景观林带作为基调树种种植。

【栽培技术】

采种　在 10 ~ 11 月种子成熟后采种，晒干脱粒后选出饱满种子，去掉果皮，将种子晾干，放入容器干藏。翌年 3 ~ 4 月播种。

育苗　主要有播种、扦插繁殖。

（1）播种育苗：播种前要进行苗床消毒，每亩用呋喃丹 4kg 防地下害虫。然后把种子均匀的撒播在苗床上，每平方米可播种 2000 粒左右，播种后覆盖一层细泥土，以

不见种子为度，苗床用薄膜覆盖，保持土壤湿润。10 天左右，种子即开始发芽出土，待真叶长出后揭开薄膜，并适当遮阳。当幼苗长至 8 ～ 10cm 高时，可移栽上盆或移植到育苗容器袋中。

（2）扦插育苗：硬枝扦插适宜春季进行。选生长健壮、无病虫害的 1 年生枝条，于萌动前进行。插条长 8 ～ 10cm，同时还要将插穗全部叶片剪去，以减少水分蒸发。嫩枝扦插适宜夏季开展。剪取当年生枝条长 8 ～ 10cm，上面保留 2 ～ 3 片小叶，插于苗床。插入土壤深 1 ～ 3cm，插后要用 70% ～ 80% 的遮光网遮盖，然后喷透水，以后每天喷 1 ～ 2 次水，保持土壤湿润即可。温度在 15℃ ～ 30℃时，插后 35 ～ 40 天可生根。成活率可达 80% 以上。

栽植　为喜光木本花卉，盆栽、地栽均可。栽植时应选阳光充足的环境，以及湿润肥沃、排水良好的壤土，移栽时植株应带土坨，生长季节中也可移栽，但在移植前应全部去除当年生新梢枝叶，带土坨，保持土壤湿润。

抚育管理　管理较为粗放，每年秋季落叶后，应及时剪除枯枝、病虫枝，对开花枝，也应进行适度修剪促进树形美观。喜肥，肥料充足是紫薇孕蕾多、开花好的关键，早春要重施基肥，以保证花多、花大；5 ～ 6 月酌施追肥，以促进花芽增长。早开花的枝条，可于 7 月初短截，以促发二次抽梢和开花，但花序较短。

病虫害防治　①煤烟病：常发生于植株叶片与枝干上，主要由蚜虫及介壳虫传播病菌，可喷洒 40% 速蚧克（即速扑杀）乳油 1500 倍药液，或 48% 毒死蜱乳油（乐斯本）1200 倍药液，或 40% 氧化乐果乳油 1500 倍药液。②白粉病：危害嫩枝、叶片，严重时枝梢枯死，可用 70% 甲基托布津 800 倍液喷洒 3 ～ 5 次。③大蓑蛾：在 7 ～ 9 月份以幼虫危害枝叶，可用 90% 敌百虫 1000 倍液喷杀。

红花银桦

学名：*Grevillea banksii* R. Br.

山龙眼科银桦属

别名：贝克斯银桦、爬地银桦

【形态特征】 常绿小乔木，树高可达5m，幼枝有毛。叶互生，一回羽状裂叶，小叶线形，叶背密生白色茸毛，故得名银桦。花期长，春至夏季开花，总状花序长15cm，顶生，花色橙红至鲜红。蓇葖果歪卵形，扁平，熟果呈褐色。花、叶均美观。

【近缘种或品种】 近缘种：银桦 *G. robusta* A. Cunn.，乔木，树冠圆锥形，幼枝、芽及叶柄密被锈色毛。叶互生，长25 cm，二回羽状深裂，裂片狭长渐尖，边缘反卷，背面被银白灰色丝状毛。总状花序腋生，花偏于一侧，无花瓣，萼片4，橙黄色。蓇葖果有宿存的细长花柱。种子有翅。花期5月，果7～8月成熟。原产大洋洲，热带和亚热带地区广泛栽培。优良庭园和行道树种。播种繁殖。

【生态习性】 原产于澳大利亚昆士兰海滨及附近海岛，我国华南地区广泛栽植。喜光树种，适应性强，可耐干旱贫瘠的土壤，适宜排水性良好、略酸性土壤，移植宜在春季进行，移植前半年断根缩坨，可利于提高成活率。为提高开花量，应每年修剪一次，避免木质化，促发一年生开花枝条。

【观赏与造景】 观赏特色：花为总状花序，似大型的毛刷生于枝顶，花冠呈筒状，雌蕊花柱伸出花冠筒外，先端弯曲，亮红的花独特而艳丽，密集，花期极长。盛花时满树繁花，红艳一片，格外耀眼。分枝纤细，树冠飘逸，树形紧凑成圆锥或卵形。

造景方式：常用于花境、道路绿化以及松林改造。在花境中，红花银桦可作为上层树种做背景树栽植。如林缘花境中将红花银桦成片栽植，前面配植灌木及地被道路隔离带树种。隔离带中也可配植红花银桦形成复

层植物群落。可用于沿路、沿江河生态景观。

【栽培技术】

采种　在广东引种驯化过程中，1 年生以上植株均可开花，少量结实。种子采收一般在 5 月和 10 月两个季节，在果实外壳变褐色未开裂前采收，阴干剥开取出种子，随采随播。

育苗　圃地应选择在肥沃、疏松的沙壤土。先培育出芽苗，再上营养袋或分床种植培育小苗。苗床高 15 cm 左右，纯净黄心土加火烧土（比例为 4 ： 1）作育苗基质，用小木板压平基质，种子与适量细沙混合均匀，撒播在床面上，用细表土或干净河沙覆盖，厚度约 0.3 ～ 0.5 cm，覆土以不见种子为度，覆盖遮光网遮荫，保持苗床湿润，约 20 天左右开始发芽，发芽率约 70% 左右。小苗高达 3 ～ 5cm 时，移入营养杯培育或分床种植，并覆盖遮光网遮荫。分床苗一般株行距 20 cm × 20 cm，移植后适当遮荫，保持苗床湿润，按苗圃常规管理方法管理。种植 60 天后，每月施 1 次浓度约为 1% 复合肥水溶液，用清水淋洗干净叶面肥液；培育 1 年苗高约 30 ～ 50 cm，地径约 0.5 cm，可达到造林苗木规格标准。

栽植　造林地宜选择坡度较缓的山地，最好为土壤肥沃、湿润、疏松的河岸，沟旁阴湿环境的立地。而高山、陡坡及土壤干旱瘠薄的立地不适宜造林。造林前先做好砍山、整地、挖穴、施基肥和表土回填等工作，栽植株行距 1.5 m × 2 m 或 2 m × 2.5 m，造林密度 133 ～ 223 株 / 亩，植穴规格 50 cm × 40 cm × 30 cm；裸根苗应在春季造林，营养袋苗在春夏季也可造林。在春季，当气温回升，雨水淋透林地时进行造林；如要夏季造林，须在大雨来临前 1 ～ 2 天或雨后即时种植，或在有条件时将营养袋浸透水后再行种植。浇足定根水，春季造林成活率可达 95% 以上，夏季略低。作为道路绿化或观赏树种栽培时，一般采用 2 ～ 3 m 高的大苗，植穴规格宽 60 cm × 60 cm × 50 cm。起苗一定要挖好土球，并用草绳或者麻袋进行包装，以免运输受损，降低成活率。

抚育管理　造林后当年除草松土 2 次，随后的 2 ～ 4 年内每年要抚育各 3 次。抚育包括全山砍杂除草，并扩穴松土，穴施沤熟农家肥 1 kg 或施复合肥 0.1 kg，肥料应放至离叶面最外围滴水处左右两侧，以免伤根，影响生长，3 ～ 4 年即可郁闭成林。

病虫害防治　无明显病虫害。

大花第伦桃

学名：*Dillenia turbinata* Finet et Gagnep

五桠果科五桠果属

别名：大花五桠果、山牛杷

【形态特征】 常绿乔木，高达30 m；嫩枝粗壮，有褐色茸毛；老枝秃净，干后暗褐色。叶革质，倒卵形或长倒卵形，长12 ~ 30 cm，宽7 ~ 14 cm，先端圆形或钝，有时稍尖，基部楔形，不等侧，幼嫩时上下两面有柔毛，老叶上面变秃净，干后稍有光泽，叶背被褐色柔毛；侧脉16 ~ 27对，脉间相隔6 ~ 15mm，在叶面很明显，在叶背强烈突起，第二次支脉及网脉在叶背突起，边缘有锯齿，叶柄长2 ~ 6 cm，粗壮，有窄翅被褐色柔毛，基部稍膨大。总状花序生枝顶,有花3 ~ 5朵,花序柄长3 ~ 5 cm,粗大,有褐色长茸毛，花梗长5 ~ 10 mm，被毛，无苞片及小苞片。花大，直径10 ~ 12 cm，有香气；萼片厚肉质，干后厚革质，卵形，大小不相等，外侧的最大，长2.5 ~ 4.5 cm，宽2 ~ 3 cm，被褐毛；花瓣薄，黄色，有时黄白色或浅红色，倒卵形，长5 ~ 7cm，先端圆，基部狭窄；雄蕊2轮，外轮无数，长1.5 ~ 2 cm，内轮较少数，比外轮长，向外弯，花丝带红色，花药延长，线形，生于花丝侧面，比花丝长2 ~ 4倍，顶孔裂开；心皮8 ~ 9个，长约1 cm，每个心皮有胚珠多个。果实近于圆球形，不开裂，直径4 ~ 5cm，暗红色，每个成熟心皮有种子1个以上或多个，种子倒卵形，暗褐色，长6 mm，无毛也无假种皮。花期4 ~ 5月，果期6 ~ 7月。

【近缘种或品种】 近缘种：小花第伦桃 *D.pentagyna* Roxb.。落叶乔木，花蕾直径2 cm，果1.5 cm，种子无假种皮。是华南地区优良庭园观赏和行道树种。产于我国海南和云南，越南、东南亚有分布。种子繁殖。

【生态习性】 产我国海南、广东、广西、云南，越南也有分布，喜高温、湿润、阳光充足的环境，生长适温18 ~ 30℃，不耐寒。对土壤要求不严，但在土层深厚、湿润、肥沃的微酸性壤土中生长最好，不宜种植于砾土或碱性过强的土壤中。生长迅速，根系深，不怕强风吹袭，抗风能力较强。

【观赏与造景】 观赏特色：四季常春，树姿优美，叶大荫浓，春萌新叶白毛茸茸，秋冬开花，春夏果熟，在绿叶丛中，累累金丸，如亭亭玉立，不与人争春，而在万花凋零、秋叶飘落和晚秋季节里，才开始孕育花蕾到寒冬开放，迎着雾雪，独显高洁。树冠开展如盖，分枝低，下垂至近地面，具有极高的观赏价值。

造景方式：可在热带、亚热带地区的庭园、公园、道路列植作行道树；孤植或群植作庭园观赏树；叶形优美，叶脉清晰，盆栽观叶也极为适宜；也可在广东中部、西部、东部地区公路、铁路和江河生态景观林带中

片植作基调树种。

【栽培技术】

采种 种子于6～7月成熟，果实变成暗红色时进行采种。种子切忌暴晒，稍阴干即可放入袋中或混沙保湿贮存；贮存时间过长会降低发芽率,最好随采随播。种子千粒重约21 g。

育苗 圃地应选择在肥沃、疏松的沙壤土。苗床高15 cm左右，纯净黄心土加火烧土(比例为4∶1)作育苗基质，用小木板压平基质，种子与适量细沙混合均匀，撒播在床面上，用细表土或干净河沙覆盖，厚度约0.3～0.5 cm，覆土以不见种子为度，覆盖遮光网遮荫，保持苗床湿润，约30天左右开始发芽，发芽率约70%左右。小苗高达3～5cm时，移入营养杯培育或分床种植，并覆盖遮光网遮荫；分床苗一般株行距20 cm×20 cm，移植后适当遮荫，保持苗床湿润，按苗圃常规管理方法管理。种植60天后，每月施1次浓度约为1%复合肥水溶液，用清水淋洗干净叶面肥液；培育1年苗高约50～70 cm，地径约0.7 cm，可达到造林苗木规格标准。

栽植 造林地宜选择坡度较缓的山地，最好为土壤肥沃、湿润、疏松的河岸、沟旁阴湿环境的立地。而高山、陡坡及土壤干旱瘠薄的立地不适宜造林。造林前先做好砍山、整地、挖穴、施基肥和表土回填等工作，栽植株行距2.5 m×3 m或3 m×3 m，造林密度67～89株/亩，植穴规格50cm×50cm×40cm；如混交造林，可采用株间或行间混交，大花五桠果与其他树种比例为1∶1至1∶2为宜。裸根苗应在春季造林，营养袋苗在春夏季也可造林。在春季，当气温回升，雨水淋透林地时进行造林；如要夏季造林，须在大雨来临前1～2天或雨后即时种植，或在有条件时将营养袋苗的营养袋浸透水后再行种植。浇足定根水，春季造林成活率可达95%以上，夏季略低。作为道路绿化或观赏树种栽培时，一般采用2～3 m高的大苗，植穴规格宽60 cm×60 cm×50 cm，4～5m高的大苗挖穴规格为100 cm×100 cm×80 cm，株距4～5 m。起苗一定要挖好土球，并用草绳或者麻袋进行包装，以免运输受损，降低成活率。

抚育管理 造林后当年雨季末期除草松土1次,随后的2～4年内每年要砍杂,每年4～5月和9～10月应进行抚育各1次。抚育包括全山砍杂除草，并扩穴松土，穴施沤熟农家肥1.5 kg或施复合肥0.15 kg，肥料应放至离叶面最外围滴水处左右两侧,以免伤根，影响生长，3～4年即可郁闭成林。

病虫害防治

(1)病害防治:①叶斑病:夏季高温多雨时，叶面喷施30%爱苗3000倍液+2%加收米300倍液防治叶斑病。②枝干腐烂病:用1:2冠菌铜和绿风95调成糊状,每隔4～5天涂抹树干1次,连抹3次,防治枝干腐烂病。

(2)虫害防治:①红蜘蛛、黄蜘蛛:4～5月和8～11月是红蜘蛛、黄蜘蛛发生的高峰期，用1.8%易斩乳油或40%库龙1500倍液防治。②灰蝶和梨小食心虫:在幼果套袋前，喷施2.5%功夫或攻击2000～3000倍液、或用红糖1份+醋2份+水10～20份，加少量白酒和90%敌百虫1000倍液制成糖醋液诱杀，防治灰蝶和梨小食心虫。

越南抱茎茶

学名：*Camellia amplexicaulis* (Pitard) Coh. St.

山茶科山茶属

别名：包金茶、越南包金茶

【形态特征】 常绿小乔木，高可达 7 m，嫩枝无毛，紫褐色。单叶，互生，椭圆形或长椭圆形，先端钝尖，基部耳状抱茎，长 15 ~ 25 cm，宽 6 ~ 11 cm，边缘具细齿，齿距 1 ~ 2 mm，无毛。叶面叶脉略凹陷，叶背叶脉凸起。叶柄长 3 ~ 5 mm。花单生或簇生于枝顶或叶腋，花柄粗壮，长 10 ~ 12 mm，无毛。花紫红色，花径 4 ~ 7 cm，苞片宿存，6 ~ 7 枚，无毛，萼片 5 枚，外面无毛，里面被褐色微毛。花瓣 8 ~ 13 枚，长 2.5 ~ 4.0 cm，宽 2 ~ 3cm，肉质，阔卵圆形，先端圆，内凹，基部与雄蕊群贴生。雄蕊长 3.0 ~ 3.2 cm，外轮花丝连生 2.2 cm，形成一个被柔毛的肉质管，离生部分无毛；雌蕊无毛，长约 2.5cm，花柱 3 条，基部离生，子房无毛。蒴果球形，具 3 个明显纵裂沟，3 室，果皮厚约 5 mm。花期夏季至秋季，甚至全年；果期秋冬季。

【近缘种或品种】 多瓣山茶 *C. petelotii* (Merr.) Sealy。常绿小乔木或灌木，高可达 3 m，嫩枝无毛，灰褐色。单叶，互生，叶片宽 4.5 ~ 7.5 cm，叶面侧脉凹陷，无毛，叶背侧脉凸起，叶缘具齿。花顶生，黄色，花径 4.7 cm，单花或数花生于无叶短枝，花柄短而粗大，长 1.2 ~ 1.5 cm，苞片大型，5 片，宿存；花瓣 14 片，外侧的宽卵形，内侧的卵形至长圆形，先端尖，不呈黄色；雄蕊多轮，离生，稀连生；子房 5 室，花柱 5 条，全裂；蒴果球形，径 2.0 cm，果皮粗糙，5 室，5 片裂开，中轴存在。花期秋季；果期秋冬季。

【生态习性】 原产于越南北部与我国云南河口接壤的地区。该原种在越南作为观赏植物栽培已有多年。抗寒能力一般，但耐霜冻，耐阴，但不能忍耐夏季的强阳光；在城市绿地、公园和住宅小区和城市广场、花坛和绿带中，均可以与其他植物组合应用，亦可作为室内观叶植物和观赏花卉栽培。花期长，在酸性砖红壤中生长良好，是园林绿化的新宠。

【观赏与造景】 观赏特色：花期为 10 月至翌年 4 月，花色艳丽，花蕾由叶腋与干茎之间冒出，如同夹在万绿丛中的红珍珠，与狭长直上的叶片相映成趣。其叶狭长浓绿，互生，基部心形，与茎紧紧相抱生长，犹如竹笋，因而得名。

造景方式：可在酸性山坡地片植，剪取长约 70cm 以上带花蕾枝条用于鲜切花材料；在公园、庭园等环山路径群植或片植，作庭园观赏；也可盆栽供室内观赏；可在广东中部地区公路生态景观林带中群植或片植，作基调树种。

【栽培技术】

采种 种子于 11 ~ 12 月成熟，在果由青色

转为赤褐色时进行采收。将果实室内摊开，待果壳裂开，即时取出种子，切忌堆积发热；种子千粒重约 1665 g；应随采随播。

育苗

(1) 播种育苗：①撒播：育苗地应选择坡度平缓、阳光充足、排水良好、土层深厚肥沃的沙壤土，苗床高 15 cm 左右，纯净黄心土加火烧土（比例为 4∶1）作育苗基质，用小木板压平基质，用细表土或干净河沙覆盖，厚度约 2.0 ~ 2.5 cm，以淋水后不露种子为宜，再用遮光网遮荫，保持苗床湿润，播种后约 40 天种子开始发芽出土，经 30 天左右发芽结束，发芽率 80%。当苗高达到 7 ~ 10 cm，有 2 ~ 3 片真叶时即可上营养袋（杯）或分床种植。用黄心土 87%、火烧土 10% 和钙镁磷酸 3% 混合均匀作营养土装袋。种植后应覆盖遮光网遮荫，种植 40 天后生长季节每月施 1 次浓度约为 1% 复合肥水溶液，用清水淋洗干净叶面肥液；培育 1 年苗高约 45 ~ 50 cm，地径约 0.5 cm，可达到造林苗木规格标准。②点播：先将种子用干净湿沙混合，河沙含水量以手抓成团，放手散开为宜，用一层沙一层种子间隔堆放，可放 6 层，适度通风，种子不能发热，待种子根尖初露，直接种在营养袋（杯）或点播在苗圃地，此方法缓苗期短，但培育过程苗木高度分化较大，需要不断分床处理。

(2) 嫁接育苗：①小苗嫁接：嫁接宜在 4 ~ 6 月或 9 ~ 10 月晴天，采用芽接进行；可用 1 年生地径约 0.6 cm 的油茶营养袋苗作砧木；用半年生健壮枝条接穗，砧木高度 8 ~ 12 cm 处剪断，切接法嫁接，用常规嫁接苗木管理办法，成活率可达 65% 以上，3 个月后用 1% 的复合肥水溶液喷施，9 个月后接穗长至 5 ~ 10 cm 时可上袋种植。②大砧换冠嫁接：嫁接宜在 4 ~ 6 月晴天，采用芽接进行；可用多年生地径达 4 cm 以上油茶苗作砧木，用半年生健壮枝条接穗，根据砧木分枝情况在 60 cm 以上处截干，保留每株枝条 4 枝以上，且分布均匀，切接法嫁接，用常规嫁接苗木管理办法，成活率可达 85% 以上。

(3) 扦插育苗：4 ~ 6 月，采集半木质化插穗，插穗长 8 ~ 12 cm，保留 4 ~ 5 个芽，上部带 1 ~ 2 片叶片，插前下端点蘸生根粉或用生根水浸泡 4h，纯净黄心土作育苗基质，晴天进行扦插，插后用遮光网遮荫，用薄膜覆盖，保持苗床湿润，插后约 40 天开始生出不定根，扦插成活率可达 60%。根长至 2cm 时可上袋种植，也可不移苗直接在插床培育，但扦插时应控制密度。种植 40 天后施浓度约为 1% 复合肥，施肥后用清水淋洗干净叶面肥液，冬季用薄膜覆盖保温；培育 1 年苗高约 25 ~ 35 cm，地径约 0.5 cm。

栽植　盆栽培育苗木，一年四季均可种植。用塘泥，或用泥炭土和纯黄泥（比例为 1∶1）混合作基质，根据苗木大小选取合适的花盆或营养杯，在底部先垫一层约 5 cm 的基质，把苗木竖放在花盆中央，四周用基质填满，并压实基质，淋透水，用遮光网覆盖遮荫，如冬天种植，应用薄膜覆盖保温，保持湿润。

抚育管理　种植 50 天后，生长季节每月施一次 3% 的沤熟花生麸或施 1% 的复合肥水溶液，经一年培育，小苗年可长 30 cm 以上。为达到培育目标，应及时修剪重叠枝、交叉枝、徒长枝等枝条。

病虫害防治

(1) 病害防治：常见病害有炭疽病、褐色叶斑病、藻斑病，可采取适当遮荫，以防烈日暴晒；摘除罹病叶片；用 50%退菌特可湿性粉剂 500 ~ 800倍液等喷洒，控制病情的扩大。

(2) 虫害防治：①蚜虫：用含量 40% 的氧化乐果或菊酯类农药 1000 ~ 1200 倍液喷洒。②蚧虫类：用手消灭或者竹片等将其刮去，用含量 40% 的氧化乐果、杀螟松等 500 ~ 800 倍喷洒。③茶衰蛾：用人工采摘护囊，集中烧毁，或用 40% 水胺硫磷乳油等 1000 ~ 1500 倍液在傍晚或夜间幼虫外出活动喷施；茶梢蛾宜在初孵幼虫期，用 10% 杀螟松等 1000 ~ 1500 倍液内吸式农药喷雾施药。

杜鹃红山茶

学名：*Camellia azalea* C. F. Wei

山茶科山茶属

别名：四季杜鹃茶、杜鹃茶、假大头茶

【形态特征】 常绿灌木至小乔木，高达 1 ～ 2.5 m，树体呈矮冠状；树皮灰褐色，枝条光滑，嫩梢红色。单叶，互生，革质，倒卵形，长 8 ～ 12 cm，宽 4 ～ 7cm，叶面光亮碧绿，边缘平滑，两端微尖；叶脉不明显，每边侧脉 6 ～ 8 条；叶柄短。花单朵至 5 朵着生，近顶生，花径 8 ～ 10 cm；小苞片与萼片 8 ～ 11，外层 3 ～ 6 苞片和萼片近球形至广卵形（3 ～ 8 mm），内层 5 苞片和萼片卵形（1.5 ～ 2 cm），外层无毛，内层银丝光泽，边缘有纤毛；花瓣 6 ～ 9 片，玫瑰色，倒卵形至长卵形，几乎开裂，长 3 ～ 8.5cm，宽 2 ～ 4.5 cm，基部窄小，顶端微凹；雄蕊四轮 3.5 ～ 4 cm，光滑，外轮细小基部合生，长 1.5 ～ 1.8 cm，花丝红色，花药金黄色；子房卵形光滑，3 ～ 4 小室；子房室 3 个，卵形，每室 2 粒种子。果皮光滑，厚 2mm，干时 3 开裂；或瓣狭长；种子棕色，半球形，直径 1.5 ～ 2 cm。花期几乎全年，果期 8 ～ 9 月。

【近缘种或品种】 品种：经广东省林业科学研究院选育，杜鹃红山茶有 2 个优良品种。

红钟杜鹃红山茶，花为半重瓣，花径更小为 4.5 ～ 6.0 cm，花瓣为匙瓣，火炬形花型，花瓣更长更宽，外侧花瓣长为 5.0 ～ 5.8 cm、宽为 3.5 ～ 4.5 cm，内侧花瓣长为 7.0 ～ 8.0 cm、宽为 3.5 ～ 4.0 cm。

玫瑰杜鹃红山茶，具有更长的叶长与叶宽，叶长 7.0 ～ 11 cm，叶宽 2.6 ～ 3.2 cm，花为半重瓣，开花时花不完全张开，花径为 4.0 ～ 5.0 cm，呈筒状，玫瑰型花型，花瓣更长更宽，外侧花瓣长为 6.7 ～ 7.5 cm、宽为 4.0 ～ 4.6 cm，内侧花瓣长为 7.5 ～ 8.5 cm、宽为 3.5 ～ 4.6 cm，花期比普通的杜鹃红山茶提前半个月左右，两次盛花期分别为 4 月下旬至 6 月中旬、8 月中旬至 10 月下旬。

【生态习性】 在广东省阳春市鹅凰嶂省级自然保护区白水河红花潭电站长约 2500 m，河流边 5 ～ 10 m 狭长地带，呈零星分布状态，数量非常稀少。位于东经 111°28′46″ ～ 111°29′04″，北纬 21°54′03″ ～ 21°54′06″，海拔 217 ～ 237 m 区域；该区年平均温度 22.1℃，年均降雨量 3428.9 mm，年均日照时数为 1734 h，成土母质为花岗岩，土壤类型为红壤，pH 值 6.5，微酸性，土层厚度 60 ～ 120 cm。杜鹃红山茶生长在亚热带季风常绿阔叶林中，属林下灌木至小乔木类型，主要伴生乔木类树种有大头茶、百叶青、圆齿木荷、岭南山竹子、凹叶红豆等；灌木类有桃金娘、山油柑、水杨梅等。杜鹃红山茶的抗性较强，能在强阳光和高温条件下茁壮生长和开花，

而且冬季能够抵抗 -5℃ 的低温，同时因为叶片厚革质，病虫害较少。根据《中国植物红皮书》对物种保育的等级评估及划分标准，杜鹃红山茶只有 1 个居群，地理分布有很大的局限性，仅存于特殊生境或有限的地方。因此，可认定为杜鹃红山茶属于濒危种。

【观赏与造景】 观赏特色：杜鹃红山茶因其外形极像杜鹃，实质却是山茶，故此得名，是一种极其珍稀的山茶品种，有着“植物界大熊猫”之称。普通的山茶花既有傲梅风骨，又有牡丹艳丽，自古以来就是极富盛名的木本花卉，有“世界名花”的美称。而杜鹃红山茶的美艳比普通的山茶有过之而无不及，花朵有 5 个花瓣，花瓣伸开的形状也极像杜鹃花的样子，但花型比杜鹃花大。蜡烛状的花蕾顶生或腋生，花蕾很大，花色为鲜红色，花瓣狭长，花丝白色，花药金黄色，花的直径在 10 cm 以上。尽管是单瓣，但花朵密生，整体丰满，四季开花不断，即便在气温高达 38℃的夏季，也依然红花满树；5 月中旬始花，盛花期是 7 ～ 9 月，持续至翌年 2 月。

造景方式：树体矮小，喜光而耐半阴。可在庭园、公园群植作园林观赏树或盆栽供观赏；可片植作风景林树种。或在假山和假石后作林下背景树。适合在广东中部地区公路、铁路和江河景观林带中群植或片植作基调树种。

【栽培技术】

采种 宜在核果由青色转为赤褐色时进行。将果实室内摊开，待果壳裂开，即时取出种子，切忌堆积发热；种子千粒重约 320 g；应随采随播。

育苗

（1）播种育苗：①撒播：育苗地应选择坡度平缓、阳光充足、排水良好、土层深厚肥沃的沙壤土，苗床高 15 cm 左右，纯净黄心土加火烧土（比例为 4∶1）作育苗基质，用小木板压平基质，用细表土或干净河沙覆盖，厚度约 1.5 ～ 2.0 cm，以淋水后不露种子为宜，再用遮光网遮荫，保持苗床湿润，播种后约 40 天种子开始发芽出土，经 30 天左右发芽结束，发芽率 75%。当苗高达到 5 ～ 8 cm，有 2 ～ 3 片真叶时即可上营养袋（杯）或分床种植。用黄心土 87%、火烧土 10% 和钙镁磷酸 3% 混合均匀作营养土装袋。种植后应覆盖遮光网遮荫，种植 40 天后生长季节每月施 1 次浓度约为 1% 复合肥水溶液，用清水淋洗干净叶面肥液；培育 1 年苗高约 25 ～ 35 cm，地径约 0.4 cm，可达到出圃种植。②点播：先将种子用干净湿沙混合，河沙含水量以手抓成团，放手散开为宜，用一层沙一层种子间隔堆放，可放 5 层，适度通风，种子不能发热，待种子根尖初露，直接种在营养袋（杯）或点播在苗圃地，此方法缓苗期短，但培育过程苗木高度分化较大，需要不断进行分床处理。

（2）嫁接育苗：①小砧嫁接：嫁接宜在 4 ～ 6 月或 9 ～ 10 月晴天，采用芽接方法进行：a. 用 1 年生地径约 0.6 cm 的油茶营养袋苗做砧木，用半年生健壮枝条接穗，砧木高度 8 ～ 12 cm 处剪断，切接法嫁接，用常规嫁接苗木管理办法，成活率可达 65% 以上。b. 用芽苗根作砧木，保留根长 4 ～ 6 cm，用单芽嫁接，用薄铝片包扎刀口，后种植在苗床，每隔 15 天喷一次多菌灵或托布津 800 ～ 1000 倍液，3 个月后用 1% 的复合肥水溶液喷施，9 个月后接穗长至 5 ～ 10 cm 时可上袋种植，此方法可用于大批量嫁接，缺点是成活率较低。②大砧换冠嫁接：嫁接宜在 4 ～ 6 月晴天，采用芽接进行；可用多年生地径达 4 cm 以上油茶苗作砧木，用半年生健壮枝条接穗，根据砧木分枝情况在 60 cm 以上处截干，保留每株枝条 4 株以上，且分布均匀，切接法嫁接，用常规嫁接苗木管理办法，成活率可达 85% 以上。

（3）扦插育苗：4 ～ 6 月，采集半木质化插穗，插穗长 8 ～ 10 cm，保留 4 ～ 5 个芽，上部带 1 ～ 2 片叶片，插前下端点蘸生根粉或用生根水浸泡 4h，纯净黄心土作扦插基质，晴天进行扦插，用遮光网遮荫，用薄膜覆盖保持苗床湿润，插后约 40 天开始生出不定根，扦插成活率可达 70%。根长至 2cm 时可上袋（杯）种植，也可不移苗直接在插床培育，但扦插时应控制密度。种植 40 天后施浓度约为 1% 复合肥水溶液，施肥后用清水淋洗干净叶面肥液，冬季用薄膜覆盖保温；培育 1 年苗高约 25 ～ 40 cm，地径约 0.5 cm。

栽植　盆栽培育苗木，一年四季均可种植。用塘泥或用纯黄泥加泥炭土（比例为 1∶1）混合作基质，根据苗木大小选取合适的花盆或营养杯，在底部先垫一层约 5 cm 的基质，把苗木竖放在花盆中央，四周用基质填满，并压实基质，淋透水，用遮光网覆盖遮荫，如冬天种植，应用薄膜覆盖保温，保持湿润。

抚育管理　种植 50 天后，生长季节每月一次施 3% 的沤熟花生麸或施 1% 的复合肥水溶液，经 1 年培育，小苗年可长 30 cm 以上。为达到培育目标，应及时修剪重叠枝、交叉枝、徒长枝等枝条。

病虫害防治

（1）病害防治：常见病害为软腐病，发病初期喷洒 72% 农用硫酸链霉素可溶性粉剂 3000 ～ 4000 倍液，隔 7 ～ 10 天 1 次，连续预防治 2 ～ 3 次。病情严重时，按 600 倍液稀释喷施，3 天用药 1 次，喷药次数视病情而定。

（2）虫害防治：常见虫害有山茶蚜虫，用 4.5% 高效氯氰菊酯 800 ～ 1000 倍液喷洒。

广宁红花油茶

学名：*Camellia semiserrata* Chi

山茶科山茶属

别名：广宁油茶、华南红花油茶、南山茶、广宁红山茶

【形态特征】 常绿小乔木，高达 8 ～ 12 m，胸径可达 50cm，嫩枝无毛。单叶，互生，革质，椭圆形或长圆形，长 9 ～ 15cm，宽 3 ～ 6 cm，先端急尖，基部阔楔形，深绿色，无毛，侧脉 7 ～ 9 对，在叶面略凹陷，叶背凸起，网脉不明显，边缘上半部或 1/3 有疏而锐利的锯齿，齿刻相隔 4 ～ 7 mm，齿尖长 1 ～ 2mm，叶柄长 1 ～ 1.7 mm，粗大，无毛。花单生枝顶，红色，无柄，直径 7 ～ 9 cm；苞片及萼片 11 片，花开后脱落，半圆形至圆形，最下面 2 ～ 3 片较短小，长 3 ～ 5 mm，宽 6 ～ 9 mm，其余各片长 1 ～ 2 cm，外面有短绢毛，边缘薄；花瓣 6 ～ 7 片，红色，阔倒卵圆形，长 4 ～ 5cm，宽 3.5 ～ 4.5 cm，基部连生约 7 ～ 8 mm；雄蕊排成 5 轮，长 2.5 ～ 3 cm，外轮花丝下部 2/3 连生，游离花丝无毛，内轮雄蕊离生；子房被毛，花柱长 4cm，顶端 3 ～ 5 浅裂，无毛或近基部有微毛。蒴果卵球形，直径 4 ～ 8 cm，3 ～ 5 室，每室有种子 1 ～ 3 粒，果皮厚木质，厚 1 ～ 2 cm，表面红色，平滑，中轴长 4 ～ 5cm；种子长 2.5 ～ 4 cm。花期 1 ～ 2 月，果 10 ～ 11 月成熟。

【近缘种或品种】 近缘种：香港红山茶 *C. hongkongensis* Seem，乔木，高 10 m，嫩枝红褐色。叶长圆形，长 7 ～ 12.5 cm，宽 2 ～ 4 cm，先端尖锐，而有钝的尖头，基部楔形，上面深绿色，花顶生，无柄，红色，结果时半宿存。蒴果圆球形，褐色，花期 12 月至翌年 2 月。

【生态习性】 分布于我国广东西部和广西东南部，适宜年平均温度在 20℃左右的南亚热带气候。深根性，喜高温高湿的酸性、疏松肥沃湿润和排水良好的壤土，不耐盐碱土；在土层瘠薄和全日强光照直射的环境中生长欠佳。生长慢，喜光而耐半阴；实生苗要 8 ～ 10 年始开花结果。

【观赏与造景】 观赏特色：四季浓绿，树姿健壮，花艳果硕，甚为美观。花于春节前后开放，在绿叶丛中鲜红夺目，迎合节日气氛；而在秋季，赭红色的球状果实悬挂枝端，惹人喜欢。实为早春观花、入秋赏果的园林优良乡土树种。宜作行道树及庭园孤植、丛植观赏；又可作防火树种。

造景方式：树体中等，喜光而耐半阴，适合在庭园、公园大乔木下种植作第二林层树种；可片植作风景林树种，或矮化盆栽供观赏。适合在北回归线以北地区公路和铁路生态景观林带中列植或片植，作主题树种或基调树种。

【栽培技术】

采种　10 ~ 11 月，采种宜在果由青色转为赤褐色时进行。将果实室内摊开，待果壳裂开，即时取出种子，切忌堆积发热；种子千粒重约 3100 ~ 3900 g；应随采随播。

育苗

（1）播种育苗：①撒播：育苗地应选择坡度平缓、阳光充足、排水良好、土层深厚肥沃的沙壤土，苗床高 15 cm 左右，纯净黄心土加火烧土（比例为 4∶1）作育苗基质，用小木板压平基质，用细表土或干净河沙覆盖，厚度约 2.0 ~ 2.5 cm，以淋水后不露种子为宜，再用遮光网遮荫，保持苗床湿润，播种后约 40 天种子开始发芽出土，经 30 天左右发芽结束，发芽率 80%。当苗高达到 7 ~ 10 cm，有 2 ~ 3 片真叶时即可上营养袋（杯）或分床种植。用黄心土 87%、火烧土 10% 和钙镁磷酸 3% 混合均匀作营养土装袋。种植后应覆盖遮光网遮荫，种植 40 天后生长季节每月施 1 次浓度约为 1% 复合肥水溶液，用清水淋洗干净叶面肥液；培育 1 年苗高约 35 ~ 50 cm，地径约 0.5 cm，可达到造林苗木规格标准。②点播：先将种子用干净湿沙混合，河沙含水量以手抓成团，放手散开为宜，用一层沙一层种子间隔堆放，可放 8 层，适度通风，种子不能发热，待种子根尖初露，直接种在营养袋（杯）或点播在苗圃地，此方法缓苗期短，但培育过程苗木高度分化较大，需要不断分床处理。

（2）嫁接育苗：嫁接宜在 4 ~ 6 月或 9 ~ 10 月晴天进行。①用 1 年生地径约 0.6 cm 的油茶营养袋苗作砧木，用半年生健壮枝条接穗，砧木高度 8 ~ 12 cm 处剪断，切接法嫁接，用常规嫁接苗木管理办法，成活率可达 65% 以上。②用芽苗作砧木，保留根长 4 ～ 5cm，用单芽嫁接，用薄铝片包扎刀口，后种植在苗床，每隔 15 天喷一次多菌灵或托布津 800 ～ 1000 倍液，3 个月后用 1% 的复合肥水溶液喷施，9 个月后接穗长至 5 ～ 10 cm 时可上袋（杯）种植，此方法可用于大批量嫁接，缺点是成活率较低。

（3）扦插育苗：4 ～ 6 月，采集半木质化插穗，插穗长 10 ～ 15 cm，保留 4 ～ 5 个芽，上部带 1 ～ 2 片叶片，插前下端点蘸生根粉或用生根水浸泡 4h，纯净黄心土作育苗基质，晴天进行扦插，插后用遮光网遮荫，薄膜覆盖，保持苗床湿润，插后约 40 天开始生出不定根，扦插成活率可达 70%。根长至 2cm 时可上袋种植，也可不移苗直接在插床培育，但扦插时应控制密度。应覆盖遮光网遮荫；种植 40 天后，生长季节每月施 1 次浓度约为 1% 复合肥水溶液，用清水淋洗干净叶面肥液，冬季用薄膜覆盖保温；培育 1 年苗高约 25 ～ 40 cm，地径约 0.5 cm，可达到造林苗木规格标准。

栽植 造林地最好选择在山坡中下部、土层深厚、排水良好、微酸性土壤的林地。栽植株行距 3 m × 3 m 或 3 m × 4 m，造林密度 55 ～ 74 株 / 亩。造林前先做好砍山、整地、挖穴、施基肥和表土回填等工作，种植穴长 × 宽 × 高规格为 50 cm × 50 cm × 40 cm，基肥穴施钙镁磷肥 1 kg 或沤熟农家肥 1.5 kg。如混交造林，可采用株间或行间混交，广宁红花油茶与其他树种比例为 1 ： 1 至 1 ： 2 为宜。裸根苗应在春季造林，营养袋苗在春夏季也可造林。在春季，当气温回升，雨水淋透林地时进行造林；如要夏季造林，须在大雨来临前 1 ～ 2 天或雨后即时种植，或在有条件时将营养袋苗的营养袋浸透水后再行种植。浇足定根水，春季造林成活率可达 95% 以上，夏季略低。

抚育管理 造林后 3 年内，每年 4 ～ 5 月和 9 ～ 10 月应进行抚育各 1 次。抚育包括全山砍杂除草，并扩穴松土，穴施沤熟农家肥 1.5 kg 或施复合肥 0.1 kg，肥料应放至离叶面最外围滴水处左右两侧，以免伤根，影响生长，3 ～ 4 年即可郁闭成林。

病虫害防治

（1）病害防治：①软腐病：防治方法同杜鹃红山茶。②茶苞病：在担孢子成熟飞散前，摘除病物烧毁或土埋，可获得 72% 以上的防治效果。必要时在发病期间喷洒 1 ： 1 ： 100 波尔多液或 500 倍敌克松液，可分别获得 75% 和 62% 以上的防治效果。

（2）虫害防治：①蚜虫：防治方法同杜鹃红山茶。②茶黄毒蛾：在幼虫期，喷施 40% 乐斯本乳剂 1500 倍液，或 50% 杀螟松乳油 1000 倍液，或 50% 辛硫磷乳油 3000 倍液；喷施苏云金杆菌 -Bt 乳剂；保护和利用天敌昆虫，例如卵期寄生的茶毛虫黑卵蜂和赤眼蜂，幼虫期有茶毛虫绒茧蜂、茶毛虫瘦姬蜂、毒蛾瘦姬蜂等。还有细菌性软化病及茶毛虫核型多角体病毒。

金花茶

学名：*Camellia chrysantha* (Hu) Tuyama

山茶科山茶属

【形态特征】 常绿灌木或小乔木，高2～6m，树皮灰白色，平滑。叶革质，长圆形、披针形或倒披针形，长11～16 cm，宽2.5～4.5 cm，先端尾状渐尖，基部楔形，叶面深绿色，发亮，无毛，凹陷，叶背浅绿色，无毛，突起，边缘有细锯齿。花黄色，单生或腋生，苞片5片，散生，阔卵形、卵圆形至圆形，基部略连生，先端圆，背面略有微毛；花瓣8～12片，近圆形，基部略相连生，边缘具茸毛；雄蕊排成4轮，外轮与花瓣略相连生。蒴果扁三角球形，有宿存苞片及萼片；种子6～8粒，盛花期11～12月，可延至翌年3月，果期9～12月中旬。

【近缘种或品种】 近缘种：凹脉金花茶（*C. impressinervis* Chang et S.Y.Liang），常绿灌木，高3m，嫩枝有短粗毛，老枝变秃。叶革质，椭圆形。花1～2朵腋生，花柄粗大，苞片5片，新月形。蒴果扁圆形，2～3室，每室有种子1～2粒，有宿存苞片及萼片；种子球形。花期1月。

【生态习性】 喜温暖湿润的气候，喜腐殖质多的酸性土壤，喜阴，多生长在土壤疏松、排水良好的阴坡溪沟处，常与买麻藤、金合欢、刺果藤、楠木、鹅掌楸等植物混生。由于它自然分布范围极其狭窄，只生长在广西的十万大山上思县海拔100～200 m的低缓丘陵，数量有限，被誉为“植物界大熊猫”、“茶族皇后”。

近年来，我国昆明、杭州、上海等地已有引种栽培。

【观赏与造景】 观赏特色：花为金黄色，如同涂着一层蜡，晶莹而油润，似有半透明之感。花开时，有杯状、壶状或碗状，娇艳多姿，秀丽雅致。

造景方式：在浓荫的林下生长茂盛，叶较大呈亮绿色。广东各地均可种植，适合江河和公路生态景观林带种植。

【栽培技术】

采种 种子于12月成熟后采摘，种子采收后，经水选除去瘪粒后采用湿沙贮藏。不同种群的金花茶种子大小不同。种子贮藏不当会引起烂种或失水过多影响发芽。

育苗

（1）播种育苗：在3月进行，采用条播（沟播），深度为6～8cm。种子之间的距离为2.5～3.0 cm，行距18～20 cm，播种后在育苗箱上盖上1～2 cm厚的河沙，畦面盖以稻草，经常保持土壤湿润，1个月后种子出苗，种子发芽率达50%～90%。及时除草，当苗木出齐并长到3～5个叶片，可

移到营养器中种植。

（2）扦插育苗：最适宜的扦插时间为3月，插穗顶端留2～3片叶的生根率高；插床基质为黄泥土。扦插后20～30天插穗从切口产生愈伤组织，40～50天后逐步发生新根。扦插苗宜带土移植，移植的土壤以原畦土和适量厩肥为好，也可直接扦插到装好基质的营养袋中。

（3）嫁接育苗：高枝压条繁殖可在3～4月进行，基质可用苔藓或用山地表土加煅牛骨粉、过磷酸钙拌匀作营养土。环剥切口约3 cm。外面均用塑料薄膜包裹，且包扎要紧，注意保持湿度。成活后移植于设有荫棚的圃地，并加强水肥管理。嫁接育苗在春、秋季均可进行，其中以秋季最为理想，嫁接砧木以博白大果油茶效果较好。

栽植　要求湿润、肥沃、深厚、排水良好的微酸性或酸性土壤，应选择沟谷、溪旁、山洼以及河流冲积台地栽培。可利用天然林荫，也可用铁柱和遮光网搭成荫棚。种植株行距为1.5 m×2 m，种植地深翻整地，挖好0.5 m×0.5 m的定植坑，往定植坑内加入适量草皮灰和厩肥混合作的基肥。金花茶的栽植四季均可进行，以春季梅雨天气最为理想。栽后覆土，马上淋足定根水。

抚育管理　喜湿植物，在缺雨的天气必须及时灌溉，在秋季特别干旱的季节应采取灌水的办法，有条件者还可安装空间自动喷雾设施，栽植后的生长过程中每年追1～2次花生麸有机肥。金花茶生长较慢，种植后要加强除草抚育。

病虫害防治

（1）病害防治：常见有炭疽病、煤污病和溃疡病，主要危害金花茶叶片，病害发生后引起枯梢，被害植株生长衰弱，可用80%多菌灵可湿性粉剂800倍液，或50%托布津800～1000倍液，每隔7～10天喷洒1次，连续喷药3次，效果良好。也可喷洒百菌清及70%代森锌1000倍液，每隔半月1次，连喷2～3次。注意清除枯枝病叶，消灭侵染源。加强栽培管理，浇水、施肥，增强抗逆力。

（2）虫害防治：常见虫害有茶二叉蚜、橘粉虱、红蜘蛛和星天牛，可用50%辛硫磷乳剂、40%乐果乳油，或50%马拉硫磷乳油1000～1500倍液喷药防治。或喷2.5%溴氰菊酯乳油4000倍液或20%除虫菊酯乳油2000倍液触杀性农药。

大头茶

学名：*Gordonia axillaris* Dietr.

山茶科大头茶属

别名：花冬青、大山皮

【形态特征】 常绿小乔木，高 3 ～ 8 m。嫩枝粗大，无毛或有微毛。叶革质，倒披针形，叶面深绿亮泽，叶背淡绿，长 6 ～ 14 cm，宽 2.5 ～ 4.5 cm，顶端钝，或兼有微凹。花生于枝顶叶腋，直径 7 ～ 10 cm，白色，花柄极短。苞片 4 ～ 5 片，萼片卵圆形，长 1 ～ 1.5 cm，背面有柔毛，宿存。花瓣 5 片，先端凹入，基部合生。雄蕊多数，长 1.5 ～ 2 cm，基部连生，无毛。子房 5 室，被毛，花柱长 2 cm，有绢毛。蒴果长圆状倒卵形，中轴宿存，种子顶端有翅。花期 10 月至翌年 1 月，夏季果熟。

【近缘种或品种】 近缘种：海南大头茶 *Gordonia hainanensis* Chang。常绿小乔木，高达 12 m；树冠呈圆锥形，树干尖削度大；树皮灰褐色，光滑，较薄。嫩枝细，无毛。单叶互生，叶革质，叶柄长 1 ～ 1.5 cm，叶长 8 ～ 13 cm，宽 2 ～ 3 cm，窄长圆形或倒披针形；叶面深绿色，有光泽，叶背浅绿色，两面无毛，主脉明显；叶缘先端有锯齿，近基部全缘。花白色，腋生，花萼花瓣均 5 枚。蒴果椭圆形，有 5 条棱，果长 1.5 ～ 2.5 cm，成熟时褐色；种子扁平，黄褐色，具翅，翅长 7 mm。花期秋 11 月至翌年 3 月，冬春季果熟。

【生态习性】 分布我国广西、广东、海南、台湾及中南半岛。自然生长在海拔 500m 左右山林及灌丛中，为热带、南亚热带的乡土树种。适应性强，喜温暖湿润气候及富含腐殖质的酸性壤土。在干旱、瘠薄的土壤亦能生长，在干旱的油页岩废渣土上亦生长良好，可开花结实。抗风力强。对大气 SO_2、氟化物和酸雨抗性较强。

【观赏与造景】 观赏特色：树干直，分枝多，叶色终年翠绿，亮泽。花多、大而洁白，中心为金黄色雄蕊相衬，色彩清雅，为优良的木本花卉。

造景方式：花期正值冬季少花季节，可用于庭园、行道、公园等园林中丛植观赏及造林。适合在广东中部和南部山地的公路和铁路生态景观林带作为主题树种种植。

【栽培技术】

采种 当球果呈赤褐色时即可采种。采后日晒 3 ～ 5 天，至果壳裂开，并不断翻动球果进行脱粒，待揉去种翅后，将种子去杂、装袋，放于通风干燥的地方贮存。去翅种子千粒重 20 ～ 29 g，纯净种子 4 万～ 4.8 万粒 / kg。发芽率约 40%。

育苗

(1) 播种育苗：圃地应选择排水良好的沙质壤土，采用条播法播种，时间以

1 ~ 2 月为宜，大头茶发芽期较长，为使种子提早发芽，可用 50℃温水浸种，任其冷却 24 h 后播种，可使发芽期缩短至 30 天，发芽率提高到 43%。幼苗管理期应及时除草，并做好间苗工作。幼苗期 5 ~ 8 月，每亩每次施复合肥 25 kg 加尿素 10 kg，兑水 700 ~ 1050 kg。

（2）扦插育苗：选择 1 年生健壮枝条，剪取长 3 ~ 4cm 的插穗，保留 1 个腋芽和成熟叶 1 片，并要求切口平滑光整，剪好的插穗要保持湿润。扦插时间以 1 ~ 2 月和 9 ~ 10 月较好。扦插时要压紧插穗周围基质，插后淋透水，并做好遮荫工作，要求透光度为 20% ~ 30%。遇久晴天气要经常淋水，保持苗床的湿度。2 个月左右插穗切口便可愈合生根，生根率达到 90% ~ 92%。生根后适时施肥，并进行病虫害防治。

栽植　整地方式以穴状整地效果最好，其次是带状整地。穴状整地用于坡度在 30° 以上的造林地，穴规格为 40 cm × 40 cm × 30 cm，表土敲碎后回穴。带状整地用于坡度在 30° 以下的造林地，带宽 60 cm，深 40 cm，造林株行距为 2 m × 1.5 m。以实生苗造林效果最好，保存率可高达 97%。

抚育管理　造林后，3 年内都需连续进行除草松土，施肥要采取勤施、薄施、先稀后浓的方法。生长后期停施或少施氮肥，增施钾肥。

病虫害防治

（1）病害防治：①炭疽病：主要是春夏季节定期喷施 1% 的波尔多液预防，发病早期可用 50% 多菌灵 500倍液等内吸性杀菌剂防治。②枯斑病：根据发病情况，在 1 周内撒生石灰 1 次，用量 225 ~ 300 kg/hm²；可用多菌灵 1.00 ~ 1.67 g/L 稀释液 15 kg/hm² 左右。

（2）虫害防治：①鳞翅目和鞘翅目食叶害虫：可在 2 ~ 3 龄时用 90% 敌百虫 1000 倍液、50% 辛硫磷乳油 500 倍液等防治。②蚜虫和介壳虫等刺吸式害虫：可用 40% 氧化乐果乳油 1000 ~ 2000 倍液防治。③茶梢蛾和茶蛀梗虫等钻蛀性害虫：应在成虫盛发期、卵初孵化或幼虫转移蛀梢盛期，以 40% 氧化乐果乳油 500 ~ 800 倍液等强渗透内吸式化学农药喷洒效果较好。

木荷

学名：*Schima superba* Gardn. et Champ.

山茶科木荷属

别名：荷木、荷树

【形态特征】 常绿乔木，高可达 30 m，嫩枝通常无毛。叶革质或薄革质，椭圆形，长 7 ~ 12 cm，宽 4 ~ 6.5 cm，先端尖锐，基部楔形，侧脉 7 ~ 9 对，在两面明显，边缘有钝齿。叶柄长 1 ~ 2 cm，花两性，生于枝顶叶腋，常多朵排成总状花序，直径 2.5 ~ 3 cm，白色，芳香。萼片与花瓣均为 5 片，花瓣长 1 ~ 1.5 cm，最外 1 片风帽状，边缘多少有毛。花期 5 ~ 7 月。蒴果近球形，直径 1.5 ~ 2 cm，5 裂。种子扁平，肾形，边缘有翅。花期 6 ~ 8 月，果熟期 9 ~ 10 月。

【近缘种或品种】 近缘种：西南木荷(*S. a wallichii* Choisy)：常绿大乔木，主干端直，可高达 40 m，径 1m以上。树冠圆形、浓密，树皮厚，黑褐色，纵裂，开裂成小方块状。芽、小枝、叶下面都被有白色短柔毛。叶纸质或薄革质，长椭圆形，长 8 ~ 16 cm，宽 3 ~ 7 cm，顶端短渐尖，基部宽楔形，全缘或疏生钝齿，叶柄宽扁，长 1 ~ 1.5 cm。花白色，簇生于枝端叶腋；花梗长 1 ~ 1.5 cm；萼片 5，外面密生短丝毛，宿存，花瓣 5，外面一瓣兜形；雄蕊多数；子房 5室。蒴果球形，木质，室背 5裂，直径约 2 cm；种子肾脏形，长约 8mm。

【生态习性】 分布我国华东、华南至西南地区及台湾。喜光，幼苗稍耐阴，适生于夏季炎热、冬季温暖的气候，年平均气温 16 ~ 22℃，大部分在 18℃以上。对土壤适应性强，在酸性的红黄壤、红壤、赤红壤以及瘠薄山坡上亦可成林。耐寒，抗风力强，对大气 SO_2、氟化物、酸雨抗性较强。

【观赏与造景】 观赏特色：树冠宽阔，树姿挺拔，叶浓密，终年常绿，夏初白花满布树冠，芳香四溢，入冬部分叶色转红，倍添冬姿，景观雅致。

造景方式：宜作庭园、绿地风景树。是优良的防火树种，一条由木荷树组成的林带，就像一堵高大的防火墙，能将熊熊大火阻断隔离。适合在广东中部和南部地区的公路、铁路和江河生态景观林带种植。

【栽培技术】

采种 9 ~ 10 月果熟。当蒴果呈黄褐色，果壳将要开裂时即为适宜的采种期。采收成熟果实，先置阴凉处 5 ~ 7 天，再摊晒脱粒，种子忌晒宜晾干，干藏保存，贮藏时间不宜超过 5 个月。种子千粒重 4 ~ 6g，发芽率 40% 左右。

育苗 以播种育苗为主。播种时间以 2 月中旬到 3 月中旬为宜，播种前用 40℃左右温水浸种催芽 24h 后捞出，放竹箩内早晚各用

温水淘洗一次，当“裂嘴露白”的种子达30%时即可播种。苗圃地宜选平缓排水良好的沙质土壤，采用条播法，条距20cm，播种后覆土，以不见种子为度，并用遮光网遮荫，以保持床面湿润，晴天注意淋水，播种后8 ~ 15天种子发芽。当幼苗长出2 ~ 3对真叶时进行分床或移入营养杯培育，1年生苗高50 ~ 60 cm，可出圃造林。

栽植 选择土壤较深厚的山坡中、下部地段造林。造林前除去林地杂灌，及时挖穴，穴规格40 cm × 50 cm × 40 cm，造林前可施基肥，并将穴加满表土。选择雨季阴雨天定植，定植时苗木要踩实，水湿条件好的Ⅰ、Ⅱ地位级，适合培养大、中径材，初植密度以1500 ~ 2500株/hm²为宜，立地较差的Ⅲ地位级只适合培育中、小径材，种植密度宜2250 ~ 3000株/hm²为宜，一般造林成活率均达95%以上。

抚育管理 幼林抚育连续3年，第1年在当年秋季，第2、3年在每年初夏。主要是除草、松土、培土，每次抚育每株追施复合肥150 g。10 ~ 12年进行第一次间伐，保留1050 ~ 1350株/hm²，再过5 ~ 6年进行第二次间伐，培育大径材保留525 ~ 750株/hm²，培育中径材保留750 ~ 1050株/hm²。

病虫害防治

（1）病害防治：褐斑病是木荷常见的一种病害，病原菌主要侵染当年生的秋梢嫩叶，亦可入侵前年的老叶，春梢少受其害。防治方法是用50%多菌灵500倍液或70%甲基托布津500 ~ 800倍液，每隔10 ~ 15天喷1次，连喷2 ~ 3次，防治效果在85%以上。

（2）虫害防治：主要有地老虎、蝼蛄、蛴螬等苗圃地下害虫。防治方法：育苗地应设立在地势较高、排水良好的地方，尽量选用新土作苗床，在育苗前要深耕深翻，以便翻拾害虫予以消灭，并增施腐熟有机肥；由于成虫均有趋光性，所以在羽化期间，可用黑光灯诱杀；药物防治可用90%敌百虫晶体1份配100份炒香饼配制成毒饵诱杀或毒土杀虫。

垂枝红千层

学名：*Callistemon viminalis* G. Don ex Loud.

桃金娘科红千层属

别名：串钱柳

【形态特征】 常绿灌木或小乔木，高可达6 m；树皮暗灰色，不易剥离；幼枝和幼叶有白色柔毛。叶互生，条形，长3 ~ 8 cm，宽2 ~ 5 mm，坚硬，无毛，有透明腺点，中脉明显，无柄。穗状花序，有多数密生的花；花期长，较集中于春末夏初，花红色，无梗；萼筒钟形，裂片5，脱落；花瓣5，脱落；雄蕊多数，红色；子房下位，蒴果顶端开裂，半球形，直径达7 mm。花期3 ~ 5月及10月，果熟期8月及12月。

【近缘种或品种】 近缘种：柳叶红千层 *C. salignus* DC.。常绿乔木，嫩枝圆柱形，有丝状柔毛。叶片革质，线状披针形，长6 ~ 7.5 cm。穗状花序稠密，长达11.5 cm，花序轴有丝毛。蒴果碗状或半球形，直径约5 mm，顶端截平而略为收缩。

【生态习性】 原产澳大利亚，属热带树种。引进我国后，在多个地区都有栽种。喜光树种，性喜温暖湿润气候，耐-5℃低温和45℃高温，生长适温为25℃左右。对水分要求不严，但在湿润的条件下生长较快。能耐烈日酷暑，不耐严寒，喜肥沃、酸性土壤，也耐瘠薄，萌发力强，耐修剪，抗大气污染。

【观赏与造景】 观赏特色：株形飒爽美观，花开珍奇美艳，花期长（春至秋季），花数多，每年春末夏初，火树红花，满枝吐焰，盛开时千百枝雄蕊组成一支支艳红的瓶刷子，甚为奇特。

造景方式：适合庭院美化，为庭院美化树、行道树、风景树，还可作防风林、切花或大型盆栽，并可修剪整枝成盆景。由于极耐旱耐瘠薄，也可在城镇近郊荒山或森林公园等处栽培。可用于沿路、沿江河生态景观建设。

【栽培技术】

采种 种子成熟呈黑褐色，一般12月采种，隔年果实的种子发芽率较高，果摊晒几天后就可筛出种子，贮存在容器内备用。出种率为12% ~ 19%，纯度为11.5%，每千克种子约21万粒。千粒重约0.1g。发芽率20%左右。

育苗

（1）播种繁殖。种子极细小，要用沙拌种撒播，播种的苗床用细沙与黄心泥按1 ∶ 1混合后整平，然后将拌好的种子均匀撒播在苗床上，用喷雾器往苗床上小心喷水，至整个苗床湿透，盖好塑料薄膜防雨水。每天喷水一次，保持苗床湿润，10天可发芽。当苗高3cm时即可移栽到育苗容器中。

（2）扦插繁殖：扦插宜在6 ~ 8月间进行，扦插穗条选用长度12 cm、生长健壮、

半木质化、无病虫害的嫩枝。扦插基质采用红心土或泥炭土。穗条用 0.1% 甲基托布津或多菌灵溶液浸泡 20 分钟消毒。扦插时基部蘸生根促进剂 ABT (用滑石粉调成糊状)。插后浇透水，苗床用细竹片搭起高 50cm 半圆形小拱棚，盖上薄膜，四周用土压紧。再加盖 60% 的遮光网，白天喷水降温，小拱棚内相对湿度保持在 80% 以上。插后每隔 5 ～ 6 天补充苗床水分，并结合喷施 0.1% 甲基托布津、多菌灵、百菌清药液。30 天后大部分插穗生根。

栽植 多用高约 1m 左右的容器袋小苗进行移植，成活后通过修剪控制植株生长，也可通过修剪成各种图案达到绿化的效果。盆栽土壤应用疏松透水、保水保肥的培养土，地栽株距 80cm，培育大苗的，在大田栽植株距 100 ～ 200 cm。

抚育管理 萌芽力强，耐修剪，幼苗可根据绿化需要，修剪成各种图形。大田栽植的小苗用竹子扶持，以防倒伏。每年 4 ～ 5 月和 9 ～ 10 月应进行抚育各 1 次。抚育包括扩穴松土，穴施复合肥 0.15 kg。抚育时应注意修枝整形，以促进幼树生长。

病虫害防治

（1）病害防治：①黑斑病：在梅雨季节苗期容易感染黑斑病，严重时叶片全部掉完，为了使苗木正常生长，要采取预防为主、治疗为辅的原则，预防用 50% 多菌灵可湿性粉剂、70% 甲基托布津可湿性粉剂、75% 百菌清可湿性粉剂等杀菌药 800 ～ 1000 倍液。②茎腐病：拔除病苗，并喷洒波尔多液防治。

（2）虫害防治：线虫：抗线虫能力差，可用克线丹拌土种植预防。

红花桉

学名：*Eucalyptus ficifolia* F. Muell

桃金娘科桉属

【形态特征】 树高5～6 m，分枝多，树型紧凑，枝叶繁茂。叶革质深绿色，叶面光滑。花密集聚生，呈圆柱形顶生穗状花序，花数量多，花期长，花色有紫红色、红色、粉红色和白色四种。花期集中在2～6月，春植一年后即开始开花。

【生态习性】 原产澳大利亚，在澳大利亚和南非的园林中已被广泛种植，近年引入我国，并开始广泛种植。适应性强，喜高温和阳光充足的环境，种植发芽和苗木生长最适温度为20～28 ℃，但也较耐寒，苗木能忍受0℃以下的低温；喜腐殖质丰富肥沃的土壤，但在贫瘠的土壤中也能生长；耐旱也耐涝，在有水淹的河边、湖边也长得不错。

【观赏与造景】 观赏特色：花色鲜艳夺目，盛开时繁花满树，艳丽的瓶刷形花序挂满枝头，非常壮观。

造景方式：可单植、行植、丛植和片植，适用于行道、庭园、厂区、山头和江湖边的绿化，是一种观赏价值较高的优良绿化新树种。适用于沿江河、沿路生态景观建设。

【栽培技术】

采种　种子可明显分为黑色、棕褐色、黄褐色3类。黑色的种子粒大，发芽势与成苗率高，初生子叶最宽大，苗期生长量明显高于其他2类。

育苗

（1）播种繁殖：播种期选在日温不低于15℃的季节为宜，种子用0.3%高锰酸钾消毒。苗床培养土过筛，配比为1/3心土+1/3细沙+1/3椰糠，厚度为8～10 cm，床底再垫一层心土。种子细小，需加20倍心土稀释，均匀撒播，上盖一层0.2 cm厚的培养土。前期苗床用塑料薄膜和遮光网覆盖。用微孔喷头每天淋水2～3次。苗期用0.1%百菌清或800倍液代森锰锌每周喷洒一次，防治病害。小苗长出真叶后追施0.1%的氮磷钾复合肥，每周1次。当小苗株高达10 cm左右时，即可上袋育苗。

（2）扦插繁殖：利用实生苗幼苗侧枝或大苗截干后萌芽枝作材料，插条长度8～10 cm，保留2～3片叶，并将叶子剪去一半。插条经0.1%托布津消毒，然后在基部醮上1000 mg/L吲哚丁酸滑石粉稀释剂，插入经消毒过的心土，上盖塑料薄膜和遮光网，每天淋水3～4次，经1个月左右即生根发芽。

栽植　大田种植时，每隔1～2个月施复合肥1次。为便于红花桉大苗移植，最好用容器育大苗。由于盆（袋）栽大苗移植时伤根少，移植成活率高，植后生长快，绿化效果好。

如采用地栽育大苗，移植时应选择在开花前的物候期和早春阴雨天气，并提早 30 ～ 40 天挖断侧根，适当修剪枝叶，带好土球，植后多淋水。

抚育管理 移栽地苗，修剪着生部位不理想的大枝和部分侧枝，留下的每个小枝则连枝带叶修剪去一半左右，以减少水分蒸腾。容器苗种植时也作适当修枝。充足的水分供应以及持久的肥力和病虫害防治是管理的重要环节。定植后要做好除草、松土、追肥等日常管理工作，剪掉弱枝、重叠枝及根部萌条，以培育出整齐美观的树形。

病虫害防治

（1）病害防治：病害发生较少。

（2）虫害防治：主要虫害有桉卷蛾危害嫩叶，可用 50% 甲胺磷 1000 ～ 1500 倍液或 90% 敌百虫 1000 倍液喷杀。

黄金香柳

学名：*Melaleuca bracteata* F. Muell.

桃金娘科白千层属

别名：千层金

【形态特征】 常绿乔木，树高可达 15 m。树皮纵裂，枝条柔软密集。叶互生，金黄色，窄卵形至卵形，长 10 ～ 28 mm，宽 1.5 ～ 3 mm，叶脉 5 ～ 11，叶尖锐尖到尖，叶无毛或偶有软毛，无叶柄。花序有少到多个尖状花组成，长 1.5 ～ 3.5 cm，花轴被软毛，同一苞片内有 1 到 3 个白色花，花瓣近圆柱形，长 1.5 ～ 2 mm；每束雄蕊 16 ～ 25 个。果近球形，果径 2 ～ 3 mm，具有一个 2 mm 直径的孔，萼片宿存。

【生态习性】 原产新西兰、荷兰等濒海国家。主干直立，根深，生长快，2 ～ 3 年可修剪成 3 m 高的塔形。1999 年以来从新西兰首次引进黄金香柳，在长江以南地区试种表明，该树种的适生范围广，对酸性土、盐碱地、石灰岩土质均能适应。喜光、耐寒，可耐 -7 ～ -10℃ 的低温。枝条耐修剪，抗病虫能力强，兼具耐旱、抗涝和抗风特性，在华南地区全年生长良好，冬季长势旺盛，是城乡园林绿化、庭院栽植的优良观叶色树种。

【观赏与造景】 观赏特色：枝条密集细长柔软，嫩枝红色，新枝层层向上扩展，金黄色的叶片分布于整个树冠，形成锥形，树形优美。

造景方式：常用作家庭盆栽、切花配叶、公园造景、修剪造型等。可用于沿路生态景观建设。

【栽培技术】 多采用嫩枝扦插、高空压条法和组织培养的方法进行繁殖。

采种 基本不采种育苗。

育苗 选择当年生的半木质化、生长健壮且没有病虫害的枝条作插穗进行扦插，扦插育苗的基质可采用蛭石加泥炭土，或细沙加泥炭土按 1:1 充分混合，并用 0.5% 的高锰酸钾溶液淋透消毒，置 3 ～ 5 天后使用。为避免枝条水分过度蒸发，剪取插条和扦插工作在上午进行。扦插完毕后立即淋透一次清水。扦插后温度保持在 20 ～ 30℃。保持空间湿度 80% 以上和基质处于湿润状态。扦插后至插条生根期间湿度较大，易出现叶子及茎干腐烂，可用 800 倍的多菌灵、扑海因或甲基托布津溶液喷雾防治。生根苗移植基部带有基质，注意不要损伤植株的根系，忌裸根移植。移植时把生根好的小苗连基质从穴盘中取出，种植到 130mm × 130mm 的小盆或育苗袋中，轻灌水 1 次，再用 70% 遮光网遮荫 7 ～ 10 天缓苗，而后逐渐增加光照。待植株恢复正常生长，再将其移到露天培育。

栽植 地栽苗：首先在挖好的种植穴中施足基肥，而后小心将苗从盆或袋中连土球一起取出，种植于穴中，回填泥土后灌透水 1 次。

植株成活后，其生长较快，如需要重新移植必须提前断根以保证苗木种植的成活率。

袋栽苗：将生长到一定规格的苗种植在较大的袋中，其目的是保证植株根系的完整性，提高移植成活率。

抚育管理 夏天高温季节，盆栽或袋栽的植株易因水分不足而出现枯梢现象。同时，由于盆内或袋中土壤量较少，肥力有限，植株往往出现生长不良，因此，淋水和施肥是盆栽苗和袋栽苗管理的重要工作。

病虫害防治 由于引种栽培的时间较短，目前尚未发现病虫害对植株造成危害。

金黄熊猫

学名：*Xanthostemon chrysanthus* F. Muell. ex Benth.

桃金娘科金蒲桃属

别名：金蒲桃、澳洲黄花树

【形态特征】 常绿小乔木，高达 15m。侧枝多，呈轮层状生于主干；叶聚生，革质，叶片暗亮绿色，新叶红褐色，长 13 ~ 15 cm，披针形或卵圆形。花顶生或腋生，聚伞房花序，金黄色，花期长，花量大，花序直径达 15cm，由 10 ~ 20 朵小花组成，小花径 1 ~ 2cm，花萼 2 ~ 5 片，宿存雄蕊多数。蒴果 2 ~ 5 室，种子多数。花期 9 ~ 12 月，果期翌年 6 ~ 7 月。

【生态习性】 分布于澳大利亚北部沿海，昆士兰省、西澳洲省等地，多生长在溪流边或河边地带。是昆士兰省东北部最著名的绿化观赏品种之一。目前在我国福建及广东地区有引进。喜光照充足和温湿的环境，对栽培土质要求不严，耐瘠薄，在肥沃的沙壤土上生长良好，可以种植在亚热带沿海地区，是大洋洲雨林特色树种。

【观赏与造景】 观赏特色：全年有花，鲜黄色的小花聚生在枝条的顶端，鲜艳夺目，远看仿佛一个个憨态可掬的熊猫脸，“金黄熊猫”的名称即由此而来。嫩叶暗红色，冬季叶片红色。

造景方式：适宜公路中间绿化带、庭院绿化，是一种值得开发新优园林植物。适用于广东省沿路、沿江河生态景观建设。

【栽培技术】

采种 种子 6、7 月成熟，摘采蒴果晒干开裂，抖出种子，种子可随采随播，亦可干藏到来年春季播种。

育苗 采用种子播种育苗。苗圃地宜选平缓排水良好的沙质土壤，采用条播法，条距 20cm，播种后覆细沙，以不见种子为度，并用遮光网遮荫，以保持床面湿润，晴天注意淋水，播种后 10 ～ 20 天种子发芽。当幼苗长出 2 ～ 3 对真叶时进行分床或移入营养杯培育，1 年生苗高 50 ～ 60cm，可出圃种植。

栽植 种植地宜选择坡度较缓的山地，最好为土壤肥沃、湿润、疏松的河岸、沟旁阴湿环境的立地。而在高山、陡坡及土壤干旱瘠薄的地方则生长不良。种植前应整地、挖穴、施基肥和表土回填等，栽植株行距 2.0 m × 2.0m，植穴规格 50cm × 50cm × 40cm。

抚育管理 种植后当年夏末期除草松土 1 次，随后的 2 ～ 3 年内每年春、秋季各抚育 1 次。抚育包括砍杂除草，扩穴松土，施复合肥 0.15 kg，肥料应放至离叶面最外围滴水处左右两侧，3 ～ 4 年树高可达 4 ～ 5m。为促进树干生长，可适当在春季、秋季修剪整枝

病虫害防治 尚未发现病虫害。

海南蒲桃

学名：*Syzygium cumini* (L.) Skeels

桃金娘科蒲桃属

别名：乌墨、乌贯木、密脉蒲桃、假紫荆

【形态特征】 常绿乔木，树高达20 m，胸径80 cm，树冠倒卵形，树皮凹凸不平，厚度2 cm以上，表面黄灰或灰黑色。叶革质、对生，长约5 ~ 14 cm、宽2 ~ 7 cm，叶柄长1.5 ~ 2 cm或更长。复聚伞花序侧生或顶生，长、宽可达11cm，花芳香白色，无柄。浆果椭圆形或倒卵形，熟时紫红色至紫黑色，长1 ~ 2 cm，宽5 ~ 10 mm，具宿存萼迹。花期3 ~ 4月，果期6 ~ 7月。

【近缘种或品种】 近缘种：卫矛叶蒲桃 *S. euonymifolium* (Metcalf) Merr. et Perry，乔木，高达12m；嫩枝圆形或压扁，有微毛，干后灰色，老枝灰白色。叶片薄革质，阔椭圆形。聚伞花序腋生，萼管倒圆锥形，果实球形。花期5 ~ 8月。

【生态习性】 原产我国华东、华南至西南以及亚洲东南部和澳大利亚，我国华南地区多有栽培。喜光树种，较耐干旱瘠薄，耐高温，可耐低温，还能耐火，对土壤要求不严，酸性土或石灰岩地区、溪河岸边和谷地以至石山陡壁岩缝均能生长。根系发达，主根深，抗风力强，萌芽力强。

【观赏与造景】 观赏特色：树冠优美，叶密集而浓绿，冠幅大如广伞形，每年开花时花朵清香。

造景方式：大树枝叶茂密，是优良的水源涵养林树种和绿化树种，在广东、海南普遍用作行道树和庭院绿化树种，也是城郊森林的优良造林树种之一。抗风力强，较耐水湿，也可作滨海、湖岸景种植。适合在北回归线以南地区的公路、铁路生态景观林带种植。

【栽培技术】

采种　6 ~ 7月果熟，果实由青转红变紫黑色为充分成熟，应及时采摘。采后要尽快洗去果肉放在室内阴干。种子不宜久藏，宜即采即播。如需外运，应混湿沙贮藏。新鲜种子播种后约15天开始发芽，发芽率达90%。种子千粒重300 ~ 460 g。

育苗　夏季播种。一般采用开沟点播，播后覆土1 cm，床面盖草或用遮光网搭荫棚遮光，半个月后发芽出土，发芽率70% ~ 90%。早晚浇水各1次，当小苗长出2 ~ 3对真叶时移入营养袋培育，1年生苗高60 ~ 80 cm，可在雨季阴雨天出圃造林。

栽植　上山造林，应先整地，按2m × 2m或2.5 m × 2.5 m的株行距开穴，穴规格50 cm × 50 cm × 40 cm，随即回表土半穴，穴面回细土。以春季种植为好，可用裸根苗造林，但苗木需适当剪去枝叶和浆

根，雨后种植可以提高成活率。植后当年夏秋季应进行幼林抚育，连续2～3年，促进苗木生长。也可选用1年生大苗低切干造林，营养袋苗则全苗造林，成活率几乎100%。作为园林绿化树种植时，应挖大穴(60 cm×60 cm×40 cm)，放足基肥，生长会更旺盛，可促进早日成形。

抚育管理 种植后当年10～11月要穴状除草1次，往后每年抚育2次，清除幼林植穴周围的杂草灌木，松土、培土，对生长不良的幼林要追肥，每株幼树追施复合肥0.1～0.2 kg，促进幼林生长。

病虫害防治

(1) 病害防治：病害发生较少。

(2) 虫害防治：苗期主要是卷叶虫危害，可用90%敌百虫500～1000倍液，每隔7～10天喷1次，连续喷2～3次，也可用50亿/g白僵菌菌液的50倍液防治。也可人工摘除叶卷苞。

蒲桃

学名：*Syzygium jambos* (L.) Alston

桃金娘科蒲桃属

别名：水葡桃、香果、风鼓

【形态特征】 常绿小乔木或乔木，高可达10 m，胸径达40 cm。主干短，分枝较多，树皮褐色且光滑，小枝圆形。叶多而长，披针形，长约12 cm，革质。聚伞花序顶生，花白色，直径3 ~ 4 cm。果白色球形，果径3 ~ 4 cm，内有种子1 ~ 2颗。

【近缘种或品种】 近缘种：洋蒲桃（*S. samarangense*），又叫连雾，叶较宽大，革质，果钟形或扁圆锥形，果皮薄，有粉红、红白、青色等品种，果色艳丽，为优良景观树和优质果树，花期3 ~ 4月，果实5 ~ 6月成熟。采用高枝压条或嫁接方法繁殖，适合华南地区种植。

【生态习性】 原产我国东南部、亚洲热带地区、马来群岛及中印半岛，华南各地普遍栽培。喜光，喜高温多湿气候，抗风力强，喜水湿及酸性土壤。通常生长于河边或河谷湿地，年均温度在20℃以上就可开花、结果。花期3 ~ 4月。果熟期6 ~ 7月。

【观赏与造景】 观赏特色：蒲桃速生快长，周年常绿，树姿优美；花期长，花清香，花形美丽；果实累累，果美色鲜，逗人喜爱。成熟果实水分较少，有特殊的玫瑰香味，故称之为“香果”。种子的种皮干化，可以在果腔内随意滚动，并能摇出声响。

造景方式：枝叶浓密，根系发达，全省范围都能种植，适合公路、铁路两边、江河沿岸生态景观林带种植，也可用于沿海生态景观林带的旱地种植，可作为湖边、溪旁、堤岸、草坪、绿地等的风景树、绿荫树及防风固堤树种。

【栽培技术】

采种 6 ~ 7月果实成熟后自然掉落地面，压破果肉取出种子，种子千粒重4395 g。种子由数个可分离的胚组成，失去水分的种子发芽率明显降低。

育苗 种子应随采随播，将种子播于沙床，播种20天后发芽，每粒种子可发苗数株，发芽完毕后分株移苗到容器袋中培育，翌年春苗高60 ~ 70 cm可出圃定植。

栽植 对土壤要求不严，能适应各种土质种植，如培养绿化树木，栽植株行距为1.5 m × 1.5 m。园林栽培宜用3 ~ 4年生苗，种植株距4 ~ 5 m。取苗时，应挖好土坨，并疏掉一些侧枝及过密的叶片，以提高移苗成活率，栽后要浇足定根水。造林可用1年生容器苗，种植株行距2.0 m × 2.0 m。

抚育管理 定植后要做好除草、松土、追肥等日常管理工作，剪掉弱枝、重叠枝及根部萌条，以培育出整齐美观的树形。

病虫害防治 蒲桃抗性较强，未发现有明显的病虫害。可能发生灰霉病和毒蛾幼虫危害。灰霉病可用50%多菌灵1000倍液喷雾预防，毒蛾幼虫可用50%乐果乳剂200倍液喷洒或800～1000倍液喷雾防治。

洋蒲桃

学名：*Syzygium samarangense* (Blume) Merr. et Perry　　**桃金娘科蒲桃属**

别名：莲雾、金山蒲桃

【形态特征】 乔木，高达12 m。叶片薄革质，椭圆形至长圆形，长10～22 cm，宽5～8 cm，侧脉14～19对，以45°角斜行向上，离边缘5 mm处互相结合成明显边脉，另在靠近边缘1.5 mm处有1条附加边脉，侧脉间相隔6～10 mm，有明显网脉。叶柄极短，长不过4 mm，有时近于无柄。聚伞花序顶生或腋生，长5～6 cm，有花数朵，花白色，花梗长约5 mm，萼管倒圆锥形，长7～8 mm，宽6～7 mm，萼齿4，半圆形，长4 mm，宽加倍。雄蕊极多，长约1.5 cm，花柱长2.5～3 cm。果实梨形或圆锥形，肉质，洋红色，发亮，长4～5 cm，顶部凹陷，有宿存的肉质萼片。种子1颗。花期3～4月，果实5～6月成熟。

【近缘种或品种】 近缘种：阔叶蒲桃 *S. latilimbum* Merr. et Perry，乔木，高20 m；花大，白色。果实卵状球形，长约5 cm，花期4月。

【生态习性】 原产马来西亚及印度，17世纪由荷兰人引进我国后，现广东、广西、福建、台湾、海南均有种植。喜温怕寒，最适生长温度为25～30℃，高温潮湿环境下，生长快，结果多，果大，产量高。对土壤要求不严，沙土、黏土、红壤和微酸或碱性土壤都能种植，但以肥沃、疏松和潮湿的土壤生长结果较好。是河岸林带优势树种。

【观赏与造景】 观赏特色：枝叶繁茂，树姿优美，花白色清雅、浓香，花期长。果实累累，果形美，呈钟形，鲜艳夺目，挂果期长，为美丽的观果树种。

造景方式：洋蒲桃经年常绿，是优良的庭园观赏与绿化树。适合在广东北回归线以南的江河和沿海生态景观林带的潮湿地带种植。

【栽培技术】

采种　种子少，一般采用圈枝育苗和扦插育苗。

育苗　一般采用空中压条繁殖，也可嫁接、扦插繁殖。空中压条选2～3年生、直径1～2 cm生长健壮的枝条为宜，过老过嫩均不宜。5～7月高温高湿季节进行，30天左右可发根，2～3月后下地假植。

扦插：宜于4～8月，选充实饱满、已木质化的1～2年生枝，截为14～16 cm长的枝段，在恒湿的沙床上扦插。

嫁接繁殖：以直径0.6～1 cm的实生苗作砧木，优良品种1～2年生的充实枝条作接穗，于3～5月用补片芽接、腹接、切接或劈接均可。

栽植　定植时间以3～4月的春植和8～10

月的秋植为主。苗高 30 ～ 40 cm 就可以栽植。栽植一般为株行距 4.5 m × 5 m。种植穴规格为 60 cm × 60 cm × 50 cm。种植前先在穴内喷洒多菌灵 800 倍液进行消毒，每定植穴施 2kg 的腐熟厩肥，与土壤拌匀后施入穴中，沉实后覆土定植洋蒲桃苗，定植后一个月成活。

抚育管理 一般 1 年修剪 3 次，并及时疏花疏果。以培养树形、增进通风透光和更新的修剪，幼树需尽快形成理想树冠和良好树形，其修剪主要以拉枝、疏剪、抹梢为主，以培养生长势强、分布均匀的主枝和副主枝。

洋蒲桃需肥量大，幼龄树对氮、磷和钾均需要，应勤施薄肥，特别是要以有机肥为主。而 5 龄以上的结果树则以氮、钾肥为重要。结果树一般每年施肥 3 次。7 ～ 10 月花芽分化前施年总施量的 50%，并加施有机肥 10 kg；11 月至翌年 5 月花期和幼果期施 25%，但此期忌施化学氮肥，否则将影响果实风味及甜度；6 ～ 7 月采果后施下余下的 25%。果园土壤应经常灌水保持浅水湿润，但不能积水，雨季应及时排水。

病虫害的防治

（1）病害防治：主要是炭疽病和果腐病，生产时可使用 65% 的代森锌可湿性粉剂 500 ～ 700 倍液、50% 多菌灵可湿性粉剂 600 ～ 800 倍液、70% 甲基托布津可湿性粉剂等低毒高效农药防治。

（2）虫害防治：主要有金龟子、介壳虫、毒蛾、蚜虫、避债蛾、蓟马、瘿蚊，但因洋蒲桃结果期长及果皮薄，所以不宜使用农药，特别是剧毒、吸收或长效农药。

水翁

学名：*Cleistocalyx operculatus* (Roxb.) Merr. et Perry

桃金娘科水翁属

别名：水榕

【形态特征】 常绿乔木，高达 15 m，树皮灰褐色，颇厚，树干多分枝，嫩枝压扁，有沟。叶长圆形至椭圆形，近革质，长 11 ～ 17 cm，宽 4.5 ～ 7 cm，先端急尖或渐尖，基部阔楔形或圆形，两面多透明腺点，侧脉 9 ～ 13 对，脉距 8 ～ 9mm，叶柄长 1 ～ 2 cm。聚伞花序侧生，花小，绿白色，有香味，无梗，2 ～ 3 朵簇生，花蕾卵形，长 5mm，宽 3.5 mm，萼管半球形，长 3 mm，帽状体长 2 ～ 3 mm，先端有短喙，雄蕊长 5 ～ 8 mm，花柱长 3 ～ 5 mm。浆果近球形，长 10 ～ 12 mm，直径 10 ～ 14 mm，熟时紫黑色，有斑点。花期 5 ～ 6 月，果期 7 ～ 9 月。

【近缘种或品种】 近缘种：大果水翁 *C. conspersipunctatus* Merr. et Perry，乔木，高达 30m；树皮褐灰色；嫩枝压扁，有浅沟，干后黑褐色。叶片卵形或倒卵形。聚伞式圆锥花序腋生及顶生，常 3 朵簇生；浆果近球形，直径 1.5 ～ 2 cm。花期 7 ～ 8 月。

【生态习性】 原产我国广东、广西、海南、云南，东南亚及大洋洲等地也有分布。喜光，喜肥，耐湿性强，喜生于水边，一般土壤可生长，忌干旱；喜暖热气候，生长适宜温度为 18 ～ 26℃，在 0 ～ 2℃低温情况下，仅叶上偶有小斑点，过冬不落叶。根系发达，抗风力强，萌生力强，有一定的抗污染能力。

【观赏与造景】 观赏特色：生长快，终年常绿，树冠浓密，花有香味。

造景方式：适于庭园、公园近水边种植，可作绿荫树和风景树。根系发达，能净化水源。为优良的水边绿化植物，也可作固堤树种。适合在北回归线以南的江河和沿海生态景观林带的潮湿地带种植。

【栽培技术】

采种　8 月下旬至 9 月中旬果实大熟时，果皮由红转为紫黑即充分成熟，果实肉软多汁，易腐烂，采后洗去果肉，放室内摊开晾干，并常翻动，以免发热霉烂。忌日晒，忌脱水。及时播种，播后 15 天左右开始发芽，发芽率达 90% 以上。

育苗　采用播床播种，播种后盖上细表土，覆土以不见种子为度，并用遮光网遮荫，每天淋水保持床面湿润，播种后 15 天左右开始发芽，再过 30 天发芽完毕，结合除草间苗。

在苗高 8 ～ 10 cm 时进行分床育苗，或将苗木移入营养袋培育，及时搭棚遮荫，以免阳光暴晒，早晚淋水，勤施薄肥，以促进苗木生长。如培育大苗，须将 1 年生苗切断主根分床，以促侧根生长。亦可扦插繁殖。

栽植 种植地选择于湿润、肥沃的溪流两旁立地环境。在雨季前清山、穴状整地，穴规格 40 cm × 50 cm × 40 cm，株行距 2 m × 2 m 或 2 m × 3 m。造林前可施基肥，并将穴加满表土。选择雨季阴雨天定植，定植时要踩实土壤，造林成活率一般在 80% ~ 90% 以上。

抚育管理 幼林期生长比较慢，每年初夏和秋冬各抚育 1 次，连续抚育 3 ~ 4 年，除松土除草、施肥外，还应对其整枝、促进苗木生长，直到郁闭成林。

病虫害防治 水翁叶易受毛虫、蚜虫、天蛾、毒蛾类危害，发现时及时用 90% 敌百虫 1500 ~ 2000 倍液或 50% 辛硫磷 1000 ~ 1500 倍液喷撒。

小叶榄仁

学名：*Terminalia mantaly* H. Perrier

使君子科榄仁属

别名：细叶榄仁、非洲榄仁、雨伞树

【形态特征】 落叶乔木，树高 10 ~ 15 m，主干浑圆挺直，枝条自然分层轮生于主干四周，层层分明有序水平向四周开展，枝椏柔软。叶小，长 3 ~ 8 cm，宽 2 ~ 3 cm，提琴状倒卵形，全缘，4 ~ 7 叶轮生，深绿色，冬季落叶前变红或紫红色。穗状花序腋生，花两性，核果纺锤形，种子 1 枚。夏至秋季开花，核果秋末至冬初成熟。

【生态习性】 原产马达加斯加，近年引进我国，在台湾、广东、广西、海南和福建南部大量种植。喜光，喜高温干热气候，生长适温 23 ~ 32℃，0℃以下顶部枝条易受冻害，耐热，耐旱、耐瘠薄、抗风、抗污染、适应性极强，各种土壤都能正常生长。

【观赏与造景】 观赏特色：树冠伞形，主干端直，树姿优美，枝条层次分明，冬季落叶，春季萌发嫩叶，四季生长分明，常作庭园观赏树种。

造景方式：可单株种植或 3 ~ 5 株种植造景，也可单排、双排或多排种植，在行道、广场周边作景观树。适合广东中部、东部、西部等地区种植，可作公路、铁路和江河生态景观林带种植，也适应沿海生态景观林带旱地种植。

【栽培技术】

采种 秋末冬初核果成熟，收集掉落在地上的种子备用，待翌年春末夏初播种。

育苗 3 ~ 4 月把种子均匀播在苗床上，覆盖河沙，保持苗床湿润。25 天左右发芽，当幼苗长至 5 ~ 6 cm 时，可移至到营养袋中，小苗长到 40 ~ 60 cm 时，便可移入大田培育大苗。也可采用苗床大间距播种，待翌年春新叶萌发前，带土球移入大田种植。

栽植 大田种植株行距 1.5 m × 2.0 m，苗期需水较多，应淋足水，春、夏秋季薄施水肥 2 ~ 3 次，其后根据土壤水分状况及时浇水。

抚育管理 春季结合抚育，剪除多余的萌芽和主干基部的侧枝，保留一个粗壮的顶芽。每年落叶后应对植株进行修枝，保持树冠匀称，大田培育 3 ~ 4 年，植株高 3 ~ 5 m，胸径 5 ~ 6 cm 时就可出圃。

病虫害防治

（1）病害防治：病害发生较少。

（2）虫害防治：①咖啡皱胸天牛：农业防治：每年对小叶榄仁普查 3 次，发现被害树时，当即用利刀剖开被害树的树皮，取出其中天牛幼虫，待伤口干燥后，培土促进不定根生长，以利植株恢复生长势；化学防治：发现虫害时，可用注射针筒将农药注入隧道中，杀死幼虫。②夜蛾类：交替喷施 21% 灭杀毙乳油 6000 ~ 8000 倍液，或 50% 氰戊菊酯乳油 4000 ~ 6000 倍液，或 20% 氰马或菊马乳油 2000 ~ 3000 倍液，或 2.5% 功夫、2.5% 天王星乳油 4000 ~ 5000 倍液，或 20% 灭扫利乳油 3 000 倍液，或 2.5% 灭幼脲、或 25% 马拉硫磷 1000 倍液，或 5% 卡死克、或 5% 农梦特 2000 ~ 3000 倍液，2 ~ 3 次，隔 7 ~ 10 天 1 次，喷匀喷足。

水石榕

学名：*Elaeocarpus hainanensis* Oliv.

杜英科杜英属

别名：海南胆八树、水柳树、海南杜英

【形态特征】 常绿小乔木，树高5～6 m，分枝假轮生，嫩枝无毛。叶聚生于枝顶，互生，革质，狭披针形或倒披针形，长7～15 cm，宽1.5～3 cm；总状花序长5～7 cm，有花2～6朵；苞片叶状，薄膜质，卵圆形，长8～14 mm；花白色，直径3～4 cm；花梗长2.5～4 cm，被短柔毛；萼片披针形，长1.8～2.4 cm；花瓣倒卵形，基部楔尖，有流苏状边缘。核果纺锤形，两端渐尖，长约4 cm，宽0.8～1.2 cm，内果皮有2条腹缝沟。花期春夏季，种子秋季成熟。

【近缘种或品种】 栽培变种：短叶水石榕 *Elaeocarpus hainanensis* Oliver var. *brachyphyllus* Merr.。叶片狭长圆形，长5～7 cm，宽2～3 cm，侧脉8～10对，其余特征与原种一致。优良庭园绿化和生态公益林树种。产于我国海南西部和北部。播种繁殖。

【生态习性】 原产于我国海南、广西、云南；泰国、越南也有分布。现我国南部地区广为栽培。喜高温、多湿气候；喜半阴；不耐干旱，喜湿但不耐积水；喜肥沃和富含有机质的土壤。根系发达，抗风力较强。

【观赏与造景】 观赏特色：四季常绿，树冠呈圆锥形，树形优美，花期长，花瓣洁白淡雅，顶端深裂，流苏状，为优良的园林观赏和生态公益林树种。

造景方式：喜半阴环境，适合在庭院、草地和路旁作第二林层栽植作庭园树。因喜湿润土壤，在溪旁、近水池边与黄蜡石配置作滨水景观树种，其效果极佳。适合在广东中部地区公路、铁路和江河生态景观林带半湿润土地片植作基调树种。

【栽培技术】

采种　种子于9～10月成熟，当果皮由青绿色变成暗黄色时进行采收。采后堆沤2～3天，让果肉软化腐烂，水浸搓洗去肉，捞起阴干。种子千粒重约2940 g，应随采随播，如用湿沙贮藏，不宜超过40天。

育苗　育苗地应选择坡度平缓、阳光充足、排水良好、土层深厚肥沃的沙壤土，苗床高15 cm左右，纯净黄心土加火烧土（比例为4∶1）作育苗基质，用小木板压平基质，用撒播方法进行播种，用细表土或干净河沙覆盖，厚度约1.5～2.0 cm，以淋水后不露种子为宜，用遮光网遮荫，保持苗床湿润，播种后约40天种子开始发芽，经30天左右发芽结束，发芽率约75%～90%。当苗高达到4～7 cm，有2～3片真叶时即可上营养袋（杯）或分床种植。用黄心土87%、火烧土10%和钙镁磷酸3%混合均匀作营

养土装袋。覆盖遮光网遮荫，种植 40 天后，生长季节每月施 1 次浓度约为 1% 复合肥水溶液，用清水淋洗干净叶面肥液；培育 1 年苗高约 50 ~ 70 cm，地径约 0.7 cm，可达到造林苗木规格标准。

栽植 喜肥沃和富含有机质的土壤，但不能积水，以中下坡土层深厚的地方生长较好。栽植株行距 2 m × 3 m 或 2.5 m × 3 m，造林密度 89 ~ 111 株 / 亩。造林前先做好砍山、整地、挖穴、施基肥和表土回填等工作，种植穴长 × 宽 × 高规格为 50 cm × 50 cm × 40 cm，基肥穴施钙镁磷肥 1 kg 或沤熟农家肥 1.5 kg。如混交造林，可采用株间或行间混交，黄槐与其他树种比例为1 ∶ 1至2 ∶ 1 为宜。裸根苗应在春季造林，营养袋苗在春夏季也可造林。在春季，当气温回升，雨水淋透林地时进行造林；如要夏季造林，须在大雨来临前 1 ~ 2 天或雨后即时种植，或在有条件时将营养袋苗的营养袋浸透水后再行种植。浇足定根水，春季造林成活率可达 98% 以上，夏季略低。

抚育管理 造林后 3 年内，每年 4 ~ 5 月和 9 ~ 10 月应进行抚育各 1 次。抚育包括全山砍杂除草，并扩穴松土，穴施沤熟农家肥 1 kg 或施复合肥 0.1 kg，肥料应放至离叶面最外围滴水处左右两侧，以免伤根，影响生长，3 ~ 4 年即可郁闭成林。

病虫害防治 未见有严重的病虫害现象，苗期有大蟋蟀成虫危害茎基及嫩芽。危害期应选无风的晴天傍晚，在苗圃地里投毒饵诱杀。蚜虫啃食萌芽及嫩叶、嫩梢，被害苗木落叶、枯梢死亡。可用 90% 敌百虫 1500 ~ 2000 倍液，或 40% 氧化乐果 800 ~ 1000 倍液喷洒。

尖叶杜英

学名：*Elaeocarpus apiculatus* Mast.

杜英科杜英属

别名：长芒杜英

【形态特征】 常绿乔木，高达30 m，胸径2 m，有板根，分枝有层次的假轮生，树皮灰色，嫩枝被毛。叶革质，倒卵状披针形，长11 ~ 30 cm。先端钝，基部楔形，前缘或上部具钝齿.总状花序生于分枝上部叶腋，长4 ~ 7 cm，花冠白色，芳香。核果椭圆形或卵圆形，被毛，径2 ~ 2.5 cm。花期春季，果期7 ~ 8月。

【生态习性】 原产我国海南西南部、广东、云南南部，生于海拔300 ~ 900 m林中；孟加拉国、印度及马来西亚也有分布。在原产地常与红锥、山杜英、厚壳桂、黄桐、降真香等混生。喜光，幼苗期稍耐阴，喜温暖至高温和湿润气候，适生于酸性的黄壤。其根系发达，属深根性，抗风力较强，较耐干旱瘠薄，但不耐寒。在土质肥沃、排水良好、湿润富含有机质的土壤上生长更茂盛快速。山杜英、厚壳桂、黄桐、降真香等混生。

【观赏与造景】 观赏特色：尖叶杜英板根发达，主干耸直挺拔，树冠层次分明，枝叶稠密，整齐壮观；夏花繁多点点洁白，玲珑悦目，散发幽香，秋实累累悬挂，又是另一番喜人景象。

造景方式：适应性强，生长迅速，是园林观形遮荫并与花果兼美的华南优良乡土树种。在园林中常丛植于草坪、路口、林缘等处；也可列植，起遮挡及隔音作用，或作为花灌木或雕塑等的背景树，具有很好的烘托效果；也可作为居住区、厂区的绿化树种。适应广东东部、西部地区的气候环境，可在该区域的公路、铁路和江河生态景观林带中种植。

【栽培技术】

采种 果实8月成熟，采回成熟的果实，堆放于阴凉处，待果皮软化后，搓烂淘洗，取出种子，稍晾干后即可播种，种子千粒重约1875 g。

育苗 宜采即播，鲜种子发芽率80%以上，经短期贮藏后，发芽率降至50%左右。播种前用湿沙贮藏催芽。40 ~ 60天幼苗长出，在真叶出来前移植入容器袋内，苗期注意防止强日晒，可用50% ~ 60%的遮光网覆盖，当小苗长至30 ~ 40 cm时可出圃定植。苗圃培育2年苗木高达1.5 ~ 2.0 m，5年生苗可达4.0 m以上。

栽植 作生态林造林可用高1.5 ~ 2.0 m的中苗，宜与其他阔叶树种混交种植，种植距离株距3 m以上。作为行道树或观赏树栽培时，宜采用高3 ~ 4 m的大苗，起苗时要按树基径的8 ~ 10倍挖好土球，并包装结实，以免运输过程中受损，影响种植成活。

抚育管理 种植后3年内要加强抚育，每年

铲草 2 次以上，结合铲草抚育每株施复合肥 250 g 促进生长。

病虫害防治 苗期易受霜冻，当年播种育种植的小苗要注意冬季的防寒，宜采用塑料薄膜搭拱棚覆盖。

山杜英

学名：*Elaeocarpus sylvestris* (Lour.) Poir.

杜英科杜英属

别名：羊屎树、山橄榄、青果

【形态特征】 常绿乔木，树高达 25 m，胸径 50 cm，树干通直。叶纸质，倒卵形或倒披针形，长 4 ～ 8 cm，先端稍钝，中部以下渐变窄，基部窄而钝，边缘有钝锯齿。总状花序，萼片披针形，花瓣白色。核果椭圆形，长约 1 cm，花期 6 ～ 8 月，果期 10 ～ 12 月。

【生态习性】 原产于我国长江流域以南地区；越南、老挝、泰国也有分布。稍耐阴，喜温暖温润气候，耐寒性不强，适于酸性黄壤和红壤。根系发达，生长速度中等偏快。适宜与其他树种混交造林，是良好的改良土壤树种，对二氧化硫抗性较强，对林火蔓延有阻隔和减缓作用。

【观赏与造景】 观赏特色：本种枝叶茂密，树冠圆整，霜后部分叶变红色，红绿相间，颇为美丽。

造景方式：宜于坡地、林缘、庭前、路口丛植或与华南地区的多个树种混合种植，也可用作其他花木的背景树或列植成绿墙起隐蔽遮挡及隔声作用。因对二氧化硫抗性强，可选作工矿区绿化和防护林带树种。适应华南地区气候，适合公路、铁路和江河生态景观林带种植。

【栽培技术】

采种 果实 10 月下旬至 11 月上旬成熟，果成熟后应立即采摘，否则易脱落或被鸟取食。核果采回，堆放待果肉软化后，搓揉洗去果肉，种子捞起晾干，即可播种或沙藏。种子千粒重 220 ～ 230 g。

育苗 容器育苗，3 月作苗床播种，播种后覆河沙厚约 2 cm，再盖草保湿。一般发芽率 50% ～ 70%。待幼苗高 4 cm 时移入容器中培育，当年苗高 30 ～ 50 cm，可出圃种植。

栽植 能与多树种混种，为林相改造树种，在疏林地下套种生长良好。造林株行距 2 m × 3 m；作行道树种植的，应采用大育苗大田中培育 3 ～ 4 年，树高 2 ～ 3 m 的大苗，株距 3 ～ 4 m。

抚育管理 种植后做好除草、松土、追肥等日常管理，结合除草松土，每季施复合肥 50 ～ 100 g/ 株。大田培育的大苗，应及时修剪基部萌芽，以培育整齐美观的树形。培育 3 ～ 4 年，树高 3 ～ 5 m 时可出圃。

病虫害防治

（1）病害防治：抗性较强，可能发生灰霉病危害，可用 50% 多菌灵 1000 倍液喷雾预防。

（2）虫害防治：铜绿金龟子：要密切注意虫情，掌握成虫出现盛期，可振落捕杀或晚设灯诱杀。

1 2 3 4 5 6 7 8 9

翻白叶树

学名：*Pterospermum heterophyllum* Hance

梧桐科翅子树属

别名：半枫荷、异叶翅子木

【形态特征】 常绿乔木，高达30 m，胸径60 cm，树干通直。树皮厚达1 cm，灰黄褐色，近平滑。枝及幼芽均被锈色或黄褐色短柔毛。叶有2型，单叶，互生，革质，幼树或萌蘖枝上的叶掌状3～5裂，基部截形或心形，叶柄盾状着生，长12 cm；老叶为长圆形至卵形长圆形，全缘，长7～15 cm，宽3～10 cm，先端急尖，基部截形或宽楔形，下面密被黄褐色星状毛。花两性，花单生或2～4朵花成聚伞花序，腋生；花梗长0.5～1.5 cm，无关节；花瓣白色。蒴果木质，柄粗，长圆状卵形，长4～5 cm，宽1.5～2.5 cm，被黄褐茸毛。种子倒卵形，压扁状，长约1 cm，具有膜质的薄翅，胚乳白色，有油脂。花期6～8月，果期9～11月。

【近缘种或品种】 近缘种：两广梭罗(*Reevesia thyrsoidea* Mast.。小枝幼时有星状毛，叶椭状卵形，聚伞状伞房花序顶生。蒴果梨形，有5棱，密被淡褐色柔毛，成熟时开裂。种子有翅。产于我国南方地区及东南亚各地。枝叶茂密，春夏间白花成形，芳香，可作为园景树或行道树。

长柄银叶树 *Heritiera angustata* Pierre。叶长圆状披针形，下面被银白色或略金黄色鳞秕。花单性，排成圆锥花序，红色。核果椭圆形，顶端有长约1 cm的翅。产于我国广东、海南和云南等地；印度、越南和马来西亚等地。树姿优美，夏季深绿色的叶面与银白色的叶背相辉映，甚为美丽；冬季叶片与红花相衬，明艳动人，是优良的庭园观赏树，也是红树林主要树种之一。

【生态习性】 原产我国广东、海南、广西、福建、云南及台湾，现广东南部及沿海等地区均有分布。喜光，喜温暖湿润气候，喜生于深厚、湿润、疏松的酸性土壤，在石灰岩山地也生长良好。对大气污染具较强的抗性，但其抗旱能力一般。萌芽力强，伐根萌条生长旺盛，易成材。在海拔600 m以下的季风常绿阔叶林中，多与木荷、罗浮栲、枫香、海南蒲桃、鸭脚木等乔木混生。

【观赏与造景】 观赏特色：四季常绿，树体高大，叶背密被黄褐色星状毛，萌芽力强，抗风能力强，是优良的行道树、庭荫树、园景树和景观林树种。

造景方式：可在公路、道路两旁列植用于行道树，在庭园中丛植作庭荫树。在沿江河、公路、铁路生态景观林带和旅游区中片植或群植作基调树种。

【栽培技术】

采种 种子于9～11月成熟，果由黄绿色

转为锈黄色，即将开裂时进行采收。果采回暴晒至果裂，抖出种子，搓去种翅，阴干后干藏。种子千粒重约 50 ~ 65.8 g。

育苗 育苗地应选择坡度平缓、阳光充足、排水良好、土层深厚肥沃的沙壤土，苗床高 15 cm 左右，纯净黄心土加火烧土（比例为 4∶1）作育苗基质，用小木板压平基质，用撒播方法进行播种，用细表土或干净河沙覆盖，厚度约 0.5 ~ 0.7 cm，以淋水后不露种子为宜，用遮光网遮荫，保持苗床湿润，播种后约 50 天种子开始发芽，经 50 天左右发芽结束，发芽率约 20%。当苗高达到 4 ~ 7 cm，有 2 ~ 3 片真叶时即可上营养袋（杯）或分床种植。用黄心土 87%、火烧土 10% 和钙镁磷酸 3% 混合均匀作营养土装袋。覆盖遮光网遮荫，种植 40 天后，生长季节每月施 1 次浓度约为 1% 复合肥水溶液，用清水淋洗干净叶面肥液；培育 1 年苗高约 60 ~ 80 cm，地径约 0.7 cm，可达到造林苗木规格标准。

栽植 喜生于深厚、湿润、疏松的酸性土壤，以中下坡土层深厚的地方生长较好。栽植株行距 3 m × 3 m 或 3 m × 4 m，造林密度 56 ~ 74 株 / 亩。造林前先做好砍山、整地、挖穴、施基肥和表土回填等工作，种植穴长 × 宽 × 高规格为 50 cm × 50 cm × 40 cm，基肥穴施钙镁磷肥 1 kg 或沤熟农家肥 1.5 kg。如混交造林，可采用株间或行间混交，翻白叶树与其他树种比例为 1∶1 至 2∶1 为宜。裸根苗应在春季造林，营养袋苗在春夏季也可造林。在春季，当气温回升，雨水淋透林地时进行造林；如要夏季造林，须在大雨来临前 1 ~ 2 天或雨后即时种植，或在有条件时将营养袋苗的营养袋浸透水后再行种植。浇足定根水，春季造林成活率可达 98% 以上，夏季略低。

抚育管理 造林后 2 年内，每年 4 ~ 5 月和 9 ~ 10 月应进行抚育各 1 次。抚育包括全山砍杂除草，并扩穴松土，穴施沤熟农家肥 1 kg 或施复合肥 0.1 kg，肥料应放至离叶面最外围滴水处左右两侧，以免伤根，影响生长，2 ~ 3 年即可郁闭成林。

病虫害防治 在幼林和成林阶段，有蓝绿象成虫危害，啃食叶片，可用 25% 敌杀死 3000 ~ 5000 倍液喷洒。

假苹婆

学名：*Sterculia lanceolata* Cav.　　**梧桐科苹婆属**

别名：赛苹婆、鸡冠木、狗麻、山木棉

【形态特征】 常绿乔木，高达 10 ～ 20 m，有板根。单叶，互生，革质，叶椭圆形、披针形或椭圆状披针形，长 9 ～ 20 cm，宽 3.5 ～ 8 cm，顶端急尖，基部钝或近圆形，全缘，侧脉 7 ～ 9 对，在近叶缘处连接；叶柄长 2.5 ～ 3.5 cm。圆锥花序腋生，长 4 ～ 10 cm，密集多分枝，花杂性；萼片 5 枚，淡红色，长 4 ～ 6 cm，无花瓣。蓇葖果成熟时鲜红色，长椭圆形，长 5 ～ 7 cm，宽 2 ～ 2.5 cm，顶端有喙，密被短柔毛。种子黑褐色，椭圆状卵形，直径约 1 cm。夏初开花，种子秋季成熟。

【近缘种或品种】 近缘种：苹婆 *S. nobililis* Smith。别名凤眼果。高达 20 m。单叶，互生，革质，倒卵状椭圆形或矩状椭圆状，长 8 ～ 25 cm，宽 6 ～ 12 cm，先端突尖，基部近圆形，全缘。圆锥花序顶生或腋生，下垂，花萼粉红色。蓇葖果椭圆状矩圆形，果皮革质，暗红色。种子近球形，红褐色。花期 5 月，果期 8 ～ 9 月。树冠宽阔浓密，蓇葖果鲜红，果实可食，宜作庭园观赏树和行道树。播种或扦插繁殖。

【生态习性】 原产我国广东、广西、云南、贵州和四川，孟加拉国、印度等有分布，自然生长于海拔 50 ～ 500 m 的沟谷林中，多沿溪旁生长，是热带至南、中亚热带的乡土树种。喜光，喜温暖湿润气候，不耐干旱，也不耐寒，在酸性、中性及钙质土均可生长，但在土层深厚、湿润、富含有机质的壤土上生长更迅速，栽植 3 ～ 4 年后开始结果，具有较高的抗火性、抗风能力强。

【观赏与造景】 观赏特色：四季常绿，耐修剪，萌芽能力强，是优良的庭荫树、行道树。因果实色彩鲜红艳丽而美观，是夏秋季优良观果树种。

造景方式：可在公路、道路两旁列植用于行道树，在庭园中丛植作庭荫树，在江河、公路、铁路生态景观林带和旅游区中群植或片植作基调树种。

【栽培技术】

采种　种子于秋季成熟，当果实鲜红色，果壳微裂进行采收。采回果实摊放于通风处，让其开裂，剥取种子，忌脱水，即播或沙藏。种子千粒重 702 ～ 830 g，应随采随播。

育苗　育苗地应选择坡度平缓、阳光充足、排水良好、土层深厚肥沃的沙壤土，苗床高 15 cm 左右，纯净黄心土加火烧土（比例为 4 ∶ 1）作育苗基质，用小木板压平基质，用撒播方法进行播种，用细表土或干净河沙覆盖，厚度约 1.5 ～ 2.0 cm，以淋水后不露

种子为宜，用遮光网遮荫，保持苗床湿润，播种后约 10 天种子开始发芽，经 30 天左右发芽结束，发芽率约 35% ~ 40%。当苗高达到 4 ~ 7 cm，有 2 ~ 3 片真叶时即可上营养袋（杯）或分床种植。用黄心土 87%、火烧土 10% 和钙镁磷酸 3% 混合均匀作营养土装袋。覆盖遮光网遮荫，种植 40 天后，生长季节每月施 1 次浓度约为 1% 复合肥水溶液，用清水淋洗干净叶面肥液；培育 1 年苗高约 40 ~ 60 cm，地径约 0.7 cm，可达到造林苗木规格标准。

栽植 喜生于深厚、湿润、疏松的酸性土壤，以中下坡土层深厚的地方生长较好。栽植株行距 2 m×3 m 或 2.5 m×3 m，造林密度 89 ~ 111 株 / 亩。造林前先做好砍山、整地、挖穴、施基肥和表土回填等工作，种植穴长 × 宽 × 高规格为 50 cm×50 cm×40 cm，基肥穴施钙镁磷肥 1 kg 或沤熟农家肥 1.5 kg。如混交造林，可采用株间或行间混交，假苹婆与其他树种比例为 1∶1 至 2∶1 为宜。裸根苗应在春季造林，营养袋苗在春夏季也可造林。在春季，当气温回升，雨水淋透林地时进行造林；如要夏季造林，须在大雨来临前 1 ~ 2 天或雨后即时种植，或在有条件时将营养袋苗的营养袋浸透水后再行种植。浇足定根水，春季造林成活率可达 98% 以上，夏季略低。若作园林绿化种植，宜移植一次，至第 3 年春，苗高 1.5 cm 左右、地径 2 cm 以上可出圃栽植。

抚育管理 造林后 3 年内，每年 4 ~ 5 月和 9 ~ 10 月应进行抚育各 1 次。抚育包括全山砍杂除草，并扩穴松土，穴施沤熟农家肥 1.5 kg 或施复合肥 0.15 kg，肥料应放至离叶面最外围滴水处左右两侧，以免伤根，影响生长，3 ~ 4 年即可郁闭成林。

病虫害防治 病虫害发生较少。

澳洲火焰木

学名：*Brachychiton acerifolim* (Cunn.) F. Muell.

梧桐科瓶子木属

别名：火焰树、澳洲火焰瓶木、槭叶酒瓶树、槭叶苹婆

【形态特征】 常绿乔木（原产地为落叶乔木），主干通直，冠幅较大，树枝层次分明，幼树枝条绿色。叶互生，掌状，苗期3裂，长成大树后叶5～9裂，裂片再呈羽状深裂，先端锐尖，革质，叶片宽大，长18～25 cm，宽15～20 cm。夏季开花，圆锥状花序，腋生，花色艳红；花小铃钟形或小酒瓶状，先叶开放，量大而红艳，一般可维持30～45天。蓇果，长圆状棱形，果瓣赤褐色，近木质，长约20 cm，种子3～5粒。花期4～7月，果期9～10。

【生态习性】 性喜湿润、强光，以湿润排水良好的土壤生长较好，沙质土壤亦适应生长。生长速度快，一年生高度可达2 m，胸径年生长2～3 cm。耐旱、耐寒，可耐-4℃低温，抗病性强，虫害较少，易移植。

【观赏与造景】 观赏特色：树形十分优美，花深红色，量大而艳丽，原产地先花后叶，初夏开花，植株落叶有较大变化，有些季节叶子全部或部分落下。

造景方式：适合于庭院和公园种植，可作行道树，也可孤植。可作于沿路生态景观建设。

【栽培技术】

采种 用种子繁殖，种子包在带刺激性毛囊里，采集时应戴手套作业。

育苗 除种子繁殖外，嫁接也容易成活，接穗可以从开花良好的大树上采集，火焰树或异叶瓶树均适合作砧木，嫁接株开花可比实生苗提早很多。

栽植 适宜的株行距为2.5 m×2.5 m，挖穴至少50 cm×50 cm×40 cm。

抚育管理 施足底肥，一般1 kg，混合75%畜禽肥、18%磷肥、7%钾肥、微量硫酸亚铁。施足基肥。追肥要勤施薄施，隔2个月施一次，第一次施尿素，以后施缓释型复合肥。

病虫害防治

（1）病害防治：立枯病：春栽小苗1周后喷70%甲基托布津1000倍液或75%百菌清1000倍液，每10天喷施一次，交替使用。

（2）虫害防治：①蚜虫：可于萌芽前喷5%柴油乳剂或波美3～5度石硫合剂，杀死越冬成虫和虫卵。落花后喷第二次药，秋季10月间喷第三次药。②尺蛾、夜蛾幼虫：可用50%甲胺磷1500倍液喷施，要治早、治小。③地老虎和金龟子幼虫：为地下害虫，防治方法是加强苗圃管理，不施未腐熟的有机肥，冬季翻耕，将越冬幼虫翻到地表冻死，用3%呋喃丹颗粒剂，按每亩2 kg用量，开沟施入10～20 cm深的土中。

1 2 3 4 5 6 7 8 9 10

木棉

学名：*Bombax malabaricum* DC.

木棉科木棉属

别名：红棉、英雄树、攀支花、斑芝树

【形态特征】 落叶大乔木，高可达25 m，树皮灰白色，幼树的树干通常有圆锥状的粗刺；分枝平展。掌状复叶，小叶5 ~ 7片，长圆形至长圆状披针形，长10 ~ 16 cm，宽3.5 ~ 5.5 cm，顶端渐尖，基部阔或渐狭，全缘，两面均无毛，羽状侧脉15 ~ 17对，上举，其间有1条较细的2级侧脉，网脉极细密，二面微凸起；叶柄长10 ~ 20 cm；小叶柄长1.5 ~ 4 cm；托叶小。花单生枝顶叶腋，通常红色，有时橙红色，直径约10 cm；萼杯状，长2 ~ 3 cm，外面无毛，内面密被淡黄色短绢毛，萼齿3 ~ 5，半圆形，高1.5 cm，宽2.3 cm，花瓣肉质，倒卵状长圆形，长8 ~ 10 cm，宽3 ~ 4 cm，二面被星状柔毛，但内面较疏；雄蕊管短，花丝较粗，基部粗，向上渐细，内轮部分花丝上部分2叉，中间10枚雄蕊较短，不分叉，外轮雄蕊多数，集成5束，每束花丝10枚以上，较长；花柱长于雄蕊。蒴果长圆形，钝，长10 ~ 15 cm，粗4.5 ~ 5 cm，密被灰白色长柔毛和星状柔毛；种子多数，倒卵形，光滑。花期3 ~ 4月，果夏季成熟。

【近缘种或品种】 近缘种：长果木棉 *B. insigne*，落叶大乔木，高达20 m，树干无刺；幼枝具刺或否。叶近革质，倒卵形或倒披针形。花单生于落叶枝的近顶端，花梗粗壮，棒状；萼厚革质，坛状球形，不明显的分裂，红色、橙色或黄色。蒴果栗褐色，长圆筒形，成熟时沿棱脊开裂。花期3月，果5月成熟。

【生态习性】 产云南、四川、贵州、广西、江西、广东、福建、台湾等省区。印度、斯里兰卡、中南半岛、马来西亚、印度尼西亚至菲律宾及澳大利亚北部都有分布。喜温暖干燥和阳光充足环境，不耐寒，稍耐湿，忌积水；耐旱，抗污染、抗风，深根性，速生，萌芽力强。生长适温20 ~ 30℃，冬季温度不低于5℃，以深厚、肥沃、排水良好的沙质土壤为宜。

【观赏与造景】 观赏特色：每年2 ~ 3月先开花，后长叶。树形高大雄伟，枝干舒展，春季红花盛开，花红如血，硕大如杯，远观好似一团团在枝头尽情燃烧、欢快跳跃的火苗，极有气势，历来被人们视为英雄的象征。在季雨林或雨林气候条件下，则可花叶同时存在。是阿根廷国花，我国攀枝花市、广州市、潮州市、高雄市、台中市市花。

造景方式：优良的行道树、庭荫树和风景树。适宜在环境良好的道路和河岸生态景观林中种植。

【栽培技术】 播种、扦插、嫁接均能繁殖。

采种 种子4月～5月成熟即可采收。由于种子含油量高，易变坏丧失萌发力，一般要求采后当年及时播种。

育苗 苗床育苗采用条播和撒播，条播的行距20 cm，深5 cm，沟内点播种子。覆土2 cm，表土盖草，播后6～7天开始发芽，13～15天基本出齐。幼苗出土后及时松土除草，并适当间苗除草，注意病虫害防治。幼苗高4～5 cm,有初生叶2片以上时，可移入营养袋，苗高40 cm左右可移植培育大苗。当苗木地径有1～1.5 cm时即可嫁接。

栽植 从已开花的木棉母树上选择2年生的生长健壮、充实、芽体饱满、无病虫害的当年未花枝条作接穗。要求所选的接穗径粗介于0.17～1. 2 cm，芽眼间距1～2 cm。采集的取穗条要立即剪去叶片，以减少枝条的水分散失，并将枝条用湿毛巾裹放于阴凉处，最好随采随用。接穗需要贮藏数日时可将其两端用石蜡封口埋于沙床，覆盖沙层厚4～6 cm，并注意保湿通风。

抚育管理 嫁接10～15天后即可检查成活情况。芽体呈新鲜状态，轻触叶柄即落表明成活；接穗变褐、叶柄不易脱落、手捏接穗变软表明嫁接未成活，应立即进行补接。嫁接成活后让接穗芽眼自动破膜。嫁接新芽萌动较慢，起初抽生的数片新叶都是粉红色，大约过2～3周后叶色开始转为嫩绿并展开，当幼叶完全转绿展平后即可松去包扎的塑料膜带，以免影响新梢生长。但不能立即对嫁接口愈合处解绑，以保护接穗免受破坏。对嫁接成活的苗木，要随时除去砧木上的萌芽，以便养分集中供给已经嫁接成活的新梢。及时中耕除杂草和合理浇水，强调薄肥勤施，重氮肥。

病虫害防治

（1）病害防治：很少发生病害，生长不良的单株偶有茎腐病的发生，发生茎腐病时要除去发病株，防止扩散，并用多菌灵防治。

（2）虫害防治：①蚜虫：可用25%噻虫嗪5000～10000倍液、5%吡虫啉乳油2000～3000倍液、1.8%阿维菌素乳油4000～6000倍液等药剂防治。②红蜘蛛：可用15%哒螨灵乳油2000倍液、73%炔螨特乳油2000～2500倍液、5%噻螨酮可湿性粉剂1500～2000倍液等药剂防治。③天牛：可用敌百虫水溶液灌杀，或用脱脂棉蘸浸敌百虫水溶液塞入虫孔，并用湿泥封堵虫孔毒杀天牛。④新梢多受叶甲类和尺蛾类植食昆虫危害，如桤木叶甲、黄连木尺蛾幼虫等，当少量危害时可人工捕杀，危害面积较大时采用化学防治：常选用50%杀螟松800倍液，25%亚胺硫磷乳油800～1000倍液，80%杀虫脒1000倍液等。

美丽异木棉

学名：*Chorisia speciosa* St.Hil.

木棉科异木棉属

别名：美人树，南美木棉

【形态特征】 落叶大乔木，高 10 ～ 15 m，树干下部膨大，幼树树皮浓绿色，密生圆锥状皮刺、侧枝放射状水平伸展或斜向伸展。掌状复叶有小叶 5 片；小叶披针形，长 12 ～ 14 cm。花单生，花冠淡紫红色，中心白色；花瓣 5，反卷，花丝合生成雄蕊管，包围花柱，冬季为开花期。蒴果椭圆形，种子翌年春季成熟。

【生态习性】 原产于阿根廷、巴西。现热带地区多有栽培。不拘土质，以肥沃的壤土或沙质壤土为佳，性喜高温多湿，排水，光照需良好。

【观赏与造景】 观赏特点：树冠伞形，叶色青翠，成年树树干呈酒瓶状；冬季盛花期满树姹紫，秀色照人。

造景方式：常用的庭院绿化和美化的高级树种。也可作为高级行道树。可用于沿路、沿江河生态景观建设。

【栽培技术】

采种　广州地区栽植的美丽异木棉可自然结实，但结实量不多，一棵胸径 30 cm 的美丽异木棉也只能结几个果，每一个果大概 80 ～ 120 粒种子。种子成熟期在 4 ～ 5 月，成熟的果实稍微用力压便会开裂；如果不及时采摘，果实开裂，种子很轻会随绵毛飞走。宜随采随播，发芽率可达 90%，随着时间的推移，发芽率会降低。据有关实验，泡水、用激素处理并没有明显改善种子的发芽率和发芽势，因此，种子没有必要经过任何处理。

育苗　播种繁殖。播种基质可用泥炭土和沙比例为 3∶1，pH 值调至 6.0 左右，每立方米播种基质加入 10 kg 鸡屎、2 kg 复合肥混合，然后过筛。由于美丽异木棉种子较大（黄豆般大小），可以在播种器皿上采用点播的方法，点播密度为 500 粒 /m²。点播时，深度为种子本身的厚度，播得太深会使种子发芽时间推迟，发芽势下降。点播后用 500 倍的灭病威淋透。

种子的发芽适温为 18 ～ 24℃，播种后 1 周开始发芽，日照强烈的白天要用 50% 的遮光网降温，但为了避免小苗徒长，要让小苗尽量接受阳光的照射。

栽植　当育苗器皿上的幼苗长到 15 ～ 25 cm 高时，即可进行移植，先要移植到种植袋（或种植盆）中，集中管理 20 ～ 30 天，再定植到田间，定植时要把小苗按一定的高度分成 3 级，把同一级的种苗种植到同一块地，以便管理。

定植前，把种植畦准备好，畦宽为 1.5 m，每畦只种 1 行苗。美丽异木棉是速生树种，

树冠伸展，株行距至少要达到 2 m×2 m 的规格。每隔 2 畦要开挖 1 条深 40 cm 的排水沟。美丽异木棉适宜的栽植场所为土层深厚的肥沃壤土或沙质壤土。

抚育管理 生长旺季为 3 ~ 9 月，在生长旺季，水分补给要充足。如果土壤本身比较肥沃，可以每隔 40 天施用 1 次有机肥（花生麸、鸡屎等）和复合肥以达到最佳的生长速度。如果土壤比较瘦瘠，就要每隔 20 天施一次有机肥和复合肥，才能保持苗木的生长速度。生长良好的美丽异木棉，其 1 年生的小苗在第二个生长周期，胸径在 1 年内可以增大 3 ~ 4 cm，而且叶色光亮，病虫害少。

病虫害防治

（1）病害防治：同木棉。

（2）虫害防治：虫害不多，主要有金龟子食叶危害。在虫害高峰期，每周要喷一次常规的杀虫药（乐果），喷药时间要安排在下午 15:00 以后进行。另一种防治金龟子的办法是用黑光灯进行诱捕。

黄槿

学名：*Hibiscus tiliaceus* L.

锦葵科木槿属

别名：桐花、海麻、万年春、盐水面头果

【形态特征】 常绿乔木，高达10 m，树皮含纤维。单叶，互生，革质，近圆形，长宽均7 ~ 15 cm，先端突尖，基部心形，全缘或具不明显的细锯齿，上面绿色，光亮，无毛，下面浅灰色，被柔毛，基脉7 ~ 9，叶柄长3 ~ 8 cm。花单生或数朵排成聚伞花序，总花梗长4 ~ 5 cm；花萼钟状，直径6 ~ 7 cm，黄色，中央暗紫色。蒴果卵圆形，长约2 cm，果瓣木质。花期夏秋季，果期秋冬季。

【近缘种或品种】 近缘种：本属常用观赏树种有朱槿、吊灯花和木槿。

（1）朱槿 *H. rosa-sinensis* L.。别名大红花、扶桑。常绿小乔木，单叶，互生，广卵形至长卵形。花冠通常鲜红色，径6 ~ 10 cm。蒴果卵球形，直径2.5 cm。夏秋季开花。常见的栽培变种有红色重瓣朱槿、桃红色重瓣朱槿、黄色重瓣朱槿、锦叶朱槿。多作庭园观赏树和绿篱。播种或扦插繁殖。

（2）吊灯扶桑 *H. schizopetalus*（Mast.）Hook. F.。别名：灯笼花（海南）、假西藏红花（广州）。常绿直立灌木，高达3 m；小枝细瘦，常下垂，平滑无毛。叶椭圆形或长圆形，长4 ~ 7 cm，宽1.5 ~ 4 cm，先端短尖或短渐尖。花期全年。常见的园林观赏植物；耐修剪，也是常见的绿篱植物。

（3）木槿 *H. syriacus* L.。落叶小灌木。单叶，互生，叶菱状卵形，长3 ~ 6 cm，基部楔形，常3裂，边缘的钝齿。花单生叶腋，直径5 ~ 8 cm，单瓣或重瓣，淡紫、红白等颜色。蒴果卵圆形，直径约1.5 cm。花期6 ~ 9月，果期9 ~ 11月。播种或扦插繁殖。

【生态习性】 产于我国华南地区；日本、印度、马来西亚及大洋洲有分布。喜光，喜温暖湿润气候，适应性特强，也略耐阴，耐寒，耐水湿，耐干旱和瘠薄，对土质要求不严，只需排水良好，在肥沃湿润土地上生长茂盛，抗风及抗大气污染。生于沿海沙地、河港两岸。近期研究表明，黄槿为强抗盐植物，能大量富集铜、锌和镉，其抗重金属能力很强。

【观赏与造景】 观赏特色：四季常绿，树冠呈圆伞形，枝叶繁茂，花多色艳，花期甚长，为常见的木本花卉，优良庭园观赏树和行道树；其生存力极强，耐盐碱，能抵御风害，可作为海岸防沙、防风、防潮的树种，亦可盆栽观赏，做成桩景亦甚适宜。

造景方式：可在公路、道路两旁列植用于行道树，在庭园中丛植作庭荫树，在公路中间分隔带中列植作第二林层绿化树；在海岸带群植作防风固沙林。适合在广东全省公路、铁路、江河和沿海生态景观林带中列植

或片植作基调树种。

【栽培技术】

采种　种子于12月至翌年1月成熟，当果呈黄褐色或褐色，即将开裂时进行采收。果采回暴晒至果裂，抖出种子，晒干后进行干藏。种子千粒重约12 g。

育苗　（1）播种育苗：育苗地应选择坡度平缓、阳光充足、排水良好、土层深厚肥沃的沙壤土，苗床高15 cm左右，纯净黄心土加火烧土（比例为4：1）作育苗基质，用小木板压平基质，用撒播方法进行播种，播完种子后，用细表土或干净河沙覆盖，厚度约0.3 ~ 0.5 cm，以淋水后不露种子为宜，用遮光网遮荫，保持苗床湿润，播种后约20天种子开始发芽，经30天左右发芽结束，发芽率约40% ~ 50%。当苗高达到3 ~ 5 cm，有2 ~ 3片真叶时即可上营养袋（杯）或分床种植。用黄心土87%、火烧土10%和钙镁磷酸3%混合均匀作营养土装袋。覆盖遮光网遮荫，种植40天后，生长季节每月施1次浓度约为1%复合肥水溶液，用清水淋洗干净叶面肥液；培育1年苗高约40 ~ 60 cm，地径约0.7 cm，可达到造林苗木规格标准。

（2）扦插育苗：3 ~ 4月，采集半木质化穗条，穗条长8 ~ 12 cm，保留4 ~ 5个芽，上部带1 ~ 2片叶片，插前下端点蘸生根粉或用生根水浸泡4 h，纯净黄心土作育苗基质，晴天进行扦插，用遮光网遮阳，用薄膜覆盖保持苗床湿润，插后约30天开始生出不定根，扦插成活率可达70%。根长至2 cm时可上袋（杯）种植，也可不移苗直接在插床培育，但扦插时应控制密度。种植40天后施浓度约为1%复合肥水溶液，用清水淋洗干净叶面肥液；培育1年苗高约25 ~ 35 cm，地径约0.5 cm。

栽植　喜生于深厚、湿润、疏松的土壤，以中下坡土层深厚的地方生长较好。栽植株行距2 m × 3 m或2.5 m × 3 m，造林密度89 ~ 111株/亩。造林前先做好砍山、炼山、整地、挖穴、施基肥和表土回填等工作，种植穴长×宽×高规格为50 cm × 50 cm × 40 cm，穴施钙镁磷肥1 kg或沤熟农家肥1.5 kg基肥。如混交造林，可采用株间或行间混交，黄槿与其他树种比例为1：1至1：2为宜。裸根苗应在春季造林，营养袋苗在春夏季也可造林。在春季，当气温回升，雨水淋透林地时进行造林；如要夏季造林，须在大雨来临前1 ~ 2天或雨后即时种植，或在有条件时将营养袋苗的营养袋浸透水后再行种植。有条件淋水的地方需浇足定根水，春季造林成活率可达95%以上，夏季略低。若作园林绿化种植，宜移植一次，至第3年春，苗高1.5cm左右、地径2cm以上可出圃栽植。

抚育管理　造林后3年内，每年4 ~ 5月和9 ~ 10月应进行抚育各1次。抚育包括全山砍杂除草，并扩穴松土，穴施沤熟农家肥1.5 kg或施复合肥0.15 kg，肥料应放至离叶面最外围滴水处左右两侧，以免伤根，影响生长，3 ~ 4年即可郁闭成林。

病虫害防治　病虫害发生较少。

五月茶

学名：*Antidesma bunius* (L.) Spreng.

大戟科五月茶属

别名：五味叶、五味子

【形态特征】 常绿乔木，高达15 m，嫩枝被茸毛，小枝无毛。单叶，互生，革质或纸质，倒卵状长圆形，长8 ~ 16 cm，宽3 ~ 7 cm，先端圆或短尖，基部锲形，全缘，侧脉7 ~ 11对；叶柄长0.3 ~ 1 cm，略被毛。雌雄异株。雄花序为顶生或侧生的穗状花序，分枝少，长6 ~ 12 cm，雄花萼杯状，3 ~ 4浅裂，内面被长柔毛，雄蕊3 ~ 4，退化雌蕊棒状；雌花序为顶生总状花序，长5 ~ 12 cm；雌花萼杯状，子房无毛，长为花萼2倍。核果近球形，径约8 mm；果梗长4mm。花期3 ~ 5月，果期6 ~ 12月。

【近缘种或品种】 近缘种：日本五月茶 *Antidesma japonicum* Sieb. et Zucc。乔木或灌木，高2 ~ 8 m。叶片纸质至近革质，椭圆形、长椭圆形至长圆形披针形，稀倒卵形，长3.5 ~ 13 cm，宽1.5 ~ 4 cm，顶端通常尾状渐尖，有小尖头，基部楔形、钝或圆，除叶脉上被短柔毛外，其余均五毛。花期4 ~ 6月，果期7 ~ 9月。分布于我国长江以南各省区，生于海拔300 ~ 1700 m山地疏林中或山谷湿润地方。日本、越南、泰国、马来西亚等也有分布。播种繁殖。

【生态习性】 分布于我国广东北回归线以南各地、海南、广西和香港；亚洲热带地区和澳大利亚（昆士兰）亦有分布。生于海拔50 ~ 1000m的平原或山地密林中，生长快，对土壤要求不高。五月茶具有一定的抗风能力，是我国热带滨海城市的防台风防护林建设的重要树种之一。

【观赏与造景】 观赏特色：四季常绿，叶色青绿，萌芽力强，花序成串，易招引昆虫和鸟类，为优良庭园观赏树和行道树。

造景方式：可在公路、道路两旁列植用于行道树，在庭园中孤植或丛植作庭荫树，因树体适中，也可在假山和假石后作背景树。适合在北回归线以南地区公路、铁路生态景观林带中列植或片植作基调树种。

【栽培技术】

采种 种子于6 ~ 12月成熟，当果由青色转为紫黑色进行采收。用水浸搓去种皮，得干净种子，种子千粒重约85 g。因种子容易丧失发芽力，宜随采随播。

育苗 育苗地应选择坡度平缓、阳光充足、排水良好、土层深厚肥沃的沙壤土，苗床高15 cm左右，纯净黄心土加火烧土（比例为4：1）作育苗基质，用小木板压平基质，撒播方法进行，用细表土或干净河沙覆盖，厚度约0.5 ~ 0.8 cm，以淋水后不露种子为宜，用遮光网遮荫，保持苗床湿润，

播种后约30天种子开始发芽，发芽率约70%～80%。当苗高达到3～5 cm,有2～3片真叶时即可上营养袋（杯）或分床种植。用黄心土87%、火烧土10%和钙镁磷酸3%混合均匀作营养土装袋。覆盖遮光网遮荫，种植40天后，生长季节每月施1次浓度约为1%复合肥水溶液，用清水淋洗干净叶面肥液；培育1年苗高约40～60 cm，地径约0.7 cm，可达到造林苗木规格标准。

栽植 喜生于深厚、湿润、疏松的土壤，以中下坡土层深厚的地方生长较好。栽植株行距2 m×3 m或2.5 m×3 m，造林密度89～111株/亩。造林前先做好砍山、整地、挖穴、施基肥和表土回填等工作，种植穴长×宽×高规格为50 cm×50 cm×40 cm，穴施钙镁磷肥1.5 kg或沤熟农家肥1.5 kg基肥。如混交造林，可采用株间或行间混交，五月茶与其他树种比例为1：1至1：2为宜。裸根苗应在春季造林，营养袋苗在春夏季也可造林。在春季，当气温回升，雨水淋透林地时进行造林；如要夏季造林，须在大雨来临前1～2天或雨后即时种植，或在有条件时将营养袋苗的营养袋浸透水后再行种植。浇足定根水，春季造林成活率可达95%以上，夏季略低。若作园林绿化种植，宜移植一次，至第3年春，苗高1.5cm左右、地径2 cm以上可出圃栽植。

抚育管理 造林后3年内，每年4～5月和9～10月应进行抚育各1次。抚育包括全山砍杂除草，并扩穴松土，穴施沤熟农家肥1.5 kg或施复合肥0.15 kg，肥料应放至离叶面最外围滴水处左右两侧，以免伤根，影响生长，3～4年即可郁闭成林。

病虫害防治

（1）病害防治：叶枯病：在发病初期，用生物农药3%井冈霉素水剂，稀释为50 mg/L浓度，每隔7天喷1次；也可用50%甲基托布津1000倍液或50%代森锰锌500～1000倍液喷洒，每隔7天喷1次，连喷2～3次。

（2）虫害防治：常见虫害为卷叶虫，在幼虫3龄前，用90%敌百虫800～1000倍液，每隔7～10天喷洒1次，连喷1～2次；对3龄后幼虫用内吸性杀虫剂40%乐果油1000～1500倍液，每隔7～10天喷洒1次，连喷2～3次。

秋枫

学名：*Bischofia javanica* Bl.

大戟科重阳木属

别名：茄冬、水蚬、高粱木

【形态特征】 常绿或半绿乔木，高达 40 m；树皮浅褐色，树枝繁茂，树冠圆盖形。三出复叶，互生，小叶卵形或长椭圆形，先端渐尖，基部楔形，缘具粗钝锯齿，薄革质，长 7 ~ 15 cm，宽 3 ~ 8 cm，亮绿色，浓密，春季新叶初发时，鲜绿光亮，清翠悦目。圆锥花序生于上部叶腋内，花小而多，雌雄异株，无花瓣，淡绿色，熟紫褐色。核果球形，直径约 0.8 ~ 1.5 cm，熟时淡褐色，外中果皮肉质，内果皮骨质，有种子 1 ~ 6 粒。花期 3 ~ 4 月，果实 9 ~ 10 月成熟。

【近缘种或品种】 近缘种：重阳木 *B. polycaroa*（Levl.）Airy Shaw，落叶乔木。小叶卵形至椭圆状卵形，纸质，长 5 ~ 11 cm，先端渐尖，基部圆形或近心形，缘有细钝齿，花成总状花序。核果径 5 ~ 7 mm，熟时红褐色。花期 4 ~ 5 月，果 9 ~ 11 月成熟。主产于秦岭、淮河流域以南至华南北部，在长江中下游平原常栽培为行道树。

【生态习性】 原产我国南部；越南、印度、日本、印度尼西亚至澳大利亚有分布。喜光，稍耐阴，喜温暖，耐寒力较差。对土壤要求不严，耐水湿、耐盐碱，不择土壤，根系发达，抗风、抗大气污染，在湿润肥沃土壤上生长快速，易移植。

【观赏与造景】 观赏特色：树冠宽大，树姿壮观，荫浓，树叶繁茂亮丽，长寿，宜作庭园树和行道树，尤其适于水边栽植，可作水源林、防风林和护岸林。

造景方式：该树抗性强，适应广东的气候环境，宜植于坡地、林缘，能与多树种混合种植。可作为行道树、居住区、工矿区绿化用，也可用于沿路、沿江河生态景观林带和沿海生态景观林带的旱地种植。

【栽培技术】

采种　采摘成熟的果实，采果后堆沤 4 ～ 5 天，洗净种皮和果肉，发芽率 60%。种子千粒重约 22 g；发芽率达 80%，种子不宜久放。

育苗　播种育苗，宜随采随播，播种苗床质地疏松，保湿性好。播种后保持湿润，20 ～ 30 天种子发芽，幼苗易发病腐烂，应及时移到容器袋中种植，春苗高 40 ～ 50 cm，可用于造林或移植到大田培育大苗。

栽植　小片造林宜选择立地条件较好的缓坡地，春季挖穴定植，也可与其他阔叶树种混合造林，种植株距 2 ～ 3 m；作行道树或园林风景树种植的宜用高 3 m 以上的大苗，株距 3 ～ 5 m，挖大穴种植。

抚育管理　秋枫苗期生长快，大田和造林种植的小苗，要做好除草、松土、追肥等日常管理，每季施复合肥 50 ～ 100 g/ 株。大田培育的大苗，要做好支撑和扶正，及时修剪基部萌芽，培育 3 ～ 4 年，树高可达 3 ～ 5 m。

病虫害防治

（1）病害防治：病害发生较少。

（2）虫害防治：①叶蝉：初始时期，抓紧用药效果较好，可用 2.5% 溴氰菊酯 2000 倍液、或 10% 吡虫啉可湿性粉剂 1500 倍液，于早晚喷洒，10 天用药一次，连喷 2 ～ 3 次效果较好。药后加强肥水管理，适施复合肥，促进生长。②马氏刺粉蚧：可用 50% 乐果乳剂 200 倍液喷洒或 800 ～ 1000 倍液喷雾防治。③黄毒蛾和秋枫木蠹蛾：可用 500 ～ 800 倍 90% 敌百虫药液喷杀。

山乌桕

学名：*Sapium discolor* (Champ. ex Benth.) Muell. -Arg.

大戟科乌桕属

别名：红心乌桕、山柳乌桕

【形态特征】 落叶乔木或灌木，高 3 ～ 12m。各部均无毛。小枝灰褐色，具小点状皮孔。单叶互生，纸质，椭圆状卵形，长 4 ～ 10 cm，宽 2.5 ～ 5 cm，先端短尖或钝，基部楔形，全缘，叶面绿色，背面粉绿色；叶柄长 2 ～ 7.5 cm，顶端有 2 腺体。花单性，雌雄同株；总状花序顶生，密生黄色小花；雌雄花同在一花序上，但有时仅具雄花，无花瓣及花盘；雄花 5～ 7朵簇生于苞腋内，苞片卵形，先端锐尖，每侧各有腺体 1，萼杯状；雄蕊 2，很少有 3 枚者；雌花生于花序的近基部，萼 3，三角形，子房卵形，3 室，柱头 3 裂，向外反卷。果球形，径 1 ～ 1.5 cm，黑色。花期 4 ～ 6 月，果期 8 ～ 9 月。

【近缘种或品种】 近缘种：白木乌桕 *S. japonicum*，是野生油脂植物，与山乌桕不同之处在于种子稍大，种外不具白色蜡质假种皮。

【生态习性】 分布于我国广东、广西、云南、贵州、江西、浙江、福建及台湾等地。寿命长，喜深厚湿润土壤，繁殖简单，易栽培，较耐旱，适应性强。多生于山坡或山谷混交林中。乌桕属植物是保护生态的优良树种。

【观赏与造景】 观赏特色：国际公认观赏树种。可观叶、观形、观果，一年四季，异彩纷呈。初春，新叶红嫩；仲夏，叶绿如洗，油光闪烁；深秋，叶红似火，层林尽染，正如古人云："秋霜飘落万花尽，万亩柏林火欲燃"。乌桕红得绚丽多彩，有橘红、桃红、紫红、土红、酡红等红色；初冬，树叶凋零，树下红霞一片，树上银花万朵。同时，果实成熟时裂开，果皮脱落，种子挂在树上，为鸟类喜爱的食物。

造景方式：优良的秋色植物和生态林树种。通风而湿度相对较大的立地环境有助于山乌桕叶片鲜艳。在城郊公园或森林公园中成片种植，效果尤为显著，春秋冬季都可观赏满山红叶；混生在风景林中，红叶起点缀作用。因花富含糖分，能招引蜂蝶；种子为鸟类所喜食，对营造人与自然的和谐共处、建造鸟语花香的优美环境起到积极的作用。还可作为行道树、园路树、工业原料林、退耕还林的阔叶树种，亦是沿路、沿江河等营造生态景观林不可多得的特色树种。

【栽培技术】

采种　山乌桕种子成熟的标志是果壳由青转黄。此时，将果球采摘下来晾晒，待果壳开裂后收集种子。种子黑色，近球形，直径 3 ～ 4 mm，外被白色蜡层，需用碱性物质去除。可用草木灰或食用碱搓揉种子，然后

在温水中清洗干净，晾干后密封干藏。

育苗 多采用种子繁殖。选择排灌良好的壤土或沙壤土作圃地，冬季深翻一遍。用硫酸亚铁消毒后，以腐熟农家肥牛栏粪或猪粪1000 kg作基肥。圃地需三犁三耙，苗床高20 cm，宽1.2 m，南北向，自然长，床面土块打碎。山乌桕宜点播，2月中下旬选择晴好天气播种，行距15 cm，株距10 cm，播种沟深5～8 cm。种子播前用多菌灵或0.2%高锰酸钾消毒，然后用50℃温水浸种10 h。播后用无菌黄心土覆盖，厚1 cm，然后盖稻草，洒水浇透土壤。山乌桕种子细小，每千克约1.6万粒，每亩播种量为1.5～2 kg。

栽植 移栽宜在春季进行，萌芽前后都可栽植，但在实践中萌芽时移栽的成活率相对于萌芽前、后移栽要低。移栽时须带土球，土球直径35～50 cm。栽植深度掌握在表层覆土距苗木根际处5～10 cm。栽后上好支撑架，再浇一次透水，3天后再浇一次水，以后视天气情况和土壤墒情确定浇水次数，一般10天左右浇一次水。

抚育管理 幼苗萌发后20天左右长出真叶5～6片。此时可追第一次肥，每亩施氮肥3 kg。以后每个月追一次肥，以氮磷肥为主，共3～4次。于9月施钾肥一次，促进苗木木质化，利于越冬。较为耐旱，但水肥充足时生长更快，因此要保持土壤湿润，特别是高温干旱的7～8月，要注意灌水保湿。本着“除小、除早、除了”的原则进行除草3～4次，7月底苗木即可郁闭封行，此后无需除草。

病虫害防治 病虫害较少，主要有老鼠咬食种子和小地老虎咬食幼苗根颈部位。可采用呋喃丹拌种和喷施防地下害虫的农药进行防治。

乌桕

学名：*Sapium sebiferum* (L.) Roxb.　　大戟科乌桕属

别名：蜡子树、桕子树、木子树

【形态特征】 落叶乔木，高可达 15 m，各部均无毛而具乳状汁液；树皮纵裂纹；枝具皮孔。叶互生，纸质，叶片菱形、菱状卵形或稀有菱状倒卵形，长 3 ～ 8 cm，宽 3 ～ 9 cm，顶端急尖，基部阔楔形或钝，全缘；叶柄纤细，长 2.5 ～ 6 cm，顶端具 2 腺体；托叶顶端钝，长约 1 mm。花单性，雌雄同株，聚集成顶生、长 6 ～ 12 cm 的总状花序，雌花通常生于花序轴最下部或罕有在雌花下部亦有少数雄花着生，雄花生于花序轴上部或有时整个花序全为雄花。蒴果梨状球形，成熟时黑色，直径 1 ～ 1.5 cm。具 3 种子，分果片脱落后而中轴宿存；种子扁球形，黑色，长约 8 mm，宽 6 ～ 7 mm，外被白色、蜡质的假种皮。花期 4 ～ 8 月，果期 10 ～ 11 月。

【近缘种或品种】 近缘种：山乌桕。

【生态习性】 我国的原生树，原产秦岭以南各地，常见于平原、河谷或低山疏林中或村旁。喜光，喜温暖气候及深厚肥沃而水分丰富的土壤，耐寒性不强，年平均温度 15℃以上，年降雨量 750 mm 以上地区都可生长。对土壤适应性较强，沿河两岸冲积土、平原水稻土，低山丘陵黏质红壤、山地红黄壤都能生长。以深厚湿润肥沃的冲积土生长最好。土壤水分条件好生长旺盛。能耐短期积水，亦耐旱。寿命较长。一般 4 ～ 5 年生树开始结果，10 年后进入盛果期，60 ～ 70 年后逐渐衰老，在良好的立地条件下可生长到百年以上。能抗火抗风、抗大气污染，对二氧化硫及氯化氢等有毒气体有良好抗性。

【观赏与造景】 观赏特色：树冠整齐，叶形秀丽，秋叶经霜时如火如荼，十分美观，有“乌桕赤于枫，园林二月中”之赞名。

造景方式：与亭廊、花墙、山石等搭配，冬日白色的乌桕子挂满枝头，经久不凋，颇美观，古人有“偶看桕树梢头白，疑是江海小着花”的诗句。在广场或公园中孤植、丛植于草坪，可栽作庭荫树及行道树，也可成片栽植于森林公园、道路景观带等，因其喜湿、耐涝，是河岸生态景观树种的良好选择。

【栽培技术】

采种　因其种子外被蜡质，播种前要进行去蜡处理，否则影响种子吸水、发芽。用草木灰温水浸种或用食用碱揉搓种子，再用温水清洗，可去除蜡质。

育苗　繁殖以播种为主，优良品种用嫁接法繁殖。也可用埋根法繁殖。春播宜在 2 ～ 3 月进行，条播，条距 25 cm，每亩播种 7kg 左右，播种后 25 ～ 30 天可发芽。幼苗高 12 ～ 15 cm 时须间苗，保留苗木株距 8 cm

左右，每亩留苗 8000 ～ 10000 株。间下的苗木可摘叶（顶端留 3 片叶子）移植。嫁接以 1 年生实生苗作砧木，选取优良品种母树上生长健壮、树冠中上部的 1 ～ 2 年生枝条作接穗，2 ～ 4 月间用切腹接法，成活率可达 85% 以上。乌桕侧枝生长强于顶枝，故不易形成直立树干，在育苗过程中及时抹除侧芽，注意保护顶芽，并增施肥料，可获得符合园林绿化要求的树干通直苗木。

栽植　苗木在苗圃培育 3 ～ 4 年，1 m 高处直径达 6 cm 左右可出圃用于园林绿化，规格不可太小，否则难以产生较好的景观效果。乌桕的移栽宜在春季（3 ～ 4 月）进行，萌芽前和萌芽后都可栽植，但在实践中萌芽时移栽的成活率相对于萌芽前、后移栽要低。移栽时须带土球，土球直径 35 ～ 50 cm。因城市中土壤条件较差，栽植时要坚持大穴浅栽，挖 1 m×1 m×1 m 的大穴，清除穴内建筑渣土等杂物，在穴底部施入腐熟的有机肥，回填入好土，再放入苗木，栽植深度掌握在表层覆土距苗木根际处 5 ～ 10cm。栽后上好支撑架，再浇一次透水，3 天后再浇一次水，以后视天气情况和土壤墒情确定浇水次数，一般 10 天左右浇一次水。

抚育管理　6 月上旬后苗木进入速生阶段，这时要及时除草、松土和施肥，每月追肥 1 ～ 2 次，每次每亩施硫酸铵等化肥 5kg 左右或薄施人粪尿，9 月后要停止施氮肥增施磷、钾肥，以防长秋稍，引起冻害。1 年生苗高可达 60 ～ 100 cm，地径 0.7 ～ 1.2 cm。

病虫害防治

（1）病害防治：①轮斑病：加强栽培管理，使植株生长健壮，提高抗病力，是防病的主要措施，适当增施有机肥、磷钾肥；发病早期摘除病叶，减少侵染来源，也包括越冬前病、落叶的清除，深埋或烧毁；新叶长出后，喷洒 70% 代森锰锌 600 倍液或 70% 甲基硫菌灵超微可湿性粉剂 1000 倍液，1% 波尔多液，隔 10 天 1 次，6 ～ 9 月间共喷 4 ～ 5 次。②褐斑病：发病前喷 1% 的波尔多液预防；发病初期喷 50% 甲基托布津或 50% 退菌特可湿性粉剂 500 ～ 800 倍液；发现病叶、病枝及叶剪除烧毁，并进行药剂防治。

（2）虫害防治：①乌桕毒蛾：冬季利用幼虫群集越冬习性，用火直接烧杀越冬虫块，并注意逐层撬开烧透，每隔 1 月左右烧一次，夏季利用幼虫下树群集避暑习性，束草诱集或直接烧杀树基避暑虫块，间隔 5 ～ 10 天烧一次；灯光诱杀成虫；幼虫期采用 25% 杀虫双 500～ 800倍药液喷洒，还可用 25% 杀虫双 500 倍液喷洒灭蛹。②樗蚕：可于成虫期用黑光灯诱杀；根据幼虫的群集性，可人工捕杀幼虫和摘茧烧埋；利用天敌防治：幼虫天敌有绒茧蜂、黑点瘤姬蜂、家蚕追寄蝇和白僵菌等；卵期天敌有赤眼蜂。注意保护利用；药剂防治：重点防治 3 龄前的幼虫，可喷洒 25% 灭幼脲 3 号 1500 ～ 2000 倍液防治；也可喷施每毫升含 100 亿活孢子的 B.T 乳剂 800 倍液；可喷洒 20% 灭扫利乳油 2000 倍液防治，或 50% 辛硫磷乳油 1000 倍液，或 10% 氯氰菊酯乳油 1000 ～ 1500 倍液，或 2.5% 溴氰菊酯乳油 1500 ～ 2000 倍液防治。可以连续喷施 2 ～ 3 次，注意使用化学药剂要交替喷施，以防幼虫产生抗药性。③柳兰叶甲：抓紧越冬代成虫产卵前期，即 3 月底 4 月初进行集中防治，消灭越冬代成虫，避免 7、8 月大发生；用 40% 氧化乐果乳油 1000 倍液或 50% 久效磷乳油 2000 倍液喷雾，毒杀成虫。

蝴蝶果

学名：*Cleidiocarpon cavaleriei* (H. Lévl.) Airy-Shaw

大戟科蝴蝶果属

别名：山板栗

【形态特征】 常绿乔木，树高达 26 ~ 30 m，胸径 60 ~ 100 cm，幼枝、花枝、果枝均有星状毛。单叶，互生，集生小枝顶端，全缘，羽状脉，纸质，长 6 ~ 22 cm，椭圆形至长椭圆形，叶脉在上面隆起，叶柄顶端稍膨大呈关节状，具有 2 个小黑腺点。花雌雄同株，圆锥花序长 10 ~ 15 cm。果实核果状，长 3 ~ 4cm，宽 2.5 ~ 3.5 cm，果柄长 0.8 ~ 2cm，斜卵形或双球形，果径下延成柄，具有宿存增大的花萼，外果皮薄，近壳质，密被灰黄色星状茸毛，内果皮软，骨质而坚脆；种子灰褐色，近球形，胚乳厚，黄色，子叶似蝴蝶状。花期 3 ~ 4 月，果期 8 ~ 9 月，有时 9 月再次开花，果翌年 3 月成熟。

【近缘种或品种】 近缘种：石栗 *A. moluccana* (L.) Willd.，常绿大乔木，高达 18 m，幼枝、花序及幼叶均被浅色星状毛。单叶，互生，革质，卵形，长 10 ~ 20 cm，全缘或 3 ~ 5 mm 浅裂，表面有光泽，基部有 2 个浅红色小腺体。花雌雄同序或异序，花小，5 ~ 8mm，乳白色至乳黄色。核果肉质，近球形或稍偏斜的球形，外被星状毛。花期 4 ~ 10 月；果期 10 ~ 11 月。喜光，喜暖热气候，不耐寒。深根性，生长快。树冠圆锥状塔形，绿荫常青，宜作行道树、绿荫树和生态景观林带树种。播种繁殖。原产我国福建、台湾、广东、海南、广西、云南等地；广泛植于热带各地。

【生态习性】 分布于我国广西、云南和贵州海拔 150 ~ 700 m 低山丘陵的疏林下。喜光树种，喜热暖热气候，但尚有一定的耐寒力。分布区北缘的极端低温在 0℃以下，大树尚能正常生长，但幼苗幼树易受霜冻害。在向阳开旷的山坡上、枝叶繁茂，结果也多。广东、福建等地广泛引种栽培。对土壤的适应性较强，酸性土与钙质土、沙壤土至黏土均能生长，但在石砾土上生长较慢，黏重土壤则生长不良。还具有较高的抗火性，可作为城市林业生物防火推荐树种。

【观赏与造景】 观赏特色：四季常绿，干形通直，枝浓叶茂，树形美观，优良的行道树、庭园观赏树、景观林带树种。

造景方式：因干形通直，萌芽力强，耐修剪，列植作公路、道路的行道树；四季常绿，枝浓叶茂，叶大小适中，丛植作庭园观赏树；因叶色翠绿，远处看去，郁郁葱葱，适合江河、公路和铁路生态景观林带片植作基调树种。

【栽培技术】

采种 种子于 8 ~ 9 月成熟，果由灰青色变为青黄色进行采种。种子具有果皮薄、含油脂高、淀粉多的特点，堆积容易发热，发霉

变质，丧失发芽力，应随采随播。种子千粒重约 10.5kg。

育苗 育苗地应选择坡度平缓、阳光充足、排水良好、土层深厚肥沃的沙壤土，苗床高 15 cm 左右，纯净黄心土加火烧土（比例为 4∶1）作育苗基质，用小木板压平基质，用撒播方法进行播种，用细表土或干净河沙覆盖，厚度约 2.0 ~ 3.0 cm，以淋水后不露种子为宜，用遮光网遮荫，保持苗床湿润，播种后约 10 天种子开始发芽，发芽率约 70% ~ 80%。当苗高达到 5 ~ 8 cm,有 2 ~ 3 片真叶时即可上营养袋（杯）或分床种植。用黄心土 87%、火烧土 10% 和钙镁磷酸 3% 混合均匀作营养土装袋。覆盖遮光网遮荫，种植 40 天后，生长季节每月施 1 次浓度约为 1% 复合肥水溶液，用清水淋洗干净叶面肥液；培育 1 年苗高约 50 ~ 70 cm，地径约 0.6 cm，可达到造林苗木规格标准。因种子

较大，可直接点播在育苗袋中，但因发芽时间和种子质量等存在差异，应不断分床，才能保持苗木规格统一。

栽植 喜光、喜热暖热气候、对土壤的适应性较强，幼年稍能耐阴蔽，以中下坡土层深厚的地方生长较好。栽植株行距 2.5 m×3 m 或 3 m×3 m，造林密度 67 ~ 89 株 / 亩。造林前先做好砍山、整地、挖穴、施基肥和表土回填等工作，种植穴长 × 宽 × 高规格为 50 cm×50 cm×40 cm，基肥穴施钙镁磷肥 1.5 kg 或沤熟农家肥 1.5 kg。如混交造林，可采用株间或行间混交，蝴蝶果与其他树种比例为 1：1 至 1：2 为宜。裸根苗应在春季造林，营养袋苗在春夏季也可造林。在春季，当气温回升，雨水淋透林地时进行造林；如要夏季造林，须在大雨来临前 1 ~ 2 天或雨后即时种植，或在有条件时将营养袋苗的营养袋浸透水后再行种植。浇足定根水，春季造林成活率可达 95% 以上，夏季略低。

抚育管理 造林后 3 年内，每年 4 ~ 5 月和 9 ~ 10 月应进行抚育各 1 次。抚育包括全山砍杂除草，并扩穴松土，穴施沤熟农家肥 1 kg 或施复合肥 0.1 kg，肥料应放至离叶面最外围滴水处左右两侧，以免伤根，影响生长，3 ~ 4 年即可郁闭成林。

病虫害防治 病虫害不多，在幼树时期，发现有金龟子、黑色甲虫食其嫩叶，可用 90% 敌百虫 1000 倍液喷洒有一定效果。

千年桐

学名：*Vernicia montana* Lour.　　大戟科油桐属

别名：木油树、皱皮桐、乌龟桐、五爪桐

【形态特征】 落叶性乔木，树形修长，可高达 20 m，树皮平滑，灰色，叶互生，心形或阔卵形，长 10 ～ 20 cm，宽 8 ～ 20 cm，顶端渐尖，基部心形或截平，全缘或呈 4 ～ 7 裂。树冠成水平展开，层层枝叶浓密，多散生。花白色或有红色脉纹，雌雄异株，偶有同株。雌花序常呈总状排列和圆锥花序排列，每花序有小花 20 ～ 60 朵；雄花序的小花数常达 300 多朵。果实为核果，球形，扁圆形或三角状卵圆形。果实内有种子 3 ～ 5 颗，果皮脆壳质，不开裂。花期 3 ～ 5 月，果期 10 月。

【近缘种或品种】 油桐 *Vernicia fordii* (Hemsl.) Airy Shaw。落叶乔木，高达 12 m。叶卵圆形，长 8 ～ 18 cm，全缘，稀 1 ～ -3 浅裂，叶柄顶端具 2 枚紫红色扁平无柄腺体。花雌雄同株且较大，径约 3cm，花瓣白色，基部有淡红褐斑。核果近球形，径 4 ～ 6 cm，表面平滑。花期 3 ～ 5 月，稍先于叶开放；果 10 月成熟。喜光，喜温暖湿润气候，不耐寒。喜土壤深厚、肥沃而排水良好，不耐水湿和干瘠，在微酸性、中性及微碱性土上均能生长。产于长江流域及其以南地区，以四川、湖南、湖北为集中产区；越南亦有分布。

【生态习性】 典型的南亚热带油料树种，我国主要栽培区为长江流域以南的福建、广东、广西、江西、湖南等地，阿根廷、巴拉圭和巴西亦有种植。喜光植物，幼树耐阴。生长适温 20 ～ 30 ℃，年降雨量 750 ～ 2200 mm，喜温暖湿润气候，不耐庇荫，喜生于向阳避风、排水良好的缓坡，在阳光充足的地方，开花结果良好，果实含油量高，结果期怕遭风害。对霜冻有一定抗性，适生于土层深厚、疏松、肥沃、湿润、排水良好的中性或微酸性土壤上。在过酸、过碱、过黏，干燥瘠薄、排水不良的地方，均不宜栽植。生长速度快，耐热、不耐寒，在 0 ～ 7℃以下，幼桐即受冻害。萌芽强，成树难移植。该树种在适宜的土地条件下年生长与桉树具有相近的生长量，且比桉树具有更好的抗寒特性。

【观赏与造景】 观赏特色：树姿优美，树冠水平展开，层层枝叶浓密，树皮平滑、灰色，叶互生，花朵雪白，稍带一点红色，开花能诱蝶。

造景方式：优良的园景树、行道树、遮荫树、远景树，适宜在庭园、校园、公园、游乐区、庙宇、风景林等，单植、列植、群植利用，是造林成本低、自我更新能力强、生态效益好、景观优良的生态景观林树种。

【栽培技术】

采种 应选择健壮、结实多、无病虫害的

10年以上的优良母树，当桐果外皮由青绿色逐渐变为红色，后转为黑褐色，并开始自然脱落，这时果实饱满，应及时采收。桐果采收后，将果实堆放在干燥阴凉的场地或室内，待果皮软化剥壳取出种粒，混沙贮藏。

育苗 繁殖以播种为主，也可嫁接繁殖。

（1）播种苗：主要以播种的方法繁殖，种子采收后将种子硬壳打破马上播种，约40～80天发芽，随采随播或将种子沙藏至翌年春播，喜排水好的土质。大田育苗的苗圃地应选庇荫避风、土壤肥沃、水源充足、交通便利、地下害虫少、无鼠害的地方。按常规大田育苗方法整地作苗床，播种前进行翻土，苗圃整地应清理杂草，并薄撒石灰粉或用福尔马林溶液进行全面消毒。每亩播种50 ~ 60 kg。2 ~ 3月在整好的圃地上按行距20 ~ 30 cm，株距10 ~ 15 cm点播，覆土3 ~ 4 cm，播后约1个月左右发芽出土，注意防止因积水造成苗木烂根。第2年苗高可达80 ~ 250 cm，地径1.5 cm，每亩产苗1.0万~ 1.5万株，即可出圃造。

（2）嫁接苗：目前生产上栽培的千年桐实生林有60%为雄株。把千年桐苗接上雌株接穗，用90%的嫁接苗与10%的实生苗混交造林，可使千年桐雌、雄比例合理化，其果实产量会成倍增长。用常规方法培育1年生幼苗木作砧木，选择结果多、无病虫害的优良雌株作采穗母树。剪取其树冠外围中部芽眼充实的1年生枝条作插穗，采下后摘去叶片（留叶柄3 cm长），及时嫁接。嫁接后10 ~ 20天检查接穗，若叶柄一触即脱落，或已抽梢，即为成活。成活“接株”要解除塑料薄膜，未成活者要及时补接。此后可按常规育苗进行田间管理，当年苗高和地径分别可达80cm和1cm以上，翌春出圃造林。

栽植　造林地宜选择在海拔700m以下的丘陵地带和浅山坡的中下部。千年桐喜光，要选择阳坡或半阳坡，阴坡不宜栽植千年桐。同时，土层要深厚，排水良好，土壤微酸性或中性。

造林密度：种苗、立地和经营方式不同而异。营造纯林应根据经营每亩67 ~ 167株左右为宜。实行与杉木、油茶混交的每亩套种千年桐50株左右，呈梅花形配置。

整地方式：全面整地适用于缓坡地，秋季整地，施足底肥，直播千年桐籽。带状或穴状整地适用于坡度较大的山地，按一定的行距，水平挖垦1 ~ 1.5 m宽的带，或1 m×1 m×0.8 m的穴。

造林方法：可以直播造林或植苗造林。直播造林使用随采随播或春播，每穴播2 ~ 3粒，种子要均匀散开呈三角形，播后覆土5 ~ 6 cm。植苗造林时要对苗木进行复选，挑选苗高50 ~ 200 cm，地径0.4 ~ 0.5 cm以上，顶端优势明显，顶芽完好，根系发达、无病虫害的苗木出圃造林。余下苗木集中调整后继续管理，作补植之用。造林最好在雨季期间进行。火烧迹地一般与杉木或木荷、枫香等实行混种，混交比为1 ∶ 2。在残次林、四旁地种植要因地制宜，每穴施有机基肥50 ~ 100 g，磷肥2 ~ 4 g拌匀。

抚育管理　生长需强光，因此，在每年7 ~ 8月要进行松土、除草，结合施一些氮、磷、钾肥或桐饼，疏松土壤，蓄水保墒，提高土壤肥力，以促进幼树骨架形成和花芽分化，提早结果。松土深度一般为10 ~ 18 cm，冬季宜深，夏季宜浅，平坦地宜深，陡坡宜浅。为促进千年桐的生长发育，每年要施肥2 ~ 3次，结果后，宜施堆肥、厩肥等有机肥料，方法是沿树冠投影外缘下挖半圆形浅沟，把腐熟的肥料施入沟内，然后盖土。

病虫害防治

（1）病害防治：①油桐枯萎病：发现病株应立即挖去烧毁，挖后的土坑应撒石灰消毒。在发病期可喷1∶ 1∶ 100（硫酸铜∶生石灰∶水）波尔多液。②油桐角斑病：结合冬季抚育清除落叶、落果集中烧毁。在重病区，春季桐花谢后及6 ~ 7月可每隔7 ~ 15天喷1次1∶ 1∶ 100的波尔多液或80%的代森锌可湿性粉剂700倍液，连续2 ~ 3次，防止病菌侵染和蔓延。

（2）虫害防治：①螨类：可用50%的马拉松乳油1000 ~ 1500倍液或40%的乐果乳剂2000 ~ 4000倍液喷洒。②油桐尺蠖：可以结合冬垦，消灭越冬蛹或老熟幼虫成虫出现期用灯光诱杀，还可用90%晶体敌百虫2000 ~ 3000倍液喷杀幼虫。

桃

学名：*Amygdalus persica* L.　　**蔷薇科桃属**

别名：毛桃、白桃

【形态特征】 落叶小乔木，高 4 ～ 8 m。叶卵状披针形或圆状披针形，长 8 ～ 12 cm，宽 3 ～ 4 cm，边缘具细密锯齿，两边无毛或下面脉腋间有鬓毛；花单生，先叶开放，近无柄；萼筒钟，有短茸毛，裂叶卵形；花瓣粉红色，倒卵形或矩圆状卵形；果球形或卵形，径 5 ～ 7 cm，表面有短毛，白绿色，夏末成熟；熟果带粉红色，肉厚，多汁，气香，味甜或微甜酸。核扁心形，极硬。桃树喜光，喜温暖，稍耐寒，喜肥沃、排水良好的土壤，碱性土、黏重土均不适宜。不耐水湿，忌洼地积水处栽培。根系较浅，但须根多，发达。寿命较短。一般春季开花夏末秋初结食，也有的品种夏季结果。桃花的自然花期，华南地区一般春节过后约半个月即始花，华东、华中 3 月始花。

【近缘种或品种】 栽培变种：桃树 *A. persica* L. var. *persica*，落叶小乔木，高 3 ～ 8 m，树冠宽广而平展；树皮暗红褐色，老时粗糙呈鳞片状；小枝细长，有光泽，绿色，向阳处转变成红色，具大量小皮孔；叶片长圆披针形、椭圆披针形或倒卵状披针形，花单生，先于叶开放，花梗极短或几无梗；萼筒钟形，被短柔毛，稀几无毛，绿色而具红色斑点；果实形状和大小均有变异，卵形、宽椭圆形或扁圆形，色泽变化由淡绿白色至橙黄色，常在向阳面具红晕，外面密被短柔毛，稀无毛，腹缝明显，果梗短而深入果洼；果肉白色、浅绿白色、黄色、橙黄色或红色，多汁有香味，甜或酸甜；核大，离核或黏核，椭圆形或近圆形，两侧扁平，顶端渐尖，表面具纵、横沟纹和孔穴。花期 3 ～ 4 月。

【生态习性】 在我国栽培历史长，分布区域广，其中以江苏、浙江、山东、河北、北京、陕西、山西、甘肃、河南等地栽培较多。喜光照充足，冬季寒冷，土壤疏松和地下水位低的土地生长。栽培时选择高燥的沙质土壤或砾质土壤为宜，对于地下水位较低、有机质含量高、排水良好的黏性土壤也可栽培。

【观赏与造景】 观赏特色：在园林中因枝形婀娜，花色娇艳，为春季不可缺少的观花树木。早在《诗经》中就有描写桃的诗句："桃之夭夭，灼灼其华"，意为"桃树啊长得多么茂盛，桃花啊开得多么鲜亮"。

造景方式：孤植、群植，于湖滨、溪流、道路两侧和公园布置，也适合小庭院点缀和盆栽观赏，还常用于切花和制作盆景。可用于沿路、沿江河生态景观营造。

【栽培技术】

常用嫁接繁殖，也可以种子繁殖。

采种 8月中旬至9月上旬毛桃果皮发黄，陆续成熟时采摘，不可过早采摘。将采收的毛桃堆成40～50 cm高的堆，10～15天后果肉完全腐软，然后洗净种核，晾晒至7～8成干，放在通风干燥的地方即可。

育苗 春、秋两季均可播种。秋播比春播苗木粗壮，能减少种子处理之烦，生产上多秋播。秋播可在晚秋结冻前进行。但秋播由于鸟兽的危害和各种自然因素的影响，往往出苗率较低，因此，一般在11月中下旬，在排水良好，阴凉干燥处挖一浅坑，然后把种、沙混合物（种：湿沙=1：3）倒入坑内，坑上盖一层沙或土并洒些水，让其结冻，以后根据冷冻情况还可洒水。第二年春温度上升时，要随时检查，当有1/3种子发芽即可播种。如春播前没有对种子进行冷冻（层积）处理，亦可破壳浸种。即将种子敲击，种皮破裂，再浸种24 h播种。此法出苗率很高。但敲击时不可伤其种仁，否则易腐烂，降低发芽率。育苗地要经过深耕细整。床播或垅播均可，以垅播最好。床作开沟点播，覆土厚度2～4 cm。每畦播2～3行，株距10～15 cm。

栽植 通常是通过嫁接得到的。一般用桃、李、杏的实生苗作砧木，于8月进行芽接。将嫁接成活的桃苗，于翌年惊蛰前后，从接芽以上1.5～2.0 cm处剪去，促使接芽生长。

抚育管理

（1）抹芽、疏枝：当新梢长到5cm左右时，抹去无用的芽和新梢。一般在5月上中旬，此时的目的是为了节约养分。6～7月疏枝的目的是改善光照。

（2）扭梢：控制其旺长、促进花芽分化。时间在5月中旬至6月上旬。

（3）摘心：早期摘心在5月上中旬，促进分枝占有余下的空间。后期摘心在7～8月目的是抑制生长，促进花芽分化。

（4）缩剪果枝：此时，对冬剪所留过长的果枝，上间未坐果的缩剪到果部位。无果的果枝缩剪成预备枝。

病虫害防治

（1）病害防治：①炭疽病：该病在果园多发生于果实成熟期，是真菌性病害。防治方法主要做好清园工作，清除并深埋病果落果；采收装运尽量减少果实的机械伤；在病园中喷洒倍量式150倍波尔多液，每隔10～15天一次，连续3～4次。②赤斑病：主要危害叶片，属真菌性病害，防治方法与防治炭疽病同。

（2）虫害防治：①鸟羽蛾：又称红丝虫、吊丝虫，危害花及小果。防治方法可用90%的敌百虫800倍液、鱼藤精等相应浓度，在开花前喷药，数天一次，花期喷药3～5次，至幼果转蒂下垂时才停止。②黑点褐卷叶蛾：俗称蛀心虫，防治方法是要注意清除病果，摘除深埋受害果实；用黑光灯诱杀成虫；用90%的敌百虫1000倍液喷杀。

梅

学名：*Prunus mume* Siebold　　蔷薇科杏属

别名：酸梅、乌梅、春梅

【形态特征】 株高约5～10 m,干呈褐紫色，多纵驳纹。小枝呈绿色。叶片广卵形至卵形，边缘具细锯齿。花每节1～2朵，无梗或具短梗，原种呈淡粉红或白色，栽培品种则有紫、红、彩斑至淡黄等花色，于早春先叶而开。梅花可分为系、类、型。如真梅系、杏梅系、樱李梅系等。系下分类，类下分型。梅花为落叶小乔木，树干灰褐色，小枝细长绿色无毛，叶卵形或圆卵形，叶缘有细齿，花芽着生在长枝的叶腋间，每节着花1～2朵，芳香，花瓣5枚，白色至水红。

【近缘种或品种】 栽培变种：长梗梅 *Armeniaca mume* Sieb. var. *cernua*，叶片披针形，先端渐尖；花梗长1cm，结果时俯垂。梅的品种分果梅和花梅两大类。果梅的栽培品种，大致分为3类，一是白梅品种群：果实黄白色，质粗，味苦，核大肉少，供制梅干用，成熟期在4月上、中旬。二是青梅品种群：果实青色或青黄色，味酸或稍带苦涩，品质中等，多数供制蜜饯用，成熟期为4月中、下旬。三是花梅品种群：果实红色或紫红色，质细脆而味稍酸，品质优良，供制陈皮梅等用。成熟期在5月上、中旬至6月。

【生态习性】 原产我国西南地区，西藏波密还有成片野生梅树分布于山间。喜温暖气候，较耐寒，对温度很敏感，平均气温达6～7℃时即开花，乍暖之后尤易提前开花。喜光树种，宜栽植在阳光充足，通风良好之处。喜空气湿度较大，但花期忌暴雨，要求排水良好，涝渍数日即可大量落黄叶或根腐致死。对土壤要求不严，以黏壤土或壤土为佳，中性至微酸性最宜，微碱性也可正常生长。忌在风口栽培。

【观赏与造景】 观赏特色：梅花冰清玉洁，纯贞高雅，徜徉在花丛之中，微风阵阵掠过梅林，犹如浸身香海，通体蕴香。冬春之季观赏的重要花卉，象征快乐、幸福、长寿、顺利、和平。

造景方式：在园林、绿地、庭园、风景区，可孤植、丛植、群植等；也可在屋前、坡上、石际、路边自然配植。若用常绿乔木或深色建筑作背景，更可衬托出梅花玉洁冰清之美。如松、竹、梅岁寒三友相搭配，苍松是背景，修竹是客景，梅花是主景。古代强调“梅花绕屋”、“登楼观梅”等，均是为了获取最佳的观赏效果。另外，梅花可布置成梅岭、梅峰、梅园、梅溪、梅径、梅坞等。可用于沿路生态景观。

【栽培技术】 最常用的是嫁接，扦插、压条次之，播种又次之。

采种　6月收成熟种子，清洗晾干，秋播。如春播，应进行层积处理。

育苗　作为梅的砧木，南方多用梅和桃，北方常用杏、山杏或山桃。杏和山杏都是梅的优良砧木，嫁接成活率也高，且耐寒力强。梅本砧表现良好，尤其用老果梅树花作砧嫁接成古梅树桩，更为相宜。通常用切接、劈接、舌接、腹接或靠接，于春季砧木萌动后进行，腹接还可在秋天进行，芽接多于6～9月进行。梅树扦插，因品种不同，其成活率差异很大，一般于11月扦插10～15 cm一年生枝，插前用500 mg/L吲哚丁酸作快浸处理，可提高成活率。压条一般于早春进行，将1～2年生、根际萌发的枝条用利刀环剥大部，埋入土中深3～4 cm，平时注意保湿，于秋后割离、分栽。为了培育新品种和砧木，多用播种。

栽植　露地栽培，应于阳坡或半阳坡地段，一般栽2～5年生大苗，栽植方式可用孤植、丛植或群植。栽前要掘树穴，施基肥，栽后要浇透水，加强管理，梅树整形。修剪一般宜轻度，并以疏剪为主，短截为辅。

抚育管理　通常在生长期间施3次肥，即在秋季至初冬施肥，如饼肥、堆肥、厩肥等；在含苞前施速效性肥；在新梢停止生长后（6月底至7月初），适当控制水分并施肥，促进花芽分化。

病虫害防治

（1）病害防治：梅花病害种类很多，最常见的有白粉病、缩叶病、炭疽病等。①白粉病、炭疽病：防治方法同竹柏。②缩叶病：可喷洒70%甲基托布津1000倍液或50%多菌灵1000倍液防治，亦可喷洒1%波尔多液，每隔1周喷一次，3～4次即可治愈。

（2）虫害防治：透翅蛾：用50%杀螟松乳油1000倍液喷杀。

福建山樱花

学名：*Cerasus camparnulata* (Maxim.) Yu et Li

蔷薇科樱属

别名：钟花樱桃

【形态特征】 落叶乔木，高达 8 m；树皮黑褐色。小枝无毛。芽卵形，无毛。叶卵状椭圆形或倒卵状椭圆形，草质，长 4 ~ 7cm，先端渐尖，基部圆，尖锐重锯齿，无毛，或下面脉腋有簇生毛，侧脉 8 ~ 10 对；叶柄长 0.8 ~ 1.3 cm，无毛，顶端具 2 腺体；托叶早落。伞形花序，先叶开花；总梗长 2 ~ 4 mm；苞片褐色，稀绿褐色，长 1.5 ~ 2 mm，具腺齿；花梗长 1 ~ 1.3 cm，无毛或稀被疏短柔毛；萼筒管状钟形，长约 6mm，萼片长圆形，长 2.5 ~ 3 mm；花瓣粉红色，倒卵状长圆形，先端凹缺，稀全缘；雄蕊 39 ~ 41；花柱无毛。核果卵球形，径 5 ~ 6 mm，先端急尖，核微有棱纹。花期 2 ~ 3 月，果期 4 ~ 5 月。

【近缘种或品种】 山樱花（*C. serrulata*）。落叶乔木。高 5 ~ 25 m。树皮暗栗褐色，光滑而有光泽，具横纹。小枝无毛。叶卵形至卵状椭圆形，边缘具芒齿，两面无毛。伞房状或总状花序，花白色或淡粉红色。花期 4 ~ 5 月。核果球形，黑色，7 月果熟。

【生态习性】 主要分布于我国浙江、福建、台湾、广东、广西等地。生于山谷、溪边、疏林内、林缘。是冬季和早春的优良花木。在冬季温暖、霜冻较少的地区，往往于冬季开放，花色绯红。喜光照充足、温暖的环境，较耐高温，稍耐阴；不耐湿、亦不太耐寒，最佳生长温度为 15 ~ 28℃；喜欢土层深厚、肥沃、排水良好的土壤，尤其以富含有机质偏酸的壤土为佳。

【观赏与造景】 观赏特色：树姿优美，花朵艳丽，盛开时节，满树烂漫，满山绯红，如云似霞，早春先花后叶，是冬季和早春著名观赏花木，花开时常会吸引许多山鸟前来吸食花蜜。

造景方式：花姿娇柔，花色幽香艳丽，为早春重要的观花树种。用于地栽造景，盆栽观赏或切枝装饰，尤其在冬末初春繁花满树，既适用于庭院绿化美化，又可作行道树，成片种植观赏效果更佳。

【栽培技术】

采种　嫁接和扦插繁殖。可用樱桃、毛樱桃、山樱桃的实生苗作砧木，亦用本砧。

育苗　在 3 月下旬切接或 8 月下旬芽接，接活后经 3 ~ 4 年培育，可出圃栽种。

栽植　栽种时，每坑槽施腐熟堆肥 15 ~ 25 kg，7 月每株施硫酸铵 1 ~ 2 kg。花后和早春发芽前，需剪去枯枝、病弱枝、徒长枝，尽量避免粗枝的修剪，以保持树冠圆满。在含腐殖质较多的沙质壤土和黏质壤土中（pH 值 5.5 ～ 6.5）都能很好地生长。在南方土壤黏重的地方，一般混合自制腐叶土（收集树叶及酸性土、鸡粪、木炭粉沤制而成的土壤）。注意，混合前必须将原有黏土块全部打碎，否则起不到改土作用。在地下水位不足 1m 的地方采用高栽法，即把整个栽植穴垫平后，再在上面堆土栽苗。北方碱性土，需要施硫磺粉或硫酸亚铁等调节 pH 值至 6 左右。每平方米施硫磺粉 2 g，有效期 1 ～ 2 年，同时每年测定，使 pH 值不

超过7。强喜光树种，要求避风向阳，通风透光。成片栽植时，要使每株树都能接受到阳光。定植时间在早春土壤解冻后立即栽植，一般为二三月份。栽植前仔细整地。在平地栽植可挖直径1m，深0.8 m的穴。穴内先填约一半深的改良土壤，把苗放入穴中央，使苗根向四方伸展。少量填土后，微向上提苗，使根系充分伸展，再行轻踩。栽苗深度要使最上层的苗根距地面5cm。栽好后做一积水窝，并充分灌水，最后用跟苗差不多高的竹片支撑，以防刮风吹倒。

抚育管理

（1）防旱：定植后苗木易受旱害，除定植时充分灌水外，以后8 ~ 10天灌水一次，保持土壤潮湿但无积水。灌后及时松土，最好用草将地表薄薄覆盖，减少水分蒸发。在定植后2 ~ 3年内，为防止树干干燥，可用稻草包裹。但2 ~ 3年后，树苗长出新根，对环境的适应性逐渐增强，则不必再包草。

（2）生长期管理：每年施肥两次，以酸性肥料为好。一次是冬肥，在冬季或早春施用豆饼、鸡粪和腐熟肥料等有机肥；另一次在落花后，施用硫酸铵、硫酸亚铁、过磷酸钙等速效肥料。一般大樱花树施肥，可采取穴施的方法，即在树冠正投影线的边缘，挖一条深约10cm的环形沟，将肥料施入。此法既简便又利于根系吸收，以后随着树的生长，施肥的环形沟直径和深度也随之增加。樱花根系分布浅，要求排水透气良好，因此在树周围特别是根系分布范围内，切忌人畜、车辆踏实土壤。行人践踏会使树势衰弱，寿命缩短，甚至造成烂根死亡。

（3）修剪养护：修剪主要是剪去枯萎枝、徒长枝、重叠枝及病虫枝。另外，一般大樱花树干上长出许多枝条时，应保留若干长势健壮的枝条，其余全部从基部剪掉，以利通风透光。修剪后的枝条要及时用药物消毒伤口，防止雨淋后病菌侵入，导致腐烂。经太阳长时期的暴晒，树皮易老化损伤，造成腐烂，应及时将其除掉并进行消毒处理。之后，用腐叶土及炭粉包扎腐烂部位，促其恢复正常生理机能。

病虫害防治

（1）病害防治：①穿孔性褐斑病：新梢萌发前，可喷洒3 ~ 5波美度石硫合剂，发病期可喷洒16 0倍波尔多液或50%苯来特可湿性粉剂1000 ~ 2000倍液，或15%代森锌600 ~ 800倍液。②叶枯病：摘除并焚烧病叶，发芽前喷波尔多液；5 ~ 6月再喷65%代森锌可湿性粉剂500 ~ 800倍液，每隔7 ~ 10天喷一次，连喷2 ~ 3次即可。③根癌病：染根癌病的苗木必须集中销毁，苗木栽种前最好用1%硫酸铜浸5 ~ 10min，再用水洗净，然后栽植；发现病株可用刀锯彻底切除癌瘤及其周围组织；对病株周围的土壤也可按每平方米50 ~ 100g的用量，撒入硫磺粉消毒。

（2）虫害防治：虫害主要以蚜虫、红蜘蛛、介壳虫等危害为主。①蚜虫：用1.8%阿维菌素（虫螨克）3000 ~ 5000倍液、10%吡虫啉可湿粉2000 ~ 2500倍液、50%抗蚜威可湿粉剂1500 ~ 2000倍液喷雾防治。喷药的重点部位是顶芽和叶片背面。②红蜘蛛：用柑橘皮加水10倍左右浸泡24h，过滤之后用滤液喷洒植株。或用点燃的蚊香1盘，置于病株盆中，再用塑料袋连盆扎紧，熏1h左右，成虫和卵均可被杀死。当红蜘蛛大量发生时，可用20%三氯杀螨醇乳油500 ~ 600倍液，或20%灭扫利乳油2000 ~ 2500倍液交替喷雾2次。③介壳虫：介壳虫的虫体被一层角质的甲壳包裹着，如一般使用药物很难奏效。用白酒对水，比例为1 ：2，治虫时，浇透盆土的表层。或用食醋（米醋）50ml，将小棉球放入醋中浸湿后，用湿棉球在受害的花木茎、叶上轻轻地拭擦即可将介壳虫拭掉杀灭。或结合整形，修剪去除带虫枝叶。

海红豆

学名：*Adenanthera pavonina* L. var. *microsperma* (Teijsm. et Binn.) Nielsen

含羞草科海红豆属

别名：孔雀豆、红豆、相思树、双栖树

【形态特征】 落叶乔木，高 10 ～ 15 m，树皮灰褐色，幼枝被柔毛，二回羽状复叶，互生，小叶 8 ～ 14 对，矩圆形或卵形，先端极钝，两面均被柔毛，薄膜质，表面深绿色，背面灰绿色。总状花序，花小，白色或淡黄色，有香味；荚果带状而弯，扁平。种子鲜红色，光亮，阔卵形或椭圆形。花期 6 ～ 7 月，果期 8 ～ 9 月。

【生态习性】 原产我国南部和亚洲热带地区，现我国南方多有栽培。喜温暖湿润气候，生活力强，生长迅速，在肥沃、富含有机质、排水良好的土壤上生长快速，幼苗较耐阴，大苗喜光，在密林中多生长于林冠上层，树冠紧密郁茂。

【观赏与造景】 观赏特色：树姿婆娑秀丽，叶色淡绿，给人以舒心恬静之感。种子坚硬，鲜红光亮，被人美称为“南国红豆”，常作纪念品收藏。也是改造低海拔生态公益林的主要造林树种之一。为热带优良园林风景树和绿化树。

造景方式：适合广东东、西部地区气候环境，适宜公路、铁路两边生态景观林带种植，可作江河生态景观林带混合树种。还可在山坡、丘陵和台地的林分改造中作混交种植。作园林树种时，可单株或二三株成丛种植于庭院内以及公园、坐凳等处作造景与荫凉。

【栽培技术】

采种 收集成熟后掉落地面的种子，或者采摘树上深褐色荚果。荚果暴晒 2 ～ 3 天，种子自行脱落，种子千粒重 80 ～ 120g，密闭收藏。

育苗 春季播种，播种前种子用 60℃的温水浸种 24h，至种子膨胀和颜色变淡。把处理过的种子直接点播在育苗容器袋中，播种后用河沙盖好种子，保持基质湿润，4 ～ 5 天左右可发芽。发芽较为整齐一致，场圃发芽率约 90%，幼苗生长迅速，一年苗高达 40 ～ 50 cm，翌年春季可造林或种植培育大苗。

栽植 小苗移栽时，先挖好种植穴，在种植穴底部撒上一层有机肥料作为底肥，厚度约为 4 ～ 6 cm，再覆上一层土并放入小苗，以使肥料与根系分开，避免烧根。放入苗木后，回填 1/3 深的土壤，将根系覆盖住、扶正苗木、踩紧；回填土壤到穴口，用脚将土壤踩实，浇透水；浇水后如果土壤有下沉现象，再添加土壤；造林种植株距约 2 m，按造林要求清地、打穴、下基肥、种植和抚育管理。培育大苗的圃地应选择在肥沃、排水良好的土地，种植株行距 1.5m × 2.0 m。

抚育管理 种植后要做好扶正和抚育管理，

用小竹竿把苗木绑扎牢固，不使其随风摇摆，以利新根生长。造林定植后4年内，每年至少在雨季前后期各砍杂、扩穴、松土1次，铲除穴内及周围的杂草，雨季前期结合抚育施复合肥100g/穴。

病虫害防治

（1）病害防治：炭疽病：可于发病初期每隔15天喷1次1：1：100的波尔多液，也可用50%甲基托布津可湿性粉剂800倍液喷洒。

（2）虫害防治：①双条合欢天牛：发生虫害后除及时摇动树木或用竹竿等物击落，加以捕杀外，对卵及幼虫则用90%敌百虫1000倍液喷洒。②常见幼苗易受蛾、蝶类幼虫侵害，可用40%乐果1000倍液或杀虫菊酯药液喷杀。

红花羊蹄甲

学名：*Bauhinia blakeana* Dunn

别名：紫荆花

苏木科羊蹄甲属

【形态特征】 常绿或半落叶乔木，高可达15 m。叶革质，单叶互生，全缘，叶脉掌状，近圆形或阔心形，长8～13 cm，宽9～17 cm，顶端下凹分裂呈蹄状，2裂片长约为叶片长的1/4～1/3，先端浑圆或钝尖。伞房式总状花序，顶生或腋生，花两性，花大，花冠直径约12 cm，略芳香，花瓣5片，紫红色，展开；发育雄蕊5枚；雌蕊1枚，具长子房柄。花期10月至翌年4月，通常不结实。

【近缘种或品种】 近缘种：白花羊蹄甲 *B. acuminata* L.，小乔木或灌木；小枝"之"字形曲折。花瓣白色，倒卵状长圆形。荚果线状倒披针形，扁平，直或稍弯，先端急尖，具直的喙（宿存花柱），种子5～12颗，扁平。花期4～6月或全年，果期6～8月。

【生态习性】 原产于中国黄河流域，为一杂交品种。世界热带地区广为栽培。喜光，喜温暖至高温气候，生长适宜温度22～30℃。适应性强，耐寒、耐干旱和瘠薄，抗大气污染，对土质不甚选择，生长快；但不抗风，树干往往因大风而倾斜或折断，种植地应选择阳光充足和避风处。

【观赏与造景】 观赏特色：本种的枝条扩展而弯垂，枝叶婆娑，叶大而奇异，冠阔浓荫；花大绚丽而略香，姹紫嫣红，满树缤纷，灿烂夺目，且花期长，为优良的华南乡土花木。春秋两季盛花期，繁花满树，极为美丽，夏季萌发新枝叶，满目清翠，树姿婆娑，富热带特色，绿荫效果甚好。为香港特别行政区的象征。

造景方式：宜作行道树、庭院风景树，适应广东省气候环境，非常适合公路、铁路两边生态景观林带种植，也可在沿海生态景观林带岸上种植。

【栽培技术】

采种 9～10月收集成熟荚果，取出种子，埋于干沙中置阴凉处越冬。

育苗

（1）嫁接育苗：春季嫁接多采用2年生的羊蹄甲为砧木，采用红花羊蹄甲树冠外围生长充实、枝条光洁、芽体饱满的1年生枝条作接穗。在红花羊蹄甲接穗正值花后芽尚未萌发，且砧木羊蹄甲大量萌芽前，这时期嫁接最为适宜。嫁接完毕后，要对当天嫁接的砧木根系压紧、踩实，以防因操作松动砧木根系，影响生长。

（2）高空压条：在2～4月进行，选择较直生，2～3 cm粗，皮光滑的壮健枝条，进行环状剥皮，环剥宽约1～2 cm，切口

1 2 3 4 5 6 7 8 9 1

要整齐。切口用苔藓加湿土或草泥等生根基质包扎，再用薄膜包紧，1 个月后长出根，等到长出的根较多时，从下端剪断移植。剪时要细心避免伤及新根，置阴凉处 5 ～ 10 天长出新根后再移植培育。高压成苗率约 70% 左右。

栽植 以园林绿化和行道树种植为主，栽植宜挖大穴，一般采用粗 5 ～ 6 cm 以上的大苗，株距 4 ～ 5 m。起苗时应修剪 2/3 ～ 3/4 的树枝，按树基径的 8 ～ 10 倍挖好土球，并包扎结实，栽植后淋足水，捆绑好支撑。

抚育管理 种植后加强淋水，成活后每株施复合肥 250g 促进生长。

病虫害防治

（1）病害防治：①紫荆角斑病：秋季清除病落叶，集中烧毁，减少侵染源。发病时可喷 50% 多菌灵可湿性粉剂 700 ～ 1000 倍液，或 70% 代森锰锌可湿性粉剂 800 ～ 1000 倍液，或 80% 代森锌锌 500 倍。10 天喷 1 次，连喷 3 ～ 4 次有较好的防治效果。②紫荆枯萎病：加强养护管理，增强树势，提高植株抗病能力。苗圃地注意轮作，避免连作，或在播种前条施 70% 五氯硝基苯粉剂 3 ～ 5 g/ 亩。及时剪除枯死的病枝、病株，集中烧毁，并用 70% 五氯硝基苯或 3% 硫酸亚铁消毒处理。可用 50% 福美双可湿性粉剂 200 倍或 50% 多菌灵可湿粉 400 倍，或用抗霉菌素 120 水剂 100 mg/L 药液灌根。③紫荆叶枯病：秋季清除落地病叶，集中烧毁。展叶后用 50% 多菌灵 800 ～ 1000 倍，或 50% 甲基托布津 500 ～ 1000 倍喷雾，10 ～ 15 天喷一次，连喷 2 ～ 3 次。

（2）虫害防治：①褐边绿刺蛾：秋、冬结合浇封冻水、施在植株周围浅土层挖灭越冬茧。少量发生时及时剪除虫叶。幼虫发生早期，以 90% 敌百虫、10% 杀螟松、50% 甲胺磷等杀虫剂 1000 倍喷杀。②蚜虫：可喷 40% 乐果乳油 1000 倍喷杀。

洋紫荆

学名：*Bauhinia variegata* L.

苏木科羊蹄甲属

别名：羊蹄甲、弯叶树、马蹄豆、宫粉紫荆

【形态特征】 半落叶乔木，树高达 8 m，树皮灰白色。单叶互生，革质，圆形或圆心形，长 7 ~ 10 cm，宽 9 ~ 13 cm，浅绿色叶面光滑。叶的先端往内裂开至叶片长度的 1/3，基部呈心形，边全缘。叶面光滑，叶背的叶脉上披有短毛。总状花序顶生或腋生，花萼管状，花粉红色或淡紫色，芳香，由 5 块分离的花瓣组成，其中一块花瓣带红色及黄绿色条。花期 3 ~ 4 月，常早于新叶开放。长形荚果，8 ~ 9 月成熟。

【近缘种或品种】 羊蹄甲 *B. purpurea* L.，10 ~ 12 月开花，花淡紫色，淡红色或粉红色，发育雄蕊 3 枚，能结果。红花羊蹄甲 *B. blakeana* Dunn.，春秋两季开花，花紫红色，花瓣较短而宽，发育雄蕊 5 枚，不能结果。白花羊蹄甲 *B. acuminata* L.，3 ~ 5 月开花，花乳白色，发育雄蕊 5 枚，能结果。

【生态习性】 原产中国南部、印度，现广泛栽培于亚热带和热带地区园林中。喜光，喜温暖至高温气候，生长适宜温度 22 ~ 30℃。适应性强，耐寒、耐干旱和瘠薄，抗大气污染，对土质不甚选择，抗风，种植地应选择肥沃、阳光充足和排水良好的地方。

【观赏与造景】 观赏特色：干枝挺伸，花大色艳，春末夏初盛花期，姹紫嫣红，嫩叶与满树繁花红绿相映，极为美丽。

造景方式：适合广东各地种植，适合公路、铁路铁路两边生态景观林带种植，是优良的行道树、庭院树种。

【栽培技术】

采种 荚果 8 ~ 9 月成熟，由青色转为深褐色。采集后摊开暴晒 2 ~ 3 天，荚果开裂，种子脱落。

育苗 宜随采随播，播种后有河沙盖好种子，保持苗床湿润，10 ~ 20 天可发芽，幼苗长 3 ~ 4 片小叶移至容器袋中培育。小苗高达 50 ~ 60 cm 可移至大田种植培育。

栽植 培育中、大苗的圃地应选择在土质肥沃、排水良好的地方，生态景观林带建设可采用高约 2 m 左右的营养袋中苗，种植株行距 1.5m × 2.0 m，园林绿化和行道树种植，应采用粗 5 ~ 6cm 以上的苗木，种植株距 4 ~ 5m。起苗时应修剪 2/3 ~ 3/4 的树枝，按树基径的 8 ~ 10 倍挖好土球，并包扎结实，栽植后淋足水，捆绑好支撑。

抚育管理 小苗种植后加强淋水，成活后每株每季可施复合肥 250 g 促进生长。管理粗放，应注意树形的美观，如出现偏长，应及时立柱加以扶正，幼树时期要作修剪整形。

病虫害防治

（1）病害防治：同红花羊蹄甲。

（2）虫害防治：有白蛾蜡蝉、蜡彩袋蛾、茶蓑蛾、棉蚜等危害，可喷施 90% 敌百虫或 50% 马拉松乳剂 1000 倍液杀灭。有时受相思拟木蠹蛾危害，可用 40% 氧化乐果 500 倍液进行防治。

粉花山扁豆

学名：*Cassia nodosa* Buch.-Ham. ex Roxb.

苏木科决明属

别名：节果决明、塔槐、粉花决明

【形态特征】 半落叶乔木，树高可达 16 m，主干不通直，树冠向四周伸展，皮孔明显。羽状复叶 25 ～ 30 cm，小叶 5 ～ 12 对，长 5 ～ 6 cm，薄革质，椭圆状矩圆形。总状花序合成大圆锥花序，顶生于成熟枝条上花簇长约 10 cm，花色粉红，花期 5 ～ 6 月，翌年 3 ～ 4 月种实成熟。果荚圆筒状，长 35 ～ 55 cm，荚内有种子几十粒，种瓤具腥臭味，种子圆饼状黄褐色，光滑坚硬。

【近缘种或品种】 近缘种：雄黄豆 *Cassia javanica* L. var. *indo-chinensis* Gagnep.，其树叶为偶数羽状复叶，花粉红色，花期 5 ～ 8 月；果腊肠状，长 30 ～ 60 cm，径粗 2.4 cm；种子多数扁圆形，深黄色，直径约 0.8 cm，种子千粒重为 372 g。

【生态习性】 原产热带亚洲和夏威夷群岛，在我国云南西双版纳、两广南部及海南等地均有栽培。喜光，喜温暖多湿气候，生活力强，全日照、半日照均能生长，对土壤的要求不甚苛刻，肥力中等的土壤均能生长繁茂，在阳光充沛、高温、湿润、肥沃、疏松、排水良好的立地生长最好，荒山则生长不良。能耐轻霜及短期 0℃左右低温。

【观赏与造景】 观赏特色：树枝条向四周伸展，冠形宽大，枝叶浓密、晶莹翠绿，遮荫效果甚好。花色艳丽，花期长，在亭亭翡翠的枝叶上，覆被着层层粉花，景观效果极好；果形奇特，景色别致，惹人喜爱。

造景方式：适合广东东、西部地区种植，可作公路、铁路和江河生态景观林带树种，也可在山坡、丘陵和台地的林分改造中作景观树种植。树木生长快，寿命长，为优美的行道树种，可单株或二三株成丛种植于庭院内以及公园、水滨、坐凳等处，荫美并备。

【栽培技术】

采种 4 ～ 5 月荚果由青色转深褐色时成熟，荚果采回后摊开晒干，敲烂果荚，取出带瓤的种子，种子千粒重 123 ～ 185 g，发芽率约为 85%～ 90%。种子藏于室内通风阴凉处，发芽力约可保存 2 年；种皮致密坚硬，且有蜡质层，吸水性能差。

育苗 常采用硫酸浸泡或人工锉破种皮等方法来处理种子，然后用水清洗和浸泡，种子吸水膨胀后，便可点播种于营养袋中，以春季气温稳定回升后播种。营养袋苗生长至 30 ～ 40 cm 高便可移植大田培育。

栽植 小苗生长迅速，幼苗生长 2 个月后即开始向一侧成匍匐状生长，应用支杆扶苗，侧枝萌发较早，种植株距 1.5 ～ 2 m，用于庭院、公园、行道树的应采用胸径达 4 ～ 5 cm

的大苗，园林种植株距 4 ～ 5 m。

抚育管理　苗期除淋水及每月施肥 2 ～ 3 次外，每株幼苗旁应插支杆扶苗，及时修剪侧枝，促使主干成型。通常培育 2 年苗高 1.5 m，地径 2.0 cm 以上的大苗出圃种植。栽植时穴内先施腐熟有机肥，栽植成活后每季施肥 1 次，促进苗木生长。

病虫害防治

（1）病害防治：①立枯病：在整理苗床时进行严格的的土壤消毒。出苗后每间隔 10 ～ 15 天 喷施 1% 的波尔多液或 80% 代森锰锌 0. 167% ～ 0. 25% 浓度的溶液。②煤污病：植株间不宜过密，应造当修剪，以利于透风透气。每间隔 10 ～ 15 天 喷施 50% 多菌灵可湿性粉剂 0. 125% ～ 0. 2% 浓度的溶液或 70% 的甲基托布津 0. 1% 浓度的溶液。

（2）虫害防治：主要虫害有蚜虫、夜蛾

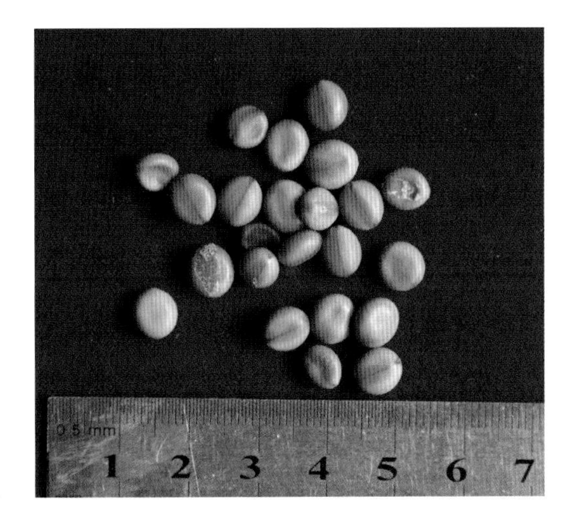

和尺蠖，虫害严重时，叶子被吃光，应及早防虫杀虫可喷 40% 氧化乐果 800 倍液或 50% 甲胺磷 1000 ～ 1500 倍液防治。

幼苗易受蛾、蝶类幼虫侵害，可用 40% 氧化乐果 800 倍液或杀虫菊酯药液喷杀。

腊肠树

学名：*Cassia fistula* L.

苏木科决明属

别名：阿勃勒、波斯皂荚、牛角树、长果子树

【形态特征】 小乔木或中等乔木，高可达15 m；枝细长；树皮幼时光滑，灰色，老时粗糙，暗褐色。偶数羽状复叶，叶长30 ~ 40 cm，有小叶3 ~ 4对，在叶轴和叶柄上无翅亦无腺体；小叶对生，薄革质，阔卵形、卵形或长圆形，长8 ~ 13 cm，宽3.5 ~ 7 cm，顶端短渐尖而钝，基部楔形，边全缘，幼嫩时两面被微柔毛，老时无毛；叶脉纤细，两面均明显；叶柄短。总状花序长达30cm或更长，疏散，下垂；花与叶同时开放，直径约4cm；花梗柔弱，长3 ~ 5 cm，下无苞片；萼片长卵形，薄，长1 ~ 1.5 cm，开花时向后反折；花瓣黄色，倒卵形，近等大，长2 ~ 2.5 cm，具明显的脉；雄蕊10枚，其中3枚具长而弯曲的花丝，高出于花瓣，4枚短而直，具阔大的花药，其余3枚很小，不育，花药纵裂。荚果圆柱形，长30 ~ 60 cm，直径2 ~ 2.5 cm，黑褐色，不开裂，有3条槽纹；种子40 ~ 100颗，为横隔膜所分开。花期6 ~ 8月，果期10月。

【生态习性】 原产印度、缅甸、斯里兰卡。我国南部和西南部各地有栽培。喜光树种，也能耐一定蔽荫。性喜温，生长发育适温为23 ~ 32℃，能耐最低温度为-2 ~ 3℃，有霜冻害地区不能生长，通常在我国华南一带生长良好。喜湿润肥沃的中性冲积土，以沙质壤土最佳，排水、日照需良好，在干燥瘠薄壤土上也能生长，病虫害少。

【观赏与造景】 观赏特色：圆杆形的果实，外形像大香肠，因而名之。树叶长卵形或者椭圆形，夏季开花时，满树金黄色，非常优美。

造景方式：常用作庭园观赏树和行道树，孤植或条带状种植。可用于南亚热带地区沿路生态景观建设。

【栽培技术】

采种 腊肠树种子的种皮坚硬密实，种子成熟时，采回捣烂果皮取出种子，播种前用60 ~ 80℃的温水浸种48h，再洗掉表面的透明薄膜，置于盆中进行催芽。

育苗 种子经催芽后直接点播于育苗袋中，播完种子后，用竹片搭拱，上面覆盖塑料薄膜，以保温、保湿、防雨水冲刷和防止基质干燥板结。当种子长出小芽时，把塑料薄膜去掉，换用50%的遮光网覆盖，这样有利于通风、透气和透光，并注意淋水，以保护小苗的正常生长。当小苗长出1 ~ 2对真叶时去掉遮光网，在自然的林地光照条件下生长，第二年雨季可定植。

栽植 选择土质肥沃、不积水、排灌方便的沙质地，按一般要求整地后，按株行距2 m × 2 m，塘长、宽、深50 cm × 50 cm ×

40 cm 挖穴，施基肥过磷酸钙 0.2 kg/ 穴，尿素 0.1 kg/ 穴，回填时，将表土与基肥充分混合填入穴内，以待定植。

抚育管理

（1）除草松土：定植后注意松土除草；每年于 3 月、7 月、11 月各除草一次，结合春季除草松土培土一次，松土内浅外深，防治伤根。

（2）追肥与浇水：春季结合松土进行追肥，每株施过磷酸钙 0.2 kg，尿素 0.1kg，施肥要均匀适量，连施 3 年。也可将割下的杂草在株旁开沟压青。天气干旱时要适时浇水，常保持土表湿润。雨季注意排水。

（3）修剪：每年开花过后修剪 1 次，去掉老枝、病枝、死枝、衰弱枝和霸王枝，促进林分良好生长。因花开在成熟老枝上，春季忌修剪。

病虫害防治

（1）病害防治：病害发生较少。

（2）虫害防治：易遭迁粉蝶幼虫的危害，防治方法：结合树木养护管理，及时摘除有虫叶和蛹；保护黑蚂蚁、螳螂、蜘蛛、寄生蜂和鸟类等天敌；在 5 ～ 6 月发生严重时，喷施 80%晶体敌百虫 800 倍液或 2.5%敌杀死乳油 2000 ～ 3000 倍液防效较好。

铁刀木

学名：*Cassia siamea* Lam.

别名：黑心树、挨刀树

苏木科决明属

【形态特征】 乔木，高约 20 m 左右；树皮灰色，近光滑，稍纵裂；嫩枝有棱条，疏被短柔毛。偶数羽状复叶，叶长 20 ～ 30 cm；叶轴与叶柄无腺体，被微柔毛；小叶对生，6 ～ 10 对，革质，长圆形或长圆状椭圆形，长 3 ～ 6.5cm，宽 1.5 ～ 2.5 cm，顶端圆钝，常微凹，有短尖头，基部圆形，上面光滑无毛，下面粉白色，边全缘；小叶柄长 2 ～ 3 mm；托叶线形，早落。总状花序生于枝条顶端的叶腋，并排成伞房花序状；苞片线形，长 5 ～ 6 mm；萼片近圆形，不等大，外生的较小，内生的较大，外被细毛；花瓣黄色，阔倒卵形，长 12 ～ 14 mm，具短柄；雄蕊 10 枚，其中 7 枚发育，3 枚退化，花药顶孔开裂；子房无柄，被白色柔毛。荚果扁平，长 15 ～ 30cm，宽 1 ～ 1.5 cm，边缘加厚，被柔毛，熟时带紫褐色；种子 10 ～ 20 颗。花期 10 ～ 11 月；果期 12 月至翌年 1 月。

【生态习性】 原产我国云南，现我国南方各地，印度、泰国、缅甸有栽培。喜光树种，喜高温，怕霜冻，有霜冻地区生长不良。最适宜在热带地区生长，在南亚热带低海拔南坡无霜冻地区，也能生长正常。适生于阳光充足、高温、湿润、肥沃土壤，忌积水，耐热、耐旱、耐瘠、耐碱、抗污染、易移植。水土保持能力强，为优良生态景观树种之一。

【观赏与造景】 观赏特色：枝叶茂密，树干通直，树形美观。秋季开花，花黄色，美丽。

造景方式：可在公园，绿化小区列植作行道树，群植作庭园观赏树；在自然保护区和风景林片植作景观林树种。适合在南亚热带地区及以南地区列植、片植、群植作公路、铁路和江河景观林的基调树种。

【栽培技术】

采种　种子于 12 月至翌年 1 月，当果皮青绿色转褐色，果瓣微裂时进行采收。可随采随播，也可晒干种子翌春播种。种子千粒重约 28g。

育苗　有保温条件的热带地区可随采随播。如无保温条件的地区 3 ～ 4 月播种，播种前先将种子在用 70℃热水浸泡至自然冷却，待种子吸水膨胀后播种；未吸水膨胀的种子继续用 70℃热水浸泡，直至膨胀为止。育苗地应选择坡度平缓、阳光充足、排水良好、土层深厚肥沃的沙壤土，苗床高 15 cm 左右，纯净黄心土加火烧土（比例为 4 ∶ 1）作育苗基质，用小木板压平基质，撒播方法进行播种，用细表土或干净河沙覆盖种子，厚度约 0.5 ～ 0.8 cm，以淋水后不露种子为宜，再用遮光网遮荫，保持苗床湿润，播种后约 3 ～ 4 天种子开始发芽出土，经 7 ～ 10 天左右发芽结束，发芽率 85% 以上。当苗高

达到 4 ~ 7 cm，有 2 ~ 3 片真叶时即可上营养袋（杯）或分床种植。用黄心土 87%、火烧土 10% 和钙镁磷酸 3% 混合均匀作营养土装袋。种植后应覆盖遮光网遮荫，冬季用薄膜覆盖保温，防止冻伤苗木；5 ~ 9 月生长季节每月施 1 次浓度约为 1% 复合肥水溶液，10 月后应适当控制水肥，提高苗木木质化程度；培育 1 年苗高约 50 ~ 60 cm，地径约 0.7 cm，可达到造林苗木规格标准。

栽植 造林地最好选择在南亚热带及以南地区，海拔 300 m 以下，南坡，土层深厚的土壤。栽植株行距 2 m × 3 m 或 3 m × 3 m，造林密度 74 ~ 111 株/亩。造林前先做好砍山、整地、挖穴、施基肥和表土回填等工作，种植穴长 × 宽 × 高规格为 50 cm × 50 cm × 40 cm，基肥穴施钙镁磷肥 1 kg 或沤熟农家肥 1.5 kg。如混交造林，可采用株间或行间混交，铁刀木与其他树种比例为 1 ∶ 1 至 1 ∶ 2 为宜。

裸根苗应在春季造林，营养袋苗在春夏季也可造林。在春季，当气温回升，雨水淋透林地时进行造林；如要夏季造林，须在大雨来临前 1 ～ 2 天或雨后即时种植，雨前种植需要将营养袋苗浸透水，并保持土球完整。淋足定根水，春季造林成活率可达 95% 以上，夏季略低。

抚育管理 造林后 3 年内，每年 4 ～ 5 月和 9 ～ 10 月应进行抚育各 1 次。抚育包括全山砍杂除草，并扩穴松土，穴施沤熟农家肥 1 kg 或复合肥 0.15 kg，肥料应放至离叶面最外围滴水处左右两侧，以免伤根，影响生长，4 ～ 5 年即可郁闭成林。抚育时应注意修枝整形，以促进幼林生长。

病虫害防治

（1）病害防治：病害较少。

（2）虫害防治：铁刀木生长旺盛，抗性甚强，仅在胚芽出土初期易受蚂蚁危害，幼苗易被蟋蟀咬伤，可用 90% 敌百虫或 80% 马拉松乳剂 800 ～ 1000 倍液喷杀。在幼林及成林阶段，有时也会出现一些鳞翅目昆虫（毛虫）吃叶或天牛类幼虫钻孔蛀食树皮或边材，食叶害虫，可用 90% 敌百虫或 80% 马拉松乳剂 800 ～ 1000 倍液喷杀；天牛类幼虫 25% 乐果喷杀。

黄槐

学名：*Cassia surattensis* Burm. f.

苏木科决明属

别名：黄槐决明、粉叶决明、金凤

【形态特征】 小乔木，高 5 ~ 7 m；分枝多，小枝有纵棱；树皮颇光滑，灰褐色；嫩枝、叶轴、叶柄被微柔毛。偶数羽状复叶，叶长 10 ~ 15 cm；叶轴及叶柄呈扁四方形，在叶轴上面最下 2 或 3 对小叶之间，叶柄上部有棍棒状腺体 2 ~ 3 枚；小叶 7 ~ 9 对，长椭圆形或卵形，长 2 ~ 5 cm，宽 1 ~ 1.5 cm，下面粉白色，被疏散、紧贴的长柔毛，边全缘；小叶柄长 1 ~ 1.5 mm，被柔毛；托叶线形，弯曲，长约 1cm，早落。总状花序生于枝条上部的叶腋内；苞片卵状长圆形，外被微柔毛，长 5 ~ 8 mm；萼片卵圆形，大小不等，内生的长 6 ~ 8 mm，外生的长 3 ~ 4 mm，有 3 ~ 5 脉；花瓣鲜黄至深黄色，卵形至倒卵形，长 1.5 ~ 2 cm；雄蕊 10 枚，全部可育。5 ~ 6 月及 9 ~ 11 月为盛花期。荚果扁平，带状，开裂，长 7 ~ 10 cm，宽 8 ~ 12 mm，顶端具细长的喙，果颈长约 5mm，果柄明显；种子 10 ~ 12 颗，有光泽。

【生态习性】 原产印度、斯里兰卡、东南亚及大洋洲。我国东南部及南部广泛栽培。黄槐为中性偏喜光树种，幼树能耐阴，成年树喜光。在热带、南亚热带（年均气温 16 ~ 24℃之间，极端最低温度 0 ~ 4.6℃）最适宜生长。适宜高温、湿润、肥沃中性冲积土壤，忌积水，在干旱、瘠薄土壤也能正常生长。耐旱、耐热，容易栽培，生长快速，浅根性，风强则易倒。

【观赏与造景】 观赏特色：黄槐四季常绿，萌芽能力强，花期长，花鲜黄至深黄色，观赏价值极高。

造景方式：黄槐树干通直，萌芽能力强，适合在南亚热带或以南地区作公路、铁路和人行道的行道树。在自然保护区和风景林片植作景观林树种。适合在南亚热带及以南地区列植、片植、群植作公路、铁路和江河景观林带基调树种。

【栽培技术】

采种　种子繁殖，6 ~ 12 月为适宜采种期。当荚果由青绿变成褐色时种子成熟可采。

育苗　可随采随播。用干种子播种，播种前可用 80℃热水浸泡种子至自然冷却，待种子吸水膨胀后播种；未吸水膨胀的种子继续用 80℃热水浸泡，直至膨胀为止。育苗地应选择坡度平缓、阳光充足、排水良好、土层深厚肥沃的沙壤土，用撒播方法进行播种，苗床高 15 cm 左右，纯净黄心土加火烧土（比例为 4 ∶ 1）作育苗基质，用小木板压平基质，用细表土或干净河沙覆盖种子，厚度约 0.8 ~ 1.0 cm，以淋水后不露种子为宜，再用遮光网遮荫，保持苗床湿润，播种后约 7

1 2 3 4 5 6 7 8 9 10 11 12 13 14 15

天种子开始发芽出土，经 15 天左右发芽结束，发芽率 65% 以上；当苗高达到 4 ～ 7cm，有 2 ～ 3 片真叶时即可上营养袋（杯）或分床种植。用黄心土 87%、火烧土 10% 和钙镁磷酸 3% 混合均匀作营养土装袋。种植后应覆盖遮光网遮荫，冬季用薄膜覆盖保温，防止冻伤苗木；5 ～ 9 月生长季节每月施 1 次浓度约为 1% 复合肥水溶液。培育 1 年苗高约 40 cm，地径约 0.5 cm，可达到造林苗木规格标准。

栽植　栽植株行距 2 m×2 m 或 2 m×2.5 m，造林密度 133 ～ 167 株 / 亩。造林前先做好砍山、整地、挖穴、施基肥和表土回填等工作，种植穴长 × 宽 × 高规格为 40 cm×40 cm×35 cm，基肥穴施钙镁磷肥 1 kg 或沤熟农家肥 1.5 kg。如混交造林，可采用株间或行间混交，黄槐与其他树种比例为 1 ∶ 1 至 1 ∶ 2 为宜。在春季，当气温回升，雨水淋透林地时进行造林。淋足定根水，春季造林成活率可达 85% 以上。

抚育管理　造林后 3 年内，每年 4 ～ 5 月和 9 ～ 10 月应进行抚育各 1 次。抚育包括全山砍杂除草，并扩穴松土，穴施沤熟农家肥 1 kg 或复合肥 0.15 kg，肥料应放至离叶面最外围滴水处左右两侧，以免伤根，影响生长，4 ～ 5 年即可郁闭成林。抚育时应注意修枝整形，以促进幼林生长。

病虫害防治

（1）病害防治：猝倒病：可用 50%甲基托布津 800 ～ 1000 倍液或波尔多液等。茎腐病：夏季可以遮荫，抚育管理不要碰伤苗木，要及时消除病苗，可以喷施 50%多菌灵 800～ 1000 倍液防治。

（2）虫害防治：①槐蚜：秋冬喷石硫合剂，消灭越冬虫卵；蚜虫发生量大时，可喷 40%氧化乐果、50%马拉硫磷乳剂或 40%乙酰甲胺磷 1000 ～ 1500 倍液，或喷鱼藤精 1000 ～ 2000 倍液，10%蚜虱净可湿性粉剂 3000 ～ 4000 倍液，2.5%溴氰菊酯乳油 3000 倍液；在蚜虫发生初期或越冬卵大量孵化后卷叶前，用药棉蘸吸 40%氧化乐果乳剂 8 ～ 10 倍液，绕树干一圈，外用塑料布包裹绑扎。②朱沙叶螨：发现叶螨在较多叶片危害时，应及早喷药，防治早期危害，是控制后期虫害的关键。可用 40%三氯杀螨醇乳油 1000 ～ 1500 倍液，也可用 50%三氯杀螨砜可湿性粉剂 1500 ～ 2000 倍液、40%氧化乐果乳油 1500 倍液、20%灭扫利乳油 3000 倍液喷雾防治，喷药时要均匀、细致、周到。如发生严重，每隔半月喷 1 次，连续喷 2 ～ 3 次有良好效果。③槐尺蛾：5 月中旬及 6 月下旬重点做好第一、二代幼虫的防治工作，可用 50%杀螟松乳油，50%辛硫磷乳油 2000 ～ 4000 倍液，20%灭扫利乳油 2000 ～ 4000 倍液，20%灭扫利乳油 4000 倍液喷雾防治。生物防治可用苏云金杆菌乳剂 600 倍。④锈色粒肩天牛：化学防治成虫：于每年 6 月中旬至 7 月中旬成虫活动盛期，对国槐树冠喷洒 2000 倍液杀灭菊酯，每 15 天一次，连续喷洒 2 次，可收到较好效果；化学防治幼虫：每年 3 ～ 10 月为天牛幼虫活动期，可向蛀孔内注射 40%氧化乐果或 50%辛硫磷 5 ～ 10 倍液，然后用药剂拌成的毒泥巴封口，可毒杀幼虫；用石灰 10kg + 硫磺 1kg + 盐 10g + 水 20 ～ 40kg 制成涂白剂，涂刷树干预防天牛产卵。⑤国槐叶小蛾：害虫发生期喷洒 40%乙酰甲胺磷乳油 1000 ～ 1500 倍液，或 50%杀螟松 1000 倍液，或 50%马拉硫磷乳油 1000 ～ 1500 倍液。

凤凰木

学名：*Delonix regia* (Boj.) Raf.

苏木科凤凰木属

别名 凤凰树、火树、红花楹、金凤树

【形态特征】 落叶大乔木，高达20m，胸径可达1m；树形为广阔伞形，分枝多而开展；树皮粗糙，灰褐色；小枝常被短茸毛并有明显的皮孔。二回羽状复叶，互生，长20～60 cm，有羽片15～20对，对生；羽片长5～10 cm，有小叶20～40对；小叶密生，细小，长椭圆形，全缘，顶端钝圆，基部歪斜，长4～8 mm，宽2.5～3 mm，薄纸质，叶面平滑且薄，青绿色，中脉明显，两面被绢毛。总状花序伞房状，顶生或腋生，长20～40 cm；花大，直径7～15cm；花萼5，聚生成簇，内侧深红色，外侧绿色；花瓣5，红色，下部四瓣平展，长约8cm，第五瓣直立，稍大，且有黄白斑点，雄蕊红色。荚果带状或微弯曲呈镰刀形，扁平，下垂，成熟后木质化，呈深褐色，长30～60 cm，种皮有斑纹。花期5～7月，果熟期秋冬季。

【生态习性】 原产非洲马达加斯加，目前在世界热带、南亚热带地区广泛引种栽培。适生于温暖气候，生长适温20～30℃，不耐寒，冬季温度不低于5℃。阳光充足、高温、湿润、肥沃、疏松、排水良好的富含有机质沙质壤土为宜，生长迅速，萌发力强。怕积水，较耐干旱，耐瘠薄土壤。浅根性，但根系发达，抗风能力强，抗空气污染，为优良抗污景观树种。

【观赏与造景】 观赏特色：树冠高大，树形美观，花红色，满树如火，富丽堂皇。

造景方式：可在公园，绿化小区列植作行道树，孤植或群植作庭园观赏树和庭荫树；在自然保护区和风景林片植作景观林树种。适合在南亚热带地区及以南地区列植、片植、群植作公路、铁路和江河作景观林带基调树种。

【栽培技术】

采种 种子于11月开始成熟，荚果由青绿色转褐色，果瓣微裂时进行采收。采回果实后经阳光暴晒，果瓣开裂后种子自然脱出；可随采随播，也可晒干种子翌春播种。种子千粒重约1000 g。

育苗 有保温条件的地区可随采随播，如无保温条件的地区翌春3月以后播种。如用干种子播种，播种前可用开水浸泡种子至自然冷却，待种子吸水膨胀后播种；未吸水膨胀的种子继续用开水浸泡，直至膨胀为止。种子可用浓硫酸或盐酸浸泡脱蜡，边浸泡边搅拌，待种皮起皱后洗净酸液，用清水浸泡到种子膨胀，没有膨胀的种子继续用浓硫酸或盐酸浸泡脱腊，用清水浸泡，直至膨胀为止。种子也可用剪刀剪去部分表皮，或用锉刀磨穿部分表皮，用清水浸泡种子，直至种子膨胀为止。育苗地应选择坡度平缓、阳光充足、

1 2 3 4 5 6 7 8 9 10 11 12

排水良好、土层深厚肥沃的沙壤土，如用撒播方法进行播种，苗床高 15 cm 左右，纯净黄心土加火烧土（比例为 4 ： 1）作育苗基质，用小木板压平基质，用细表土或干净河沙覆盖种子，厚度约 1.5 ～ 2.0 cm，以淋水后不露种子为宜，再用遮光网遮荫，保持苗床湿润，播种后约 2 天种子开始发芽出土，经 7 天左右发芽结束，发芽率 75% 以上；当苗高达到 5 ～ 8 cm，有 2 ～ 3 片真叶时即可上营养袋（杯）或分床种植。用黄心土 87%、火烧土 10% 和钙镁磷酸 3% 混合均匀作营养土装袋。也可将种子直接点播在营养袋上，点播后保持营养袋湿润，可减少缓苗时间，但生长不整齐，需不断移营养袋苗才能保持苗木整齐。种植后应覆盖遮光网遮荫，冬季用薄膜覆盖保温，防止冻伤苗木；5 ～ 9 月生长季节每月施 1 次浓度约为 1% 复合肥水溶液，10 月后应适当控制水肥，提高苗木木质化程度。培育 1 年苗高约 50 cm，地径约 0.7 cm，可达到造林苗木规格标准。

栽植　造林地最好选择在南亚热带及以南地区，海拔 300m 以下山坡中下部或山涧低谷，排水良好的地方，对土壤无严格要求。栽植株行距 2 m × 3 m 或 3 m × 3 m，造林密度 74 ～ 111 株 / 亩。造林前先做好砍山、整地、挖穴、施基肥和表土回填等工作，种植穴长 × 宽 × 高规格为 50 cm × 50 cm × 40 cm，基肥穴施钙镁磷肥 1 kg 或沤熟农家肥 1.5 kg。如混交造林，可采用株间或行间混交，凤凰木与其他树种比例为 1 ： 1 至 1 ： 2 为宜。裸根苗应在春季造林，营养袋苗在春夏季也可造林。在春季，当气温回升，雨水淋透林地时进行造林；如要夏季造林，须在大雨来临前 1 ～ 2 天或雨后即时种植，雨前种植需要将土球浸透水，并保持土球完整。淋足定根水，春季造林成活率可达 85% 以上，夏季略低。

抚育管理　造林后 3 年内，每年 4 ～ 5 月和 9 ～ 10 月应进行抚育各 1 次。抚育包括全山砍杂除草，并扩穴松土，穴施沤熟农家肥 1 kg 或复合肥 0.15 kg，肥料应放至离叶面最外围滴水处左右两侧，以免伤根，影响生长，4 ～ 5 年即可郁闭成林。抚育时应注意修枝整形，以促进幼林生长。

病虫害防治

（1）病害防治：根腐病：砍伐病株，挖掘树根及子实体，集中焚毁，并消毒土壤；掘沟阻断，喷施 75% 五氯硝苯可湿性粉剂 750 倍稀释液，以防止病害蔓延。

（2）虫害防治：凤凰木夜蛾：灯光诱杀；生物防治：保护利用天敌，如苗圃及林地中的蚂蚁、瓢虫、胡蜂、马蜂、寄蝇、草蛉、益鸟、蝙蝠等天敌均须加以保护利用；化学防治①对幼龄幼虫可喷射 50% 杀螟松乳油 1000 倍液，或 40% 乐果乳油、或马拉硫磷乳油 800 ～ 1000 倍液，或 75% 辛硫磷乳油、或 50% 对硫磷乳油 2000 倍液，或 90% 敌百虫晶体 1000 ～ 1500 倍液，或 40% 水胺硫磷乳剂、或 50% 甲胺磷乳剂 500 ～ 1000 倍液，或 25% 西维因可湿性剂 1500 倍液，或 2.5% 溴氰菊酯、或 20% 速灭杀丁乳油 3000 ～ 5000 倍液，或 10% 氯氰菊酯乳油，每公顷用药 150 ～ 300 ml，或灭幼脲 3 号 20% 胶悬剂 2000 ～～ 3000 倍液；②对已蛀入梢中的幼虫，可用 50% 久效磷乳油、或 40% 氧化乐果乳油 10 倍液注干，或用 50% 杀螟松乳油、或 50% 二溴磷乳油 20 ～ 40 倍液涂抹被害处。

仪花

学名：*Lysidice rhodostegia* Hance

苏木科仪花属

别名：麻轧木、假格木、铁罗伞、红花树

【形态特征】 常绿乔木，高可达20 m，胸径50cm，树皮灰白至暗灰色，树冠近球形或扁球形。偶数羽状复叶，具小叶6 ~ 8枚，有时达12枚；小叶长椭圆形，微偏斜，长4 ~ 10 cm，宽2.5 ~ 4 cm，先端急尖或骤尖，基部圆形或楔形，无毛。花排列为顶生或腋生的总状或圆锥花序；苞片椭圆形，长约10mm，粉红色；萼管状，管部长约7 ~ 12 mm，裂片4，矩圆形，长约8 ~ 10 mm，宽3 ~ 5 mm；花冠紫红色，花瓣5，上面3个发达，有长爪；发育雄蕊2，稀1或3；子房有疏毛。荚果条形，扁平，长约15 ~ 22 cm，宽3.3 ~ 5cm。花期5 ~ 7月，果期9 ~ 10月。

【生态习性】 分布于我国台湾、广东、广西、贵州、云南，越南亦有分布。喜光，喜温暖湿润的气候；耐瘠薄，但以在深厚肥沃排水良好的土壤上生长较好。生于河边或杂木林中，根系发达，抗风力和水土保持强，为优良水土保持景观树种。

【观赏与造景】 观赏特色：四季常绿，树干挺直，树冠开展，花紫红色，十分美丽。树皮灰白至暗灰色，树形优美，是优良行道树和庭园观赏树。

造景方式：树形美观，花美丽，可在公园，绿化小区列植作行道树，孤植或群植作庭园观赏树和庭荫树；在自然保护小区和风景林片植作景观林树种。适合在南亚热带地区及以南列植、片植、群植作公路、铁路和江河景观林带基调树种。

【栽培技术】

采种 种子于9 ~ 10月成熟，荚果由青绿色转褐色，果瓣微裂时进行采收。采回果实后经阳光暴晒，果瓣开裂后种子自然脱出；可随采随播，也可晒干种子翌春播种。

育苗 随采随播7天可以发芽。如用干种子播种，播种前可用开水浸泡种子至自然冷却，待种子吸水膨胀后播种；未吸水膨胀的种子继续用开水浸泡，直至膨胀为止。种子可用浓硫酸或盐酸浸泡脱腊，边浸泡边搅拌，待种皮起皱后洗净酸液，用清水浸泡到种子膨胀，没有膨胀的种子继续用浓硫酸或盐酸浸泡脱腊，用清水浸泡，直至膨胀为止。种子也可用剪刀剪去部分表皮，或用锉刀磨去部分表皮，用清水浸泡种子，直至种子膨胀为止。育苗地应选择坡度平缓、阳光充足、排水良好、土层深厚肥沃的沙壤土，如用撒播方法进行播种，苗床高15 cm左右，纯净黄心土加火烧土（比例为4 ∶ 1）作育苗基质，用小木板压平基质，用细表土或干净河沙覆盖种子，厚度约1.5 ~ 2.0 cm，以淋水后不露种子为宜，再用遮光网遮荫，保持苗床湿

润，播种后约 3 天种子开始发芽出土，经 20 天左右发芽结束，发芽率 75% 以上；当苗高达到 10 ～ 12 cm，有 2 ～ 3 片真叶时即可上营养袋（杯）或分床种植。用黄心土 87%、火烧土 10% 和钙镁磷酸 3% 混合均匀作营养土装袋。也可将种子直接点播在营养袋上，点播后保持营养袋湿润，可减少缓苗时间，但生长不整齐，需不断移营养袋苗才能保持苗木整齐。种植后应覆盖遮光网遮荫，冬季用薄膜覆盖保温，防止冻伤苗木；5 ～ 9 月生长季节每月施 1 次浓度约为 1% 复合肥水溶液，10 月后应适当控制水肥，提高苗木木质化程度。培育 1 年苗高约 50 cm，地径约 0.7 cm，可达到造林苗木规格标准。

栽植　造林地选择在海拔 300m 以下山坡中下部或山涧低谷，排水良好的地方，对土壤无严格要求。栽植株行距 2 m × 3 m 或 3 m × 3 m，造林密度 74 ～ 111 株 / 亩。造林前先做好砍山、整地、挖穴、施基肥和表土回填等工作，种植穴长 × 宽 × 高规格为 50 cm × 50 cm × 40 cm，基肥穴施钙镁磷肥 1 kg 或沤熟农家肥 1.5 kg。如混交造林，可采用株间或行间混交，观光木与其它树种比例为 1 ∶ 1 至 1 ∶ 2 为宜。裸根苗应在春季造林，营养袋苗在春夏季也可造林。在春季，当气温回升，雨水淋透林地时进行造林；如要夏季造林，须在大雨来临前 1 ～ 2 天或雨后即时种植，雨前种植需要将土球浸透水，并保持土球完整。浇足定根水，春季造林成活率可达 85% 以上，夏季略低。

抚育管理　造林后 3 年内，每年 4 ～ 5 月和 9 ～ 10 月应进行抚育各 1 次。抚育包括全山砍杂除草，并扩穴松土，穴施沤熟农家肥 1 kg 或复合肥 0.15 kg，肥料应放至离叶面最外围滴水处左右两侧，以免伤根，影响生长，4 ～ 5 年即可郁闭成林。抚育时应注意修枝整形，以促进幼林生长。

病虫害防治　很少病害，但有食叶害虫危害，注意及时防治。

无忧树

学名：*Saraca asoca* (Roxb.) de Wilde

苏木科无忧花属

别名：无忧花、四方木、火焰花

【形态特征】 常绿乔木，高 15 ～ 20 m；胸径达 25 cm。偶数羽状复叶，叶长 50 ～ 60 cm，有小叶 5 ～ 6 对，嫩叶略带紫红色，下垂；小叶近革质，长椭圆形、卵状披针形或长倒卵形，长 15 ～ 35 cm，宽 5 ～ 12 cm，基部 1 对常较小，先端渐尖、急尖或钝，基部楔形，侧脉 8 ～ 11 对；小叶柄长 7 ～ 12mm。花序腋生，较大，总轴被毛或近无毛；总苞大，阔卵形，被毛，早落；苞片卵形、披针形或长圆形，长 1.5 ～ 5 cm，宽 6 ～ 20 mm。下部的 1 片最大，往上逐渐变小，被毛或无毛，早落或迟落；小苞片与苞片同形，但远较苞片为小；花黄色，后部分（萼裂片基部及花盘、雄蕊、花柱）变红色，两性或单性；花梗短于萼管，无关节；萼管长 1.5 ～ 3cm，裂片长圆形，4 片，有时 5 ～ 6 片，具缘毛；雄蕊 8 ～ 10 枚，其中 1 ～ 2 枚常退化呈钻状，花丝突出，花药长圆形，长 3 ～ 4 mm；子房微弯，无毛或沿两缝线及柄被毛。荚果棕褐色，扁平，长 22 ～ 30cm，宽 5 ～ 7 cm，果瓣卷曲；种子 5 ～ 9 颗，形状不一，扁平，两面中央有一浅凹槽。花期 4 ～ 5 月，果期 7 ～ 10 月。

【生态习性】 原产老挝、越南及中国云南、广西一带。喜光，喜高温湿润气候，耐干旱，抗风害。在富含腐殖质、肥沃深厚、排水良好的中性至酸性土壤上生长良好。自然分布在石灰岩山区。

【观赏与造景】 观赏特色：树枝雄伟，叶大翠绿。花序大型，花期长，着花多而密，是高雅的木本花卉。

造景方式：广泛用于庭院的绿化种植。可用于南亚热带地区沿路生态景观建设。

【栽培技术】 繁殖可采用播种、扦插、高空压条等方法。

采种　无忧树在广州地区种植时，花后由于病虫害及开花时正值雨季等原因，一般开花后很少结实，但在原产地结实较好。果实一般在 7 ～ 8 月成熟后采下风干后即播。

育苗　播种时可采用条播、散播、点播等多种方式。无忧树的种子不耐贮藏，袋装在常温下 3 个月即全部失去发芽力，种子采后用沙藏最多只能保存半年。一般 8 月下旬播种，9 月下旬开始发芽，10 月为发芽盛期，发芽率可达 80% 左右。发芽后，幼苗应留在沙床或圃地防寒过冬。也可用营养袋育苗。翌年 3 月春暖后，移至大田培育，株行距 30 cm × 30 cm。幼苗培育 1 年，达 50 ～ 60 cm 高时，可出圃定植。供城市绿化用的大苗宜在 3 ～ 4 月移栽，栽植时要带土球，栽后要充分浇水并立支柱固定防风吹倒。

栽植 扦插：无忧树的扦插在5～7月生长旺盛期进行。选择2～3年生、直径约1cm的成熟枝条作插穗，穗长约20 cm，上部留少量叶片，将枝条下部浸入50 mg/L的吲哚乙酸、生根粉或萘乙酸中6 h后，插入湿沙或蛭石床内，适当遮荫，并经常喷雾保湿，成活率可达60%左右。

高空压条：选取生长良好的植株，取粗0.5～1.0 cm的1～2年生枝条作压条，如有分枝，可压在分枝上。压条的时间选择在2～3月较好，压后当年能生根。定植后2～3年能开花。

抚育管理 忌积水，在南方种植时应稍高于地面，并注意排水。栽种前要施足基肥，在春夏生长旺季要追施氮肥催苗生长，花前追施磷钾肥有利于鲜花盛开，花后施氮磷钾复合肥有利于生长期的营养生长。入秋后要停止施肥。以利苗木增强防寒能力，安全过冬。

病虫害防治 无忧树的抗性强，病虫害较少。

任豆

学名：*Zenia insignis* Chun

苏木科任豆属

别名：翅荚木、任木

【形态特征】 落叶大乔木，高 20m，胸径可达 1 m；树皮灰白带褐色；树冠伞形，枝条开展。二回奇数羽状复叶，互生，长 25 ～ 45 cm；托叶大，早落；小叶革质，互生，长圆状披针形，长 3 ～ 5 cm，宽 2 ～ 3 cm，先端急尖或渐尖，基部圆形，下面密生白色平贴短柔毛；小叶柄长约 2 ～ 3 mm。聚伞状圆锥花序顶生；花梗和总花梗有黄棕色柔毛；花红色，近辐射对称，长约 14 mm；萼片 5，花瓣比萼片稍长，最上面的 1 枚花瓣略宽于其他花瓣；雄蕊 5，其中 4 枚能育，花丝疏生柔毛；子房边缘疏生柔毛，具子房柄，有 3 ～ 8 枚胚珠。荚果褐色，不开裂，长圆形或长圆状椭圆形，长可达 15 cm，宽约3cm，在近轴的一侧有宽约 5 ～ 9mm 的翅，荚内有种子 3 ～ 8，果皮膜质；种子扁圆形，平滑而有光泽，棕黑色。花期 4 ～ 5 月，果期 7 ～ 8 月。

【生态习性】 分布于我国广东、广西、湖南、云南。强喜光树种，萌芽力强。分布区年平均温度 17 ～ 23℃，极端最低温 -4.9℃，年降水量约 1500 mm。土壤为棕色石灰岩土，pH 值 6.0 ～ 7.5，在酸性红壤和赤红壤上也能生长。在石灰岩石山中、下部的坡积土、碎石坡以至石缝中，根系能向四方伸长，以适应干旱的生境，抗风能力强。是中亚热带石灰岩地区常绿落叶阔叶混交林优良树种，为优良水源涵养景观树种之一。

【观赏与造景】 观赏特色：树干通直，树冠伞形翠绿，开花能诱蝶。是广东北部地区优良行道树和庭园观赏树。

造景方式：树形美观，花美丽，可在广东北部公园、绿化小区列植作行道树，孤植或群植作庭园观赏树；在石灰岩地区自然保护小区和风景林片植作景观林树种。适合在广东北部地区列植、片植、群植作公路和铁路景观林带树种。

【栽培技术】

采种 7 ～ 8 月，采种宜在荚果由青绿变成褐色时进行。采回果实后经阳光暴晒，果瓣开裂后种子自然脱出，晒干种子翌春播种。

育苗 用干种子播种，播种前可用 80℃热水浸泡种子至自然冷却，待种子吸水膨胀后播种；未吸水膨胀的种子继续用 80℃热水浸泡，直至膨胀为止。育苗地应选择坡度平缓、阳光充足、排水良好、土层深厚肥沃的沙壤土，用撒播方法进行播种，苗床高 15 cm 左右，纯净黄心土加火烧土（比例为 4 ：1）作育苗基质，用小木板压平基质，用细表土或干净河沙覆盖种子，厚度约 0.8 ～ 1.0 cm，以淋水后不露种子为宜，再用遮光网遮荫，

保持苗床湿润，播种后约 7 天种子开始发芽出土，经 20 天左右发芽结束，发芽率 75% 以上；当苗高达到 10 ~ 12 cm，有 2 ~ 3 片真叶时即可上营养袋（杯）或分床种植。用黄心土 87%、火烧土 10% 和钙镁磷酸 3% 混合均匀作营养土装袋。种植后应覆盖遮光网遮阳，冬季用薄膜覆盖保温，防止冻伤苗木；5 ~ 9 月生长季节每月施 1 次浓度约为 1% 复合肥水溶液，10 月后应适当控制水肥，提高苗木木质化程度。培育 1 年苗高约 60 cm，地径约 0.7 cm，可达到造林苗木规格标准。

栽植　造林地最好选择在广东北部和中部地区，对土壤无严格要求。栽植株行距 2 m × 3 m 或 3 m × 3 m，造林密度 74 ~ 111 株 / 亩。造林前先做好砍山、整地、挖穴、施基肥和表土回填等工作，种植穴长 × 宽 × 高规格为 50 cm × 50 cm × 40 cm，基肥穴施钙镁磷肥 1 kg 或沤熟农家肥 1.5 kg。如混交造林，可采用株间或行间混交，任豆与其他树种比例为 1 ：1 至 1 ：2 为宜。在春季，当气温回升，雨水淋透林地时进行造林。淋足定根水，春季造林成活率可达 85% 以上。

抚育管理　造林后 3 年内，每年 4 ~ 5 月和 9 ~ 10 月应进行抚育各 1 次。抚育包括全山砍杂除草，并扩穴松土，穴施沤熟农家肥 1 kg 或复合肥 0.15 kg，肥料应放至离叶面最外围滴水处左右两侧，以免伤根，影响生长，4 ~ 5 年即可郁闭成林。抚育时应注意修枝整形，以促进幼林生长。

病虫害防治

（1）病害防治：猝倒病：防治方法同黄槐猝倒病。锈病：出现病斑时要及时喷施 50%多菌灵 500倍液，或 25%粉锈宁 500倍液，每隔 7～ 10天喷施 1 次，连续喷 2～ 3 次。

（2）虫害防治：鞍象：2 月当气温上升到 10℃以上时，幼虫开始活动和取食，用 25%灭幼脲 3号胶悬剂 1500～ 2000倍淋浇。2 ~ 6 月在林地施白僵菌。

鸡冠刺桐

学名：*Erythrina crista-galli* L.

蝶形花科刺桐属

别名：鸡冠豆、巴西刺桐

【形态特征】 落叶小乔木，老干有纵裂，枝干常中空。叶互生，三出复叶，小叶椭圆形或长卵形，革质，羽状脉，叶柄及中脉有稀疏的短刺。总状花序，腋生，花冠橙红色至鲜红色，旗瓣反折，与龙骨瓣等长，宽而直立，翼瓣发育不完全，花药黄色，裸露，荚果长达20 cm。花期春季至秋季，盛花期4～7月，果期10～11月。

【生态习性】 原产南美巴西、秘鲁及南亚菲律宾、印度尼西亚，我国华南地区也有栽培。喜光，耐轻度遮荫，喜高温湿润气候，不耐霜冻。适应性强，耐干旱，抗盐碱，耐修剪，抗污染，易移植，萌发力强、生长快。对土壤要求不严，但不耐水浸。

【观赏与造景】 观赏特色：树形优美，树干苍劲古朴；花形独特，花期长，花色艳丽，季相变化丰富，具有较高的观赏价值。

造景方式：可修剪成花丛；在广东东、西部地区的公路、铁路两边生态景观林带的林缘处种植，适宜沿海生态景观林带的岸上种植。也可作行道树、园景树，可孤植、群植、列植，搭配其他花木种植，绿化、美化效果更好。

【栽培技术】

采种 鸡冠刺桐实生苗1年即可开始开花、结果。鸡冠刺桐开花后约45天果实成熟，当荚果由绿色逐渐变成棕褐色时，即可进行采收。果实成熟后荚果易开裂，应及时采收，采收后将荚果放在通风干燥的房间3～4天，然后放日光下晒，待荚果开裂，剥开得到种子。每荚种子数3～10粒不等，出种率约为30%，种粒大小不甚均匀，种子纯度约90%，千粒重350g左右，发芽率80%～90%。种子采收后，可随采随播。如需要贮藏，可用布袋装好，置于冰箱冷藏，但冷藏时间不可过长，以不超过1年为佳，否则发芽率会急剧下降。

育苗

(1) 播种育苗：鸡冠刺桐种皮较坚硬，难透水，播种前可适当作浸种处理，由于鸡冠刺桐种子发芽率高，一般可直接播于苗床，苗床土以疏松的沙壤土为宜，播后覆土以盖过种子的2倍为度，注意喷水，保持湿润，10天左右幼苗出土，1个月后幼苗长至20cm时进行移苗。由于鸡冠刺桐采收种子容易，播种发芽率高，实生苗生长迅速、健壮，故一般以播种育苗为主。

(2) 扦插育苗：取分枝半木质化枝条，长度15～20 cm插于沙床或疏松苗床中，保持湿润，约20天即可生根发芽，2个月即可

成苗。

栽植 鸡冠刺桐生性强健，对土壤条件要求不严，春季为移植的最佳时期，幼苗移植后应及时补充水分。在排水良好的肥沃壤土或沙壤土生长最好。鸡冠刺桐在苗圃地种植方法视其将来的园林用途不同而有区别。如作灌丛使用，株行距应控制在1 m×1 m左右，无需抹侧芽，任其自然分枝，待冠幅约1 m×1 m时即可出圃。如以培育行道树或园景树等为目的，则株行距控制在2 m×2 m左右，因该树种枝条较柔软，定植后应用竹子或树木支撑主干。并及时抹除侧芽，以促其直立生长。待长至2 m时即可让其自然分枝。

抚育管理 鸡冠刺桐喜光，应栽植在日照充足的地方，定植前应下足基肥，以有机肥为主。定植成活后，每季施一次有机肥料，并辅以每月一次500倍尿素水，以提供足够养分，促进枝叶生长，成株后每季施一次有机肥或复合肥即可。因鸡冠刺桐极易开花，花期过后应修剪整枝一次，以维持树形美观。

病虫害防治

（1）病害防治：主要病害有烂皮病和叶斑病，其综合防治方法为去除腐烂树皮，对树冠及树干喷施药物，对树干喷涂农药后需包裹；对树干周边土壤喷灌药物，进行全面消毒处理。

（2）虫害防治：刺桐姬小蜂：农业防治：修枝清除害虫，清除受害植株的叶片、叶柄，并集中销毁。修剪的伤口用“愈伤防腐膜”及早封闭，防止病虫危害和污染；另外，在清园的同时，应结合化学药物对树体进行消毒，喷施“护树将军”，消灭病虫害的越冬场所。化学防治：使用高效、广谱、内吸、熏蒸、传导、渗透的杀虫剂进行防治，最好在杀虫剂中加入“新高脂膜”，使农药增效，减少农药喷施次数。

刺桐

学名：*Erythrina variegata* L.

蝶形花科刺桐属

别名：广东象牙红、鸡公树、山芙蓉

【形态特征】 半落叶乔木，树高达10～15 m，胸径80 cm以上，分枝粗壮，铺展，树皮灰色，有圆锥形刺。叶大，三出复叶互生，膜质，平滑，顶部1枚宽大于长，长10～20 cm；叶柄长，有托叶，茎部各有一对腺体。先花后叶，总状花序长约15 cm，花多而密；花冠鲜红色，旗瓣长约5 cm，黄红色，翼瓣与龙骨瓣近相等，短于花萼，花丝橙红色。荚果梭形，微弯。花期3～4月，果期8～10月。

【近缘种与品种】 栽培品种：金脉刺桐 *Erythrina variegate* 'Parcellii'，又称黄脉刺桐，为落叶灌木，叶脉金黄色，园林树种，扦插繁殖。

【生态习性】 原产亚洲热带，我国福建、广东、广西、海南、台湾等地均有栽培，其生长旺盛，是华南地区园林和绿化栽培树种。喜光、喜高温湿润气候，适应性强，耐干旱，耐海潮，抗风、抗大气污染，栽培不择土壤，不耐水滞，在全日照或半日照地上均生长迅速。

【观赏与造景】 观赏特色：枝叶茂盛，树冠宽大，开花期间，枝干上开满红色华美的花朵，宛如火炬，光彩夺目，富热带色彩。

造景方式：为优良的木本花卉，适合广东东、西部地区的公路、铁路两边生态景观林带种植，也非常适合沿海生态景观林带的岸上种植。在园林中适合单植于草地或建筑物旁，可供公园、绿地及风景区美化，又是公路及市街的优良行道树。

【栽培技术】

采种 荚果于9～10月由青转黄褐色时成熟，每荚有种子6～8粒，荚果采回摊开日晒，脱出种子，干藏。种子千粒重约25g，发芽率约80%。

育苗

(1) 播种育苗：播种前宜用50℃温水浸种24h后进行催芽处理，可直接播于苗床，苗床土以疏松的沙壤土为宜，播后覆土以盖过种子的2倍高度为宜，保持湿润，10天左右幼苗出土，1个月后幼苗长至20cm时进行移苗。

(2) 扦插育苗：扦插在1～3月枝条尚无萌芽发叶时进行，选粗3～4cm的枝条，剪成30～50cm的枝段作插穗，插入泥土中，覆盖透光度约50%的遮光网，保持泥土湿润，扦插后30～40天插穗开始生根，按常规扦插苗管理方法进行管理，翌春进行定植。

栽植 刺桐喜光，应栽植在日照充足的地方，宜种植在含腐殖质较多的疏松土壤中，

栽种时可略露根，种好后设置于遮荫，生长稳定后全光照培育。种植刺桐株行距控制在2 ~ 3 m，定植后及时抹除侧芽，以促其直立生长。待长至2m时即可让其自然分枝。

抚育管理 幼树宜放在半荫处养护，并修剪过多枝条，以培育成良好树形，生长期每季施一次有机肥料或复合肥，促进枝叶生长，成株后每年施1 ~ 2次有机肥或复合肥。落叶后只保持土壤微湿润。

病虫害防治 病虫害防治同鸡冠刺桐。

海南红豆

学名：*Ormosia pinnata* (Lour.) Merr.

蝶形花科红豆属

别名：胀果红豆、鸭公青、万年青

【形态特征】 常绿乔木，高达 13 ~ 15 m，胸径 30 cm。树皮灰色或灰黑色；幼枝被淡褐色短柔毛，渐变无毛。奇数羽状复叶，小叶 3 ~ 4 对，薄革质，披针形，叶面深绿色，亮泽，长 12 ~ 15 cm，新叶微红。圆锥花序顶生，由多数黄白色的蝶形小花组成，花长 1.5 ~ 2 cm；花萼钟状，被柔毛，花冠粉红色而带黄白色；荚果长 3 ~ 7 cm，成熟时橙红色，种子椭圆形，种皮红色。花期 7 ~ 8 月，果实冬季成熟。

【生态习性】 原产我国广东西南部、海南、广西南部。越南、泰国也有分布。生于中海拔及低海拔的山谷、山坡、路旁森林中。喜光、喜高温湿润气候，适应性强，耐寒、耐半阴、抗大气污染，抗风，不耐干旱。在土层深厚、湿润的酸性土壤上生长良好。

【观赏与造景】 观赏特色：树冠圆球形，枝叶繁茂，绿荫效果好。

造景方式：适合广东东、西部地区的公路、铁路生态景观林带种植，也适合江河生态景观林带中与多个树种混合种植。可作园林绿化景观树和行道树，是营造常绿阔叶混交林的优良树种。

【栽培技术】

采种 果熟期可从 11 月中旬一直延续到翌年 1 月下旬。采种应于 12 月上中旬当果实盛熟时采收肥大饱满呈橙黄色荚果，置于太阳下暴晒至自行开裂脱出艳红色种子，荚果有种子 1 ~ 4 粒。出种率 12% ~ 13%，种子千粒重 968 ~ 1168 g。处理好的种子切忌暴晒，稍阴干即可播种，最好是即采即播，发芽率 85% 以上。否则会降低发芽率。如需贮藏，需剥去或置于水中搓擦洗去红色种皮，拌以细沙或椰渣用薄膜袋密封可贮藏 1 ~ 2 个月。如不及时处理，半个月以内即霉烂甚至失去发芽力。

育苗 在 1 ~ 3 月播种。播种时，宜选水分充足，光照适中，通气良好、土壤较肥沃的沙质壤土，采用条播法播种。30 ~ 40 天即可发芽，幼苗出土后注意浇水，当幼苗长出两三片真叶时，移入营养袋中培育，成活率可达 95% 以上。幼苗稍耐阴，出土后半个月最好搭遮荫棚，保持透光度 40% ~ 50%，并加强苗期松土、除草、施肥和浇水等管理，一年苗高可达 40 ~ 50 cm，地径 1 cm 可出圃造林或用于绿化。

栽植 海南红豆树冠大，性喜光，造林密度应加大。用作绿化的行道树栽植密度一般为：单行株距为 5 ~ 7 m，双行定植株行距为 5 m × 4 m。荒山造林林地选择土层深厚、

肥沃的山腰以下坡地，可以3 m×3 m或3 m×4 m进行定植，造林一般用高50 cm以上的营养袋苗，成活率可达85%以上；造林时，苗应随起随栽，造林季节在春雨时节，可与南方常见阔叶树种混交造林。定植穴径以40 cm×40 cm或50 cm×30 cm为宜。城镇绿化用苗一般以3～5年生带土球的大苗。

抚育管理 培育大苗应选择在肥沃、排水良好的圃地，种植株行距1.5 m×2.0 m，幼树应修剪萌枝。造林种植后3年内加强抚育，每年铲草2～3次，结合铲草抚育每株每次施复合肥250 g促进生长。

病虫害防治

（1）病害防治：红锈病：发病初期喷洒25%三锉酮可湿性粉剂1000倍液或97%敌锈钠600倍液、70%代森锰锌可湿性粉剂500倍液。阴雨季节有时苗木发生根腐，可用70%的石灰粉与30%的草木灰混合施用，效果较好。中苗时有褐斑病，造成叶片枯死脱落，可用50%退菌特500倍液喷洒。

（2）虫害防治：虫害主要有蜡彩袋蛾，危害叶片，可用人工摘除虫囊，或用500倍的90%敌百虫药液喷杀消灭幼虫。

枫香

学名：*Liquidambar formosana* Hance

金缕梅科枫香树属

【形态特征】 落叶乔木，高达30 m，胸径最大可达1 m，树皮灰褐色，方块状剥落；小枝干后灰色，被柔毛，略有皮孔；芽体卵形，长约1 cm，略被微毛，鳞状苞片敷有树脂，干后棕黑色，有光泽。叶薄革质，阔卵形，掌状3裂，中央裂片较长，先端尾状渐尖；两侧裂片平展；基部心形；上面绿色，干后灰绿色，不发亮；下面有短柔毛，或变秃净仅在脉腋间有毛；掌状脉3～5条，在上下两面均显著，网脉明显可见；边缘有锯齿，齿尖有腺状突；叶柄长达11 cm，常有短柔毛；托叶线形，游离，或略与叶柄连生，长1～1.4 cm，红褐色，被毛，早落。花单性，雌雄同株，头状花序。雄花序常数个集生成总状，雌花序单生。4月上旬开花，10月下旬果实成熟。果穗球形，径2.5～3.5 cm，由多数蒴果组成。

【生态习性】 分布于黄河以南，西至四川、贵州，南至广东，东至台湾。生平原或丘陵地区。喜温暖湿润气候，性喜光，幼树稍耐阴，耐干旱瘠薄土壤，不耐水涝。在湿润肥沃而深厚的红黄壤土上生长良好。深根性，主根粗长，抗风力强，不耐移植及修剪。种子有隔年发芽的习惯，不耐寒，黄河以北不能露地越冬，不耐盐碱及干旱。生于山地常绿阔叶林中。具有较强的耐火性和对有毒气体的抗性，可用于厂矿区绿化。

【观赏与造景】 观赏特色：秋季日夜温差变大后叶变红、紫、橙红等，增添园中秋色。为南方观秋景的主要树种。

造景方式：常用于我国南方低山、丘陵地区营造风景林，在湿润肥沃土壤中大树参天十分壮丽。亦可在园林中栽作庭荫树，路旁作行道树，可于草地孤植、丛植，或于山坡、池畔与其他树木混植。与常绿树丛配合种植，秋季红绿相衬，会显得格外美丽。

【栽培技术】

采种 10月，当果实由绿色变成黄褐色而稍带青色、尚未开裂时击落收集。果穗采集后在阳光下晾晒3～5天，其间翻动2～3次，蒴果即可裂开，取出种子，然后用细筛将杂质除去，得纯净种子。

播种育苗 可随采随播，也可冷藏后翌春播种，随采随播比翌春播种发芽早而整齐。育苗地应选择坡度平缓、阳光充足、排水良好、土层深厚肥沃的沙壤土，将种子与适量细沙混合均匀进行播种，苗床高15 cm左右，纯净黄心土加火烧土（比例为4：1）作育苗基质，用小木板压平基质，用细表土或干净河沙覆盖种子，厚度约0.3～0.5 cm，以淋水后不露种子为宜，用薄膜保温，保持苗床

湿润，播种后25天左右种子开始发芽，45天幼苗基本出齐，场圃发芽率约为35.6%。当苗高达到5～7 cm，有2～3片真叶时即可上营养袋（杯）或分床种植。用黄心土87%、火烧土10%和钙镁磷酸3%混合均匀作营养土装袋。种植后应覆盖遮光网遮荫；5～10月生长季节每月施1次浓度约为1%复合肥水溶液。培育1年苗高约60 cm，地径约0.5 cm，可达到造林苗木规格标准。

栽植 对土壤要求不严，但土壤过于黏重时，幼苗易发生病害。栽植株行距2 m×3 m或3 m×3 m，造林密度74～111株/亩。造林前先做好砍山、炼山，整地、挖穴、施基肥和表土回填等工作，种植穴长×宽×高规格为50 cm×50 cm×40 cm，基肥穴施钙镁磷肥1 kg或沤熟农家肥1.5 kg。如混交造林，可采用株间或行间混交，枫香与其他树种比例为1∶1至1∶2为宜。裸根苗应在春季造林，营养袋苗在春夏季也可造林。在春季，当气温回升，雨水淋透林地时进行造林；如要夏季造林，须在大雨来临前1～2天或雨后即时种植，雨前种植需要将土球浸透水，并保持土球完整。淋足定根水，春季造林成活率可达85%以上，夏季略低。

抚育管理 造林后3年内，每年4～5月和9～10月应进行抚育各1次。抚育包括全山砍杂除草，并扩穴松土，穴施沤熟农家肥1 kg或复合肥0.15 kg，肥料应放至离叶面最外围滴水处左右两侧，以免伤根，影响生长，4～5年即可郁闭成林。

病虫害防治

（1）病害防治：白粉病和黑斑病，防治方法同竹柏。

（2）虫害防治：主要虫害有介壳虫和刺蛾，防治方法同白兰。

米老排

学名：*Mytilaria laosensis* Lecomte

金缕梅科壳菜果属

别名：壳菜果

【形态特征】 常绿乔木，成年树高达 30 m，胸径 80 cm；树干通直，树皮暗灰褐色，小枝具环状托叶痕；嫩枝无毛。叶宽卵圆形，长 10 ～ 13 cm，先端短尖，基部心形，全缘或 3 浅裂，掌状 5 出脉，叶柄长 7 ～ 10 cm。花两性，穗状花序顶生或腋生，花序轴长约 4 cm，花多数，排列紧密，萼片 5 ～ 6，被毛；花瓣长 0.8 ～ 1 cm，雄蕊 10 ～ 13 枚，花丝极短；花柱长 2 ～ 3 cm。蒴果长 1.5 ～ 2 cm，外果皮厚，黄褐色；种子长 1 ～ 1.2 cm，褐色，有光泽，种脐白色。花期 6 ～ 7 月，果熟期 10 ～ 11 月。

【生态习性】 我国南方速生用材树种，其垂直生长于海拔 1800 m 以下中、低山及丘陵地带，喜光，幼苗期耐庇荫，幼树则多出现在林边及阳光充足的地方。喜暖热、干湿季分明的热带季雨林气候，要求年平均气温 20 ～ 22℃，最冷月平均气温在 10.6 ～ 14℃，年降水量 1200 ～ 1600 mm；抗热、耐干旱、能耐 -4.5℃的低温，适生于深厚湿润、排水良好的山腰与山谷荫坡、半荫坡地带，低洼积水地生长不良；土壤以沙岩、沙页岩、花岗岩等发育成的酸性、微酸性的红壤系列，以赤红壤为主，石灰岩之地不能生长。萌芽更新能力强，耐修剪。根系发达，抗风能力强；少病虫害，树龄较长，生长快速，对不良气候有抵抗能力。因枯落叶较多且易腐烂、养分丰富，对改善林地肥力、涵养林地水源有较大的促进作用。

【观赏与造景】 观赏特色：既是优良用材树种，又是观赏绿化树种，干形通直高大，叶浓绿。叶片掌状五裂，纸质、肥大、浓密遮蔽、隔音、防尘效果好，是不可多得的园林绿化树种。

造景方式：因其叶色美丽，并具有良好的生态功能，目前主要用在山区林缘作为速生的造林树种。也可用于亚热带地区沿路生态景观建设。

【栽培技术】

采种 果熟期为 10 月中旬至 11 月上旬。当蒴果由青变黄，应即采收球果。取出种子后用湿沙混合贮藏，放阴凉处或瓦缸中。生产中可随采随播或翌年早春播种。种子千粒重约 170g。

育苗 幼苗喜荫，怕干旱，宜湿润，忌水湿。育苗地应选择坡度平缓、阳光充足、排水良好、土层深厚肥沃的沙壤土。可随采随播；如翌年 3 月播种，用 50℃温水浸泡种子（自然冷却）24 h，晾干后用撒播方法进行播种。苗床高 15 cm 左右，纯净黄心土加火烧土（比例为 4 ： 1）作育苗基质，用小木板

压平基质，用细表土或干净河沙覆盖种子，厚度约 0.8 ～ 1 cm，以淋水后不露种子为宜，再用遮光网遮荫，保持苗床湿润，播种后约 25 天种子开始发芽出土，经 40 天左右发芽结束，发芽率约 65% 以上；当苗高达到 5 ～ 7 cm，有 2 ～ 3 片真叶时即可上营养袋（杯）或分床种植。用黄心土 87%、火烧土 10% 和钙镁磷酸 3% 混合均匀作营养土装袋。种植后应覆盖遮光网遮荫；5 ～ 10 月生长季节每月施 1 次浓度约为 1% 复合肥水溶液。培育 1 年苗高约 80 cm，地径约 0.7 cm，可达到造林苗木规格标准。

栽植 立地条件好的造林地株行距为 2 m×3 m 或 2.7 m×2.7 m，密度为 1370 ～ 1667 株 /hm²；一般立地株行距为 2 m×2 m 或 2 m×2.5 m。裸根苗最好是 3 月前完成造林；容器苗受季节影响较小，但最好夏季完成造林。5 月气温高，造林成活率受影响，且影响当年的生长量。定植宜在雨后进行，裸根苗要求当天起苗当天种完。起苗时注意保护苗根，不伤顶芽，修剪叶子，随起苗随分级绑扎，然后浆根。定植时要深栽，根系要舒展，土要踏实，苗木端正，再覆细土。

抚育管理 造林当年夏季抚育松土 1 次，同时施氮、磷、钾复混肥为 100 ～ 150g/ 株。秋季再除草 1 次；以后每年除草松土 2 次，连续 3 年。第 2、3 年春各追肥 1 次，追肥量 100 g 株。在抚育除草同时，要修剪枝条，抚育管理好的林分，造林第 2 年，平均树高 2.5 m 以上，提前成林。林分在 2 ～ 3 年后开始郁闭，4 ～ 5 年生时适当间伐，间伐后郁闭度约保持 0.6 左右。第 10 年左右再间伐一次，最后保留 600 ～ 900 株 /hm²。

病虫害防治

（1）病害防治：据初步研究，已发现的病害病原物有 19 种，其中危害叶部的 16 种，危害茎枝的 3 种。常见病害有球毡病、角斑病、褐斑病及炭疽病。球毡病是幼林主要病害，发病率可达 75% ～ 100%，主要危害部位是叶，可用 20% 的三氯杀螨醇 1000 ～ 1500 倍液毒杀，幼林也可用烟雾剂防治。角斑病为苗圃和幼林常见病害，每年 5 ～ 8 月出现。褐斑病和炭疽病也是苗期病害，褐斑病出现在 5 ～ 7 月，炭疽病出现在 5 ～ 9 月。这些病害以防为主，措施是选好圃地，合理调整密度，加强苗期管理，出现病害时剪叶，用 50% 甲基托布津 800 倍液，50% 多菌灵 800 倍液，75% 百菌清等 800 ～ 1000 倍液等防治；也可用 1%波尔多液防治。

（2）虫害防治：主要害虫有刺蛾、袋蛾、灯蛾、叶甲、金龟子、蝗虫、蟋蟀等，其中刺蛾、袋蛾和叶甲危害较大，用 90% 敌百虫 800 ～ 1000 倍液等喷杀，也可用灯光诱引灭杀。

红花荷

学名：*Rhodoleia championii* Hook. f.

金缕梅科红花荷属

别名：红苞木

【形态特征】 常绿乔木，高 20 m，树干高而挺直，枝条扩展，分枝较多，树皮呈褐色，上有不规则裂纹，有白色节点平均分布于树皮上。单叶，互生，厚革质，卵形，长 7 ～ 13 cm，宽 4.5 ～ 6.5 cm，顶端钝或锐尖，基部宽楔形，下面粉白色，全缘，无毛，侧脉 7 ～ 9 对，干后在两面均隆起；叶柄长 3 ～ 5.5 cm，簇生于枝条末端。花两性，作不规则排列，头状花序长 3 ～ 4 cm，形如单花，有花 5 ～ 6 朵，下垂；总花梗长 2 ～ 3cm，具 5 ～ 6 鳞片状苞片；苞片圆卵形，外有褐色短柔毛；萼筒短；花瓣 3 ～ 4，红色，匙形，长 2.5 ～ 3.5 cm，宽 6 ～ 8 mm；雄蕊与花瓣等长；子房无毛，胚珠多数，花柱 2，比雄蕊稍短。头状果序宽 2.5 ～ 3.5 cm，蒴果木质，直径约 1 cm，内藏 20 ～ 30 枚形状不规则的灰褐色种子，成熟时，于顶部裂开，放出种子。花期 12 月至翌年 4 月，果期 9 ～ 11 月。

【近缘种与品种】 经广东省林业科学研究院多年选育，根据花期、花色、花序、花瓣等特征，可分为小花深红型、小花短瓣型、早花窄瓣型、中等花型、早花桃红型、大花长瓣型和大花圆瓣型等类型。

【生态习性】 分布于我国广东和广西的山地阔叶林中。喜温暖气候，以年均温度 18 ～ 23℃之间，而以 19 ～ 22℃的地区最常见；最冷月平均温度 5 ～ 17℃，极端最低温度 -4.5℃；最热月平均温度 20 ～ 28℃，极端最高温度 40℃；适宜生长积温（≥ 10℃）在 5000 ～ 8000℃以上。红花荷对土壤要求不严，一般沙质壤土即可生长良好，忌黏重土壤与积水；适生于花岗岩、沙页岩、变质岩等母岩发育成的酸性红壤、黄壤。在土层深厚、疏松、肥沃、湿润的坡地，可长成大树。喜光植物，不宜栽植于过阴的地方，否则影响开花。

【观赏与造景】 观赏特色：四季常绿，树干挺拔、树姿优美、花多色艳，是理想的早春观花树种。红花荷在香港已被列为保护植物，广东从化石门国家森林公园还举办过红花荷旅游节，在“新千年广州市年花王”大赛中选送的红花荷还获得了“花王”的称号，是较高海拔地区优良的行道树、园景树和生态公益林树种。

造景方式：适合在南亚热带海拔 200m 以上地区作行道树，在自然保护区和风景林中作景观林树种；也可通过嫁接、矮化栽培作室内观花树种，适合在公路景观林带中作基调树种。

【栽培技术】

采种 10 ～ 11 月，果实转呈深褐色时采集，

经太阳暴晒后种子自然脱出。

育苗 随采随播。育苗地应选择坡度平缓、阳光充足、排水良好、土层深厚肥沃的沙壤土，用撒播方法进行播种，苗床高 15 cm 左右，纯净黄心土加火烧土（比例为 4∶1）作育苗基质，用小木板压平基质，用细表土或干净河沙覆盖种子，厚度约 0.3 ～ 0.5 cm，以淋水后不露种子为宜，再用遮光网遮荫，保持苗床湿润，播种后约 35 天种子开始发芽出土，经 30 天左右发芽结束，发芽率约 5% 以上；当苗高达到 2 ～ 3 cm，有 2 ～ 3 片真叶时即可上营养袋（杯）或分床种植。用黄心土 87%、火烧土 10% 和钙镁磷酸 3% 混合均匀作营养土装袋。种植后应覆盖遮光网遮荫，冬季用薄膜覆盖保温，防止冻伤苗木；5 ～ 9 月生长季节每月施 1 次浓度约为 1% 复合肥水溶液。培育 1 年苗高约 40 cm，地径约 0.5 cm，可达到造林苗木规格标准。

栽植 造林地最好选择在南亚热带海拔 200 m 以上地区，对土壤无严格要求。栽植株行距 2 m×3 m 或 3 m×3 m，造林密度 74 ～ 111 株 / 亩。造林前先做好砍山、整地、挖穴、施基肥和表土回填等工作，种植穴长 × 宽 × 高规格为 50 cm×50 cm×40 cm，基肥穴施钙镁磷肥 1 kg 或沤熟农家肥 1.5 kg。如混交造林，可采用株间或行间混交，红花荷与其他树种比例为 1∶1 至 1∶2 为宜。裸根苗应在春季造林，营养袋苗在春夏季也可造林。在春季，当气温回升，雨水淋透林地时进行造林；如要夏季造林，须在大雨来临前 1 ～ 2 天或雨后即时种植，雨前种植需要将土球浸透水，并保持土球完整。淋足定根水，春季造林成活率可达 85% 以上，夏季略低。

抚育管理 造林后 3 年内，每年 4 ～ 5 月和 9 ～ 10 月应进行抚育各 1 次。抚育包括全山砍杂除草，并扩穴松土，穴施沤熟农家肥 1 kg 或复合肥 0.15 kg，肥料应放至离叶面最外围滴水处左右两侧，以免伤根，影响生长，4 ～ 5 年即可郁闭成林。抚育时应注意修枝整形，以促进幼林生长。

病虫害防治 红花荷病虫害较少，幼苗一般可于生长期定期喷洒 2 ～ 3 次的 90% 敌百虫或 80% 马拉松乳剂 500 ～ 600 倍液，即可防治。

杨 梅

学名：*Myrica rubra* (Lour.) Sieb. et Zucc.

杨梅科杨梅属

别名：毛杨梅、矮杨梅

【形态特征】 常绿乔木，高可达 15 m，胸径 60 cm。叶革质，集生枝顶，长椭圆状倒披针形，长达 16 cm，先端急尖，基部楔形，中部以上有锯齿。雄花序生叶腋，长 1 ～ 4 cm；雌花序单生叶腋，具 3 ～ 4 小苞片，每苞生一朵花。每花序仅 1 ～ 2 朵发育成果，核果，深红色，果外具乳头状突起。中、外果皮多汁，味酸甜，夏日著名水果，亦可制饮料或酿酒。

【近缘种或品种】 近缘种：毛杨梅 *M. esculenta*，常绿乔木或小乔木，高 4 ～ 10 m，胸径 40 cm；树皮灰色。叶革质，长椭圆状倒卵形或披针状倒卵形，长 5 ～ 18 cm，宽 1.5 ～ 4 cm，全缘、少数中部以上有不明显的圆齿或锯齿。雌雄异株，核果通常椭圆状，成熟时红色，外表面具乳头状凸起，外果皮肉质，多汁液及树脂；核与果实同形，具厚而硬的木质内果皮。花期 9 ～ 10 月，果期翌年 3 ～ 4 月。

【生态习性】 原产我国温带、亚热带湿润气候的山区，主要分布在长江流域以南、海南以北，即北纬 20° ～ 31° 之间。杨梅树喜阴气候，喜微酸性的山地土壤，其根系与放线菌共生形成根瘤，吸收利用天然氮素，耐旱耐瘠薄树种。同时，杨梅的新鲜枝叶不易燃烧，可作为森林防火带树种，防止森林火灾。

【观赏与造景】 观赏特色：树姿优美，叶色浓绿，四季常绿，果实成熟时丹实点点，烂漫可爱，是优良的观果树种。用作园林观赏性绿化苗。

造景方式：适宜丛植或列植于路边，草坪或作分隔空间使用，隐蔽遮挡的绿墙，也是厂矿绿化以及城市隔音的优良树种。适合于沿路、沿江、沿河生态景观建设。

【栽培技术】

采种 收集树体健壮、充分成熟的果实倒入木桶中，置于流水处，搓洗并漂去果肉，将种子摊于阴凉处晾干即可。

育苗 种子繁殖：选成熟果实，剥去果肉，阴干，用湿沙层积贮藏法。春播，出苗后至第 2 年可作实生苗用。分株繁殖：挖取老株蔸部 2 年生的分蘖栽种。嫁接繁殖：选 2 年生的实生苗作砧木，清明前后皮接或切接，再培育 2 年移栽，按株行距 5 m × 5 m 开穴，每穴 1 株，覆土压实，浇水。1hm² 约栽 450 株，适当栽种少量雄株，以供授粉用。

栽植 培育应在 3 ～ 4 年后移植，株距以 4 m、6 m 为宜，也可根据实际需要确定。挖穴规格视杨梅苗木粗细而定，以长

0.5 ~ 0.8 m、宽 0.5 ~ 0.8 m，深 0.4 ~ 0.6 m 为宜。移植前，应在穴底部施足基肥（也可在种植成活后追肥）。杨梅大苗必须带土团，土团大小依苗木而定，一般胸径 3 ~ 5 cm 带土团直径为 15 ~ 30 cm。

起苗时，先挖去土团周围土壤，用草绳将土球上部缚牢并扎紧，以防土团松散。然后将底部土挖去，切断主根，轻抬至地面，再用草绳将整个土团缚好、扎牢。

栽植前应根据实际需要的树型进行合理修剪枝叶，以防水分过度蒸发造成干枯。苗木放入栽植穴后，应将草绳四周剪断，以利填土时紧密结合，并使草绳易腐烂，栽好时苗根际表土应高于地面 5 ~ 10 cm，并浇透水一次，视移栽季节考虑蔽荫情况，成活率一般可达 95% 以上。

抚育管理 6 月和 12 月各松土、除草 1 次。夏季施粪肥、腐熟饼肥，冬季追施厩肥、堆肥，可用开沟环施法。

病虫害防治

（1）主要病害：①杨梅褐斑病：在采果前喷 2 次保护性杀菌剂、采果后喷 1 次治疗性杀菌剂，就可获得良好的防治效果。保护性杀菌剂有：80% 万生可湿性粉剂 800 倍液、80% 大生（M-45）可湿性粉剂 800 倍液、70% 代森锰锌可湿性粉剂 800 倍液、75% 百菌清可湿性粉剂 800 倍液等；治疗性杀菌剂有：50% 多菌灵可湿性粉剂 600 倍液、70% 托布津可湿性粉剂 600 倍液等。②赤衣病：在 3 月中旬至 6 月上旬和 9 月上旬综合防治其他病虫进行涂药防治，先用刷子刷净枝干，然后涂上 50% 退菌特可湿性粉剂 700 倍液或 65% 代森锌可湿性粉剂 500 ~ 600 倍液，每隔 20 ~ 30 天再涂一次，共涂 3 ~ 4 次，效果较好。同时对健康的杨梅树喷药保护，预防病害发生。③肉葱病：控春梢和严格疏果，一般年份通过抹除结果枝顶端的春梢或短截修剪剪去结果枝顶端的叶芽控制春梢抽生，并及时进行严格疏果，可有效控制该病的发生。

（2）虫害防治：①松毛虫：防治方法：初孵幼虫应及时捕杀，或用 90% 敌百虫 1000 ~ 1300 倍液喷杀；成虫趋光性强，也可灯光诱杀。②蓑蛾虫：幼虫期用敌百虫喷杀。③卷叶蛾：发现危害可喷布 50% 杀螟松 1000 倍液，或 20% 杀灭菊酯（速灭杀丁）4000 倍液。④蚜虫：在发生较多时，可用 40% 氧化乐果 2500 倍液喷布，防治效果较好。⑤白蚁：主要有黑翅土白蚁和黄翅大白蚁。防治方法：堆草、柴诱杀；蚁路喷药，在白蚁危害区域，喷灭蚁灵原粉。⑥果蝇：在杨梅硬核期，于杨梅树下悬挂装有水果汁 1000 倍 90% 敌百虫可溶性粉剂的容器，诱杀果蝇成虫，并定期更换毒饵。一般 1 亩果园挂 1 只，就可有效地控制果蝇危害。⑦金龟子：采用频振式杀虫灯诱杀，一般 50 亩果园安装 1 只振频式杀虫灯，只要及时清时诱杀到害虫，就可有效地控制金龟子危害杨梅。

黧蒴

学名：*Castanopsis fissa* (Champ. Ex Benth.) Rehd. et Wils.

壳斗科锥属

别名：大叶栲、闽粤栲、黧蒴栲

【形态特征】 乔木，高可达 20 m，嫩枝具棱。叶倒卵状披针形或倒卵状椭圆形，长 15 ～ 25 cm，有钝锯齿或波状齿，下面被灰黄色或灰白色鳞秕，侧脉 15 ～ 20 对，叶柄长 12.5 cm。每总苞内具雌花 1 ～ 3。果序长 7 ～ 15 cm，壳斗全包坚果，球形或椭圆形，成熟时上部常裂开，鳞片三角形，基部连生成 4 ～ 6 个同心环，具 1 坚果；坚果栗褐色，卵球形。花期 4 ～ 5 月，果期 10 ～ 11 月。

【生态习性】 分布于我国华南各地包括江西南部、湖南南部、福建、广东、广西、海南、云南东南部、贵州南部，是华南地区较速生的材薪兼用树种。喜光，不耐庇荫，幼林能耐适度庇荫，性喜温暖湿润气候，能耐寒，适应性强，能适应不同类型土壤，有一定耐旱能力，但不耐瘠薄土壤。

【观赏与造景】 观赏特色：树冠浓密，枝叶茂盛，四季常绿。花大，白色。

造景方式：连片种植，能形成白色连片景观，非常壮观。适合在广东的公路、铁路和沿海地区生态景观林带的山地栽植。

【栽培技术】

采种　10 ～ 11 月果实成熟，可选择 10 年生以上、干形好、生长健壮的母树采种。成熟时壳斗开裂，坚果自行脱落，可直接在林下捡拾或上树采集，一般呈黑褐色、光滑、大粒、饱满的坚果为优质种子。坚果暴晒后会降低发芽率，最好随采随播，如果需要贮藏到明春播种，可用湿沙贮藏，方法是在室内按一层湿沙、一层种子交错堆放，每层厚 5 ～ 7 cm，湿沙以用手抓成团，松手散开为宜，贮藏要适度通风，以免发热变质，影响发芽率。

育苗　播种前，将种子放缸中加清水搅拌，浮选去劣种，再装竹箩内，放在流水中浸泡 3 ～ 4 天，使坚果充分吸水和闷死象鼻虫，然后和洁净细沙分层置放催芽，保持一定湿润，一般半个月后，坚果萌动露白，可上营养袋点播，营养袋规格可用 7 cm × 15 cm，纯净黄心土加火烧土（比例为 4 ： 1）作育苗基质。点播后需覆土盖草淋水，出苗后用遮光网遮荫，并加强肥水管理。5 ～ 10 月生长季节每月施 1 次浓度约为 1% 复合肥水溶液。培育 1 年苗高约 40 cm，地径约 0.5 cm，可达到造林苗木规格标准。

栽植　黧蒴是粗生易长的浅根性树种，要求立地条件不大苛刻，除在立地条件好的山地外，土层薄、碎石多、坡度大的山脊、山顶同样可以营造。由于黧蒴幼龄期需要适度庇荫，不耐夏秋干旱酷热天气的特性，因此，荒山造林或采伐迹地更新，应选择有一定植

被覆盖度的造林地，最好选择有松树或其他阔叶树的疏林地来营造混交林。

整地：鬒蒴的造林一般用穴状整地，营养杯造林穴规格为 40 cm × 40 cm × 30 cm，表土回穴，穴内施放磷肥 0.25 kg，氮肥或复合肥 0.2 kg 作基肥。

造林密度：根据经营目的和立地条件不同而定，鬒蒴最适宜混交造林，如营造鬒蒴纯林，株行距可为 2 m × 2 m，每亩株数为 167 株，而营造混交林，株行距宜 3 m × 3 m，每亩株数为 74 株。

栽植：营养袋苗造林时，先淋湿营养袋，撕袋前先用手捏紧营养土，以免撕袋后营养土散开，栽植时覆土盖过根际 2 cm。

抚育管理 造林后 3 年内，每年抚育 1 ～ 2 次，最好采用穴铲抚育，既可减少用工量，又保留了植被覆盖度，保证幼林在阴湿的条件下生长。前 3 年每年抚育结合施肥一次，施肥仍以磷、氮为主。由于牛喜欢吃鬒蒴树叶，幼林期不准在林地放牧。

病虫害防治 病虫害少，主要有象鼻虫，幼虫蛀食种子，可用水浸种杀虫，成虫盛发期可用氧化乐果喷杀；天牛啃食树皮树干，可在蛀孔内注入 25% 亚胺硫酸乳剂 250 ～ 500 倍液或 40% 氧化乐果乳剂 500 倍液 1 ～ 2 ml，7 月上旬，成虫大量羽化时，群集交尾时可人工捕杀。

红锥

学名：*Castanopsis hystrix* A. DC.

壳斗科锥属

别名：红椎、红黎、赤黎、栲树

【形态特征】 常绿乔木，干形通直，高可达25 ~ 30 m，胸径可达1 m，树皮灰色至灰褐色，片状剥落；幼枝被疏暗黄色短茸毛，2年生枝无毛。单叶，互生，两列，薄革质，宽披针形或卵状披针形，长4 ~ 10 cm，宽1.5 ~ 2.6 cm，先端渐尖，基部楔形，全缘或顶端有细钝齿，背面密被棕色鳞秕和淡毛，老则变成淡黄色；侧脉10 ~ 12对。雌花序长10 ~ 18 cm。果穗长5 ~ 9 cm；壳斗球形，密生锥状硬刺；坚果卵形，1 ~ 3粒，先端短尖，胚乳黄色。花期4 ~ 5月，果期翌年11 ~ 12月。

【生态习性】 分布于我国南方地区，越南、老挝、缅甸、印度等地亦有分布。红锥适生于温暖气候，以年均温度18 ~ 24℃之间，而以20 ~ 22℃的地区最常见；最冷月平均温度7 ~ 18℃，极端最低温度-5℃；最热月平均温度20 ~ 28℃，极端最高温度40℃；活动积温（≥ 10℃）在5000 ~ 8000℃以上。红锥生长于石灰岩、沙页岩、变质岩等母岩发育成的酸性红壤、黄壤、砖红壤性土，而不生于石灰岩地区。在土层深厚、疏松、肥沃、湿润的立地条件，生长良好；在土层浅薄、贫瘠的石砾土或山脊，生长矮小；在低洼积水地则不能生长。红锥幼龄耐阴强，萌芽力强，速生。幼龄（5年）期生长较慢，5年后明显加快；胸径15 cm左右开始结实，而以胸径25 ~ 70 cm的大树结实最多。根系发达，以适应性强，抗风能力强，为优良水土保持、水源涵养景观树种之一。

【观赏与造景】 观赏特色：四季常绿，树形高大挺拔，枝叶繁茂，成熟大树的树干通直圆满，十分雄伟壮观。

造景方式：可用于南亚热带及以北地区公路、铁路和江河景观林带中作基调树种，在自然保护区和风景林片植或群植作景观树种，在公园、绿化小区中孤植或群植作庭荫树。

【栽培技术】

采种 11 ~ 12月，果实呈深褐色，总苞尽开，露出坚果时，采用敲打和振动树枝，使坚果脱落后收集。

育苗 随采随播。育苗地应选择坡度平缓、阳光充足、排水良好、土层深厚肥沃的沙壤土，用撒播方法进行播种，苗床高15 cm左右，纯净黄心土加火烧土（比例为4：1）作育苗基质，用小木板压平基质，用细表土或干净河沙覆盖种子，厚度约1 ~ 1.5 cm，以淋水后不露种子为宜，再用遮光网遮荫，保持苗床湿润，播种后约75天种子开始发芽出土，经40天左右发芽结束，发芽率约75%以上；当苗高达到5 ~ 7 cm，有2 ~ 3

0.5 mm
1 2 3 4 5 6
mm

片真叶时即可上营养袋（杯）或分床种植。用黄心土87%、火烧土10%和钙镁磷酸3%混合均匀作营养土装袋。种植后应覆盖遮光网遮荫；5～10月生长季节每月施1次浓度约为1%复合肥水溶液。培育1年苗高约40 cm，地径约0.5 cm，可达到造林苗木规格标准。

栽植 造林地最好选择在南亚热带及以北地区，土层深厚的土壤。栽植株行距2.5 m×3 m或3 m×3.5 m，造林密度64～89株/亩。造林前先做好砍山、整地、挖穴、施基肥和表土回填等工作，种植穴长×宽×高规格为50 cm×50 cm×40 cm，基肥穴施钙镁磷肥1 kg或沤熟农家肥1.5 kg。如混交造林，可采用株间或行间混交，红锥与其他树种比例为1∶1至1∶2为宜。裸根苗应在春季造林，营养袋苗在春夏季也可造林。在春季，当气温回升，雨水淋透林地时进行造林；如要夏季造林，须在大雨来临前1～2天或雨后即时种植，雨前种植需要将营养袋苗浸透水，并保持土球完整。淋足定根水，春季造林成活率可达95%以上，夏季略低。

抚育管理 造林后3年内，每年4～5月和9～10月应进行抚育各1次。抚育包括全山砍杂除草，并扩穴松土，穴施沤熟农家肥1 kg或复合肥0.15 kg，肥料应放至离叶面最外围滴水处左右两侧，以免伤根，影响生长，4～5年即可郁闭成林。抚育时应注意修枝整形，以促进幼林生长。

病虫害防治

（1）病害防治：病害发生较少。

（2）虫害防治：①地下害虫：育苗期间应注意防治地下害虫，主要有地老虎、蟋蟀、蝼蛄、白蚂蚁和金龟子等幼虫的危害，可用90%的敌百虫或52%的马拉松乳剂500～600倍液进行喷杀。②竹节虫：竹节虫危害幼林或成林，每年3月发生，5～7月最盛，可用白僵菌防治。③栗实象鼻虫：幼虫蛀食种仁，可用90%敌百虫1000倍液喷杀，或放在流水中浸几天杀死幼虫并去浮种，亦可用50～55℃的温水浸种15min杀死幼虫。

面包树

学名：*Artocarpus altilis* (Park.) Fosb.

桑科波罗蜜属

别名：面包果树

【形态特征】 常绿乔木，高 10 ～ 15 m，树干粗壮，树皮灰棕色，枝叶茂盛，小枝具苞状托叶。叶大而美，一叶三色，单叶互生，螺旋状排列，革质，呈阔卵形，长 10 ～ 50 cm，叶端尖，基部呈心形，叶片极大，叶面为墨绿色富光泽，为 3 ～ 9 羽状深裂或全缘，叶脉明显，侧脉每边 10 条，叶柄 8 ～ 12 cm。单性花，雌雄同株，雄花先开，黄色小花，花序呈棍棒状，腋生，长约 25 ～ 40 cm；雌花序呈球形；聚花果倒卵圆形或近球形，长 15 ～ 30 cm，外表布满颗粒状突尖，成熟时为黄色，在它的枝条上、树干上直到根部，都能结果。花果期春夏季。

【生态习性】 原产于南太平洋群岛及印度、菲律宾等国家，在巴西、斯里兰卡等国家和非洲热带地区均有种植。我国广东和台湾等地也有种植。喜阳光，要求日照充足。对土壤要求不严，以土层深厚、排水良好的沙质壤土为佳。喜高温及多湿环境，生长适温为 25 ～ 32℃。

【观赏与造景】 观赏特色：叶大而且美丽，一叶三色。果实是由一个花序形成的聚花果，可食用，树干高大挺直，有粗壮的板根，形成了奇特的景观。

造景方式：面包树是一种木本粮食植物，也可供观赏，可孤植，是优良的园景树、行道树、防尘树。可用于南亚热带地区沿路生态景观建设。

【栽培技术】

采种　春夏季，当聚花果由绿色转为黄色时进行采收。

育苗　可用播种、压条和繁育苗木。

（1）播种育苗：随采随播。育苗地应选择在南亚热带以南无霜冻地区，坡度平缓、阳光充足、排水良好、土层深厚肥沃的沙壤土，用点播方法进行播种，用黄心土 87%、火烧土 10% 和钙镁磷酸 3% 混合均匀作营养土装袋。点播后覆盖遮光网遮荫，15 天后开始发芽，发芽 1 个月后每月施 1 次浓度约为 1% 复合肥水溶液，11 月开始适当控制水肥，提高苗木木质化程度。培育 1 年苗高约 60 cm，地径约 0.7 cm，可达到造林苗木规格标准。

（2）压条育苗：选择树体健壮，分枝良好的母株进行高压育苗。5 ～ 7 月，选择 2 ～ 3 年生枝条，枝条直径 3.5 cm 以上，相距 4.5 ～ 6.5 cm 环割一圈，剥去韧皮部树皮，用水搅拌纯净黄心土，使黄心土用手能捏成团，松手后不松散为宜，包捆在环割处，土球长度比环割口长 2.5 ～ 3 倍，宽度为圈枝条的 4 ～ 5 倍；用半透明薄膜包好，上下要用包装绳捆好，用树枝固定，以防风折。圈枝后应对母树进行施肥，干旱需适量淋水。约 3 个月即可剪离母体定植。

（3）分蘖育苗：春夏季，从大树根部分蘖出的植株挖出另栽，形成一个新的植株；

分蘖时应注意保护母株。

栽植 造林地最好选择在南亚热带及以南地区，土层深厚的土壤。栽植株行距 4.5 m × 5 m 或 5 m × 6 m，造林密度 22 ～ 30 株 / 亩。造林前先做好砍山、整地、挖穴、施基肥和表土回填等工作，种植穴长 × 宽 × 高规格为 60 cm × 60 cm × 50 cm，基肥穴施钙镁磷肥 2 kg 或沤熟农家肥 2.5 kg。在春季，当气温回升，雨水淋透林地时进行造林；如要夏季造林，须在大雨来临前 1 ～ 2 天或雨后即时种植，雨前种植需要将营养袋苗浸透水，并保持土球完整。淋足定根水，春季造林成活率可达 95% 以上，夏季略低。

抚育管理 施肥可根据土壤的状况进行，一般每年 3 ～ 5 次，以复合肥及有机肥为主，掌握薄施勤施的原则。在春、夏、秋三季遇到干旱天气，注意补充水分。成株不耐移植，如移植，应断根及重剪后再移，并喷水保湿，新的枝叶长出后再正常养护。

病虫害防治 尚未发现有病虫害。

木波罗

学名：*Artocarpus heterophyllus* Lam.

别名：波罗蜜、树菠萝、包蜜、牛肚子果

桑科波罗蜜属

【形态特征】 常绿乔木，高 15 ～ 20 m，树皮粗糙，褐色，树冠圆伞形，植物体含乳汁。叶互生，革质，椭圆形或倒卵形，长 7 ～ 15 cm，上面深绿色，有光泽，托叶大，佛焰苞状。花小，单性，雌雄同株；雄花序顶生或腋生，圆柱形或棍棒状；雌花序圆柱形或长圆形，比雄花序大，含多数花，生于树枝或主干上，偶有从地表的侧根上长出。聚花果大型，通常重达 20 kg，果皮有瘤状突起；果内含着若干枚瘦果，每个瘦果被肉质化的花萼所包，生于肉质的花序轴上，果皮紧包种子。

【生态习性】 原产于热带亚洲的印度，现在盛产于中国、印度、马来群岛、孟加拉国和巴西等地。我国海南、广东、广西、云南东南部及福建南部有栽培。最喜光，喜高温多湿气候，在年平均温度 22 ～ 25℃、无霜冻、年雨量 1400 ～ 1700 mm 地区适生。对土壤要求不严，酸性至轻碱性黏壤土均可成活，沙壤土或砾质土上可生长，在土层深厚肥沃、排水良好的地方生长旺盛，忌积水地。

【观赏与造景】 观赏特色：树冠呈伞形或圆锥形，树体高大，叶色浓绿亮泽，树荫浓郁，并有老茎生花结果的奇观以及花具有芳香气味，极富热带色彩，为庭园中优美的观赏树，其果为著名的热带水果。

造景方式：适应广东东、西部气候环境，适合公路、铁路生态景观林带种植。是优良的园林风景树和行道树，可单植，也可列植。

【栽培技术】

采种 选取树干通直、树冠雄伟的植株采种，在 6 ～ 7 月间，果实成熟时选取结果多而大、品质优良、生长健壮、无病虫害的壮龄母树，

选择充分成熟的果实，从果实中挑出体大丰实而圆形的种子，洗净晾干后以供育苗之用。

育苗 将种子在清水中洗净，平铺于沙床上进行催芽，上面覆以细河沙，再覆盖薄草层，每日淋水1～2次，约经过1周左右即可陆续萌芽。待幼苗展开1～2片真叶即可分床。木波罗幼苗的主根特别发达，侧根稀少，植树造林不易成活，为了克服这个缺点，可在催芽时多淋足水分，以使主根下部发生自然腐烂，而促使重新长出繁茂的侧根，或在分床时有意将主根下段剪去，处理后可提高定植时的成活率。小苗不耐霜冻，半年生苗高约50 cm，春季可移到大田种植。

栽植 木波罗一般生长在肥沃湿润而疏松的土壤，但过于潮湿亦不利于生长。造林地最好选择在南亚热带及以南地区，土层深厚的土壤。栽植株行距3.5 m×4 m或4 m×4.5 m，造林密度30～48株/亩。造林前先做好砍山、整地、挖穴、施基肥和表土回填等工作，种植穴长×宽×高规格为60 cm×60 cm×50 cm，基肥穴施钙镁磷肥2 kg或沤熟农家肥2.5 kg。在春季，当气温回升，雨水淋透林地时进行造林；如要夏季造林，须在大雨来临前1～2天或雨后即时种植，雨前种植需要将营养袋苗浸透水，并保持土球完整。淋足定根水，春季造林成活率可达95%以上，夏季略低。

抚育管理 造林后3年内，每年4～5月和9～10月应进行抚育各1次。抚育包括全山砍杂除草，并扩穴松土，施肥可根据土壤和天气状况进行，一般每年2～3次，以复合肥及农家肥为主，掌握薄施勤施的原则，肥料应放至离叶面最外围滴水处左右两侧，以免伤根，影响生长。如遇干旱天气，注意淋水。4～5年即可郁闭成林。

病虫害防治

（1）病害防治：①炭疽病：可交替喷施1%波尔多液和25%百菌清500～800倍液防治。②果腐病：可喷施1%波尔多液和50%多菌灵500倍液或25%退菌特500倍液防治，每7～10天喷一次。③软腐病：25%退菌特500倍液或50%氯硝胺500倍液防治。

（2）虫害防治：①埃及吹绵蚧：可用40%氧化乐果800～1000倍液及松脂8～15倍液喷雾，用3%呋喃丹埋于根部防治。②天牛：可捕杀成虫，刮除虫卵，铁丝刺杀或农药熏杀毒杀幼虫。

红桂木

学名：*Artocarpus nitidus* Trécul subsp. *lingnanensis* (Merr.) F. M. Jarrett

桑科波罗蜜属

别名：狗果树、桂木、大叶胭脂

【形态特征】 常绿乔木，高可达 17 m，主干通直；树皮黑褐色，纵裂，叶互生，革质，长圆状椭圆形至倒卵椭圆形，长 7 ~ 15 cm，宽 3 ~ 7 cm，先端短尖或具短尾，基部楔形或近圆形，全缘或具不规则浅疏锯齿，表面深绿色，背面淡绿色，两面均无毛，侧脉 6 ~ 10 对，在表面微隆起，背面明显隆起，嫩叶干时黑色；叶柄长 5 ~ 15 mm；托叶披针形，早落。花期 4 ~ 5 月，总花梗长 1.5 ~ 5 mm；雄花序头状，倒卵圆形至长圆形，长 2.5 ~ 12 mm，直径 2.7 ~ 7 mm，雄花花被片 2 ~ 4 裂，基部联合，长 0.5 ~ 0.7 mm，雄蕊 1 枚；雌花序近头状，雌花花被管状，花柱伸出苞片外。果期 5 ~ 9 月，聚花果近球形，表面粗糙被毛，直径约 5cm，成熟红色，肉质，干时褐色，苞片宿存，小核果 10 ~ 15 颗。

【近缘种或品种】 近缘种：白桂木 *A. hypargyreus* Hance，别名：胭脂木、将军树、红桂木。常绿乔木，树干挺拔，树皮片状剥落。单叶，互生，革质，椭圆形至倒卵形，长 8 ~ 15 cm，宽 4 ~ 7 cm，先端渐尖或短渐尖，叶背被白色柔毛。花期 6 月，果期 9 月。产于广东、广西、海南和云南。珍稀濒危植物渐危种，是华南地区优良的庭园观赏树和行道树。播种繁殖。

【生态习性】 产于我国海南、广东、广西；越南、泰国有分布。喜光、喜温湿及肥沃疏松的土壤，多散见于村旁溪边。小苗及幼树稍耐阴，成年树喜光照，适生年平均气温 18 ~ 23℃，最冷月平均温度 14 ~ 18℃，年降水量 1200 ~ 2000 mm。分布在海拔 1000 m 以下，常在山腰和山谷的缓坡地上与海南韶子、海南暗罗、青皮、小叶达里木等树种混生。红桂木为弱抗盐性植物，但具有较高的抗火能力，对复合大气污染的抗性中等，但对 SO_2 的抗性较强。

【观赏与造景】 观赏特色：四季常绿，枝叶浓密，树形优美，萌芽能力强，生长快，是华南地区优良的庭园观赏和行道树种。

造景方式：可在热带、亚热带地区的庭园、公园、道路列植作行道树；庭园和公园孤植或群植作庭园观赏树；因叶色青绿，冠形紧凑，在假山或假石后面片状种植作风景林树种；也可在广东公路、铁路和江河生态景观林带中片植作基调树种。

【栽培技术】

采种 种子 7 ~ 8 月成熟，当果实由青色转为黄色带红，果肉变软时进行采收。将果实搓烂，用清水洗出种子，置于阴凉处晾干。因种子不宜久藏，应随采随播，若需短期贮

藏，可用湿沙或半湿椰糠混拌保存。种子千粒重约 555 g。

育苗 圃地应选择在肥沃、疏松的沙壤土。苗床高 15 cm 左右，纯净黄心土加火烧土（比例为 4 ： 1）作育苗基质，用小木板压平基质，播种时种子先用清水浸泡 5 ～ 6 h 后捞起，与适量细沙混合均匀，撒播在床面上，用细表土或干净河沙覆盖，厚度约 0.5 ～ 0.6 cm，覆土以不见种子为度，覆盖遮光网遮荫，保持苗床湿润，约 30 天左右开始发芽，发芽率达 90% 左右。小苗高达 3 ～ 5 cm 时，可以移入营养杯培育或分床，分床苗一般株行距 20 cm × 20 cm，移植后适当遮荫和淋水，种植 60 天后，每月施 1 次浓度约为 1% 复合肥水溶液，用清水淋洗干净叶面肥液；1 年生苗高 50 ～ 70 cm，地径 0.5 cm，可以出圃栽种。

栽植 造林地宜选择坡度较缓的山地，最好为土壤肥沃、湿润、疏松的冲积土和山谷、河旁等立地条件。造林前先做好砍山、炼山、整地、挖穴、施基肥和表土回填等工作，栽植株行距 2.5 m × 3 m 或 3 m × 3 m，造林密度 67 ～ 89 株 / 亩。作为果树栽培株行距 8 m × 8 m，可间种其他短期农作物。植穴规格 50 cm × 50 cm × 40 cm；裸根苗应在春季造林，营养袋苗在春夏季也可造林。在春季，当气温回升，雨水淋透林地时进行造林；如要夏季造林，须在大雨来临前 1 ～ 2 天或雨后即时种植，或在有条件时将营养袋苗的营养袋浸透水后再行种植。有条件淋水的地方需浇足定根水，春季造林成活率可达 95% 以上，夏季略低。由于幼苗期侧根较少，主根萌生力强，故起苗时应保留较长的主根。

抚育管理 造林后 3 年内，每年 4 ～ 5 月和 9 ～ 10 月应进行抚育各 1 次。抚育包括全山砍杂除草，并扩穴松土，穴施沤熟农家肥 1.5 kg 或施复合肥 0.15 kg，肥料应放至离叶面最外围滴水处左右两侧，以免伤根，影响生长，3 ～ 4 年即可郁闭成林。

病虫害防治

（1）病害防治：苗期多发生灰霉病，染病苗木从嫩叶向叶基、幼茎蔓延，使叶片变色、下垂，以至全株干死，可用 25% 甲霜灵可湿性粉剂 800 倍液，或 40% 乙磷铝可湿性粉剂 200 倍液喷洒，每隔 7 ～ 10 天喷一次，共喷 2 ～ 3 次。

（2）虫害防治：蚜虫危害嫩芽及顶芽，用 40% 氧化乐果 1000 ～ 1500 倍液，或 2.5% 敌杀死 5000 ～ 10000 倍液，或 20%速灭杀丁 2000 ～ 3000 倍液喷洒。

菩提树

学名：*Ficus religiosa* L.

桑科榕属

别名：思维树、印度菩提树

【形态特征】 常绿大乔木，高 25 ~ 35 m，树皮黄白色或灰色，冠幅广展；树干凹凸不平，有气生根，下垂如须。单叶互生，心形或三角状阔卵形，具叶柄，全缘波状，革质，卵圆形或三角状心形，表面光滑，先端长尾状锐尖，延长成尾状，基部宽楔形至浅心形，侧脉 8 ~ 10 对。花序托扁球形，无梗，成对腋生，直径约 10 mm；基生苞片 3 ~ 4，圆卵形；雄花、瘿花和雌花同生于一花序托中。隐花果，扁平圆形，冬季成熟，紫黑色。花期 3 ~ 4 月，果期 5 ~ 6 月。

【生态习性】 原产印度，在我国广东、云南等地广泛栽培。喜温暖多湿、阳光充足和通风良好的环境，以肥沃、疏松的微酸性沙壤土为好，冬季温度低于 5℃时，无冻害现象，较耐寒。

【观赏与造景】 观赏特色：树干笔直，树皮为灰色，树冠为波状圆形，具有悬垂气根，树形美观。是印度国树，也是我国台湾花莲的县树。

造景方式：多用于寺院、街道、公园作行道树。可用于南亚热带地区沿路沿江生态景观建设。

【栽培技术】

采种 5 ~ 6 月，选取 10 年以上健壮母株，隐花果红色时进行采收；搓烂果实，用水淘洗种子，除去果皮、果肉和杂物，晾干即可播种。

育苗 选择地势高且排水良好的地块作苗床。苗床宽 120 ~ 140 cm，高 15 ~ 20 cm，长度方便操作即可。精细整地，充分耙碎土块，疏松土壤，然后用干净的菜园土与腐熟的猪粪按 1 ∶ 0.5 的比例均匀混合后撒施在苗床上，厚 1 ~ 2 cm。用小眼筛子均匀地把种子撒在苗床上，然后覆一层混合土，厚约 0.2 cm，不宜太厚，否则影响出芽。之后用喷水壶浇 1 次透水，切忌大水冲浇。

幼苗喜荫、喜温、喜潮湿、喜通风良好的环境。种子育苗的关键是出苗期一定要做好避雨工作。刚出土的幼苗抵抗力差，所以雨季育苗，应采用拱棚式苗床，拱棚上盖薄膜，再加盖遮荫网，避免雨水直接滴入苗床造成大量死苗。一般苗床内遮荫度在 75% 左右，湿度保持在 80% 左右，温度在 25 ~ 30℃时，20 ~ 30 天就可出苗。由于种子细小，极易造成播种不均匀，所以出苗后要及时间苗，控制好密度。

因幼苗生长快，叶片宽大，苗床不能满足其生长对养分、光照和空间的需求，所以当小苗长至 2 cm 左右高时必须进行移植，

将幼苗移植到营养袋内继续培育。一般营养袋口径 25 cm，长 35 cm。营养土要松散透气，肥力充足，可用干净菜园土与腐熟猪粪、药渣按 1 : 0.5 : 0.5 比例混合。用竹片或小铲取苗，带土移植。先用竹片在营养土上打洞，放入小苗，根部覆土，并用手将土压实，使根系与土壤充分接合，浇 1 次透水，切忌大水浇灌，最后放入荫棚养护。移植 7 天后要及时检查有无病死苗，并及时补植。

施肥宜在移植后进行，每隔 15 天左右施 1 次，移植 3 个月后幼苗就可粗放管理。

栽植 定植地以光照充足，土层深厚、肥沃的沙壤土为好。一般每公顷植 750 ～ 900 株，株行距为 3 m×3 m。定植穴长、宽各 0.5 m，深 0.4 m。定植一般在 3 ～ 4 月进行，此时雨水多，气温回升，容易扎根，植株成活率高。在有灌溉条件的园地四季均可定植。当苗高 40 cm、茎干直径达 0.2 cm 时即可定植。定植时苗木保持直立，根系向四周自然舒展，深度以细土覆盖苗木根颈为宜。定植后适当遮荫，保持土壤湿润，成活后即可粗放管理。

抚育管理 定植恢复生长后，当造林地杂草高 20 ～ 40 cm 时，每亩可用 10%草甘膦水剂 1 ～ 1.5 kg，对水 20 ～ 30 kg，于晴天中午对杂草茎叶喷雾。杂草枯萎后及时护穴施肥，种植后的前 3 年每年在春、夏季分别进行 1 次追肥，每次追施复合肥 50 ～ 80 g。3 年后仍需及时砍除林中速生的杂草藤蔓等，同时进行修枝整形，保持一定优美的树冠。

病虫害防治

（1）病害防治：常发生黑霉病和叶斑病，发病初期，每 15 天用 200 倍波尔多液喷施 1 次。

（2）虫害防治：常有介壳虫侵害叶片，可用 40% 氧化乐果 1000 倍液喷杀。主要虫害是介壳虫中的糠蚧和吹棉蚧。这 2 种介壳虫都属刺吸式害虫，其体外有一层蜡膜，故一般的杀虫剂效果均不佳，用 5% 吡虫啉乳油 2000 ～ 3000 倍液喷雾灭杀。

铁冬青

学名：*Ilex rotunda* Thunb.

冬青科冬青属

别名：救必应、龙胆仔、白银、白沉香

【形态特征】 常绿乔木，高可达20 m，胸径达1 m；树皮灰色至灰黑色。单叶，互生，小叶仅见于当年生枝上，叶片薄革质或纸质，卵形、倒卵形或椭圆形，长4 ~ 9 cm，宽1.8 ~ 4 cm，先端短渐尖，基部楔形或钝，全缘，稍反卷，叶面绿色，背面淡绿色，两面无毛，主脉在叶面凹陷，背面隆起，侧脉6 ~ 9对，在两面明显，于近叶缘附近网结，网状脉不明显。聚伞花序或伞形状，腋生，无毛；花小，单性，雌雄异株，芳香。雄花10余朵，黄白色，花梗长4 ~ 5 mm，萼碟形，裂片三角形；雌花3 ~ 7朵，花梗长4 ~ 8 mm，花白色，芳香。浆果状核果椭圆形，有光亮，深红色，直径6 ~ 8 mm，分核5 ~ 7，长6 mm，背具3条纹及2沟，近木质。花期3 ~ 4月，果期12月至翌年3月。

【生态习性】 分布于我国长江以南至台湾、西南地区；朝鲜、日本和越南。亦有喜温暖湿润的气候，喜光照，稍耐寒。对土壤要求不严，以上层深厚而肥沃的沙质壤土最适宜生长。适宜高温、湿润、肥沃中性冲积土壤，忌积水，在干旱、瘠薄土壤也能正常生长。浅根性树种，抗性差。

【观赏与造景】 观赏特色：四季常绿，花后果由绿色转红，秋后红果累累，十分可爱，是优良观果树种；枝叶浓密，是优良的庭荫树种和理想的园林观赏树种。

造景方式：适合在公园、庭园孤植、群植作庭荫树，列植作行道树，可在广东省公路、铁路和江河景观林带中片植作基调树种。

【栽培技术】

采种 12月至翌年1月，果实由青绿变成深红色时进行采种。可随采随播。

育苗 育苗地应选择坡度平缓、阳光充足、排水良好、土层深厚肥沃的沙壤土，苗床高15 cm左右，纯净黄心土加火烧土（比例为4∶1）作育苗基质，用小木板压平基质，用撒播方法进行播种，用细表土或干净河沙覆盖种子，厚度约0.5 ~ 0.8 cm，以淋水后不露种子为宜，再用遮光网遮荫，保持苗床湿润，播种后约100天种子开始发芽出土，经30天左右发芽结束，发芽率65%以上。当苗高达到3 ~ 6 cm，有2 ~ 3片真叶时即可上营养袋（杯）或分床种植。用黄心土87%、火烧土10%和钙镁磷酸3%混合均匀作营养土装袋。种植后应覆盖遮光网遮荫；5 ~ 9月生长季节每月施1次浓度约为1%复合肥水溶液，10月后应适当控制水肥，增大苗木木质化程度；培育1年苗高约50 ~ 60 cm，地径约0.7 cm，可达到造林苗木规格标准。

栽植　造林地最好选择在土层深厚的土壤。栽植株行距 2 m×3 m 或 3 m×3 m，造林密度 74 ~ 111 株/亩。造林前先做好砍山、整地、挖穴、施基肥和表土回填等工作，种植穴长×宽×高规格为 50 cm×50 cm×40 cm，基肥穴施钙镁磷肥 1 kg 或沤熟农家肥 1.5 kg。如混交造林，可采用株间或行间混交，铁冬青与其他树种比例为 1∶1 至 1∶2 为宜。裸根苗应在春季造林，营养袋苗在春夏季也可造林。在春季，当气温回升，雨水淋透林地时进行造林；如要夏季造林，须在大雨来临前 1 ~ 2 天或雨后即时种植，雨前种植需要将营养袋苗浸透水，并保持土球完整。淋足定根水，春季造林成活率可达 95% 以上，夏季略低。

抚育管理　造林后 3 年内，每年 4 ~ 5 月和 9 ~ 10 月应进行抚育各 1 次。抚育包括全山砍杂除草，并扩穴松土，穴施沤熟农家肥 1 kg 或复合肥 0.15 kg，肥料应放至离叶面最外围滴水处左右两侧，以免伤根，影响生长，4 ~ 5 年即可郁闭成林。抚育时应注意修枝整形，以促进幼林生长。

病虫害防治　铁冬青病虫害少。

楝叶吴茱萸

学名：*Euodia glabrifolia* (Champ. ex Benth.) Huang

芸香科吴茱萸属

别名：辣树、檫树

【形态特征】 落叶乔木。高达 20 m，树皮灰白色，不开裂，密生圆或扁圆形、略凸起的皮孔，枝近于无毛。单数羽状复叶对生，小叶 5 ～ 19，具柄，纸质，无腺点，卵形至长圆形，长 5 ～ 12 cm，宽 2 ～ 5 cm，先端长渐尖，基部偏斜，边缘波浪状或具细钝锯齿，稀全缘，下面灰白或粉绿色。花极小，通常单性，雌雄异株，聚伞状圆锥花序顶生，雄花序较雌花序大，宽 10 ～ 26 cm；萼片 5；花瓣 5；雄花有雄蕊 6，花丝下部有毛；雌花的花瓣较大，白色，子房上位。蓇果紫红色，表面有网状皱纹，心皮不为喙状。种子卵球形，黑色。花期 7 ～ 9 月，果期 11 ～ 12 月。

【近缘种或品种】 近缘种：三叉苦 *Melicope pteleiflolia*（Champ.ex Benth.）T.G.Hartley，别名：三丫苦。乔木，三出复叶，小叶椭圆形或倒卵状椭圆形。花序腋生，花瓣淡黄色或白色，具腺点。花期 4 ～ 5 月；果期 6 ～ 8 月。原产于华南地区，为常见的园林风景树。播种繁殖。

【生态习性】 分布于我国海南、广东、云南、广西、贵州、江西、福建、台湾等地；越南、菲律宾等国家亦有分布。喜光树种，幼苗期稍耐阴，在密林中则少见，且生长势弱。常生于土层深厚、疏松排水良好，湿度适中的沙壤或红壤性质土的立地，而在瘠薄的立地则生长不良；自然情况下能大量结实，在采伐迹地或其他旷地上常成为首先更新的种类。对大气污染具有较强抗性。

【观赏与造景】 观赏特色：落叶乔木，树姿优美，抗风、抗旱，叶色变化多，春季新叶浅绿色，冬季落叶前叶片由绿色，变橙黄色，再变为暗红色，是优良庭园观赏和行道树种。

造景方式：树干通直，耐修剪，萌芽能力强，树形美观，可列植作行道树；在庭园群植或丛植作庭园观赏树；叶色变化多，耐贫瘠土壤，可在生态公益林、旅游区中片植作景观林树种；也可在广东省公路、铁路和江河生态景观林带中片植作基调树种。

【栽培技术】

采种　种子于 11 ～ 12 月成熟，果实呈淡紫红色，未开裂时进行采集；采集到的果实置于干爽通风处晾干，开裂后即用手揉搓果皮，种子脱出。种子不能日晒，千粒重为 8.5 ～ 12.3 g。

育苗　由于种皮致密坚硬吸水困难，播种前先进行催芽处理。用 60℃温水浸种至自然冷却，再用常温水泡种 24 h，捞出晾干即可播种。播种时将种子与适量细沙混合均匀，撒播在床面上，覆土以不见种子为度，覆盖

薄稻草或用遮光网遮荫，保持苗床湿润，约20天开始发芽，发芽率约60%，种子发芽达1/3时，揭开全部稻草，并适当遮阳。小苗高达3～5cm时，移入营养杯培育或分床种植，并覆盖遮光网遮荫；种植60天后，每月施1次浓度约为1%复合肥水溶液；培育1年苗高约50～70 cm，地径约0.6 cm，可达到造林苗木规格标准。分床苗一般株行距20 cm×20 cm，移植后适当遮荫，保持苗床湿润，按苗圃常规管理方法管理，培育8个月，苗高可达60～90 cm，即可出圃造林。

栽植 栽种地宜选择在海拔400 m以下的山谷、山腰、小溪涧两岸地、缓坡地，土层深厚、湿润、肥沃、疏松、排水良好的立地。造林前先做好砍山、炼山、整地、挖穴、施基肥和表土回填等工作，栽植株行距2.5 m×3 m或3 m×3 m，造林密度67～89株/亩。种植穴长×宽×高规格为50 cm×50 cm×40 cm，基肥穴施钙镁磷肥1.5 kg或沤熟农家肥1.5 kg。如混交造林，可采用株间或行间混交，楝叶吴茱萸与其他树种比例为1：1至1：2为宜。裸根苗应在春季造林，营养袋苗在春夏季也可造林。在春季，当气温回升，雨水淋透林地时进行造林；如在夏季造林，须在大雨来临前1～2天或雨后即时种植，或在有条件时将营养袋苗的营养袋浸透水后再行种植。浇足定根水，春季造林成活率可达95%以上，夏季略低。

抚育管理 造林后3年内，每年4～5月和9～10月应进行抚育各1次。抚育包括全山砍杂除草，并扩穴松土，穴施沤熟农家肥1.5 kg或施复合肥0.15 kg，肥料应放至离叶面最外围滴水处左右两侧，以免伤根，影响生长，3～4年即可郁闭成林。

病虫害防治

（1）病害防治：①烟煤病：5～6月杀死传染病源，可喷1：1：200倍的波尔多液。②锈病：5月中旬发病时喷0.2～0.3波美度石硫合剂或25%粉锈宁100倍液。③猝倒病：用60%的多菌灵800～1000倍液喷洒。

（2）虫害防治：①褐天牛：防治方法见火力楠天牛防治。②橘凤蝶：3月幼虫咬食芽、嫩叶或咬成缺刻与孔洞，可喷Bt乳剂300倍液。蚜虫、红蜡介壳虫、夜蛾类危害嫩叶、顶芽等，用20%蚜虫螟800倍液喷洒。

非洲桃花心木

学名：*Khaya senegalensis* (Desr.) A. Juss.

楝科非洲楝属

别名：塞楝、非洲楝、仙加树

【形态特征】 常绿高大乔木，高可达30 m，胸径2.7 m，树冠阔卵形，干粗大，树皮灰白色，平滑或呈斑驳鳞片状。偶数羽状复叶，小叶互生，3 ~ 4对，光滑无毛，革质全缘，深绿色；长圆形至长椭圆形，长6 ~ 12 cm，宽2 ~ 5 cm，圆锥花序腋生，花白色。蒴果卵形，种子带翅。花期4 ~ 5月，1年后果熟。

【生态习性】 原产于非洲及马达加斯加岛，在我国热带亚热带地区有栽培。喜光，喜温暖气候，较耐旱，但在湿润深厚、肥沃和排水良好的土壤中生长良好。适应性强，较易栽植，生长较快。

【观赏与造景】 观赏特色：树干挺拔，树冠阔卵形，深绿色、革质、羽状复叶，树叶可供观赏。

造景方式：适合于庭院和公园种植，也可作行道树，在林带中与其他鲜花树种搭配，栽植于开花树种的后方，形成葱郁的绿色背景。可用于南亚热带地区沿江、沿路、沿河生态景观建设。

【栽培技术】

采种 4 ~ 5月，当蒴果呈棕灰色和果瓣微裂时进行采种，迟则种子飞散。因蒴果含水量大，应尽快剥取种子，以免霉烂。取出后的种子摊放于通风处1 ~ 2天，阴干后装塑料袋临时存放。因种子不耐贮藏，活力只能保持一个月左右，应随采随播，发芽率可达90%以上。

育苗 育苗地应选择南坡无霜冻的地方，种子播前用常温水浸种24 h可提高发芽率和提早3天左右发芽。用纯净黄心土加火烧土（比例为4：1）作育苗基质，用小木板压平基质，用撒播方法进行播种培育芽苗，用细表土或干净河沙覆盖，厚度约0.5 ~ 0.8 cm，以淋水后不露种子为宜，再用遮光网遮荫，保持苗床湿润，20天开始发芽，发芽率约60%，当苗高达到3 ~ 4 cm，有2 ~ 3片真叶时即可上营养袋（杯）。用黄心土87%、火烧土10%和钙镁磷酸3%混合均匀作营养土装袋。种植后应覆盖遮光网遮荫，种植40天以后生长季节每月施1次浓度约为1%复合肥水溶液，用清水淋洗干净叶面肥液；培育1年苗高约25 cm以上，地径约0.6 cm，可达到出圃苗木规格标准。冬季用薄膜覆盖或架设暖棚保温以防霜冻。

栽植 应选择坡度比较平缓和土层深厚肥沃，能避开暴风威胁的地段造林。由于非洲桃花心木速生和不耐荫蔽，株行距应采用4 m×4 m以上作为行道树栽培，株行距应为4 m×5 m。非洲桃花心不宜于直播造林，

一般采用一年生苗裸根造林。种植穴深宽40×50 cm，栽植时适当修剪枝叶，保持苗身端直和深栽压实，成活率可高达95%以上。

抚育管理　非洲桃花心定植后于当年雨季末期即进行松土、培土一次。植后2～3年内每年全面砍杂两次，相继进行整枝。若有条件的，可于砍杂同时进行松土、扩穴和施肥。以后每年抚育一次，直至幼林郁闭为止。若培育通直大径材，应将树冠下过低的侧枝锯掉，伐除被压木和衰弱木。

病虫害防治

（1）病害防治：非洲桃花心木苗期有立枯病，幼龄至大树发现有褐根病及干枯病等零星感染，造成植株缓慢死亡和蔓延。挖除林地烂树头及病株树很、营造混交林有一定的防治效果，。

（2）虫害防治：苗期会受天牛幼虫危害，人工林有钻心虫、金龟子和其他食叶害虫危害嫩梢和叶片，可进行黑光灯诱杀和结合药物防治。

复羽叶栾树

学名：*Koelreuteria bipinnata* Franch.

无患子科栾树属

别名：国庆花、灯笼树、摇钱树

【形态特征】 落叶乔木，树型高大而端正，高达20余米，树皮呈褐色，上有圆形至椭圆形皮孔。叶互生，二回羽状复叶，呈椭圆形，长45～70 cm，有小叶9～17片；小叶叶端短尖，基部呈阔圆形，边缘有锯齿，呈纸质或近乎革质。顶生圆锥形花序；花细小，黄色，芳香；每朵花由4枚长圆披针状的花瓣组成。蒴果椭圆形，具三棱；初时呈淡紫红色，成熟时转为红褐色，形状像杨桃的果实。花期7～9月，果期9～10月。

【近缘种或品种】 栽培变种：黄山栾树 *Koelreuteria integrifoliola* Franch. var. *integrifoliola*（Merr.）T. Chen，别名山膀胱、全缘叶栾树。落叶乔木，小枝棕红色，密生皮孔。小叶7～9片，全缘或有稀疏锯齿。花黄色，蒴果红色。主要分布于我国西南部及中部。种子繁殖。

【生态习性】 原产我国中南及西南地区。喜光，喜温暖湿润气候，深根性，适应性强，耐干旱，抗风，有较强的抗烟尘能力，抗大气污染，速生。

【观赏与造景】 观赏特色：生长迅速，树冠广大，黄色的小花布满树冠顶部，然后在秋季再长出红褐色、形状像杨桃的果实。枝叶茂密而秀丽，春季红叶似醉，夏季黄花满树，秋叶鲜黄，入秋丹果盈树，均极艳丽，是极为美丽的行道观赏树种。特别是到10月，红色硕果累累，形似灯笼，挂满枝头，辅以绿叶，奇丽多姿，为秋季园林增添了诸多行道美景。

造景方式：适合于庭院、草地中栽植，常作为园路树、行道树、遮荫树。

【栽培技术】

采种 果实成熟后，选生长良好，干形通直，树冠开阔，果实饱满，处于壮龄期的优良单株作为采种母树，在果实呈红褐色或橘黄色而蒴果尚未开裂时及时采集，不然将自行脱落。但也不宜采得过早，否则种子发芽率低。由于不同种源的种子抗寒性差异较大，要尽量选用当地的种子育苗。

育苗 主要为种子繁殖，也可扦插繁殖。干藏的种子播种前40天左右，用80℃的温水浸种后混湿沙催芽，当裂嘴种子数达30%以上时即可条播。春季3月播种，在选择好的地块上施基肥，撒呋喃丹颗粒剂或辛硫磷颗粒剂每亩3000～4000 g用于杀虫。采用阔幅条播，既利于幼苗通风透光，又便于管理。种子播种后，覆一层1～2 cm厚的疏松细碎土，以防种子干燥失水或受鸟兽危害。

栽植 栾树一般采用大田育苗。春季3月播

种，播种地要土壤疏松透气，保水和排水性能良好，具一定的肥力，无地下害虫和病菌。春季播种，其播种地最好在秋冬翻耕 1 ~ 3 遍，以促进土壤风化，蓄水保墒，消灭杂草和病虫。

抚育管理 由于复羽叶栾树树干不易长直，第一次移植时要平茬截干，并加强肥水管理。春季从基部萌蘖出枝条，选留通直、健壮者培养成主干，则主干生长快速、通直。第一次截干达不到要求的，第 2 年春季可再行截干处理。以后每隔 3 年左右移植一次，移植时要适当剪短主根和粗侧根，以促发新根。栾树幼树生长缓慢，前 2 次移植宜适当密植，利于培养通直的主干，节省土地。此后应适当稀疏，培养完好的树冠。

病虫害防治 病虫害较少。

南酸枣

学名：*Choerospondias axillaris* (Roxb.) Burtt. et Hill

漆树科南酸枣属

别名：五眼果、酸醋树

【形态特征】 落叶乔木，高 8 ～ 20 m，树皮灰褐色，纵裂呈片状剥落，小枝粗壮，暗紫褐色，无毛，具皮孔。奇数羽状复叶，互生，长 25 ～ 40 cm，；小叶 7 ～ 15 枚，对生，膜质至纸质，卵状椭圆形或长椭圆形，长 4 ～ 12 cm，宽 2 ～ 5 cm，先端尾状长渐尖，基部偏斜，全缘，侧脉 8 ～ 10 对，小叶柄长 3 ～ 5 mm。花杂性，异株；雄花和假两性花淡紫红色，排列成顶生或腋生的聚伞状圆锥花序，长 4 ～ 10 cm；雌花单生于上部叶腋内。核果椭圆形或倒卵形，长 2 ～ 3 cm，径约 2 cm，成熟时黄色，果核长 2 ～ 2.5 cm，径 1.2 ～ 1.5 cm，先端具 5 小孔。花期 4 月，果期 8 ～ 10 月，可食用。

【生态习性】 分布于我国湖北、湖南、广东、广西、贵州、江苏、云南、福建、江西、浙江、安徽。垂直分布多在海拔 1000 m 以下，最高 1600 m。喜光，略耐阴；喜温暖湿润气候，热带至中亚热带均能生长，能耐轻霜。适生于深厚肥沃而排水良好的酸性或中性土壤，畏积水和盐碱土。萌芽力强，生长迅速，落叶量大。树龄可达 300 年以上。对二氧化硫、氯气抗性强。

【观赏与造景】 观赏特色：树干挺直，枝形舒展，冠大荫浓。

造景方式：适宜在各类园林绿地中孤植或丛植，是良好的庭荫树、行道树、四旁绿化树种。可用于热带和中亚热带地区沿路生态景观建设。

【栽培技术】

采种 8 ～ 10 月，果实由青色转为青黄色时进行采种。果实采收后堆沤 3 ～ 4 天，待果肉软化，用竹箩盛装在清水中冲洗种子，稍阴干后即可播种。亦可以晾干后装入布袋，放在通风阴凉处贮藏备用。

育苗 育苗地应选择坡度平缓、阳光充足、排水良好、土层深厚肥沃的沙壤土。苗床高 15 cm 左右，纯净黄心土加火烧土（比例为 4∶1）作育苗基质，用小木板压平基质，用撒播方法进行播种培育芽苗，用细表土或干净河沙覆盖，厚度约 1.5 ～ 2.0 cm，以淋水后不露种子为宜，用遮光网遮荫，保持苗床湿润，播种后约 30 天种子开始发芽，发芽率约 80%。当苗高达到 5 ～ 8 cm，有 2 ～ 3 片真叶时即可上营养袋（杯）或分床种植。用黄心土 87%、火烧土 10% 和钙镁磷酸 3% 混合均匀作营养土装袋。覆盖遮光网遮荫，种植 40 天后，生长季节每月施 1 次浓度约为 1% 复合肥水溶液，用清水淋洗干净叶面肥液；培育 1 年苗高约 40 ～ 60 cm，地径约 0.7 cm，可达到造林苗木规格标准。11 月开始，

应适当控制水肥，提高苗木木质化程度。

栽植 林地选择：应选择山坡中下部、山脚、山谷、湿润、半阳坡、土壤肥厚或较肥厚的宜林地。造林密度：株行距 2 m×3 m 或 2.5 m×3 m，89 ～ 111 株 / 亩。整地挖穴：穴规格 60 cm×60 cm×40 cm，在造林前 1 个月完成林地清理和回表土。南酸枣可与杉木进行混交，比例为 1：1 至 2：1 为宜。裸根苗应在春季造林，营养袋苗在春夏季也可造林。在春季，当气温回升，雨水淋透林地时进行造林；如要夏季造林，须在大雨来临前 1 ～ 2 天或雨后即时种植，或将营养袋苗浸透水后再行种植。浇足定根水，春季造林成活率可达 95% 以上，夏季略低。

抚育管理 以全面除草松土、挖掉茅草蔸、扩穴培土、修枝抹芽为主。造林后 1 ～ 2 年每年抚育 2 次，第一次 4 ～ 5 月，第二次 8 ～ 9 月，第 3 年幼林基本郁闭成林。分枝过低，可结合幼林抚育修枝抹芽，于秋末冬初修剪过低分枝，并及时抹去修枝伤口的萌芽；修枝抹芽应坚持 1 ～ 4 年，待主干长到 5 ～ 8 m 以后再让其分枝。

病虫害防治

（1）病害防治：①枣锈病：在 6 月上旬至 7 月下旬，喷 1000 倍粉锈宁 1 ～ 2 次可防该病。②立枯病：在播种时，用 25%多菌灵 400倍液进行拌种或在幼苗期喷两次杀菌剂。

（2）虫害防治：①红蜘蛛：在 6 月上旬和下旬每间隔 20 天连续喷 2 次药可有效地防治红蜘蛛。常用的药剂有 25% 水胺硫磷乳剂 1000 ～ 1500 倍液，或 20% 灭扫利 1000 ～ 2000 倍液，或 20% 三氯杀螨醇 600 ～ 800 倍液。②枣瘿蚊：结合播种前整地，每亩施入涕灭威 1 kg 或结合播种用 3% 的呋喃丹拌种，基本可控制苗期枣瘿蚊的危害。苗期应掌握在第一代幼虫危害期及时喷药，20%灭扫利 1000 倍液、2.5%的敌杀死 500 ～ 1000 倍液等均有良好的防治效果。

人面子

学名：*Dracontomelon duperreranum* Pierre

漆树科人面子属

别名：银稔

【形态特征】 常绿大乔木，高达25 m，胸径1.5 m，有板根；幼枝具条纹，被灰色茸毛。一回奇数羽状复叶，小叶5 ~ 7对，互生，近革质，长圆形，自下而上逐渐增大，先端渐尖，基部常偏斜，两侧不对称，全缘，鲜叶尝之有酸甜味。圆锥花序顶生及腋生，长25cm；花小、白色、芳香。核果球形，直径2.5 ~ 3.5 cm，熟时黄色，果肉白色，黏质，味酸甜；果核（内果皮）坚硬、褐色、近扁圆形，中央凸起，周边压扁，呈凸凹状，果核扁，具孔眼4 ~ 5个，状似人的面孔，故名人面子。每果有种子1 ~ 4粒，多面形，宽厚约5 mm，土黄色。花期5 ~ 6月；果熟期9 ~ 10月。

【生态习性】 原产于我国云南东南部，现我国广西、广东，越南有分布。生于低山丘陵林中。喜光树种，喜温暖湿润气候，适应性强，抗风、抗大气污染，不耐霜冻，对水肥条件要求较高，以土层深厚、疏松而肥沃的壤土栽培为宜，萌芽力强，寿命可达百年以上。抗风、抗大气污染。

【观赏与造景】 观赏特色：树干通直，枝叶茂密，树姿优美，叶色四季翠绿光鲜，遮荫与美化效果甚佳。

造景方式：适合广东东、西部及中部地区的气候环境，适合公路、铁路和江河生态景观林带种植。是“四旁”和庭园绿化的优良树种，也适合作行道树，是华南地区城市绿化和林分改造的重要树种，可造林、单植和列植。

【栽培技术】

采种 选择树冠整齐、生长健壮、无病虫害、单株产量高、生长在阳坡的壮龄植株作为采

种母树。8 ~ 9 月当果皮由绿色转变为黄褐色时，即可采收。将采收来的成熟果实，洒上草木灰水，堆沤 3 ~ 5 天，待果肉与核分离后，将核用水洗净，晾干，用布袋挂通风处保藏。果核千粒重 2360 g 左右 ，发芽率 65%。

育苗 春播，3 月上中旬在整好的圃地上按行株距 30 cm × 30 cm 开穴播，覆土 3 ~ 4 cm 厚，播后 20 天左右发芽出土。苗期要及时除草、松土。幼苗长出 3 ~ 4 片真叶，苗高 5 ~ 6 cm 时移植至容器育苗袋中，及时浇透水，保持湿润。当幼苗长出 5 ~ 7 片真叶后，追施氮肥（浓度 0.5%）；以后根据苗木生长情况施肥，最好在下午 15：00 以后进行，春季防止因积水造成苗木烂根。

栽植 当苗高 30 ~ 40 cm 时，选阴雨天气移栽定植或上山造林。宜与其他阔叶树种混交，种植距离株行距 3 m × 30 m 左右，种植后加强抚育，促进郁闭成林。作行道树或观赏树，宜在大田种植 3 ~ 5 年，苗高 3 ~ 4 m 可出圃种植。

病虫害防治 目前尚未发现病虫害。

幌伞枫

学名：*Heteropanax fragrans* (Roxb.) Seem.　　**五加科幌伞枫属**

别名：大蛇药、牛嗾、石窝

【形态特征】 乔木，高达 30 m，胸径 70 cm；树皮淡灰棕色，小枝粗。3 ~ 5 回羽状复叶，长达 50 ~ 100 cm 以上，托叶与基部合生；小叶椭圆形，长 5.5 ~ 13 cm，基部楔形，全缘，无毛，侧脉 6 ~ 10 对，叶柄长 15 ~ 30 cm。花序长 30 ~ 40 cm，密被锈色星状茸毛，后渐脱落；伞形花序密集成头状，径约 1.2 cm；花序梗长 1 ~ 1.5 cm，总状排列，分枝长 10 ~ 20 cm。果扁，径约 7 mm，厚 3 ~ 5 mm；果柄长约 8 mm。种子 2，扁平。花期 10 ~ 12 月，果期翌年 2 ~ 3 月。

【近缘种或品种】 近缘种：短梗幌伞枫 *H. brevipedicellatus* Li。常绿乔木。4 ~ 5 回羽状复叶，长达 90 cm，托叶与基部合生；小叶椭圆形，长 4.5 ~ 8.5 cm，先端渐尖，基部渐窄，全缘，侧脉 6 对。花序长达 40 cm，密被锈色毛；伞形花序近头状，总状排列；花序梗长 0.4 cm。果扁球形，径约 1 cm；果柄长约 4 mm。种子 2，扁平。花期 11 ~ 12 月；果期翌年 1 ~ 2 月。产于广东北部、广西、江西、湖南等地散生林中、路旁，为优良的庭园观赏树和行道树。播种繁殖。

【生态习性】 原产我国云南、广西、广东及海南，华南各地有栽培；缅甸、印度亦有分布。喜光，喜高温多湿气候，耐半阴，不耐寒，较耐干旱、贫瘠，但在肥沃和湿润的立地上生长更佳，对氟化物、硫化物和酸雨组成的大气复合污染有较强的抗性。在海拔 400m 以下山地季雨林的次生疏林中常见。常生于海拔 1400 m 以下林中，其伴生树有翻白叶树、黑格、木棉等。

【观赏与造景】 观赏特色：四季常绿，树姿美雅，树冠圆形，大型多回羽状复叶仿佛张开的雨伞，亭亭玉立，甚为壮观，为优良的庭园观赏树和行道树；萌芽力强，经修剪后易于造型，盆栽后室内摆设供观赏；果熟时紫黑色，易吸引鸟类、昆虫，是优良招鸟树种。

造景方式：可在公路、道路两旁列植用于行道树；在庭园中丛植作庭荫树；因树体较大，也可作假山和假石后作主要背景树；经修剪造型，上盆后供室内摆设，为大型会议室的背景树。在公路、铁路、江河生态景观林带中片植作基调树种。

【栽培技术】

采种 种子于 2 ~ 3 月成熟，果由青绿色转为紫黑色时进行采收。采回果实，洗去果皮稍阴干即可播种，种子千粒重约 160 g。

育苗 育苗地应选择坡度平缓、阳光充足、排水良好、土层深厚肥沃的沙壤土，苗床高 15 cm 左右，纯净黄心土加火烧土（比

例为4：1）作育苗基质，用小木板压平基质，用撒播方法进行播种，用细表土或干净河沙覆盖，厚度约0.5 ~ 0.8 cm，以淋水后不露种子为宜，用遮光网遮荫，保持苗床湿润，播种后约5天种子开始发芽，发芽率约70% ~ 80%。当苗高达到3 ~ 4 cm，有2 ~ 3片真叶时即可上营养袋（杯）或分床种植。用黄心土87%、火烧土10%和钙镁磷酸3%混合均匀作营养土装袋。覆盖遮光网遮荫，种植40天后，生长季节每月施1次浓度约为1%复合肥水溶液，用清水淋洗干净叶面肥液；培育1年苗高约40 ~ 60 cm，地径约0.7 cm，可达到造林苗木规格标准。

栽植　幌伞枫喜生于深厚、湿润、疏松的土壤，以中下坡土层深厚的地方生长较好。栽植株行距2.5 m×3 m或3 m×3 m，造林密度67 ~ 89株/亩。造林前先做好砍山、炼山、整地、挖穴、施基肥和表土回填等工作，种植穴长×宽×高规格为50 cm×50 cm×40 cm，穴施钙镁磷肥1.5 kg或沤熟农家肥1.5 kg基肥。如混交造林，幌伞枫可与木棉、尖叶杜英、翻白叶树、复羽叶栾树等混植，可采用株间或行间混交，幌伞枫与其他树种比例为1：1至2：1为宜。裸根苗应在春季造林，营养袋苗在春夏季也可造林。在春季，当气温回升，雨水淋透林地时进行造林；如要夏季造林，须在大雨来临前1 ~ 2天或雨后即时种植，或在有条件时将营养袋苗的营养袋浸透水后再行种植。浇足定根水，春季造林成活率可达95%以上，夏季略低。若作园林绿化种植，宜移植一次，至第3年春，苗高3.5 cm左右、地径8 cm以上可出圃栽植。

抚育管理　造林后3年内，每年4 ~ 5月和9 ~ 10月应进行抚育各1次。抚育包括全山砍杂除草，并扩穴松土，穴施沤熟农家肥1.5 kg或施复合肥0.15 kg，肥料应放至离叶面最外围滴水处左右两侧，以免伤根，影响生长，3 ~ 4年即可郁闭成林。

病虫害防治

（1）病害防治：根腐病：幌伞枫播种后7 ~ 10天达到发芽高峰，防治根腐病非常重要，应保持苗床清洁和通风，发现根腐病后立即清除病株，并用50%可湿性粉剂多菌灵和50%甲基托布津可湿性粉剂等杀菌剂800 ~ 1000倍液喷洒，抑制蔓延，对密度过大的芽苗及时移植。

（2）虫害防治：幼苗或幼林时期有食叶害虫危害叶片和顶芽，用40%氧化乐果或4.5%的高效氯氰菊酯800 ~ 1000倍液喷洒，效果良好。

鸭脚木

学名：*Schefflera heptaphylla* (L.) Frodin

别名：鹅掌柴、鸭母树、江斧

五加科鹅掌柴属

【形态特征】 常绿乔木，高达 15 m，胸径 50 cm。树皮灰黄绿色，具密集的明显皮孔；小枝粗壮。掌状复叶，有小叶 6 ～ 8 枚；托叶与叶柄基部合生，叶柄长 8 ～ 25 cm；小叶薄革质，椭圆形至长卵形，长 7 ～ 17cm，宽 3 ～ 6 cm，腹面深绿色，背面浅绿色羽状脉，中脉粗壮。伞形花序组成的大圆锥花序长达 30 cm，顶生；花小，两性，白色，芳香。浆果，球形，直径 3 ～ 4 mm，成熟时为紫褐色，内有种子 5 ～ 7 粒。花期 11 ～ 12 月，果期翌年 1 ～ 3 月。

【近缘种或品种】 近缘种：澳洲鸭脚木 *S. actinophylla*（Endl.）Harms.，大乔木。掌状复叶，托叶与叶柄基部合生，小叶数随成长变化很大，幼年时 4 ～ 5 片，长大时 5 ～ 17 片，小叶长椭圆形，叶缘波状，无毛。喜光及温暖、湿润、通风良好的环境。用扦插和播种繁殖。

【生态习性】 产于我国云南、广西、广东、福建、台湾、湖南、江西、浙江及西藏；越南、印度和日本也有分布。鸭脚木是热带、亚热带地区常绿阔叶林内的常见树种，垂直分布从东部低海拔至西部 2100 m 以下山区。喜光，喜湿润的立地，适应性极广，对土壤肥力要求不严，幼年稍能耐荫蔽。南方水源涵养林的主要组成树种之一，常处于林分下层。其生长较慢，适应性较广，抗性较强，有助于形成多层次、稳定的林分结构，具有较强的抗污染能力。

【观赏与造景】 观赏特色：四季常绿，树冠广伞形，枝叶浓密茂盛，优良庭园绿化树种；花白色，芳香，花期冬季，为优良生态景观林香花树种；冬季主要的蜜源植物，果是初春主要的鸟类食用果源，是引诱生物来采蜜和戏果的主要树种。

造景方式：适合庭园列植作行道树，群植作庭荫观赏树；适合在假山或假石后、生态景观林带作背景树。因木材硬度小，韧性差，不适合作公路行道树。在广东北部和中部地区的公路、铁路、江河生态景观林带中片植作基调树种。

【栽培技术】

采种　种子于 1 ～ 3 月成熟，果实由青绿渐变成紫褐色时进行采收。采回的种子稍晾干便可播种，种子不宜久藏，应随采随播，种子千粒重约 15 g。

育苗　育苗地应选择坡度平缓、阳光充足、排水良好、土层深厚肥沃的沙壤土，苗床高 15 cm 左右，纯净黄心土加火烧土（比例为 4∶1）作育苗基质，用小木板压平基质，

用撒播方法进行播种，用细表土或干净河沙覆盖，厚度约 0.5 ～ 0.8 cm，以淋水后不露种子为宜，用遮光网遮荫，保持苗床湿润，播种后约 10 天种子开始发芽，发芽率约 70% ～ 80%。当苗高达到 3 ～ 6 cm，有 2 ～ 3 片真叶时即可上营养袋（杯）或分床种植。用黄心土 87%、火烧土 10% 和钙镁磷酸 3% 混合均匀作营养土装袋。覆盖遮光网遮荫，种植 40 天后，生长季节每月施 1 次浓度约为 1% 复合肥水溶液，用清水淋洗干净叶面肥液；培育 1 年苗高约 30 ～ 40 cm，地径约 0.6 cm，可达到造林苗木规格标准。

栽植 鸭脚木喜生于深厚、湿润、疏松的土壤，幼年稍能耐荫蔽，以中下坡土层深厚的地方生长较好。栽植株行距 2.5 m × 3 m 或 3 m × 3 m，造林密度 67 ～ 89 株 / 亩。造林前先做好砍山、整地、挖穴、施基肥和表土回填等工作，种植穴长 × 宽 × 高规格为 50 cm × 50 cm × 40 cm，穴施钙镁磷肥 1.5 kg 或沤熟农家肥 1.5 kg 基肥。如混交造林，可采用株间或行间混交，鸭脚木与其他树种比例为 1∶1 至 1∶2 为宜。裸根苗应在春季造林，营养袋苗在春夏季也可造林。在春季，当气温回升，雨水淋透林地时进行造林；如要夏季造林，须在大雨来临前 1 ～ 2 天或雨后即时种植，或在有条件时将营养袋苗的营养袋浸透水后再行种植。浇足定根水，春季造林成活率可达 95% 以上，夏季略低。

抚育管理 造林后 3 年内，每年 4 ～ 5 月和 9 ～ 10 月应进行抚育各 1 次。抚育包括全山砍杂除草，并扩穴松土，穴施沤熟农家肥 1.5 kg 或施复合肥 0.15 kg，肥料应放至离叶面最外围滴水处左右两侧，以免伤根，影响生长，4 ～ 5 年即可郁闭成林。

病虫害防治

（1）病害防治：主要有叶斑病和炭疽病危害，可用 10% 抗菌剂 401 醋酸溶液 1000 倍液喷洒。幼苗期有白粉病发生，用 50% 甲基托布津可湿性粉剂 500 ～ 600 倍液或 75% 百菌清可湿性粉剂 600 倍液喷洒，效果良好。

（2）虫害防治：介壳虫：用 40% 氧化乐果乳油 1000 倍液喷杀。红蜘蛛、蓟马和潜叶蛾等危害鸭脚木叶片，可用 10% 二氯苯醚菊酯乳油 3000 倍液喷杀。

桂花

学名：*Osmanthus fragrans* (Thunb.) Lour.

木犀科木犀属

别名：木犀、月桂

【形态特征】 常绿灌木或小乔木，高1.5 ～ 15 m。树冠半圆形、椭圆形，树皮粗糙，灰褐色或灰白色。叶对生，长5 ～ 10 cm，椭圆形或长椭圆形，全缘或叶尖至中部疏生细锯齿，革质，叶色浓绿。花腋生呈聚伞花序，3 ～ 5朵生于叶腋，多着生于当年春梢，2或3年生枝上亦有着生，花小，花瓣4片，黄白色或橙红色，香气极浓；果梭形，长约2 ～ 3 cm，绿色，熟后蓝紫色。花期9 ～ 10月，果期3 ～ 4月。

【近缘种或品种】 桂花树经过长期的自然生长和人工培育，演化出多个桂花树品种，根据花的颜色大致分为丹桂、金桂、银桂和四季桂4个品种群。

（1）丹桂品种群（Aurantacus group）：花朵颜色橙黄，气味浓郁，叶片厚，色深。秋季开花且花色很深，以橙黄、橙红和朱红色为主。丹桂又分为满条红，堰红桂，状元红，朱沙桂，败育丹桂和硬叶丹桂等品种。

（2）金桂品种群（Thunbergii group）：花朵为金黄色，香味较丹桂要淡，叶片较厚。金桂秋季开花，花色主要以黄色为主（柠檬黄与金黄色）。其中金桂又分为球桂，金球桂，狭叶金桂，柳叶苏桂和金秋早桂等品种。

（3）银桂品种群（Odoratus group）：花朵颜色较白，稍带微黄，叶片比其他桂树较薄，花香与金桂差不多。秋季开花，花色以白色为主，呈纯白，乳白和黄白色，极个别特殊的会呈淡黄色。银桂分为玉玲珑，柳叶银桂，长叶早银桂，籽银桂，白洁，早银桂，晚银桂和九龙桂等等品种。

（4）四季桂品种群（Semperflorens group）：亦称月桂，花朵颜色稍白，或淡黄，香气较淡，且叶片比较薄。四季都会开花，花香清淡，四季桂分为月月桂、四季桂等品种。

【生态习性】 喜温暖湿润的气候，耐高温而不甚耐寒，能耐最低气温 -10℃。桂花对土壤的要求不严，除过于黏重、排水不畅的土壤外，一般均可生长，在排水良好，肥沃、富含腐殖质的偏酸性沙质土壤中生长良好。不耐干旱瘠薄，在浅薄板结贫瘠的土壤上，生长缓慢；幼苗有一定的耐阴能力，幼树时需要有适度蔽荫，成树后喜光。现广泛栽种于淮河流域及以南地区，其适生区北可抵黄河下游，南可至广东、广西、海南。

【观赏与造景】 观赏特色：桂花终年常绿，枝繁叶茂，秋季花开，芳香四溢，是集美化、香化、绿化于一身的优良绿化树种。

造景方式：适宜广东气候环境，适合在公路、铁路和江河生态景观林带种植。在园

林中应用普遍，常作园景树，有孤植、对植，也有成丛成林栽种，对二氧化硫、氟化氢有一定的抗性，也是工矿区绿化的好花木。

【栽培技术】

采种 果实在 3 ～ 4 月成熟，当果皮由绿色逐渐转变为蓝紫色时即可采收。采收后洒水堆沤，清除果肉，阴干种子，混沙贮藏。桂花种子有后熟作用，至少要有半年的沙藏时间，贮藏至当年 10 月进行秋播或翌年春播。

育苗

（1）播种育苗：在整理好的苗床上播种，播种后盖上一层约 2 cm 的河沙，再薄盖稻草和搭盖荫棚，保持苗床湿润，约 30 ～ 40 天发芽，小苗高 5 ～ 10 cm 移至容器中培育。

（2）压条繁殖：分地面压条和空中压条两种。地压必须选用低分枝或丛生状的母株，以便进行压条作业。高压条法繁殖只适合用于桂花的良种繁育。

（3）嫁接繁殖：嫁接是繁殖桂花优良苗木的常用方法。采用砧木多用女贞 *Ligustrum quithoui*、小蜡 *L. sinense*、水蜡 *L. obtusifoliumu*、流苏树 *Chionantuhus retusus* 和白蜡 *Fraxinus chinensis* 等。

（4）扦插繁殖：多采用嫩枝扦插，一般从品种优良、植株健壮的桂花母树上，剪取其当年生成熟枝条作为插条。插条长 8 ～ 10cm，扦插密度行距 10 ～ 20cm，株距约 10 cm。扦插后应淋水和及时遮荫。

栽植 当幼苗长到高 30 ～ 50 cm 时，即可移栽到苗圃或套种在幼林果园内。移栽的株行距为 60 cm × 100 cm。移栽季节是在 3 月上、中旬，在整好地的圃地上施足基肥，铺于地面或施入植株穴内均可。

抚育管理 桂花苗期生长缓慢，桂花移栽后要做到有草就除。可根据土壤的状况进行施肥，一般每年 3 ～ 4 次，以复合肥及有机肥为主，掌握薄施勤施的原则。在春、夏、秋三季遇到干旱天气，注意补充水分或喷水保湿。

病虫害防治

（1）常见病害：主要有桂花褐斑病、枯斑病和炭疽病。防治方法：秋季彻底清除病、落叶，盆栽的桂花要及时摘除病叶。其次要加强栽培管理。选择肥沃、排水良好的土壤或基质栽培桂花；增施有机肥及钾肥。再次是喷药防治，发病初期喷洒 1：2：200 的波尔多液，以后可喷 50% 多菌灵可湿粉剂 1000 倍液或 50% 苯菌灵可湿性粉剂 1000 ～ 1500 倍液。

（2）常见虫害：家庭栽培桂花主要虫害是螨，俗称红蜘蛛。一旦发现其危害，应立即用 20%三铿锡乳油 2000～ 2500倍液等药剂进行叶面喷雾，喷雾要均匀，且叶片的正反面都要喷到。每周喷 1 次，连续 2 ～ 3 次即可治愈。

糖胶树

学名：*Alstonia scholaris*（L.）R. Br.

别名：黑板树、面条树、盆架子

夹竹桃科鸡骨常山属

【形态特征】 常绿乔木，高达 15 ～ 20 m，枝轮生，树皮淡黄色至灰黄色，具纵裂条纹，内皮黄白色，受伤后流出大量白色乳汁，有浓烈的腥甜味；小枝绿色，嫩时菱形（棱柱形），具纵沟，老时成圆筒形，落叶痕明显。叶 3 ～ 8 片轮生，间有对生，薄革质，长圆状椭圆形，顶端渐尖呈尾状或急尖，基部楔形或钝，长 7 ～ 20 cm、宽 2.5 ～ 4.5 cm，叶面亮绿色，叶背浅绿色稍带灰白色。花多朵集成顶生聚伞花序，花冠高脚碟状圆筒形，蓇葖合生，花期 9 ～ 11 月，果期 4 ～ 5 月。

【生态习性】 原产马来群岛，分布于我国云南、广东、广西、台湾等地。常生于热带、亚热带山地常绿林或山谷热带雨林中，也有生于疏林中。喜光、喜高温多湿气候，根系发达，适宜土壤肥沃潮湿的环境，抗风力强。

【观赏与造景】 观赏特色：树形雄伟，树冠开展，枝叶秀丽，端正优美，生长迅速，为高级的庭园绿荫观赏树及行道树。花味道浓烈，在居住庭院宜少种。

造景方式：适合广东东部、西部、中部地区气候环境，适合公路、铁路生态景观林带种植。园林造景常 3 ～ 5 株植于草坪、路口、林缘等处；也可列植，起遮挡及隔音作用，其对空气污染抵抗力强，还可作为厂区的绿化树种，也是优良的行道树。

【栽培技术】

采种 采摘成熟果实，晒 2 ～ 3 天，果皮裂开脱出种子，种子细小带茸毛，易被风吹散。

育苗 播种应随采随播，用 10 份河沙 +1 份种子混合后均匀地撒播到平整好的苗床上，盖一层薄河沙，用花洒小心淋水，搭拱棚防止雨水冲击和保持苗床湿润，10 ～ 15 天发芽，小苗过密易出现烂苗。幼苗 4 ～ 5 cm 可移到容器袋中种植，高 40 ～ 50 cm 可出圃造林或移栽大田种植培育大苗。

栽植 能与其他阔叶树种混交种植，种植距离株距 3m 以上。作为行道树或观赏树栽培，宜用 3 ～ 4 m 的大苗，起苗时要按树基径的 8 ～ 10 倍挖好土球，栽植后淋足水。

抚育管理 苗期生长快，大田和造林种植的小苗，做好除草、松土、追肥等管理，每季施复合肥 50 ～ 100 g/ 株。大田培育的大苗，要做好支撑和扶正，及时修剪在顶部多余的顶芽，培育 3 ～ 4 年，树高可达 3 ～ 5 m。

病虫害防治

（1）病害防治：病害较少。

（2）虫害防治：①绿翅绢野螟虫：在发生初期注意摘除虫苞，杀灭幼虫和蛹。在幼虫盛发期用 90%敌百虫 1000 倍液喷雾防治。②圆盾蚧：掌握在孵化盛期和低龄若虫

盛期喷药，因此时蜡质介壳尚未形成，喷药防治效果较好。每15～20天1次，连喷2次。常用的药剂有：40%杀扑磷（速扑磷）1000～1500倍液，或2%机油乳剂400倍液加20%杀扑磷2500倍液，或2%机油乳剂400倍液加40%氧化乐果3000倍液，或螨蚧灵机油乳剂250～300倍液，或松脂合剂冬季用12～15倍液、夏秋季用18～20倍液，或久效磷1000倍液防治。③木虱：40%乐果乳剂1000倍液，或合成洗衣粉400～500倍液，或松脂合剂15～20倍液，或25%中科美铃1500～2000倍液，或25%高效氯氟氰1000～1500倍液，以上药剂如交替使用，效果更好。

红鸡蛋花

学名：*Plumeria rubra* L.

夹竹桃科鸡蛋花属

【形态特征】 小乔木，高达 8 m；枝条粗壮，具丰富乳汁。叶厚纸质，长圆状倒披针形，叶面深绿色；中脉凹陷，侧脉扁平叶背浅绿色，中脉稍凸起，侧脉扁平，仅叶背中脉边缘被柔毛。聚伞花序顶生，花冠深红色，每心皮有胚珠多颗。蓇葖双生，广歧，长圆形，顶端急尖，长约 20 cm，淡绿色；种子长圆形，扁平，顶端具长圆形膜质的翅。花期 3 ~ 9 月，果期 7 ~ 12 月。

【近缘种或品种】 栽培变种：鸡蛋花 *Plumeria rubra* L.var. *acutifolia*，落叶灌木至小乔木，高 3 ~ 6 m，枝粗壮。叶大，革质，长圆状椭圆形至长圆状倒卵形，长 20 ~ 40 cm，多聚生于枝顶，叶脉在近叶缘处连成一边脉。花数朵聚生于枝顶，花冠筒状，黄色，花瓣螺旋状散开，径约 5 ~ 6cm，5 裂，极芳香，花期 5 ~ 10 月。扦插繁殖。

【生态习性】 产于美洲热带地区，在亚洲热带和亚热带地区广泛种植，我国华南和云南等地有栽培。喜光，喜高温、湿润气候，耐干旱，耐碱，不耐寒，不抗风，不耐阴。喜生于排水良好的肥沃沙质壤土，生长快，移栽易成活。

【观赏与造景】 观赏特色：红鸡蛋花主干呈不规则斜弯，树姿优雅，具有热带风光之美。树冠伞形，树形美观，叶大深绿，花色素雅而芳香，夏季开花，端庄高雅，香气宜人；落叶后，光秃的树干弯曲自然，其状甚美。是老挝国花，我国广东肇庆市花。

造景方式：适合于庭院、草地中栽植，也可盆栽。在庭园、校园、公园和游乐区均可单植、列植、群植。华南及云南南部地区露地栽培，在沟渠两旁列植或在坡地丛植。由于枝脆易断，花朵易落，宜选择背风近水地，常与黄蜡石相配，作为主景。

【栽培技术】 在广东地区种植，常用枝条扦插繁殖，生根容易。

育苗 在 4 ~ 5 月，从分枝处剪取长 20cm 左右的 1 ~ 2 年生粗壮枝条作插穗，剪口会有白色乳汁流出，如不处理就扦插，插穗易腐烂，可将其放在通风良好的阴凉处，2 ~ 3 天后待伤口处长出一层保护膜再插，或是将伤口蘸草木灰、硫磺粉，待稍干后再插入蛭石或素沙盆内，置于通风良好的阴凉处，保持扦插基质湿润，30 ~ 40 天可生根，成活率高。

栽植 对土壤要求不严，宜种植在含腐殖质较多的疏松土壤中，栽种时可略露根，种好后设置于遮荫，1 周后见弱光，再经半月可见充足阳光。

抚育管理　夏秋两季是生长和开花时期，怕涝，平时浇水亦要适度，掌握不干不浇、见干即浇、不可渍水的原则，保持盆土微润不干即可。5 ~ 11 月间施 1 ~ 2 次腐熟液肥或复合肥，冬季不施肥。

病虫害防治

（1）病害防治：①白粉病和锈病：防治方法同竹柏白粉病和锈病防治。②角斑病：加强养护，及时换盆更新基质，增施磷钾肥，提高植株生长势；早春季节每隔 7 ~ 10 天喷洒 1 次 0.5% 波尔多液，或 70% 代森锰锌可湿性粉剂 400 倍液，或多菌灵 600 倍液。

（2）虫害防治：虫害有红蜘蛛及介壳虫：用喷施 99.1%敌死虫乳油 100~ 200 倍液防治或用 25% 扑虱灵可湿性粉剂 2000 倍液进行喷杀。

蓝花楹

学名：*Jacaranda mimosifolia* D. Don

紫葳科蓝花楹属

别名：含羞草叶蓝花楹

【形态特征】 落叶乔木。高 12 ~ 15 m，最高可达 20 m。二回羽状复叶对生，叶大，羽片通常在 15 对以上，每一羽片有小叶 10 ~ 24 对，羽状，着生紧密。小叶长椭圆形，长约 1cm，全缘，先端锐尖，略被微柔毛。圆锥花序顶生或腋生，花钟形，花冠二唇形 5 裂，长约 5 cm，蓝紫色，二强雄蕊。花期 4 ~ 5 月，果期 10 ~ 11 月。

【生态习性】 原产热带南美洲（巴西），我国广东、广西、云南南部引入栽培。喜温暖湿润、阳光充足的环境，不耐霜雪。适宜生长温度 22 ~ 30℃，若冬季气温低于 15℃，生长则停滞，若低于 3 ~ 5℃有冷害，夏季气温高于 32℃，生长亦受抑制。

【观赏与造景】 观赏特色：每年夏、秋两季各开一次花，盛花期满树蓝紫色花朵，十分雅丽清秀。

造景方式：可以用于庭院栽植、行道两旁种植。也可以与其他树种搭配用于沿江、沿路、沿河生态景观建设。

【栽培技术】

采种　蒴果成熟期为 11 月，采后置于无风处暴晒或堆放，晒干后撬开硬壳剥离出种子，于干燥处贮藏至翌年 3 月，待气温在 20℃左右时播种，但种子发芽率不高。

育苗

（1）播种育苗：采用在塑料大棚内穴盘点播。大棚内配有遮荫网，棚内湿度为 75% ~ 95%。播种容器用 10×20 孔的穴盘，内装不同的基质，进行点播，因种子较小，覆土不可过厚，播后上盖 1 层无纺布，利于浇水，浇足水。约 10 天左右开始出苗，此时去除无纺布，并视苗床湿度进行水分管理。

蓝花楹种子较小，播种后，应以喷雾浇灌为主，发芽时的植株非常细小，应保持适度的水分，每天早晚喷浇 1 次，以确保苗床的潮湿。随时观察棚内温度、湿度的变化，一般棚内温度要求在 15 ~ 28℃湿度要求 75%以上，当发芽 1 个月后施 0.05% ~ 0.1% 的尿素溶液，每周 1 次。

（2）扦插育苗：枝条采集后，截取中段有饱满芽的部分，剪成 15 cm 左右的小段，上剪口的位置在芽上方 1 cm 左右，下剪口在基部芽下方 0.1 ~ 0.3 cm 处，用插穗基部蘸取生根粉后进行扦插。扦插地在塑料大棚中进行，扦插床用砖砌成长 10m 以内，宽 1 ~ 1.2 m、高 0.25 ~ 0.3 m 的床框，底部垫 3 ~ 4 cm 的小石块或煤渣作排水层，上层铺不同的扦插基质，稍加压紧即可扦插。扦插时将插穗斜插于苗床中，插入深度为全长的 2/3，插后压实浇透水，按常规要求进行管护。

栽植 播种生长的小苗移栽：当小苗长到5cm左右时，从穴盘中移栽到$8 \times 10cm^2$塑料育苗袋中，移栽后浇足定根水，盖好遮光网，成活1个月后施5%的腐熟清粪水，每月1次。随着苗木的生长适当加大浓度。

扦插苗移栽：在扦插3个月后，将成活的扦插苗移植到$8 \times 10cm^2$塑料育苗袋中，移栽后浇足定根水，盖好遮光网，1个月后适当施肥。

抚育管理 喜肥沃湿润的沙壤土或壤土，定植时要施足基肥，成活后春秋两季各需追肥1次，随着苗木的生长适当加大用量和延长施肥周期。每年早春进行一次修剪整枝，老化的植株需施以重剪。盆栽时，可截干或嫁接矮化，并控制浇水及施用氮肥。

病虫害防治 蓝花楹的病害较少，虫害主要有天牛，如发现树干基部有红褐色粪屑时，可用小刀挑开树皮皮层捕捉幼虫；也可在成虫发生前，在树干基部80cm以下涂生石灰10份、硫磺1份和食盐的混合液，以防成虫产卵。

猫尾木

学名：*Dolichandrone cauda-felina* (Hance) Benth. et Hook. f.　　**紫葳科猫尾木属**

别名：猫尾树

【形态特征】 乔木，高 15 m，胸径 40 ~ 50 cm。树皮灰黄色，平滑，有薄片状脱落。枝圆筒形，落叶痕明显，幼时被黄褐色毡毛，逐渐脱落而为灰白色。叶对生，奇数羽状复叶，长 40 ~ 50 cm，最上的渐次缩短而为苞片状，幼时叶轴上被褐黄色毡毛；小叶 11 ~ 13 枚，几无柄，膜质至纸质，椭圆形或卵状椭圆形，长 5 ~ 20cm，宽 3 ~ 7 cm，先端尾状渐尖，基部浑圆，全缘；托叶缺，但常有退化的单叶生于叶柄基部而极似托叶。花大，总状花序顶生，直径 10 ~ 12 cm，黄色；萼在芽时封闭，开花时一边开裂，几达基部而成佛焰苞状，长约 5cm，与中轴和花序柄均密被褐色毡毛，顶端有黑色小瘤体 6 ~ 8 个；花冠漏斗状，长约 10 cm。蒴果极长，倒垂，稍扁，长 30 ~ 60 cm，宽 2.2 ~ 3 cm，密被褐黄色毡毛。种子矩圆形，淡黄色，两边有膜质的翅。花期秋冬季，果期翌年 4 ~ 6 月。

【近缘种或品种】 近缘种：吊瓜木 *Kigelia africana* (Lam.) Benth.。半常绿乔木，高 13 ~ 20 m。奇数羽状复叶，交叉对生或轮生；小叶 7 ~ 9 片，长圆形或倒卵形，顶端急尖，基部楔形，全缘，近革质。圆锥花序生于小枝顶端；花冠橘黄色或褐红色，裂片卵圆形。果圆柱形，下垂，坚硬，长约 38 cm，直径 12 ~ 15 cm，果梗长。种子多数。花期 4 ~ 5 月；果期 9 ~ 11 月。树冠圆伞形，有良好的绿荫效果，果实独特奇异，为优良的行道树和庭荫树。原产非洲热带，我国华南地区栽培。种子繁殖。

【生态习性】 产于我国华南；泰国、老挝和越南均有分布。为偏喜光树种。常见散生于低海拔热带半落叶季雨林、村边及荒野低谷地，尤以次生疏林中颇为普遍。幼苗期稍耐阴，母树附近幼苗及幼树颇多，在土壤湿润的环境中，天然下种更新较好；对土壤要求严格，在土层深厚、肥沃、疏松的沙壤土上生长，树姿婆娑茂盛；自然生长较慢，适生于年平均气温 20 ~ 25℃，极端低温 1℃，年降水量 1200 ~ 2000 mm 的砖红壤、冲积沙壤。猫尾木对大气污染抗性不强，抗寒能力较弱。常与黄牛木、楝叶吴茱萸、毛叶木姜、台湾锥栗、细子龙等树种混生。

【观赏与造景】 观赏特色：树冠浓郁，花大美丽，叶黄绿色，蒴果形态奇异，酷似猫尾，多作为园林风景树和行道树。

造景方式：叶型较大，可在公园，绿化小区列植作行道树。覆盖面积大，庭荫效果好，可群植或孤植作庭园观赏树。适合在广东公路和铁路生态景观林带栽植作基调树种。

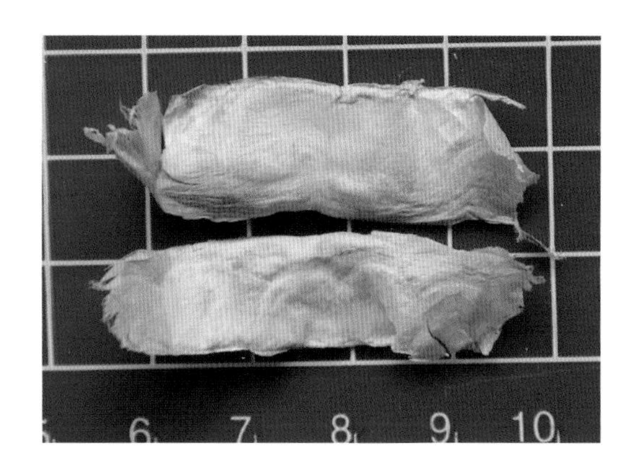

【栽培技术】

采种　种子于4～6月成熟，蒴果果皮转赤褐色，种子即将飞散时进行采集。果实采回后暴晒几天即开裂，种子自然脱出。种子轻且具翅，千粒重50～60 g。种子稍耐贮藏，如不及时播种，待种子充分阴干后，用布袋装好存放在干燥通风处，以备育苗。

育苗　育苗地应选择坡度平缓、阳光充足、排水良好、土层深厚肥沃的沙壤土，苗床高15 cm左右，纯净黄心土加火烧土（比例为4：1）作育苗基质，用小木板压平基质，宜在静风时把种子均匀撒播在苗床上，用细表土或干净河沙覆盖，厚度约0.5～0.6 cm，以淋水后不露种子为宜，用遮光网遮荫，保持苗床湿润，播种后约15天种子开始发芽，发芽率约80%～90%。当苗高达到4～5 cm，有2～3片真叶时即可上营养袋（杯）或分床种植。用黄心土87%、火烧土10%和钙镁磷酸3%混合均匀作营养土装袋。覆盖遮光网遮荫，种植40天后，生长季节每月施1次浓度约为1%复合肥水溶液；培育1年苗高约60～70 cm，地径约0.6 cm，可达到造林苗木规格标准。

栽植　猫尾木喜光、喜暖热气候、对土壤的适应性较强，幼年稍能耐荫蔽，造林地应选低海拔山地、丘陵和台地均可，但土层深厚、疏松、肥沃的沙壤土为佳。栽植株行距2.5 m×3 m或3 m×3 m，造林密度67～89株/亩。造林前先做好砍山、整地、挖穴、施基肥和表土回填等工作，种植穴长×宽×深规格为50 cm×50 cm×40 cm，基肥穴施钙镁磷肥1.5 kg或沤熟农家肥1.5 kg。如混交造林，可采用株间或行间混交，猫尾木与其他树种比例为1：1至1：2为宜。裸根苗应在春季造林，营养袋苗在春夏季也可造林。在春季，当气温回升，雨水淋透林地时进行造林；如要夏季造林，须在大雨来临前1～2天或雨后即时种植，或在有条件时将营养袋苗的营养袋浸透水后再行种植。浇足定根水，春季造林成活率可达92%以上，夏季略低。

抚育管理　造林后3年内，每年4～5月和9～10月应进行抚育各1次。抚育包括全山砍杂除草，并扩穴松土，穴施沤熟农家肥1.5 kg或施复合肥0.15 kg，肥料应放至离叶面最外围滴水处左右两侧，以免伤根，影响生长，3～4年即可郁闭成林。

病虫害防治

（1）病害防治：苗期猝倒病：防治方法同南方红豆杉猝倒病防治。

（2）虫害防治：苗期蚜虫、蓝绿象虫等危害嫩枝叶及顶芽，可用2.5%的敌杀死乳油5000～10000倍液，20%速灭杀丁乳油2000～3000倍液，或用40%的氧化乐果乳液1000～1500倍液喷洒。

火焰木

学名：*Spathodea campanulata* Beauv.

紫葳科火焰树属

别名：火焰树、苞萼木

【形态特征】 常绿乔木，株高 10 ～ 20 m，树干通直，灰白色，易分枝。一回奇数羽状复叶，连叶柄长达 45 cm；小叶 13 ～ 17 枚，长 5 ～ 10 cm，宽 3 ～ 5cm，全缘，具短柄，卵状披针形或长椭圆形。圆锥或总状花序，顶生，花萼佛焰苞状，长 5 ～ 10 cm；花冠钟形，一侧膨大，有皱纹，长 3 ～ 5 cm，直径 5 ～ 6 cm，红色或橙红色；单花长约 10 cm。蒴果，长椭圆形状披针形，长约 20 cm，种子具翅。种子有膜质翅。花期 3 ～ 6 月，果期 11 ～ 12 月。

【生态习性】 原产于热带非洲，现东南亚、夏威夷等地栽培普遍，我国台湾地区栽培较多，华南地区有少量引种。火焰木生性强健，喜光照；耐热、耐干旱、耐水湿，不耐风，风大枝条易折断；不耐寒，生长适温 23 ～ 30℃，10℃以上才能正常生长发育。火焰木对土壤要求不严，但为保证栽培后能生长良好，应选择日照充足的地块，并要求土层深厚、排水良好的壤土或沙质壤土栽培。

【观赏与造景】 观赏特色：花大花形奇特，聚成紧密的伞房式总状花序；花萼佛焰苞状，蒴果长圆状棱形木质，使得整个花序像火焰因此而得名。

造景方式：是优良的园林景观树种，适合于庭院绿化，也可孤植。可用于南亚热带地区沿路、沿河生态景观建设。

【栽培技术】 采用播种或扦插繁殖。

采种 11 ～ 12 月，当蒴果黑褐色微裂时采种，经风干后种子从果壳中脱出，种子在室内自然保存，翌春播种。

育苗 播种育苗：在南亚热带以南地区，3 月以后气温回升至 15℃可播种。育苗地应选择坡度平缓、阳光充足、排水良好、土层深厚肥沃的沙壤土。用撒播方法进行播种。苗床高 15 cm 左右，纯净黄心土加火烧土（比例为 4∶1）作育苗基质，用小木板压平基质，用细表土或干净河沙覆盖种子，厚度约 0.5 ～ 0.8 cm，以淋水后不露种子为宜，再用遮光网遮荫，保持苗床湿润，播种后约 10 天种子开始发芽出土，经 10 天左右发芽结束；当苗高达到 5 ～ 7cm，有 2 ～ 3 片真叶时即可上营养袋（杯）。用黄心土 87%、火烧土 10% 和钙镁磷酸 3% 混合均匀作营养土装袋。种植后应覆盖遮光网遮荫；5 ～ 10 月生长季节每月施 1 次浓度约为 1% 复合肥水溶液。培育 1 年苗高约 80 cm，地径约 0.8 cm，可达到造林苗木规格标准。11 月开始，应控制水肥，提高小苗木质化程度，有利越冬，并用薄膜覆盖保温。

扦插育苗：3 ～ 4 月，剪取生长健壮接

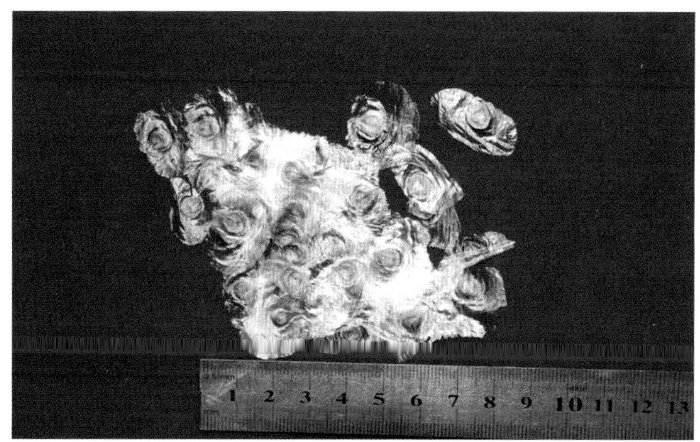

近半木质化的枝条，2 ～ 3 节为一插穗，长约 15cm，保留上部叶片。插穗下部的切口应靠近节的下部。用珍珠岩或河沙作扦插基质，扦插深度约为插穗长 1/2 ～ 2/3，密度以叶片不挤不碰为宜，保证根部透气，叶片通风及良好光照。按常规管理一般 30 天左右即可生根，生根率可达 85%以上。若使用 3A 系列促根粉（中国科学院北京植物园木本组研制）处理后可提前 5 ～ 10 天生根。扦插苗生根并长出新叶后，可结合喷水施薄肥，促进扦插苗生长。根系发育完全后即可进行移植。

栽植 起苗应在土壤湿润的状态下进行，种苗时做到边起边栽，勿使其长期暴露于强光下。如需长途运输，苗木根部要打稀泥浆，并用塑料袋包紧。栽苗季节以 3 ～ 4 月为好。

抚育管理 中耕除草能促进苗木根系对养分的吸收，中耕深度依苗木根系的深浅及生长时期而定。幼苗小苗中耕宜浅，中苗大苗宜深；近植株根部宜浅，株间行间宜深，一般以 3 ～ 5cm 为好。常在 5 ～ 6 月进行，并适时追肥，追肥目的是促进枝叶生长。2 ～ 3 年生苗木即可出圃。

病虫害防治

（1）病害防治：立枯病：移栽前每平方米用 40 % 甲醛 50ml 兑水 6kg 进行土壤消毒，或用 70%五氯硝基苯酚按 1 ： 30 的比例拌细土，撒于苗床土上。春栽小苗 1 周后喷 70%甲基托布津 1000 倍液或 75%百菌清 1000 倍液，每 10 天喷施一次，交替使用。

（2）虫害防治：①蚜虫：防治蚜虫可于萌芽前喷 5%柴油乳剂或波美 3 ～ 5 度石硫合剂，杀死越冬成虫和虫卵。落花后喷第二次药，秋季 10 月间喷第三次药。②尺蛾、夜蛾：用 50%甲胺磷 1500 倍液喷施。③地老虎、金龟子：加强苗圃管理，不施未腐熟的有机肥。冬季翻耕，将越冬幼虫翻到地表杀死。或用 3%呋喃丹颗粒剂，按每亩 2kg 用量，开沟施入 10 ～ 20 cm 深的土中。

黄花风铃木

学名：*Tabebuia chrysantha* (Jacq.) Nichols.

紫葳科风铃木属

别名：黄钟木

【形态特征】 落叶乔木，高可达 10 m；树冠圆伞形，小枝近四棱形，初时被星状短柔毛。掌状复叶，小叶 4 ~ 5 片，倒卵形，纸质，有疏锯齿，叶色黄绿至深绿，全叶被褐色细茸毛；叶柄长 3 ~ 9 cm。圆锥花序，苞片明显退化；花萼钟形，5 裂，长 5 ~ 9 mm，被星状毛；花冠漏斗形，风铃状，黄色，喉部有红色条纹，花冠管长 3 ~ 4 cm，喉部宽 1 ~ 2 cm，雄蕊 2 强。蓇葖果，向下开裂，种子长 1.4 ~ 3. 0 cm，宽 0.4 ~ 0.9 cm，翅膜质。花期 3、4 月，果期 5 月。

【近缘种或品种】 近缘种：红花风铃木 *T. pentaphylla*，落叶乔木，株高可达 10 多米。掌状复叶对生，小叶 5 枚。花冠铃形，紫红、洋红、粉红三种颜色，小花多数聚生成团，开花时尚有叶片，花团锦簇，极为壮观。花期 1 ~ 2 月。适作庭院树、行道树等用途。分布于美洲的墨西哥、巴西、巴拉圭、玻利维亚等。播种繁殖。

【生态习性】 原产墨西哥、中美洲、南美洲。喜光性树种，栽培土质以富含有机质的沙质壤土最佳，排水、日照需良好。成株秋末至春季花芽分化，忌修剪，以免影响开花。性喜高温，生长适温约 23 ~ 32℃。

【观赏与造景】 观赏特色：花冠铃形，不同变种花色有紫红、洋红、粉红、黄色 4 种颜色，小花多数聚生成团，开花时尚无叶片，花团锦簇，极为壮观。为巴西国花。

造景方式：是优良行道树，常在庭院、校园、住宅区等区域种植。可用于我省沿路生态景观建设。

【栽培技术】

采种 华南地区一般 5 月种子成熟，种子成熟后蒴果开裂会使种子随风飞散，因此当蒴果由绿变黄褐色时表示种子已成熟，此时应及时采摘。种子宜随采随播，能保证发芽率高而且苗期生长健壮。采种后应及时播种，如需贮藏，最好冷藏保存。

育苗 播种时注意排水，播种苗床稍加抬高。因种子较细且轻，苗床须用细而疏松的园土或基质，土壤弱酸性或中性。播种后用细土稍加覆盖，保持湿润，10 天左右即可发芽。种子发芽后，加强管理，薄施液肥，待其长出 2 ~ 3 片真叶（发芽后 1 个月）后进行营养袋培育。刚上袋的营养袋苗用 60%的遮光网遮荫 15 天后，撤去遮光网，置于全阳光下生长，培育 2 个月左右，当苗高 30cm 时即可进行大田种植。

栽植 应选择土壤深厚、排水良好的全阳光地带，保持土壤酸性或弱酸性，在碱性土壤

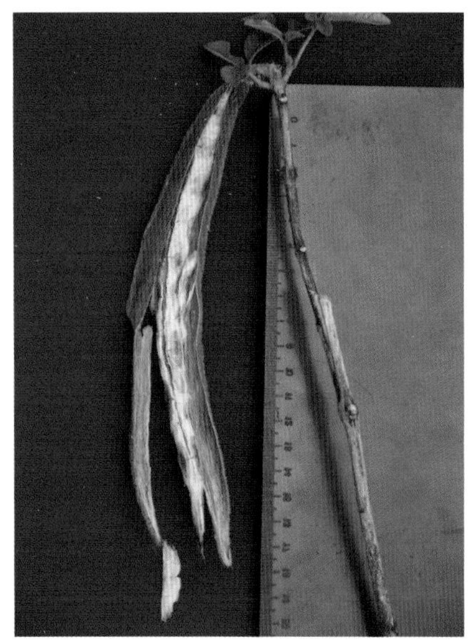

上易引起落花和落叶。其根系较少且分布不均匀，植株不能抵挡强风的侵袭，需种植在避风及人为影响较小的地方，种植时立柱支撑。株行距为 1.5 m × 1.8 m，挖大穴，施腐熟有机肥作底肥。植后浇足定根水，苗期须加强抚育，不定期中耕除草。

抚育管理 随着植株的生长，树枝分散低垂，枝条不均匀，主干不明显；为培育明显的主干和理想的株形，必须进行整形修剪。去除主干 2.0 ～ 2.5 m 以下的侧枝和基部徒长枝；树冠顶部枝条须花后修剪；用疏枝、短截的方法去除过密枝、病弱枝促进形成丰满的树冠。每年需施肥 1 ～ 2 次，分别是冬春季节在树的周围挖坑施 1 次有机肥和花后施 1 次复合肥，促进枝条生长及开花旺盛。风铃木易于栽培，种植移栽容易成活。

病虫害防治

（1）病害防治：叶斑病：可使用 70% 甲基托布津粉剂 800 倍 + 黄叶一喷绿每包 15g 加水 15 ～ 20kg，或 80% 代森锰锌可湿性粉剂 600 倍液 + 黄叶一喷绿每包 15g 加水 15 ～ 20kg，交替喷施防治。

（2）虫害防治： 苗期主要受蚜虫危害，可用 20% 好年冬乳油 1000 ～ 1500 倍液喷施。

簕杜鹃

学名：*Bougainvillea glabra* Choisy

紫茉莉科叶子花属

【形态特征】 常绿蔓性灌木，枝条未伸长时呈灌木状，茎干有刺；叶片卵圆形到椭圆状披针形，全缘、互生。花的苞片叶状，花不显著，3 朵聚生于枝端，为有色的苞片包围；苞片色彩丰富，培育成多个品种，花期大多集中在 10 至翌年 3 月。

【近缘种和品种】 品种：簕杜鹃经过园艺工作者的不断选育，形成的品种繁多。按颜色分有红、橙、黄、紫、白、红白双色等，还有单瓣、重瓣、斑叶等品种。一般分为 3 类：光簕杜鹃（紫花）、簕杜鹃（红花）和杂交簕杜鹃（重瓣）。多达百余种。可修剪成庭园树、绿篱或盆栽。

【生态习性】 原产热带美洲，我国华南地区和云南南部广泛引种。属强喜光常绿攀援或披散灌木，喜温暖潮湿的环境，不耐寒，低于 5℃易落叶，生长期适温为 15℃，开花期适温为 15 ~ 30℃。忌土壤积水潮湿，喜排水良好、矿物质丰富的黏壤土，耐贫瘠、耐碱、耐干旱、耐修剪。簕杜鹃自然分枝多，开花较密集，在热带地区需栽种在向阳而有支架的地方。

【观赏与造景】 观赏特色：观花植物，苞片叶形，色泽鲜艳、多而美丽，花开艳丽持久，全年均能见花，可成盆栽、地栽，也可修剪成各种造型。为赞比亚共和国国花。

造景方式：种植在公园、花园、棚架等的门前两侧，攀援作门辕，或种植在围栏，水溪、花坛、假山等的周边，作防护性围篱。也可盘卷或修剪成各种图案或培育成主干直立的灌木状，也可作盆花栽培。可应用于公路、铁路生态景观林带种植。

【栽培技术】

采种 不结籽或少结，生产上主要用扦插繁殖。

育苗 扦插育苗，可在春季或者生长季节进行扦插，插穗用木质化的枝条，长约 10 ~ 15 cm，插于沙床，温度 20 ~ 28℃以下，保持插床湿润，约 1 个月后生根，生根后上盆或移栽。将插条在 20 mol/L 的吲哚丁酸或萘乙酸中浸泡 24 h，对其生根有促进作用。

栽植 簕杜鹃对种植环境要求不严，在疏松、较肥湿的酸性土壤上生长良好。盆栽，需修剪，使其分枝多，开花茂密，培育成各种形状，构成绚丽的树冠。地栽，必须设立支架，让其攀援而上。

抚育管理

（1）科学浇水。即浇水、控水、重浇水三点结合，是保证簕杜鹃正常开花的重要环

节。初夏生长季节，每天浇一次水，保证枝叶生长6～7月。为促进花芽形成，可适当控水3～4次，控水程度为枝梢和叶片稍萎蔫。这时每天向叶片喷水1～2次，待2～3天后浇透水。如此反复处理直到枝端的叶腋间出现花的雏形，再恢复正常浇水。

（2）光照要求：喜高温及强日照，因此盆栽簕杜鹃应始终放在阳光充足处。

（3）施肥得当：若施肥得当，开花多、花期长。春季换盆或移栽时，施足基肥。开花期时，需要养分多，因此开花前要增施复合肥1次。平时勿施太多肥，以免枝条疯长而不开花；簕杜鹃每年只需施2～3次肥。

（4）修剪与整形：修剪即把徒长枝、枯枝、密枝、病弱枝等及时剪去，以免分散消耗营养，把营养集中在花上。开花期落花、落叶较多，要及时清理。花后进行整形修剪，调整树势，把枝条合理分布，使叶片受光总面积达到最大值。

病虫害防治

（1）病害防治：枯梢病：要求把病树皮及木质部都挖净，伤口马上涂50%苯菌灵可湿性粉剂1000倍液。生长季节定期喷洒1：1：200倍波尔多液或47%加瑞农可湿性粉剂700倍液、53.8%可杀得2000干悬浮剂900～1000倍液、或20%龙克菌悬浮剂600倍液。

（2）虫害防治：蚜虫：防治方法见红花檵木。

帝王花

学名：*Protea cynaroides* L.

山龙眼科普洛帝属

别名：菩提花、木百合花、龙眼花

【形态特征】 常绿灌木，随品种不同植株高0.35 m ～ 2 m，枝干粗壮，叶色深绿。花为聚合花序（花球）。花球的直径12 ～ 30 cm。在一个生长季里，帝王植株能开6 ～ 10个花球，个别植株能够开40个花球。花球苞叶的颜色从乳白色至深红色。

【近缘种或品种】 木百合（*Leucadendron* spp.）也是普洛蒂亚家族中分布最广泛的品种之一。雌雄异株，树叶和苞叶色彩丰富。

【生态习性】 帝王花在南非全国均有分布。喜温暖、稍干燥和阳光充足环境，冬季温度一般不低于7℃，个别品种可耐0℃左右，忌积水，要求疏松和排水良好的酸性土。

【观赏与造景】 观赏特色：以巨大的花球，异常美丽的色彩与优雅的造型享誉于世界名贵花卉。

造景方式：适宜在花园或花盆种植，又是优良的鲜切花，还适合制作干花。适合南亚热带地区种植，可用于公路、铁路生态景观林带种植。

【栽培技术】

采种　种子10月成熟，选择中年健壮母树采种。种子采摘后应立即播种，种子干燥后会丧失发芽力。种子千粒重2.5 ～ 3 g。

育苗　用播种和扦插繁殖。①播种：常在秋季进行，将种子播种在经过高温消毒的泥炭土和沙的混合基质中，播后保持湿润，4 ～ 6周后发芽。发芽出苗后不能过湿，稍干燥，待出现1对真叶时移栽上盆，放置通风和光照充足处养护。②扦插，初夏剪取半成熟枝条10 ～ 15 cm长，插于沙床，30 ～ 40天后生根。

栽植　种植前要确保栽植地没有杂草。在有霜冻的地区，春季晚霜过后定植较好。另外，夏季和秋季的生长可以增强植株的抵抗力，使帝王花更能适应冬季的环境。在无霜冻的地区，最适宜的栽植时期是秋季和冬季。定植行距一般为3.5 ～ 4.0 m，株距为0.8 ～ 1.0 m，种植密度为2500 ～ 3560株/hm^2。定植较大的种苗时通常需要支撑，防止植株被风吹倒。支撑物不要离根系太近，以尽量避免损伤根系。捆绑要用透气性材料，以防止对植株造成损伤。

抚育管理

（1）灌溉：最好为滴灌，滴头间距约为30 ～ 40 cm。不宜使用喷灌的方法进行灌溉，喷灌会增加帝王花患病的几率，较大的水珠还会损伤植株叶片及苞片，降低帝王花的观赏价值。

（2）施肥：帝王花通常生长在贫瘠的土

壤中，对肥料的需求量很少。在不同种植区进行施肥，需根据土壤的物理性质和化学性质而定。最佳施肥方案为：铵态氮浓度 ≥ 45mg/L、钾肥（K_2O）3 ~ 12 mg/L、磷肥（P_2O_5）1.1 ~ 17.8 mg/L。

（3）修剪：为了保证植株生长并生产出更多的花枝，一般在植株生长至 15~ 20cm 时开始第 1次修剪，便于植株形成良好的株型。在生长缓慢的地区，每年修剪 1 次即可，但对温暖地区生长较快的植株来说，在种植的前 2 年中每年需要修剪 2 ~ 3 次，以利于植株生长开花和形成良好的株形。

病虫害防治

（1）病害防治：病害是影响帝王花生长的主要因素之一。栽培过程中，侵害帝王花的主要病菌为真菌类，主要包括镰刀菌、疫霉菌、腐霉菌、交链孢属真菌、葡萄孢属等。发现病株后及时拔除，并喷洒相关的杀菌剂，如 25% 甲霜灵 500 ~ 800 倍液或 75% 敌克松可溶性粉剂 500 ~ 1000 倍液等防治病害。

（2）虫害防治：帝王花因其丰富的花蜜及花粉会吸引超过 200 多种的昆虫，其中一些会危害帝王花，主要包括鳞翅目昆虫、棉铃虫、蚧、蛀虫和水蜡虫等。目前常用的防治昆虫的方法有：①使用杀虫灯诱杀成虫，降低虫口密度；②对于地下害虫，通常使用 50% 辛硫磷 800 倍液 15kg/hm² 撒于地表植株周围，结合浇水灌根；5 ~ 10 月每月 1 次，11 月至翌年 4 月每 3 月 1 次。

钟花蒲桃

学名：*Syzygium rehderianum* Merr. et Perry

桃金娘科蒲桃属

别名：红车、[illegible]红、[illegible]蒲桃

【形态特征】 常绿灌木，高 2 ～ 6 m，枝条柔软下垂。叶对生，纸质，长圆状卵形；嫩叶亮红色或稍带橙黄色。聚伞花序具细长的总花梗；花冠白色，钟形，芳香。浆果球形，成熟后变为黑色。夏季至秋季边开花边结果。

【近缘种或品种】 近缘种：赤楠蒲桃 *S. buxifolium* Hook. et Arn.，别名：千年树、鱼鳞木、赤兰、石柃、山石榴、牛金子。小乔木或灌木。嫩枝有棱。单叶，对生，宽椭圆形、椭圆形或倒卵形，果球形。花期 5 ～ 6 月，果期 9 ～ 10 月。产于我国南部地区，生于旷地、河谷、溪边。越南、琉球群岛也有分布。喜湿润气候，耐干旱，耐贫瘠，抗大气污染能力较强。冠形紧凑，萌芽能力强，优良的庭园观赏树种。播种繁殖。

【生态习性】 原产于东南亚各国。中国南方地区有栽培。喜光，耐半阴；喜温暖、湿润的环境，不耐干旱。不耐瘠薄，对土质选择不严，但喜肥沃、湿润和排水好的土壤。抗大气污染。耐修剪。

【观赏与造景】 观赏特色：树形紧凑，枝叶稠密，嫩叶鲜红雅致，随生长变化逐渐呈橙红或橙黄色，老叶则为绿色，同株树上的叶片可同时呈现红、橙、绿 3 种颜色，非常美丽，是南方优良的观叶植物。

造景方式：嫩叶鲜红雅致，后变橙红或橙黄色，老叶则为绿色，体现了季节的变化，在公路、铁路和江河生态景观林带和旅游区中片植或群植作基调树种，体现四季变化。植株萌芽力强，耐修剪，培育成球形、层形、塔形、自然形、圆柱形、锥形等形状，供庭园种植观赏。亦可在公路、道路列植作绿篱或中央分隔带。

【栽培技术】

采种 种子成熟时，果由青色转为褐黑色时进行采收。采回果后，堆沤 3 ～ 5 天，待果皮软化后搓烂，洗净种子，应随采随播。

育苗 用播种和扦插方法繁殖苗木。苗圃地应选择坡度平缓、阳光充足、排水良好、土层深厚肥沃的沙壤土，坡向选背风的南坡至东南坡。苗床高 15 cm 左右，纯净黄心土拌火烧土（比例为 4 ： 1）作育苗基质，用小木板压平基质，用撒播方法进行播种，用细表土或干净河沙覆盖，厚度约 0.8 ～ 1.0 cm，以淋水后不露种子为宜，再用遮光网遮荫，保持苗床湿润，播种后约 30 天种子开始发芽出土，发芽率约 75%。当苗高达到 3 ～ 5cm，有 2 ～ 3 片真叶时即可上营养袋（杯）或分床种植，分床苗一般株行距 20cm × 20cm，移植后适当遮荫和淋水；种植 60 天后，每

月施1次浓度约为1%复合肥水溶液；培育1年苗高约25～35 cm，地径约0.4 cm，可达到苗木出圃标准。

钟花蒲桃以扦插繁殖为主。2～4月，采集半木质化插穗，插穗长8～10 cm，保留4～5个芽，上部带1～2片叶片，插前下端点蘸生根粉或用生根水浸泡4 h，纯净黄心土作育苗基质，插后用遮光网遮荫，薄膜覆盖，保持苗床湿润，插后约30天开始生出不定根，扦插成活率可达80%。根长至2cm时可上袋种植，也可不移苗直接在插床培育，但扦插时应控制密度。应覆盖遮光网遮荫；种植40天后，生长季节每月施1次浓度约为1%复合肥水溶液；培育1年苗高约25～40 cm，地径约0.5 cm，可达到出圃规格。

栽植　钟花蒲桃对土壤的适应性较强，幼年稍能耐荫蔽，以中下坡土层深厚的地方生长较好。造林株行距1.5 m×2 m或2 m×2.5 m，密度133～222株/亩。造林前先做好砍山、整地、挖穴、施基肥和表土回填等工作，种植穴长×宽×深规格为50 cm×50 cm×40 cm，基肥穴施钙镁磷肥1.5 kg或沤熟农家肥1.5 kg。裸根苗应在春季造林，营养袋苗在春夏季也可造林。在春季，当气温回升，雨水淋透林地时进行造林；如要夏季造林，须在大雨来临前1～2天或雨后即时种植，或在有条件时将营养袋苗的营养袋浸透水后再行种植。浇足定根水，春季造林成活率可达95%以上，夏季略低。

盆栽苗木应根据苗木大小每年换盆栽植；换盆最好用塘泥，或纯黄泥拌泥炭土（比例为1：1）作育苗基质；春季换盆成活率高；换盆后合理淋水，做到不干不淋、淋必淋透的原则，40天以后，每月可施沤熟花生麸或复合肥水液；夏季应适当遮荫。

抚育管理　种植后2年内，每年4～5月和9～10月应进行抚育各1次。抚育包括全山砍杂除草，并扩穴松土，穴施沤熟农家肥1 kg或施复合肥0.1 kg，肥料应放至离叶面最外围滴水处左右两侧，以免伤根，影响生长，2～3年即可郁闭成林。并对苗木进行适当修剪，保持冠形。

病虫害防治　主要是炭疽病和根腐病，一般每隔20天，喷一次80%炭疽福美800倍液和50%多菌灵500～800倍液防治，同时及时拔除病株烧毁。

木芙蓉

学名：*Hibiscus mutabilis* L.

锦葵科木槿属

【形态特征】 落叶灌木或小乔木，高2～5 m；小枝、叶柄、花梗和花萼均密被星状毛与直毛相混的细绵毛。叶宽卵形至圆卵形或心形，直径10～15 cm，常5～7裂，裂片三角形，先端渐尖，具钝圆锯齿，叶面疏被星状细毛和点，叶背面密被星状细茸毛；主脉7～11条；叶柄长5～20cm；托叶披针形，长5～8 mm，常早落。花单生于枝端叶腋间，花梗长约5～8 cm，近端具节；小苞片8，线形，长10～16 mm，宽约2 mm，密被星状绵毛，基部合生；萼钟形，长2.5～3 cm，裂片5，卵形，渐尖头；花初开时白色或淡红色，后变深红色，颜色有红、粉红、白色等，直径约8 cm，花瓣近圆形，直径4～5 cm，外面被毛，基部具髯毛；雄蕊柱长2.5～3 cm，无毛；花柱枝5，疏被毛。蒴果扁球形，直径约2.5cm，被淡黄色刚毛和绵毛，果5室；种子肾形，背面被长柔毛。花期8～10月，果期10～11月。

【近缘种或品种】 常见品种有：白芙蓉（开白花）、粉芙蓉（花色粉红）、红芙蓉（大红色花，花大重瓣，酷似牡丹）、黄芙蓉（又名黄模，黄色花，钟状，花芯暗紫色，花大重瓣，酷似牡丹，为稀有品种）、醉芙蓉（又名“三醉芙蓉”，清晨开白花，中午花转桃红色，傍晚又变成深红色，为稀有的名贵品种），鸳鸯芙蓉（花瓣一半为银白色，一半为粉红色或紫色）。

【生态习性】 原产我国湖南，华北、陕西、辽宁、长江以南各地。喜温暖湿润和阳光充足的环境，稍耐半阴，有一定的耐寒性。对土壤要求不严，但在肥沃、湿润、排水良好的沙质土壤中生长最好。

【观赏与造景】 观赏特色：晚秋开花，因而有诗说其是“千林扫作一番黄，只有芙蓉独自芳”，其花期长，开花旺盛，品种多，其花色、花型随品种不同有丰富变化，是一种良好的观花树种。

造景方式：花大而色丽，适合在庭园、公园等地孤植和丛植作庭园观赏树；或在庭院、坡地、路边、林缘及建筑前，列植作花篱；也可盆栽观赏。适合在广东省公路、铁路、江河生态景观林带片植作基调树种。

【栽培技术】

采种 种子于10月至翌年1月成熟，当果呈青色转至黑褐色进行采收。采回果实后，晒裂果壳，筛取种子，进行干藏，春季播种，种子千粒重约4 g。

育苗

（1）播种育苗：苗圃地应选择坡度平

缓、阳光充足、排水良好、土层深厚肥沃的沙壤土，坡向选背风的南坡至东南坡。苗床高 15 cm 左右，纯净黄心土拌火烧土（比例为4：1）作育苗基质，用小木板压平基质，用细沙混合种子撒播，用细表土或干净河沙覆盖，厚度约 0.2 ～ 0.3 cm，以淋水后不露种子为宜，再用遮光网遮荫，保持苗床湿润，播种后约 30 天种子开始发芽出土，经 40 天左右发芽结束，发芽率约 40%。当苗高达到 3 ～ 5cm，有 2 ～ 3 片真叶时即可上营养袋（杯）或分床种植，分床苗一般株行距 20 cm×20 cm，移植后适当遮荫和淋水；种植 60 天后，每月施 1 次浓度约为 1% 复合肥水溶液；培育 1 年苗高约 30 ～ 45 cm，地径约 0.5 cm，可达到造林苗木规格标准。

（2）扦插育苗：木芙蓉以扦插繁殖为主。落叶后取枝条沙藏越冬，翌春 2 ～ 3 月，选择湿润沙质壤土作插床，将插条剪成 25 ～ 30 cm，插 2/3 入土中，用薄膜保持土壤湿润，30 余天即可生根，成活率可达 80%，培育 1 年可达到造林苗木规格标准。

栽植 栽种地宜选择在海拔 500m 以下的山谷、山腰的缓坡地，土层深厚、湿润、肥沃、疏松、排水良好的立地。栽植株行距 1.5 m×2 m 或 2 m×3 m，造林密度 111 ～ 222 株 / 亩，如混交造林，可采用株间或行间混交，木芙蓉与其他树种比例为 2：1 至 1：1 为宜。造林前先做好砍山、整地、挖穴、施基肥和表土回填等工作，种植穴长 × 宽 × 高规格为 50 cm×50 cm×40 cm，穴施钙镁磷肥 1.5 kg 或沤熟农家肥 1.5 kg 作基肥。地苗和营养袋苗最好选择在春季造林，营养袋苗在夏秋季也可进行造林。在春季，当气温回升，雨水淋透林地时进行，如要夏季或秋季种植，须在大雨来临前 1 ～ 2 天或雨后即时种植，雨前种植需要将泥坨球浸透水，选择根系发达的壮苗上山造林，浇定根水，春季造林成活率可达 90% 以上，夏秋季略低。

抚育管理 造林后 3 年内，每年 4 ～ 5 月和 9 ～ 10 月应进行抚育各 1 次。抚育包括全山砍杂除草，并扩穴松土，穴施沤熟农家肥 1 kg 或施复合肥 0.1 kg，肥料应放至离叶面最外围滴水处左右两侧，以免伤根，影响生长，3 ～ 4 年即可郁闭成林。因木芙蓉生性强健，栽植容易，萌蘖性强，易使枝条凌乱，需及时修剪或抹芽，保持冠形。在春季萌芽时需氮肥较多，开花时可多施磷钾肥，如花蕾过多，须适当疏蕾，使花大而美艳。

病虫害防治

（1）病害防治：①白粉病：防治方法同竹柏。②根腐病：苗期易患根腐病，应保持苗床清洁和通风，发现病株立即清除，并用 50% 可湿性粉剂多菌灵和托布津等杀菌剂 800 ～ 1000 倍液喷洒，抑制蔓延，对密度过大的芽苗，及时移植。

（2）虫害防治：①角斑毒蛾：冬季刮除树皮下的越冬幼虫；在 6 月上、中旬用 20% 三氯苯醚菊酯乳油 2500 倍液，或 20%氰戊菊酯 2500 倍液，或 90%敌百虫 1000 倍液喷洒。②小绿叶蝉：消除植物周围的杂草，消灭越冬地方，减少第 2 年的虫口基数；第 1 次发生顶峰期前，用 50%杀螟松、50%新硫磷、菊酯类杀虫剂各 1500 倍液，或 50% 马拉硫磷 1500 倍液或 40%素扑杀 1500 倍液喷洒。

红绒球

学名：*Calliandra haematocephala* Hassk.

含羞草科朱缨花属

别名：红合欢、朱缨花、美洲合欢、美蕊花

【形态特征】 常绿灌木，高 5 m；枝条扩展，小枝圆柱形，褐色，粗糙。二回羽状复叶，总叶柄长 12.5 cm；羽片 1 对，长 8 ～ 13 cm；小叶 7 ～ 9 对，偏斜披针形，长 2 ～ 4 cm，宽 7 ～ 15 mm，中上部的小叶较大，下部的较小，先端钝而具小尖头，基部偏斜，边缘被疏柔毛；中脉略偏上缘；托叶 1 对，卵状长三角形。头状花序腋生，含花多数，花冠管 5 裂，淡紫红色，雄蕊基部连合，白色，上部花丝伸出，红色，状如红绒球。荚果线状倒披针形，长 6 ～ 11 cm，宽 5 ～ 13 mm，暗棕色，成熟时由顶至基部沿缝线开裂，果瓣外反；种子 5 ～ 6 颗，长圆形，长 7 ～ 10 mm，宽约 4 mm，棕色。花期 8 ～ 9 月，果期 10 ～ 11 月。

【近缘种或品种】 近缘种：小朱缨花 *C. surinamensis* Benth.，别名：粉扑花、美蕊花和苏里南朱缨花。高 2 m，分枝披散柔弱。头状花序腋生，含花多数，花冠黄绿色，雄蕊多数，花丝上部伸出，下部白色，上部粉红色。花期夏秋季。原产非洲，我国华南地区引种栽培。喜温暖湿润气候，偏耐阴，不耐阳光直射。抗大气污染能力较强。花多而密，为美丽的木本花卉。在园林应用中可孤植和丛植使用。扦插繁殖。

【生态习性】 原产毛里求斯。现热带地区广泛栽培。我国广东、台湾、海南、云南、澳门、香港等地引种。喜温暖湿润气候，喜光，稍耐荫蔽，对土壤要求不严，但忌积水，抗大气污染能力较强。

【观赏与造景】 观赏特色：枝叶扩展，花序呈红绒球状，在绿叶丛中夺目宜人；嫩叶淡红色，美丽盎然。

造景方式：耐修剪，易造型，适合在庭园、公园和校园中孤植或丛植；广泛应用于公路中间分隔带或行道树下栽植，丛植和列植均可。

【栽培技术】

采种 种子于 10 ～ 11 月成熟，果由青色转为赤褐色时可采种。果采回后，晒干开裂，筛取种子，进行干藏，春季播种。

育苗 用播种和扦插方法繁殖苗木。

（1）播种育苗：圃地应选择坡度平缓、阳光充足、排水良好、土层深厚肥沃的沙壤土，坡向选背风的南坡至东南坡。苗床高 15 cm 左右，纯净黄心土拌火烧土（比例为 4∶1）作育苗基质，用小木板压平基质，用撒播方法进行播种，用细表土或干净河沙覆盖，厚度约 0.3 ～ 0.4 cm，以淋水后不露种子为宜，再用遮光网遮荫，保持苗床湿

润，播种后约30天种子开始发芽出土，经40天左右发芽结束，发芽率44%。当苗高达到3 ～ 5 cm，有2 ～ 3片真叶时即可上营养袋（杯）或分床种植，分床苗一般株行距20cm×20cm，移植后适当遮荫和淋水；种植60天后，每月施1次浓度约为1%复合肥水溶液；培育1年苗高约30 ～ 45 cm，地径约0.5 cm，可达到出圃规格。

（2）扦插育苗：红绒球以扦插繁殖为主。2 ～ 4月，采集半木质化插穗，插穗长10 ～ 15 cm，保留4 ～ 5个芽，上部带1 ～ 2片叶片，插前下端点蘸生根粉或用生根水浸泡4h，纯净黄心土作育苗基质，插后用遮光网遮荫，薄膜覆盖，保持苗床湿润，插后约30天开始生出不定根，扦插成活率可达80%。根长至2 cm时可上袋种植，也可不移苗直接在插床培育，但扦插时应控制密度。应覆盖遮光网遮荫；种植40天后，生长季节每月施1次浓度约为1%复合肥水溶液；培育1年苗高约25 ～ 40 cm，地径约0.5 cm，可达到出圃规格。

栽植 红绒球对土壤的适应性较强，幼年稍能耐荫蔽，以中下坡土层深厚的地方生长较好。造林株行距1.5 m×2 m或2 m×2.5 m，密度133 ～ 222株/亩。造林前先做好砍山、整地、挖穴、施基肥和表土回填等工作，种植穴长×宽×高规格为50 cm×50 cm×40 cm，基肥穴施钙镁磷肥1.5 kg或沤熟农家肥1.5 kg。裸根苗应在春季造林，营养袋苗在春夏季也可造林。在春季，当气温回升，雨水淋透林地时进行造林；如要夏季造林，须在大雨来临前1 ～ 2天或雨后即时种植，或在有条件时将营养袋苗的营养袋浸透水后再行种植。浇足定根水，春季造林成活率可达95%以上，夏季略低。

盆栽苗木应根据苗木大小每年换盆栽植；换盆最好用塘泥，或纯黄泥拌泥炭土（比例为1：1）作育苗基质；春季换盆成活率高；换盆后合理淋水，做到不干不淋、淋必淋透的原则，40天以后，每月可施沤熟花生麸或复合肥水液；夏季应适当遮荫。

抚育管理 种植后2年内，每年4 ～ 5月和9 ～ 10月应进行抚育各1次。抚育包括全山砍杂除草，并扩穴松土，穴施沤熟农家肥1 kg或施复合肥0.1 kg，肥料应放至离叶面最外围滴水处左右两侧，以免伤根，影响生长，2 ～ 3年即可郁闭成林。因红绒球生性强健，栽植容易，萌蘖力强，易使枝条凌乱，应按培育目标进行修剪。

病虫害防治 较少发生病虫害。

翅荚决明

学名：*Cassia alata* L.

苏木科决明属

【形态特征】 半落叶灌木，高 1.5 ～ 3 m；枝粗壮，绿色。羽状复叶，叶长 30 ～ 60 cm，小叶 6 ～ 12 对，薄革质，倒卵状长圆形或长圆形，长 8 ～ 15 cm，宽 3.5 ～ 7.5 cm，小叶柄极短或近无柄。总状花序顶生和腋生，具长梗，单生或分枝，长 10 ～ 50 cm；花直径约 2.5 cm，花芽为长椭圆形、膜质的苞片所覆盖；花瓣黄色。荚果长带状，果瓣的中央顶部有直贯至基部的翅，翅纸质，种子扁平，三角形。花期 7 ～ 10 月，果期 10 ～ 11 月。

【近缘种或品种】 近缘种：双荚槐 *C. bicapsularia* L.，常绿灌木，叶小，花多，金黄色，花期长；洋金凤 *Caesalpinia pulchettima* L.，半落叶灌木，高可达 3m，花橙红色，种子繁殖。

【生态习性】 原产美洲热带地区，现广布于全世界热带地区。多生于疏林或较干旱的山坡。耐干旱，耐贫瘠，适应性强，喜光耐半阴，喜高温湿润气候，不耐寒，不耐强风，自然繁衍快。

【观赏与造景】 观赏特色：株形舒展，叶色翠绿。花色金黄、花量大，顶生花序直立枝头，花期长达 6 个月，在园林绿化上有较高的应用观赏价值。

造景方式：在绿化配置上可以作为前景树，以列植、片植、群植等种植手法用于林缘、缓坡地、路边、湖缘等地，适合广东省气候环境，可在公路、铁路两边种植，也适合江河生态景观林带的林缘、水缘种植。

【栽培技术】

采种 荚果由青色转深褐色后，采回后摊开晒干，敲烂果荚筛取种子，密闭置于阴凉处。

育苗 果实种子多，发芽率高，在生产上多用种子繁殖。种子播种繁殖一年四季均可进行，但以春、秋播种为佳。播种时，选择排水良好的沙壤土作苗床，种子用多菌灵适量拌种 10 ～ 20 min 后均匀撒在已备好的苗床上，覆细土 0.5 cm 左右，盖薄草一层，淋足水。播种应保持苗床湿润，根据天气情况浇水。约 20 天发芽出土。苗高 10 cm 左右可移植到容器中培育，40 ～ 50 cm 可出圃种植。

栽植 春夏季种植苗木恢复快生长好，成片种植应先整地，施放好基肥，种植株距 0.8 ～ 1.0 m；林缘或路边带状种植，株距约 1.0m，种后淋足水，生长期可施 1 ～ 2 次复合肥。

抚育管理 翅荚决明生长快，当年播种当年就能开花结果，植株高度能达到 150 cm 左右。开花后果荚变深褐色，应注意修剪，及

时除去无用枝，促萌芽更新，保持良好的株形，使之能达到最好的观赏效果。

病虫害防治

（1）病害防治：煤烟病：早期可喷施500 ~ 800 倍的50%多菌灵液，每周1次，连续喷2 ~ 3次。

（2）虫害防治：在栽培实践中偶见有粉蝶类啃食叶片及介壳虫引起的煤烟病，蚧虫防办法治见竹柏上蚧虫防治。

红花檵木

学名：*Loropetalum chinense* (R. Br.) Oliv. var. *rubrum* Yieh

金缕梅科檵木属

别名：红檵木

【形态特征】 为檵木的变种。常绿灌木或小乔木。嫩枝被暗红色星状毛。叶互生，革质，卵形，全缘，嫩枝淡红色，越冬老叶暗红色。花 4 ~ 8 朵簇生于总状花梗上，呈顶生头状或短穗状花序，花瓣 4 枚，淡紫红色，带状线形。蒴果木质，倒卵圆形；种子长卵形，黑色，光亮。花期 4 ~ 5 月，果期 9 ~ 10 月。

【近缘种或品种】 多数是栽培变种，常见有嫩叶红、透骨红、双面红等品种。

【生态习性】 主产于我国江苏，分布于长江中下游及以南地区；印度北部也有分布。喜光，稍耐阴，但阴时叶色容易变绿。耐旱。喜温暖，耐寒冷。萌芽力和发枝力强，耐修剪。适应性强，耐旱耐瘠薄，但适宜在肥沃、湿润的微酸性土壤中生长。

【观赏与造景】 观赏特色：常年叶色鲜艳，枝盛叶茂，特别是开花时瑰丽奇美，极为夺目，是花、叶俱美的观赏树木。在其他观花地被或其他植物背景、建筑背景衬托下突显其花红、叶红的艳丽丰姿，创造视觉焦点。造景方式：既可用于规则式园林，如模纹花坛、规则式造型树，又可孤植、丛植，展现其自然美，同时还是优良的盆景树种，因而有很高的园林应用价值。

【栽培技术】

采种 10 ~ 11 月蒴果成熟后，用小剪剪下果实，置阴凉处，蒴果开裂后自行掉落种子，收集好种子，待来年春季播种育苗。

育苗

（1）播种育苗：春夏播种，红花檵木种子发芽率高，播种后 25 天左右发芽，1 年能长到 6 ~ 20 cm 高，抽发 3 ~ 6 个枝。红花檵木实生苗新根呈红色、肉质，前期必须精细管理，直到根系木质化并变褐色时，方可粗放管理。有性繁殖因其苗期长，生长慢，且有白檵木苗出现（返祖现象），一般不用于苗木生产，而用于红花檵木育种研究。

（2）嫁接育苗。主要用切接和芽接 2 种方法。嫁接于 2 ~ 10 月均可进行，切接以春季发芽前进行为好，芽接则宜在 9 ~ 10 月。以白檵木中、小型植株为砧木进行多头嫁接，加强水肥和修剪管理，1 年内可以出圃。

（3）扦插育苗：3 ~ 9 月均可进行，选用疏松的黄土为扦插基质，确保扦插基质通气透水和较高的空气湿度，保持温暖但避免阳光直射，同时注意扦插环境通风透气。红花檵木插条在温暖湿润条件下，20 ~ 25 天形成红色愈合体，1 个月后即长出 0.1 cm 粗、1 ~ 6 cm 长的新根 3 ~ 9 条。扦插法繁殖系数大，但长势较弱，出圃时间长，而多头嫁接的苗木生长势强，成苗出圃快，却较费工。

栽植 选择阳光充足的环境栽培，或对配植在红花檵木东南方向及上方的植物进行疏剪，让其在充足阳光下健康生长，使花色、叶色更加艳丽，从而增强观赏性。移栽前，施肥要选腐熟有机肥为主的基肥，结合撒施或穴施复合肥，注意充分拌匀，以免伤根。生长季节用中性叶面肥 800 ～ 1000 倍稀释液进行叶面追肥，每月喷 2 ～ 3 次，以促进新梢生长。南方梅雨季节，应注意保持排水良好，高温干旱季节，应保证早、晚各浇水 1 次，中午结合喷水降温；北方地区因土壤、空气干燥，必须及时浇水，保持土壤湿润，秋冬及早春注意喷水，保持叶面清洁、湿润。

抚育管理 具有萌发力强、耐修剪的特点，在早春、初秋等生长季节进行轻、中度修剪，配合正常水肥管理，约 1 个月后即可开花，且花期集中，这一方法可以促发新枝、新叶，使树姿更美观，延长叶片红色期，并可促控花期。摘叶、抹梢。生长季节中，摘去红花檵木的成熟叶片及枝梢，经过正常管理 10 天左右即可再抽出嫩梢，长出鲜红的新叶。

病虫害防治

（1）病害防治：花叶病：及时防治蚜虫，可有效预防该病的发生。

（2）虫害防治：①蚜虫：春季萌芽前喷 5% 柴油乳剂，杀死越冬成虫和虫卵；保护天敌瓢虫、草蛉、小花蝽等。蚜虫类大量发生时，用 10% 的吡虫啉可湿性粉剂 1000 倍液喷杀，或用 40% 的乐果乳油 1000 倍液，交替使用，连续 2 ～ 3 次，防效良好。②蜡蝉：经常检查红花檵木植株的嫩梢，及时剪除被害枝烧毁以消灭虫源；在若虫、成虫发生期喷洒 40% 乐果乳剂 1000 倍液；成虫危害期，利用灯光诱杀；切实保护好蜡蝉的天敌，如鸟类、瓢虫、寄生蜂等。③星天牛：捕杀成虫，在 6 ～ 7 月的中午，利用成虫中午栖息于枝杈上的习性，实施人工捕杀；清除虫卵、幼虫，6 月成虫产卵及幼虫孵化时，经常检查红花檵木粗大主干基部，发现产卵痕迹及时清除；消灭蛀道内的幼虫，用药棉蘸 40% 的氧化乐果乳油 50 倍液塞进蛀孔，然后用泥封口，可有效杀死幼虫；在有鲜木屑的蛀孔处，用小刀把蛀孔扩大，再用带钩的钢丝伸进去，刺杀幼虫。毒签熏杀，在蛀孔处插入毒签，熏杀幼虫。④红蜘蛛、介壳虫：防治方法见罗汉松。⑤地下害虫：防治方法见深山含笑。

毛杜鹃

学名：*Rhododendron pulchrum* Sweet

杜鹃花科杜鹃花属

别名：锦绣杜鹃

【形态特征】 半常绿灌木，高 1.5 ～ 2 m，枝稀疏开展，有褐色平贴糙毛；叶薄革质，春叶椭圆状长圆形，长 6 ～ 7 cm，先端钝尖，叶面深绿无光泽，背面苍绿色，有毛，夏叶较小近披针形，长 2 ～ 3 cm；花 1 ～ 3 朵成伞形花序顶生，密被褐色刚毛状长柔毛，花萼大，五深裂，花冠阔漏斗形，玫瑰紫色，具深红斑点，花径达 6 cm，五裂片近圆形，雄蕊 10，稍弯曲，花柱稍弯，比雄蕊稍长，无毛。蒴果卵状矩圆形，有糙毛和宿萼。花期 3 ～ 4 月，果期 9 ～ 10 月。

【近缘种或品种】 品种：栽培历史长，变种、品种很多。从花的颜色分，有洋红锦绣、玫瑰紫锦绣和绯紫锦绣。

【生态习性】 原产我国，华南地区常见栽培种。性喜温暖湿润气候，喜光而耐半阴，忌强阳光暴晒，较耐寒；喜肥沃疏松湿润、呈酸性至微酸性的壤土；较耐修剪，生长迅速。

【观赏与造景】 观赏特色：花色丰富，花量大、花期长。

造景方式：适合广东省气候环境，在广东省已广为种植。可作为公路、铁路和江河生态景观林带的边缘种植树种，可点植、成片种植、带状种植。通常栽培在开阔草坪、林下、林缘、湖畔、缓坡、陡坡、墙角、建筑物或景石旁。

【栽培技术】

采种 种子于 10 ～ 11 月成熟，当果由青色转为褐色时进行采种。果阴干后种子自然脱出，可随采随播，也可低温贮藏种子。

育苗 育苗有播种育苗和扦插育苗

（1）播种育苗：选择在阳光充足、排水良好、肥沃的酸性沙壤土起苗床，高 15 cm 左右，黄心土拌火烧土作育苗基质，以细小河沙混合种子进行撒播，用细河沙覆盖，厚度约 0.3 ～ 0.5 cm，以淋水后不露种子为宜，再用遮光网遮荫，保持苗床湿润，播种后约 20 天种子开始发芽，苗长出 2 ～ 3 片真叶时即可移植。

（2）扦插育苗：常用扦插法繁殖育苗，成活率高。选用黄心泥或泥炭土为基质，扦插剪取当年生嫩枝半木质化的枝条作插穗，带叶长 8 ～ 10cm，修平基部，剪去下部叶片，留顶端 4 ～ 5 叶，如枝条过长可截去顶梢。扦插选择天气温暖湿润的 3 ～ 5 月间为宜。少量的可用盆插，大量的可用床插。插入插穗的 1/3 ～ 1/2，插毕用细孔壶喷洒，插好后，最好用透明塑料袋罩上，置荫棚下。插后管理重点是遮荫和增加湿度，使插穗保持新鲜，高温季节要增加叶面喷水，注意降温。扦插

后 40 ～ 70 天即可发根成苗。

栽植 应选择温暖湿润、光照不太强、气候凉爽、土壤肥沃、富含腐殖质的酸性土或 pH 值在 7 以下排水和通气良好的土壤。盆栽毛杜鹃的培养土配制方法很多，因栽培品种而异，但必须疏松、排水通畅、通气良好、酸性土壤、腐殖质丰富、基肥充足，通常生长在酸性壤土才会长得旺盛。

抚育管理 在一般情况下，1 ～ 2 年生的幼苗应少施肥，腐殖质土中含有的肥力能够满足幼苗生长发育的需要；2 ～ 3 年生的小植株，从晚春或初夏起，可每月施 1 次稀饼肥水或稀薄矾肥水；4 年生以上的植株，可于每年春、秋季各施约 20g 的干饼肥，6 月中旬可施 1 次速效性磷、钾肥，以促进花芽分化，6 月以后即可停止施肥。在花谢之后，正是新枝生长的时候，可施 1 次浓度稍高一些的液肥，但切不可施得太浓，更不可施生肥。浇水时要特别注意水质，若长期使用含有漂白粉、液氯、明矾等化学药剂的水，会使盆土中的碱性逐渐加重，不利于生长。

毛杜鹃的萌发力和再生力很强,每 1 ～ 2 年在花谢之后，就要换一个比原来大些的花盆，并换上新的培养土。结合换盆的同时进行修枝整形,有意识地修剪出美观的树形来,可使树形美观，改善通风透光的条件，以便尽快萌发新梢，使翌年开花花多、色艳。

病虫害防治

（1）病害防治：主要病害有褐斑病和白粉病，防治方法同大叶紫薇。

（2）虫害防治：①红蜘蛛：防治方法见罗汉松上红蜘蛛防治。②杜鹃网蝽：入冬后清除花木附近的落叶、杂草，深埋或焚烧，消灭越冬成虫；药剂防治，5 月在越冬成虫出现后和第一代若虫发生期，喷 50% 杀螟松乳剂 1000 倍液，7 ～ 10 天喷一次，连续喷洒 2 ～ 3 次，效果很好。

映山红

学名：*Rhododendron simsii* Planch.

杜鹃花科杜鹃花属

【形态特征】 落叶灌木，高 2 m 左右，分枝多。叶纸质，卵形、椭圆状卵形或倒卵形，春叶较短，夏叶较长。花 2 ～ 6 朵簇生枝顶，花萼 5 深裂，长 4 cm，花冠鲜红色，5 裂片，宽漏斗状，长 4 ～ 5 cm，上方 1 ～ 3 裂片里面有深红色斑点，雄蕊 10，花丝下部有微毛。蒴果卵圆形，长达 8 cm。花期 3 ～ 4 月，果期 7 ～ 10 月。

【生态习性】 原产我国长江、珠江流域一带，越南和泰国亦有。是我国闻名于世界的三大名花之一。生于低谷及丘陵灌丛中，开花时满山映红，故名“映山红”。适应力和生命力强，性喜温暖凉爽气候，喜光而耐半阴，较耐旱瘠，忌暴晒和水渍；喜酸性、疏松和排水良好的壤土，忌石灰质碱性土。为我国中南及西南典型的酸性土指示植物。

【观赏与造景】 观赏特色：花枝繁盛、鲜红艳丽，灿烂夺目，具有较高的观赏价值。

造景方式：园林宜作片植、丛植或盆栽观赏，尤宜于半荫处栽植。可应用于公路、铁路和江河两边生态景观林带种植。适合在乔木林下配套种植。

【栽培技术】

采种 结实率高，种子多，发芽率高，秋季蒴果呈绿褐色或黄褐色时，即可采收，放置室内晾干，待其开裂，抖出种子，贮于室内干燥处。

育苗 播种能获得大量实生苗，是引种、育种的重要手段。播种在翌年春季进行，用浅盆、木箱或在地床内，以排水良好的粗粒土铺底，面层 2cm 用黄泥或腐叶土。种子撒匀后，薄覆一层细土。然后淋水使盆土湿润，盖以薄膜或玻璃板，置于阴处。要保持盆土湿润，一般在 15 ～ 20℃时，20 天左右出苗。此后可将覆盖物取走，注意通风，提高幼苗抗性。在苗长出 2 ～ 3 片真叶时即可移植。

栽植 小苗出土后，应逐渐增加透光时间，因苗嫩小，注意避免温度突然高低变化和强光的照射。苗长得很慢，5 ～ 6 月才长出 2 ～ 3 片真叶后，移栽到容器育苗袋中，用细喷壶浇水和淡肥水，移植后的小苗可放在阴凉处培育。在栽培上，土壤的要求以酸性土壤为主，pH 值在 6.0 以下为好。

抚育管理 浇水量要根据不同生长阶段有不同，休眠期要少，3 ～ 4 月映山红开花，生长旺盛要多浇，7 ～ 8 月盆土干燥就得浇水。基肥可用长效的饼肥和粪干等，在上盆或换盆时和土壤混合使用。追肥用化肥类速效性肥料。映山红不同生长阶段要施不同的肥。开花期停止施肥。开花后，为了恢复树势，促使抽梢长叶，施氮肥，高温季节生长缓慢，

不宜再施肥。秋季进室内前是孕蕾期，要多施磷肥，冬季休眠期停止施肥。

病虫害防治

（1）病害防治：①褐斑病：防治方法见大叶紫薇。②根腐病：防治方法见白兰。③叶斑病、煤污病：可用 120 ～ 160 倍等量式波尔多液，或 70% 代森锰锌 600 ～ 800 倍液，或 50% 甲基托布津可湿性粉剂 1000 倍液，或 50% 多菌灵可湿性粉剂 500 ～ 600 倍液等轮换防治，每隔 10 ～ 20 天喷 1 次，长期阴雨，做到雨前防、雨后治。④从早春开花前开始每隔 7 ～ 10 天，喷施 50% 甲基托布津 1000 ～ 1500 倍液 1 ～ 3 次，可控制发病；发病初期喷洒 1 ∶ 1 ∶ 200 波尔多液，或 28% 灰霉克 800 倍液，或 50% 代森铵 800 ～ 1 000 倍液防治。

（2）虫害防治：①卵形短须螨：可喷施 34% 杀螨利果乳剂 2 000 倍液，或 22.5% 索螨醇乳油 1 500 倍液。②杜鹃冠网蝽、红带网纹蓟马、蛇眼蚧等：可喷施 50% 甲胺磷，或 40% 氧化乐果 1 000 倍液，或 50% 杀螟松 2000 ～ 3000 倍液，或 50% 辛硫磷 1 000 倍液，或 10% ～ 20% 拟除虫菊酯类 1000 ～ 2000 倍液。

朱砂根

学名：*Ardisia crenata* Sims

紫金牛科紫金牛属

别名：凉伞遮金珠、富贵籽、大罗伞

【形态特征】 常绿灌木，高 1 ~ 2 m，有匍匐根状茎。叶坚纸质，狭椭圆形、椭圆形或倒披针形，长 8 ~ 15 cm，宽 2 ~ 3.5 cm，急尖或渐尖，边缘皱波状或波状，两面有突起腺点，侧脉 10 ~ 20 多对。花序伞形或聚伞状，顶生，花期 6 月，白色或淡红色，长 2 ~ 4 cm；花长 6mm；萼片卵形或矩圆形，钝，长 1.5 mm，或更短些，有黑腺点；花冠裂片披针状卵形，急尖，有黑腺点；雄蕊短于花冠裂片，花药披针形，背面有黑腺点；雌蕊与花冠裂片几等长。果球形，直径约 6 mm，有稀疏黑腺点，果柄长约 1 cm。

【近缘种或品种】 栽培变种：红凉伞 *Ardisia crenata* Sim var. *bicolor*(Walker)C. Y. Wu et C. Chen。与原种的主要区别在于叶背、花、花梗等均带紫红色。产于广东乐昌、云南和广西。优良盆栽观赏植物。种子繁殖。

【生态习性】 产于我国南方各地、日本及东南亚。朱砂根是一种典型的耐阴植物，由于其肉质根系丰富、发达，在持续干旱的条件下能维持 30 天以上，浇水后又能较快恢复正常生长，对水分有较宽的耐受力。能耐 -5℃以上的低温气候。分布于海拔 1300m 以下的山谷、坡地的疏林、密林、阴湿处或溪边等。

【观赏与造景】 观赏效果：四季常绿，果圆球形，如豌豆大小，开始淡绿色，成熟时鲜红色，经久不落，甚为美观，是优良的盆栽或花基材料。

造景方式：适合盆栽供室内观赏，也可在大型花坛群植或花基列植供观赏。

【栽培技术】

采种 种子于 12 月到翌年 2 月成熟，当浆果变为纯红色时进行采种。洗去果肉，捞出种子晾干，种子应随采随播。种子千粒重约 176 g。因挂果期长，应根据不同生境选择合适时间进行采种。

育苗 用种子和扦插繁殖苗木。

（1）播种育苗：苗圃地应选择坡度平缓、阳光充足、排水良好、土层深厚肥沃的沙壤土。苗床高 15 cm 左右，纯净黄心土拌火烧土（比例为 4：1）作育苗基质，用小木板压平基质，撒播方法进行播种，用细表土或干净河沙覆盖，厚度约 0.5 ~ 0.8 cm，以淋水后不露种子为宜，再用遮光网遮荫，保持苗床湿润，播种后约 20 天种子开始发芽出土，经 30 天左右发芽结束，发芽率可达 75%。当苗高达到 3 ~ 5 cm，有 2 ~ 3 片真叶时即可上营养袋（杯）或分床种植，用黄心土 87%、火烧土 10% 和钙镁磷酸 3% 混合均匀作营养土装袋。分床苗一般株行距

4
5
6
7
8
9

20 cm×20 cm，移植后适当遮荫和淋水。种植后应覆盖遮光网遮荫；种植 60 天后，每月施 1 次施浓度约为 1% 复合肥水溶液；培育 1 年苗高约 20 ～ 30 cm，地径约 0.4 cm，可换大盆种植。

（2）扦插育苗：3 ～ 4 月，剪取半木质化的枝条，插穗长约 7 ～ 10 cm，切口用生根粉处理以利生根，剪去下部叶片，插于干净的沙土中。插后要加强遮荫保湿。一个月左右即可生根，70 天后移栽上盆培育，翌年即可开花结果。

栽植 朱砂根播种繁育，需 4 年以后才能开花。应根据苗木大小每年换盆栽植；换盆最好用塘泥，或纯黄泥拌泥炭土（比例为 1∶1）作育苗基质；春季换盆成活率高；换盆后合理淋水，做到不干不淋、淋必淋透的原则。

抚育管理 40 天以后，每月可施沤熟花生麸或复合肥水液；夏季应适当遮荫。开花结果期间，可通过叶面喷施 0.2% 的磷酸二氢钾溶液，来促成植株多开花、结好果；气温过高或过低，都应停止施肥，以免造成肥害伤根。生长适温为 20 ～ 28℃，怕干热高温，当环境温度达 30℃以上时，就要通过遮荫、喷水、通风等措施，给予降温增湿；畏寒冷，当温度低于 5℃时，可将其移放至简易塑料大棚中，也可直接搬至室内，以免发生冻害。

病虫害防治

（1）病害防治：①根结线虫病：暴晒栽培基质并按每立方米栽培基质用 3% 呋喃丹颗粒剂 200 g、或 3% 米乐尔 200 g 拌匀后覆盖塑料薄膜堆闷 10 ～ 15 天后种植。在摆放盆栽朱砂根前进行土壤消毒，每亩撒施 3% 呋喃丹 4 ～ 5 kg、或 10% 灭线磷 4 ～ 5 kg 或 3% 米乐尔 4 ～ 5 kg。拔除病死株连同栽培基质一起销毁，并及时施用下列药剂：3% 呋喃丹 600 倍液、或 10% 灭线磷 600 倍液、或 1. 8% 阿维菌素 800 倍液等，连续施药 2 次（隔 15 天施药 1 次）。以后冬春季每 2 个月施药 1 次，夏秋季每月施药 1 次。②茎腐病：选用 2. 5% 悬浮种衣剂、或适乐时 1200 倍液、或高锰酸钾 600 倍液、或 75% 百菌清可湿性粉剂 600 倍液喷于茎基部，连喷 2 次，隔 7 天防治 1 次。也可用 40% 五氯硝基苯粉剂 200 倍液加福美双 200 倍液涂抹发病茎基部。③疫病：发病初期喷施 30% 爱苗乳油 1000 倍液、或 42% 巴氏疫病 1000 倍液、或 72% 杜邦克露可湿性粉剂 600 倍液、或 70% 疫佳可湿性粉剂 600 倍液，用后 5 种药剂应连续轮流喷施 2 ～ 3 次，隔 7 天防治 1 次。④根腐病：发病初期浇灌 50% 根腐灵 800 倍液、或 50% 杀菌王水溶性粉剂 1000 倍液、或 50% 地灵可湿性粉剂 800 倍液等。连续施药 2 次，隔 7 天防治 1 次。对新植或新换盆的植株，当天或第 2 天施药 1 次预防效果最佳。

（2）虫害防治：①蚜虫：50% 抗蚜威可湿性粉剂 2000 ～ 3000 倍液、或 50% 灭蚜松乳油 2500 倍液、或 10% 蚜虱净可湿性粉剂 4000 倍液、或 15% 哒螨灵乳油 2500 倍液、或 2. 5% 功夫乳油（除虫菊酯）3000 倍液。②甜菜夜蛾和斜纹夜蛾：用杀虫灯诱杀成虫，减少卵量，降低虫口密度。防治药剂：20% 灭扫利乳油 1500 倍液、或 48% 乐斯本乳油 2000 倍液、或 20% 绿色辛硫磷 1000 倍液、或 50% 甲基 1605 乳油 500 倍液。

夹竹桃

学名：*Nerium oleander* L.

夹竹桃科夹竹桃属

别名：欧洲夹竹桃、红花夹竹桃

【形态特征】 常绿小乔木，高 6 m。树冠开展，幼枝绿色，具棱。单叶，革质，3 ~ 4 叶轮生，枝条中、下部多对生，线状披针形，长 5 ~ 21 cm，先端渐尖，基部楔形或下延，中肋显着，全缘反卷，枝叶内均有少量乳汁。聚伞花序顶生，芳香；花冠漏斗状，深红色或粉红色，单瓣或重瓣。蓇葖果长圆形，长 12 ~ 23 cm，两端较窄，种子顶端具黄褐色毛。花期几乎全年，夏秋季最盛，果期在冬春季。

【近缘种或品种】 近缘种：黄花夹竹桃 *Thevetia peruviana*（Pers.）K. Schum.。常绿小乔木，高 6 m。叶互生，近革质，窄长，长 10 ~ 15 cm。聚伞花序顶生，芳香；花冠漏斗状，黄色。核果扁三角状球形，花期 8 月至翌年春季。喜光，喜高温多湿气候，耐湿，耐半阴。生命强。抗风，抗大气污染。原产中南美洲，我国南方各地广泛栽培。枝条下垂，叶绿光亮，花大鲜黄，花期长，是优良的庭园观赏花卉。扦插和播种繁殖。

品种：白花夹竹桃 *N. oleander* L. ‘Album’，花冠白色，花期几乎全年，夏秋季最盛，果期在冬春季。扦插繁殖。桃红夹竹桃 *N. oleander* L. ‘Roseum’，花瓣桃红色。扦插繁殖。

【生态习性】 原产于伊朗、印度和尼泊尔，现世界热带和亚热带地区均有栽培。喜光，喜温暖、湿润气候。生命力强，生长迅速，抗风，抗大气污染，耐海潮，但不耐阴。耐瘠薄，对土壤要求不严，但以偏干燥的土壤为佳。对二氧化硫、氯气、氟化氢等有毒气体抗性强；有较强吸滞烟尘和粉尘的能力。夹竹桃有抗烟雾、抗灰尘、抗毒物和净化空气、保护环境的能力，即使全身落满了灰尘，仍能旺盛生长，被人们称为“环保卫士”。并且夹竹桃可作为水源涵养和水土保持林、景观防护林、污染隔离林和农林复合防护林 4 种类型的防护林的通用树种之一。全株有毒，应用时需注意。

【观赏与造景】 观赏特色：枝叶舒展，盛花时满树红花，花大艳丽，花期长，是春夏季开花的主要木本花卉。

造景方式：对土壤适应性强，萌芽能力强，抗风，抗污染，在公路、道路、铁路旁列植作行道树；在庭园、公园和小区内孤植或丛植作庭园观赏树；在大型围墙、挡土墙或河旁、湖旁周围群植作水土保持和风景林树种。适合在公路、铁路和江河生态景观林带片植作基调树种。

【栽培技术】

采种　种子于 1 ～ 3 月成熟，当蓇葖果由青色转为赤褐色时进行采种。蓇葖果阴干后种子自然脱出，可随采随播，也可低温贮藏种子。

育苗　以播种、扦插、分蘖和压条等方法繁殖苗木。

（1）播种育苗：苗圃地应选择坡度平缓、阳光充足、排水良好、土层深厚肥沃的沙壤土，坡向选背风的南坡至东南坡。苗床高 15 cm 左右，纯净黄心土拌火烧土（比例为 4：1）作育苗基质，用小木板压平基质，以细小河沙混合种子进行撒播，用细表土或干净河沙覆盖，厚度约 0.3 ～ 0.5 cm，以淋水后不露种子为宜，再用遮光网遮荫，保持苗床湿润，播种后约 10 天种子开始发芽出土，发芽率约 60%。当苗高达到 3 ～ 5cm，有 2 ～ 3 片真叶时即可上营养袋（杯）或分床种植，分床苗一般株行距 20cm × 20cm，移植后适当遮荫和淋水；种植 60 天后，每月施 1 次浓度约为 1% 复合肥水溶液，施肥后用清水淋洗干净叶面肥液；培育 1 年苗高约 25 ～ 35 cm，地径约 0.4 cm，可达到苗木出圃标准。

（2）扦插育苗：夹竹桃以扦插繁殖为主。2 ～ 4 月，采集半木质化插穗，插穗长 8 ～ 10 cm，保留 4 ～ 5 个芽，上部带 1 ～ 2 片叶片，插前下端点蘸生根粉或用生根水浸泡 4 h，纯净黄心土作育苗基质，插后用遮光网遮荫，薄膜覆盖，保持苗床湿润，插后约 30 天开始生出不定根，扦插成活率可达 70%。根长至 2cm 时可上袋种植，也可不移苗直接在插床培育，但扦插时应控制密度。应覆盖遮光网遮荫；种植 40 天后，生长季节每月施 1 次浓度约为 1% 复合肥水溶液；培育 1 年苗高约 25 ～ 40 cm，地径约 0.5 cm，可达到出圃规格。

栽植　夹竹桃对土壤的适应性较强，以中下坡土层深厚的地方生长较好。造林株行距 1.5 m × 2 m 或 2 m × 2.5 m，密度 133 ～ 222 株 / 亩。造林前先做好砍山、整地、挖穴、施基肥和表土回填等工作，种植穴长 × 宽 × 高规格为 50 cm × 50 cm × 40 cm，基肥穴施钙镁磷肥 1.5 kg 或沤熟农家肥 1.5 kg。裸根苗应在春季造林，营养袋苗在春夏季也可造林。在春季，当气温回升，雨水淋透林地时进行造林；如要夏季造林，须在大雨来临前 1 ～ 2 天或雨后即时种植，或在有条件时将营养袋苗的营养袋浸透水后再行种植。浇足定根水，春季造林成活率可达 95% 以上，夏季略低。

抚育管理　种植后 2 年内，每年 4 ～ 5 月和 9 ～ 10 月应进行抚育各 1 次。抚育包括全山砍杂除草，并扩穴松土，穴施沤熟农家肥 1 kg 或施复合肥 0.1 kg，肥料应放至离叶面最外围滴水处左右两侧，以免伤根，影响生长，2 ～ 3 年即可郁闭成林。并对苗木进行适当修剪，保持冠形。因夹竹桃生性强健，栽植容易，萌蘖力强，易使枝条凌乱，应按培育目标进行修剪。

病虫害防治

（1）病害防治：黑斑病：发病后可用 50% 多菌灵 500 倍液或 50%甲基托布津 600 倍液喷洒。

（2）虫害防治：蚜虫和介壳虫防治方法见竹柏。

龙船花

学名：*Ixora chinensis* Lam.

茜草科龙船花属

别名：买子木、山丹

【形态特征】 常绿灌木，高 0.5 ~ 2 m。单叶，对生，椭圆状披针形或倒卵状长椭圆形，长 6 ~ 13 cm，宽 3 ~ 4 cm，先端钝或钝尖，基部楔形或浑圆，全缘，侧脉稍明显，叶柄短或几无；托叶基部阔，合生成鞘。顶生伞房状聚伞花序，花序分枝红色，花冠红色或橙红色，高脚碟状，筒细长，裂片 4，先端圆。浆果近球形，熟时紫红色。花期长，几乎全年有花。

【近缘种或品种】 近缘种：红花龙船花 *I. coccinea* L.，又称红仙丹花，植株矮小，叶片细小，花色殷红。白仙丹 *I. parviflora* Vahl，花较小，花冠白色，裂片为狭窄的线形。黄龙船花 *I. lutea*（Veitch）Hutchins，又称黄仙丹，花冠金黄色。白花龙船花 *I. henryi* Levl.，花冠白色，裂片披针形。

【生态习性】 产于我国华南和亚洲热带地区，现热带地区普遍栽培。喜高温多湿，喜光，在全日照或半日照时开花繁多，在荫蔽处则开花不良。不耐寒，耐高温，耐干旱。耐瘠薄，在富含腐殖质、疏松肥沃的沙壤土上生长最佳。

【观赏与造景】 观赏特色：四季常绿，花期长，盛花期花团锦簇，艳丽夺目，为优良热带木本花卉。

造景方式：在公路、道路两旁或中间列植成绿篱或中央分隔岸带。在庭园、花坛、花篱和草地中群植作庭园观赏树。盛花的盆栽苗是办公室、会议室、酒店大堂等公共场所室内摆设的优良观赏植物。

【栽培技术】

采种　种子几乎全年都有，7 ~ 10 月最多，当浆果紫黑色时进行采种。果堆沤几天后搓烂种皮，洗出种子，晾干后即可播种。

育苗　用播种或扦插方法繁殖苗木。

（1）播种育苗：苗圃地应选择坡度平缓、阳光充足、排水良好、土层深厚肥沃的沙壤土，坡向选背风的南坡至东南坡。苗床高 15 cm 左右，纯净黄心土拌火烧土（比例为 4∶1）作育苗基质，用小木板压平基质，采用条播方法进行播种，用细表土或干净河沙覆盖，厚度约 0.5 ~ 0.8 cm，以淋水后不露种子为宜，再用遮光网遮荫，保持苗床湿润，播种后约 20 天种子开始发芽出土，发芽率约 60%。当苗高达到 3 ~ 5 cm，有 2 ~ 3 片真叶时即可上营养袋（杯）或分床种植，用黄心土 87%、火烧土 10% 和钙镁磷酸 3% 混合均匀作营养土装袋。分床苗一般株行距 20 cm × 20 cm，移植后适当遮荫和淋水。种植 60 天后，每月施 1 次浓度约为 1% 复合

肥水溶液，施肥后用清水淋洗干净叶面肥液；培育 1 年苗高约 25 ~ 35 cm，地径约 0.4 cm，可达到苗木出圃标准。

（2）扦插育苗：龙船花以扦插繁殖为主。2 ~ 4 月，采集半木质化插穗，插穗长 8 ~ 10 cm，保留 4 ~ 5 个芽，上部带 1 ~ 2 片叶片，插前下端点蘸生根粉或用生根水浸泡 4 h，纯净黄心土作育苗基质，插后用遮光网遮荫，薄膜覆盖，保持苗床湿润，插后约 30 天开始生出不定根，扦插成活率可达 70%。根长至 2cm 时可上袋种植，也可不移苗直接在插床培育，但扦插时应控制密度。应覆盖遮光网遮荫；种植 40 天后，生长季节每月施 1 次浓度约为 1% 复合肥水溶液，用清水淋洗干净叶面肥液；培育 1 年苗高约 25 ~ 40 cm，地径约 0.5 cm，可达到出圃规格。

栽植 应根据苗木大小每年进行换盆栽植；换盆最好用塘泥，或纯黄泥拌泥炭土（比例为 1： 1）作育苗基质；春季换盆成活率高；换盆后合理淋水，做到不干不淋、淋必淋透的原则。

抚育管理 40 天以后，每月可施 3 % 沤熟花生麸或 1.5% 复合肥水溶液；夏季应适当遮荫。因龙船花生性强健，栽植容易，萌蘖力强，易使枝条凌乱，应按培育目标进行修剪。

病虫害防治

（1）病害防治：①叶斑病：防治方法见大花第伦桃叶斑病防治。②炭疽病：防治方法见竹柏炭疽病防治。

（2）虫害防治：介壳虫：防治方法见竹柏。

禾雀花

学名：*Mucuna birdwoodiana* Tutch.

蝶形花科黧豆属

别名：白花油麻藤

【形态特征】 常绿、大型木质藤本。老茎外皮灰褐色，断面淡红褐色，有3～4偏心的同心圆圈，断面有血红色汁液形成；幼茎具纵沟槽，皮孔褐色，凸起。羽状复叶具3小叶，叶长17～30cm，小叶近革质，顶生小叶椭圆形,卵形或略呈倒卵形,长9～16 cm,宽2～6 cm，侧脉3～5。总状花序生于老枝上或生于叶腋，长20～38 cm，有花20～30朵，常呈束状；花冠白色或带绿白色，旗瓣长3.5～4.5 cm，先端圆，翼瓣长6.2～7.1 cm,先端圆,雄蕊管长5.5～6.5cm;子房密被直立暗褐色短毛。果木质，带形，长30～45 cm，近念珠状，密被红褐色短茸毛，沿背、腹缝线各具宽3～5 mm的木质狭翅，有纵沟，内部在种子之间有木质隔膜，种子5～13颗，深紫黑色，近肾形，长约2.8 cm，宽约2 cm，厚8～10 mm，常有光泽，花期4～6月，果期6～11月。

【近缘种或品种】 近缘种：美叶油麻藤*M. calophylla*，花紫色；常绿油麻藤*M. sempervirens*，花深紫色等几种，优良庭园观赏树种。种子繁殖。

【生态习性】 禾雀花较喜光，向阳地开花繁茂，半遮荫地开花亦较多，忌荫蔽；喜肥沃湿润土壤，适生于土层深厚的沙壤土。用于地植或垂直绿化时，可用塘泥拌泥炭土或垃圾土等缓效肥料，适当控制植株生长。萌芽性强，耐修剪，入秋后应对过密的藤蔓以及衰老枝条修剪清理1次，增加透光度，促进花芽形成。

【观赏与造景】 观赏特色：禾雀花向上攀爬的本领极强，能像巨蟒般盘绕在大树上。簇串状花穗，直接长在藤蔓上。其花形酷似雀鸟，吊挂成串有如禾雀飞舞。花五瓣，多白色，也有粉色、紫色，甚至紫黑色，每朵花似一只小鸟。花开在藤蔓上，吊挂成串，每串二三十朵不等，串串下垂，有如万鸟栖枝，神形兼备，令人叹为观止。每年3～4月下旬开花。花瓣淡绿色，有两块花瓣会卷拢成翅状，风情万种、十分迷人，颇具观赏价值。

造景方式：最宜于做公园、庭院等处的大型棚架、绿廊、绿亭、露地餐厅等的顶面绿化；适于墙垣、假山阳台等处的垂直绿化或作护坡花木；也可用于山岩、叠石、林间配置，颇具自然野趣。顶面绿化时，前期应注意设立支架、人工绑扎以助其攀援。

【栽培技术】 用播种或扦插方法繁殖苗木。

采种 种子于10～11月成熟。当荚果由绿色转黄褐色，种皮变黑时进行采收。荚果经阴干，果荚开裂，取出种子，应随采随播。

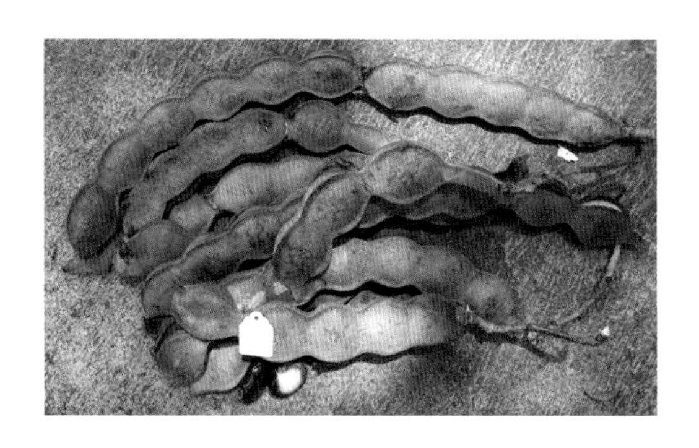

种子千粒重约 4200 g。

育苗

（1）播种育苗：①撒播：苗圃地应选择坡度平缓、阳光充足、排水良好、土层深厚肥沃的沙壤土，坡向选背风的南坡至东南坡。苗床高 15 cm 左右，纯净黄心土拌火烧土（比例为 4∶1）作育苗基质，用小木板压平基质，用撒播方法进行播种，用细表土或干净河沙覆盖，厚度约 2.0 ～ 2.5 cm，以淋水后不露种子为宜，再用遮光网遮荫，保持苗床湿润，播种后约 10 天种子开始发芽出土，发芽率约 60%。当苗高达到 10 ～ 15 cm，有 2 ～ 3 片真叶时即可上营养袋（杯）或分床种植，用黄心土 87%、火烧土 10% 和钙镁磷酸 3% 混合均匀作营养土装袋。分床苗一般株行距 20cm × 20cm，移植后适当遮荫和淋水。种植 60 天后，每月施 1 次浓度约为 1% 复合肥水溶液，施肥后用清水淋洗干净叶面肥液；培育 1 年苗高约 120 ～ 150 cm，地径约 0.7 cm，可达到苗木出圃标准。②点播：先将种子用干净湿沙混合，河沙含水量以手抓成团，放手散开为宜，用一层沙一层种子间隔堆放，可放 5 ～ 6 层，适度通风，种子不能发热，待种子根尖初露，直接种在营养袋或点播在苗圃地，此方法缓苗期短，但培育过程苗木高度和粗度不断分化，需要不断分床处理。如种子已失水晒干，可用浓硫酸或盐酸浸泡种子，并不断搅拌，待种皮起皱时倒去浓硫酸或盐酸液，用清水洗净种子，用常温水浸泡至种子膨胀，捞起晾干播种。也可用 90℃热水浸种至自然冷却，取出已膨胀种子，没有膨胀的种子继续用 90℃热水浸泡，直至膨胀为止。膨胀种子撒播或点播育苗均可。

（2）扦插育苗：宜在 3 ～ 4 月进行，选取 1 ～ 3 年生木质化的枝条，插穗应具 4 ～ 5 节芽，斜插于苗床，入土 2 ～ 3 个芽，露面部分应贴紧土并盖草，保持插床湿润，插后 30 天长出不定根，80 天后根长达 3 ～ 6 cm，萌芽枝长 30 ～ 50 cm 后可出圃定植。

栽植　禾雀花适合在林中套种，如全裸露林地种植应搭棚架供攀援。栽植株行距 6 m × 6 m 或 10 m × 10 m，造林密度 6 ～ 11 株 / 亩。种植前挖穴、施基肥和表土回填等工作，种植穴长 × 宽 × 高规格为 60 cm × 60 cm × 50 cm，穴施钙镁磷肥 2.5 kg 或沤熟农家肥 3.5 kg 作基肥，裸根苗应在春季造林，营养袋苗在春夏季也可造林。在春季，当气温回升，雨水淋透林地时进行造林；如要夏季造林，须在大雨来临前 1 ～ 2 天或雨后即时种植，或在有条件时将营养袋苗的营养袋浸透水后再行种植，浇足定根水，春季造林成活率可达 95% 以上，夏季略低。

抚育管理　种植后 2 年内，每年 4 ～ 5 月和 9 ～ 10 月应进行抚育各 1 次。抚育包括砍除杂草，并扩穴松土，扶藤上树（架），穴施沤熟农家肥 1 .5 kg 或施复合肥 0.15 kg，肥料应放至离树苗 30 cm 以外两侧，以免伤根，影响生长，2 ～ 3 年后覆盖面积可达 20 m²。当禾雀花藤达 1.5 m 以上时应摘顶芽，促进萌芽，扩大覆盖面。

病虫害防治　病虫害较少发生。

无瓣海桑

学名：*Sonneratia apetala* B. Ham.

海桑科海桑属

【形态特征】 乔木。高 15 ~ 20 m。主干圆柱形，有笋状呼吸根伸出水面；茎干灰色，幼时浅绿色。小枝纤细下垂，有隆起的节。叶对生，厚革质，椭圆形至长椭圆形，叶柄淡绿色至粉红色。总状花序，花瓣缺，雄蕊多数，花丝白色，柱头蘑菇状。浆果球形，每果含种子 50 粒左右。花期春季，果期为秋冬季。

【近缘种或品种】 本属约有 6 种，我国有 3 种，即海桑 *S.caseolaris*、杯萼海桑 *S.abla* 和大叶海桑 *S.ovata*，主要分布我国海南，是红树林群落的主要组成树种。

【生态习性】 无瓣海桑是红树林中优良乔木树种之一，天然分布于亚洲沿岸和东太平洋群岛。1985 年从孟加拉国引种我国海南，现已在我国海南、广东、福建等地沿海滩涂地均有引种种植。喜光、喜热，生长于滨海和河流入海处两岸有潮水到达的淤泥滩。速生，抗逆性强，短期内便拥有足够的绿量。

【观赏与造景】 观赏特色：其小枝细长而下垂，球果簇生于小枝上，故又是海滨滩涂和河道风景树。

造景方式：无瓣海桑具有速生、高大通直、抗逆性强等性状，对防风固岸，促淤造陆有显著效果。已成为我国东南沿海大面积营造红树林的重要树种，可用于沿海生态景观林种植。

【栽培技术】

采种　果实为浆果，成熟期为每年的 9 ~ 10 月。果实成熟后，果皮颜色由绿色变为灰白色，有香味，用手摸有黏手的感觉（成熟果有果胶分泌）。将成熟的球果采回，放在水中浸泡，待其果皮和果肉软化后取出，用手将其搓烂，放在清水中漂洗取出种子。将洗好的种子装入纱网袋中，浸没于水中，置于避光阴凉处贮藏备用。无瓣海桑种子千粒重为 14.42 ~ 14.83 g，发芽率为 95% ~ 98%。

育苗　苗圃地应选在靠近造林种植区，有充足的淡水供给的地方。苗床高 25 ~ 30cm，宽 1.0 ~ 1.2m，步道宽 50cm，苗床走向和涨潮时的水流方向平行，床面铺 5cm 厚的营养土。用纱网围好圃地四周。播种前用 1 ~ 5 g/L 的高锰酸钾溶液对种子进行消毒。取处理的无瓣海桑种子，用清水冲洗干净，悬挂在阴凉处 1 ~ 2 天即可播种于苗床上。

播种方式采用撒播，播种后覆盖 1.0cm 厚的营养土，然后用木板轻轻压实，再用纱网盖住苗床。纱网要拉平，四周用海泥压实，避免涨潮退潮时潮水冲刷种子。无瓣海桑一年四季均可播种育苗。播种后 4 天种子开始

发芽，8 ~ 10 天幼苗定根好，此后即可将纱网掀开。无瓣海桑育苗中，淡水管理极为关键，因为无瓣海桑种子发芽和幼苗生长受海水盐度影响很大，控制苗床水分盐度，发芽期在 0.5% 以内；幼苗期在 0.8% 以内；淡水的浇灌根据苗的大小和潮水而定。通常在播种后早晚各浇一次，除降低圃地水分盐度外，还可及时冲洗幼苗或苗床纱网的泥浆，避免影响种子发芽或幼苗生长所需光照和温度。

栽植 当苗床上幼苗长出 6 片真叶，苗高达 6 ~ 8cm 时，便可移植于营养袋中。移植后，将营养袋幼苗在陆地上阴棚放置 15 天左右，待幼苗充分定根后再移到滩涂上。

抚育管理 涨潮时，大量凋落物被潮水携带进苗圃，退潮后，凋落物被留在苗圃中，应及时清理，以免压坏幼苗和引发病虫害。无瓣海桑为喜光树种，苗木生长不需遮荫，但移植时遮荫 1 周有利于提高移植成活率。

病虫害防治

（1）病害防治：①立枯病：立枯病发病后要及时拔除病株，并用甲基托布津（50%）1.00 ~ 1.25 g/L，或百菌清（75%）1.25 ~ 1.67 g/L 进行防治，每 7 ~ 10 天喷 1 次，连喷 3 ~ 4 次。②灰霉病：发病后应将病株拔掉，同时，可喷百菌清（75%）1.25 ~ 1.67 g/L 或甲基托布津（50%）1.00 ~ 1.25 g/L，每 7 ~ 12 天喷 1 次，连喷 3 ~ 4 次。③炭疽病：防治上可用等量式波尔多液、敌克松（敌磺钠湿粉 50%）1.00 ~ 1.67 g/L 喷 3 ~ 4 次，同时保持苗床通风透气，以降低湿度，抑制病原菌扩散。

（2）虫害防治：①迹斑绿刺蛾：2 ~ 3 龄幼虫期喷施 16 000 IU/mg 苏云金杆菌 800 倍溶液，防治效果较好，杀虫的同时还可有效保护天敌，可作为日常防治该害虫的药剂。②栗黄枯叶蛾：幼虫期向叶面喷洒 25% 灭幼脲 3 号 1000 倍液；生物防治或喷洒 Bt1000 倍液；或核型多角体病毒水溶液。

海　桑

学名：*Sonneratia caseolaris* (L.) Engl.　　**海桑科海桑属**

别名：剪包树

【形态特征】 乔木，高 5 ～ 6 m，具有笋状呼吸根，小枝纤细，下垂，有隆起的节。叶对生，厚革质，长椭圆形、长倒卵形或倒披针形等，长 4 ～ 7 cm，宽 2 ～ 4 cm，先端钝尖或圆形，基部楔形。花单生，萼裂片 6 枚，外面绿色，内面为黄白色；花瓣 6 枚，暗红色，线状披针形，雄蕊多数。浆果褐色，扁球形，基部为宿存的萼片所包围，直径 4 ～ 5cm。花期冬季，果期春夏。

【生态习性】 原产我国海南琼海、万宁、陵水；生于海边泥滩。分布东南亚热带至澳大利亚北部。海桑为喜光树种，生长速度快，和无瓣海桑一样，都是我国的引种树种。适应性强，既能在高盐度的海滩生长，又能在低盐分的河口内湾繁殖。

【观赏与造景】 观赏特色：速生树种，是目前我国东南沿海防护林中的主要造林树种，在红树生态恢复中具有重要作用。海桑树体高大，树冠较疏，为其他红树植物在其林冠下更新和生长提供了充足空间，群落乔木层明显分为上层和下层两个层次。

造景方式：在中低潮带营造海桑，可改善中高潮带裸滩的造林环境，为其他乡土树种在滩涂上造林提供有利条件，可用于沿海生态景观林带种植。

【栽培技术】

采种　海桑果实为球状浆果，几乎全年均有花果。果实成熟后，果肉软化，自然掉落于林内的滩涂上，此时将成熟的浆果采回，用手将其搓烂，放在清水中漂洗出种子。将洗好的种子装入纱网袋中，浸没于水中，避光阴凉处贮藏备用。海桑种子千粒重为 8.3g，发芽率为 60% ～ 70%。

育苗　苗圃地应选在靠近造林区，用纱网围好圃地四周，在滩涂地上育苗苗床高 15 ～ 20cm，宽 1.0 ～ 1.2m，苗床之间距离 40cm，苗床走向和涨潮时水流方向平行，床面铺 5cm 厚地营养土，取贮备的海桑种子，用清水冲洗干净，播种方式采用撒播，播种后覆盖 0.2 ～ 0.3cm 厚的营养土，再用纱网盖住苗床。播种后 1 周种子开始发芽，10 天幼苗定根好，此后即可将纱网掀开。

栽植　春季播种可在第 2 年 4 ～ 5 月造林，有利于延长造林苗木生长季节，提高苗木抗病、抗寒能力。但需注意防低温和干冷风的危害。

抚育管理　海桑为喜光树种，苗木生长不需遮荫，但移植幼苗时，应在阴天或傍晚进行移植，避免强光、高温导致移植失败。若有遮荫设施，应对移植的小苗遮荫一周，有利于提高移植成活率。海桑属速生树种，生长量大，合理的施肥能提高生长量和苗木的木

质化程度，从而提高造林成活率。因此移植成活后，可喷氨基酸叶面肥 1 ～ 2 次，喷施复合肥 200 倍水溶液 1 ～ 2 次，喷含钾型叶面肥 1 ～ 2 次，有利苗木速生和培育壮苗。合理施肥有利培育壮苗和使苗木提早出圃。

病虫害防治

（1）病害防治：①立枯病：用 50% 甲基托布津 500 ～ 800 倍，75% 百菌清 500 ～ 600 倍进行防治，每 5 ～ 7 天喷一次，连喷 3 ～ 4 次。②灰霉病：多发于 11 月至翌年 5 月，可用 50% 喷扑海因 500 ～ 600 倍，雷多摩尔（58% 锰锌可湿性药粉）800 ～ 1000 倍，每 5 ～ 7 天喷一次，连喷 3 ～ 4 次，发病严重时人工将病株拔除。③炭疽病：用等量式波尔多液、敌克松（50% 敌磺钠湿粉）600 ～ 1000 倍喷 3 ～ 4 次，同时保持通风透气，以降低湿度，抑制病原菌扩展。

（2）虫害防治：在播种后到苗高 20cm 期间，主要为老鼠、螃蟹，加强人工捕捉。

海桑在滩涂上育苗，由于潮水影响，加强观察苗木生长状况，结合生长状况定期喷杀菌类药物等，主动采取预防措施。

拉关木

学名：*Laguncularia racemosa* (Linn.) Gaertn. f.　　**使君子科拉关木属**

别名：假红树、白红树、拉贡木

【形态特征】 乔木，高 8 ~ 10 m，树干圆柱形，有指状呼吸根；茎干灰绿色；单叶对生，全缘，厚革质，长椭圆形，先端钝或有凹陷，长 6 ~ 12 cm，宽 1.5 ~ 5.5 cm，叶柄正面红色，背面绿色；雌雄同株或异株，总状花序腋生，每花序有小花 18 ~ 53 朵；隐胎生果卵形或倒卵形，长 2 ~ 2.5 cm，果皮多有隆起的脊棱，小果灰绿色，成熟时黄色。花期为 2 ~ 9 月，其中盛花期在 4 月下旬至 5 月，7 ~ 9 月仅偶有少量花。果实成熟期为 7 ~ 11 月，其中大熟期为 8 ~ 9 月中旬，10 ~ 11 月有少量果实成熟。

【生态习性】 天然分布于美洲东岸和非洲西部的沿海滩涂，1999 年从墨西哥拉巴斯市引入我国海南东寨港自然保护区。3 年后开始开花结果，4 年后大量开花结果，并成功培育大量苗木引入广东、福建等地，现林木长势良好。喜热带海潮滩涂环境，不耐寒冷，气温低于 -4℃时，会出现寒害而死亡。

【观赏与造景】 观赏特色：红树林造林先锋树种和速生树种，对我国东南沿海裸滩造林具有较高的推广价值。

造景方式：能适应较高的海水盐度，对低盐度和缺氧状态的适应能力强，抗逆性较好，可用于沿海生态景观林带种植。不过拉关木属外来物种，其生长速度超过我国大部分原生的红树植物种类，存在造成物种入侵的可能性，推广时应慎重，建议在非红树林自然保护区种植。

【栽培技术】

采种　拉关木具有典型的隐胎生繁殖方式，种子在离开母体前就发芽，但不突破果皮，成熟后果皮由灰绿色变黄色，并且自然掉落于滩涂上发芽生长。种子千粒重 427 ~ 476g，发芽率为 90.6% ~ 96.2%。

育苗　隐胎生果实干藏湿藏均不适宜，因此对采集回的种子进行催芽后，当胚根伸长 1 ~ 2 cm 时直接插播于营养袋中。也可在苗床上播种育苗，当苗高 5 ~ 10 cm 后移植于营养袋。幼苗从苗床移植到营养袋后 3 ~ 4 个月开始有少量的根穿出营养袋。6 个月生苗有大量根已穿营养袋。

栽植　当苗高 120 ~ 180 cm 时，栽种于在土壤肥力中等、海水盐度较低（通常 0.8% ~ 2.0%，雨季时 0.5%）的潮滩盐土上，10 年生高达 6 ~ 10 m，平均树高 8.9 m，平均地径 19.0 cm，平均胸径 9.5 cm，光照充足的母树结果量大。林下有大量自然生长的拉关木小苗。

抚育管理　对潮带的适应能力较强，可种植在潮水极少浸淹的高潮带，向海方向可生长

于秋茄、桐花树分布的中低潮带。其土壤质地由沙土到黏土均能正常生长，在淤泥深厚、松软肥沃的中高潮滩长势最好。及时清理树苗周围的垃圾杂物，扶正树苗。

病虫害防治

（1）病害防治：尚未发现病害。

（2）虫害防治：育苗期间主要虫害为螃蟹钳断 15cm 以内的幼苗茎干。在海南东寨港保护区引种园尚未发现有虫危害拉关木大树，但在海口万绿园海边 2010 年 5 月曾发生较为严重的旋古毒蛾幼虫危害树叶。虫害发生时，树上老叶、嫩叶均被吃光，可喷一般杀虫剂，杀虫后 7 天可长出新的叶芽。

木榄

学名：*Bruguiera gymnorrhiza* (L.) Lam

红树科木榄属

别名：大头榄、鸡爪榄、五梨蛟、五脚里

【形态特征】 常绿乔木或灌木，树干通直，具膝状呼吸根及支柱根。树皮灰色至黑色，内部紫红色。单叶对生，革质，椭圆形或长椭圆形，长 6 ~ 15 cm，宽 3 ~ 5.5 cm，全缘，叶柄 2 ~ 3 cm；托叶早落。花两性，单生叶腋，淡红色或红黄色；花萼钟状，中部以上 10 ~ 14 裂，裂片长圆形，长 1.5 ~ 2 cm；花瓣与萼片同数而较短，2 深裂，基部被绢毛，裂缝间有刚毛 1 条，而裂片顶端有刚毛 2 ~ 4 条；雄蕊为花瓣数的 1 倍；子房下位 2 ~ 4 室。果包藏于萼筒内且合生，萼筒长于萼片；种子 1 个。于果离母树前发芽，胚轴纺锤形，长达 20 cm，俗称“胎生”植物。花期夏季，果熟期 8 月。

【生态习性】 分布于非洲东南部、印度、斯里兰卡、马来西亚、泰国、越南、澳大利亚北部及波利尼西亚。我国分布海南、广东、广西、福建、台湾及其沿海岛屿的浅海盐滩泥地，喜光喜热。因其呼吸根呈曲膝状，交错突出水面，状如缆索而名木榄。喜生于稍干旱、空气流通、伸向内陆的盐滩，常与海莲（*Bruguiera sexangula*）、角果木（*Ceriops tagal*）、桐花树（*Aegiceras corniculatum*）、秋茄（*Kandelia candel*）等混生，结实力极强。在林分中天然更新良好，幼苗生长旺盛，但生长较慢。

【观赏与造景】 观赏特色：木榄在我国分布广，是构成我国红树林的优势树种，树叶翠绿，胎生植物，能形成自然稳定的生态植物景观。

造景方式：可作为热带、亚热带滨海城市以及景区的滩涂、海堤绿化植物，可用于沿海生态景观林带种植。

【栽培技术】

采种 木榄为显胎生树种，胚轴圆锥形，成熟后胚轴插入泥中即可成苗。待胚芽与果实接连处呈紫红色、胚根先端显出黄绿色小点时，表明果已成熟，即可采集。采集事可用竹竿打枝条，落下的为成熟苗（即胎生苗）。

育苗 培养基质的盐度对木榄幼苗的根、茎、叶的生长的影响存在低盐促进和高盐抑制的过程，就整个植物体的生物量积累来说，也存在同样的现象。适当浓度的盐分能够促进木榄幼苗的生长。木榄的栽培土壤以土层深厚的沙壤土为宜，含盐量 1.27% 左右。在苗木运输过程中，要细致包扎，苗顶向上并装在箩筐里，底层放些稻草，也不要堆积太高，以免发热腐烂。宜随采随造，以提高成活率。

栽植 一般在 5 ~ 6 月间。插植时应避开当月大潮日期，最好在大潮刚过两三天，并且选择退潮后的阴天或晴天进行。不要除去果壳，要让它自然脱落，以免子叶受损

伤或折断而不能萌发新芽。栽植时宜避风海滩或西南向海滩。每穴种 1 株。株行距 0.6 m×1.0m，采用三角形法插植。栽植深度约 10 ～ 12cm。插植时要防止胎苗皮部受损和倒插，要插直。

移植天然生苗：从稀疏的红树林下生长培育的苗木中挖去天然生苗。一般移植宜采高 30 ～ 45 cm 并有 3 ～ 4 个分枝的苗木，运输与包扎方法同胎生苗。苗木栽植深度视苗木高度和根的长度而定。一般苗高 30 cm 的入土深 12 ～ 15 cm，苗高 40 ～ 50 cm 高的苗木，入土比根痕深些。苗木放入穴中，再把泥填满。

抚育管理 一般幼林期不进行除萌松土等工作。因红树林密度较大，林分很快郁闭，一般 3 年后就应考虑进行疏伐。疏伐时砍劣留壮，并注意使保留木分布均匀。疏伐有利于红树林成长成材，如果作为防浪护堤用的海潮防护林，则可保留较大的密度。同时应注意管护，防止人畜等损伤幼林和防止海潮为害。木榄在 16 ～ 22 年生速生阶段时，必须加强抚育管理，以提高林分的质量。

病虫害防治

（1）病害防治：病害发生较少。

（2）虫害防治：白缘果蛀螟和荔枝异形小卷蛾：成虫具有趋光的习性，可以通过灯光诱杀进行防治；选择在各代幼虫发生的盛期(3 龄前)，喷洒 25%灭幼脲 3 号 2000 倍液、Bt、1.8%阿维菌素乳油 3000倍液等生物农药或用 90% 敌百虫 1000倍液或 25%杀虫双 1000 倍液喷施。

秋 茄

学名：*Kandelia candel* (L.) Druce

红树科秋茄树属

别名：水笔仔、茄藤树、红浪、浪柴

【形态特征】 灌木或小乔木。叶交互对生，叶片长圆形至卵状长圆形，革质，全缘；总花梗 1 ~ 3 分枝，腋生聚伞花序，有花 3 ~ 5 朵，花萼管钟状，4 ~ 6 深裂，花瓣与萼片同数，狭窄，2 裂，每裂片又成小裂片，白色；果实圆锥形，长 1.5 ~ 2 cm，基部直径 8 ~ 10 mm；胚轴细长，长 12 ~ 20 cm。花果期几乎全年均有。秋茄在外海滩涂生长具支柱根，在内河口海岸具板状根。

【生态习性】 原产我国海南、广东、广西、福建、台湾沿海河口海岸，生于浅海和河流出口冲积带的盐滩。分布于印度、缅甸、泰国、越南、马来西亚、日本南部。因秋季结果，果似茄，故名秋茄树。喜生于海湾淤泥冲积深厚的泥滩，在一定立地条件上，常组成单优势种灌木群落。既适于生长在盐度较高的海滩，又能生长于淡水泛滥的地区，且能耐淹，在涨潮时淹没过半或几达顶端而无碍，在海浪较大的地方，其支柱根特别发达，但生长速度缓慢，15 年生的树仅高 3.5m。秋茄为盐分排斥者，有“泌盐”现象。能经常在秋茄叶子的正反两面发现白色的盐花。是红树植物中最耐寒的种类。

【观赏与造景】 观赏特色：秋茄为红树林植物适应性较强的树种，常与红树（*Rhizophora apiculata*）、红茄苳（*Rhizophora mucronata*）、白骨壤（*Avicennia marina*）、角果木（*Ceriops tagal*）、海莲（*Bruguiera sexangula*）等伴生或单种优势组成灌木群丛，能形成稳定的自然景观。

造景方式：可作为热带、亚热带滨海景区的滩涂、海堤绿化植物，适合海岸护岸和沿海生态景观林带种植。

【栽培技术】

采种　秋茄树为胎生性植物，结实能力极强，繁殖用萌发胚轴的种子，容易栽培。采集胚轴最好在胚轴脱落初、中期进行，此时采摘的成熟胚轴粗壮，插至海滩后容易生根固定，不易被浪潮漂走。

采种后应将胚轴用当地海水浸泡 1h 左右，然后尽快送往造林地。若在胚轴插植前进行杀菌和杀虫处理，则效果更佳。可用 0.1% ~ 0.2% 的高锰酸钾浸泡 24h 用以杀菌，用 0.05% ~ 0.1% 乐果溶液浸泡 24h，可杀食心虫类。在运输过程中，要细致包扎，苗顶向上装在箩筐内，底层放些稻草，不要堆积太高，以免发热腐烂。

育苗　秋茄胚轴生长发育初期采用沙培的方法可以提高幼苗生根能力。秋茄造林宜采用胚轴（胎生苗）直接插植的方法，栽培时要选择合适的造林地、插植的时间。插植胎生

苗初植时要适当密植，以有利于形成生境，提高幼林成活率，株行距 0.5 m×1 m。

栽植 秋茄采用插植造林。插植前滩涂地要清除垃圾，割除杂草，保证秋茄红树生长的阳光需求。插植时应避开当月大潮日期，最好在大潮刚过后的 2 ～ 3 天，并且选择退潮后的阴天或晴天进行。不要除去果壳，要让它自然脱落，以免子叶受损伤或折断而不能萌发新芽。每穴种一株，采用三角形或正方形插植，栽植深度 6 ～ 10cm。

抚育管理 在秋茄林种植初期，要禁止渔民在幼苗幼树区进行掏挖鱼虾等捕捞活动，红树林区的捕捞活动可以在成林以后进行，渔民在海滩上进行捕捞活动经过红树林种植区时，尽量减少和避免对幼苗幼树造成损害。新造林地应派专人管护，前 3 年内对于成活或保存率低于 75% 的还应进行补植。因海浪冲刷，导致新造林植株倒伏，垃圾堆积，应及时清除、扶正。

病虫害防治

（1）病害防治：根基腐病：发现病株应及时清除，在海水返潮时撒上石灰消毒，以防传染。

（2）虫害防治：①考氏白盾蚧：在卵孵化盛期及时喷洒 50 % 灭蚜松乳油 1000 ～ 1500 倍液。②棉古毒蛾：于越冬代成虫羽化季节，即 3 月下旬至 4 月中旬用黑光灯诱杀雄蛾；利用其低龄幼虫的群集习性，在幼虫盛发期喷施 90% 敌百虫或 50% 马拉硫磷 1000 倍液。

海漆

学名：*Excoecaria agallocha* L.

大戟科海漆属

别名：土沉香、木贼

【形态特征】 落叶或半落叶小乔木，高2～6 m，最高10 m以上，树皮棕褐色，基部分枝较多，呈灌丛状，植株的各个分枝都向地面匍匐生长，小枝有乳状汁。枝无毛，具多数皮孔。单叶互生，全缘或有疏锯齿，薄革质，阔椭圆形或卵状椭圆形，长6～8 cm，宽3～4 cm，顶端急尖，基部钝圆或宽楔形，与叶柄相连处有2枚腺体，叶柄长1.5～3cm。托叶卵状长三角形。雌雄异株。雄花序长3～4 cm，每苞片内有一花朵，花梗稍短于苞片，萼片3，线状披针形，雄蕊比萼片长；雌花萼片宽卵形，顶端渐尖，花柱粗壮，外卷。蒴果三棱状球形，长7～8 mm，宽10mm。种子球形黑色，其上有暗色不规则斑纹。花果期1～9月。枝、叶、树皮及木材均有白色乳汁。没有支柱根，具轻微板状根。

【生态习性】 分布于印度、斯里兰卡、泰国、柬埔寨、越南、菲律宾及大洋洲。我国主要分布于海南、广西、广东南部及沿海各岛屿和台湾。海漆多生于海陆交错区的高潮带或超高潮带的盐碱地上，对土壤要求不高，在潮湿贫瘠的沙砾土上或潮沟边较高的地方均可生长。喜光、喜热，生长速度较快，是红树林造林重要树种。海漆亦是有毒植物，会引致皮肤生疮或瘙痒。乳汁更不宜接触眼睛。

【观赏与造景】 观赏特色：具有速生、抗逆性强等特点，对防风固岸有显著效果，是海滨高潮位地带和河道的护岸树。

造景方式：我国东南沿海大面积营造红树林的重要树种，可用于沿海生态景观林种植。

【栽培技术】

采种 尽可能在上半年采种，以保证种子质量。新鲜种子发芽率较高，贮藏时间越长，发芽率越低，种子随采随播为好。

育苗 海漆在育苗中最好采用疏松、透气性强的基质播种育苗。此外，播种后，用纱网盖住苗床，以免潮水或下雨时雨水冲刷种子，也便于浇水。退潮后及时用淡水浇苗，以免泥浆黏附于种子或苗床表面，影响种子和苗床的透气性。温度越高，海漆幼苗生长越快，低温和高盐度均能制约苗木生长。在育苗过程中，应根据实际情况，加强水肥管理，保证土壤含水量和土壤水分较低的含盐量，提高苗木生长量。

栽植 海漆栽培时要选择合适的造林地和种植时间。苗初植要适当密植，有利于形成良好生境，提高幼林成活率，采用1m × 1m的株行距为宜。幼林期应加强管理，林地容易受其他杂草侵袭，影响生长，难于郁闭成林。

抚育管理 种植初期，要禁止渔民在幼苗幼

树区的活动，减少对幼苗幼树造成损害。海漆枝条柔软，匍匐生长地面易受水浸泡，可用竹子扶撑，待长大后再独立生长。

病虫害防治 病虫害发生较少。

水黄皮

学名：*Pongamia pinnata* (L.) Pierre

蝶形花科水黄皮属

别名：水流豆、野豆、九重吹

【形态特征】 常绿乔木，高 8 ～ 15 m。嫩枝通常无毛，有时稍被微柔毛，老枝密生灰白色小皮孔。羽状复叶长 20 ～ 25 cm；小叶 2 ～ 3 对，近革质，卵形，阔椭圆形至长椭圆形，长 5 ～ 10 cm，宽 4 ～ 8cm，先端短渐尖或圆形，基部宽楔形、圆形或近截形；小叶柄长 6 ～ 8 mm。总状花序腋生，长 15 ～ 20 cm，通常 2 朵花簇生于花序总轴的节上；花梗长 5 ～ 8 mm，在花萼下有卵形的小苞片 2 枚；花萼长约 3 mm，萼齿不明显，外面略被锈色短柔毛，边缘尤密；花冠白色或粉红色，长 12 ～ 14 mm，各瓣均具柄，旗瓣背面被丝毛，边缘内卷，龙骨瓣略弯曲。荚果长 4 ～ 5 cm，宽 1.5 ～ 2.5 cm，表面有不甚明显的小疣突，顶端有微弯曲的短喙，不开裂，沿缝线处无隆起的边或翅，有种子 1 粒；种子肾形。花期 5 ～ 6 月，果期 8 ～ 10 月。

【生态习性】 水黄皮全世界仅 1 种，分布印度、斯里兰卡、马来西亚、澳大利亚、波利尼西亚等地。我国福建、广东（东南部沿海地区）、海南也有分布，生于溪边、塘边及海边潮汐能到达的地方。水黄皮抗风、抗旱、抗空气污染、喜光、喜水湿，耐轻盐土，多生于水边及潮汐能到达之海岸沙滩及石滩上。速生。

【观赏与造景】 观赏特色：树冠开阔，枝叶茂密，树姿优美，叶色光亮洁雅。腋生花序大，粉红或淡紫色，绿叶扶衬，甚为美观。

造景方式：沿海地区可作堤岸护林、行道树、庭荫树、海景树。可用于沿海生态景观林带种植。

【栽培技术】

采种 果实在 10 ～ 11 月成熟，果实成熟时果皮为橘黄色，在荚果还没有裂开时采收，荚果采收晒干，待荚果开裂去果皮和果梗，取出种子并筛净种，采集的种子在通风室内自然晾干或在室外晒干，在冷冻状态下保存。

育苗 为确保种子发芽、早出苗并出苗齐，要浸种催芽。将种子至于塑料桶中用 40℃温水浸泡，使种子吸足水分膨胀沉入水底，浸种时间 8 ～ 10 h，将浮在水面的涩粒清除。

苗床选择在土层疏松、排水性能良好的圃地上，清净作床地块的杂草、草根和碎石，将苗床整平，用高锰酸钾消毒。容器育苗基质为细沙和红心土，将沙土均匀混合后用高锰酸钾消毒并暴晒后拌入少许过磷酸钙混匀作为营养土，容器规格为直径 6.0 cm，高 9.0 cm 的薄膜袋。装袋后摆入宽 1.2 ～ 1.5 m、步道宽 0.3 m 的苗床。

水黄皮播种可采用随采随播或到春季气温回暖后播。容器育苗直接将种子点播在营

养袋中，一袋一粒种子，入土深 2 ~ 3 cm，播种后，面上覆盖一层 1 ~ 2 cm 厚的细沙，防止种子失水，并浇透水，以后每隔 3 天浇水 1 次。11 月育苗在播种后至幼苗形成这段时间也需要搭塑料膜以提高地温和减少水分蒸发。

抚育管理 秋冬季育苗在春季时将苗木移到大棚外露天圃地继续培育，春季育苗至幼苗形成后可撤去塑料拱棚，每天浇水 1 次，适时拔除杂草，5 月左右用低浓度尿素施肥 1 次，7 ~ 8 月再施 1 次尿素，在幼苗形成后要经常清除杂草、浇水，保持营养袋中土壤湿润，并适时施肥，促进苗木快速生长和形成壮苗。

病虫害防治 病害发生较少，虫害主要有三斑趾弄蝶，防治方法为在低龄幼虫期喷 100 亿活芽孢 /g 青虫菌粉剂 1000 倍液或 90% 敌百虫晶体 500 倍液，或用青虫菌混合敌百虫晶体（1:1）800 倍液。

桐花树

学名：*Aegiceras corniculatum* (L.) Blanco

紫金牛科蜡烛果属

别名：桐花树、浪柴、红蒴，黑脚梗

【形态特征】 灌木或小乔木。高 1.5 ～ 4 m。根为支柱根或低矮的板状根，也具有蔓布于地表丰富的表面根，根系发达，利于固定在松软的淤泥中。小枝红色，老枝淡灰黑色；叶对生，椭圆形、倒卵形或宽倒卵形，全缘，叶面的上下表皮有盐腺，吸收的盐分可通过盐腺系统分泌出叶片表面；伞形花序顶生或腋生，有花 10 ～ 20 朵，花白色，径约 1 cm。蒴果圆柱形，弯曲，花期 3 ～ 4 月，果期 7 ～ 9 月。

【生态习性】 分布印度，中南半岛至菲律宾及澳大利亚南部等地均有。我国海南、广西、广东、福建及南海诸岛也有分布，生于海边潮水涨落的淤泥滩上，为红树林组成树种，有时亦成纯林。喜温暖湿润气候，性喜高温，生长适温约为 20 ～ 30℃。要求土壤湿润肥沃，有淡水调节的滩面上生长更好。

【观赏与造景】 观赏特点：树形美观，小枝红色，是较好的观赏树种。

造景方式：其根、茎、叶等器官具特殊的生理结构和调节功能，有较强的抗海潮风能力，适于湿润温暖地区栽培，群植可形成壮观的红树林景观，适合沿海生态景观林带种植。

【栽培技术】

采种 种子的最佳采集期受气候影响各地有差别，在海南主要在 7 ～ 9 月，内地稍晚些。成熟的桐花树种子由黄绿色退绿变白、果实明显较原来膨大。此时将成熟的桐花树果采回置箩筐中，用自来水或低盐度的海水浸泡 1 ～ 2 天后置于阴凉处，保湿催芽 1 周方可播种。催芽期间要保持种子的湿润。桐花树的种子为隐胎生种子，经催芽后的种子根端先萌动伸长，冲破种皮。催芽一周的种子胚轴伸长 1 ～ 2cm，此时可以播种。

育苗 将经催好芽的种子的胚根端直接点播于营养袋中，每袋播种 1 ～ 2 根小胚轴。播种深度结合种子的伸长情况而定，通常插入土的深度为 1 ～ 2 cm，不宜过浅，否则涨退潮潮水冲刷或是浇水时会把种子冲走。播种后及时浇透水一次，让已伸长的胚根和土壤充分接触。播种 1 周后认真检查营养袋中的种子情况，及时补插被水冲走的种子，以提高苗木出圃率。

栽植 出圃苗木的高度可结合造林地决定，造林地如果处低潮滩，潮差较大，潮水浸淹时间长，所需苗木要高些，可用 2 年生的苗木造林。此时的苗高大约有 40 ～ 50cm 左右。如果造林地处中高潮滩，潮水浸淹时间短，可用一年生的苗造林，一年生苗高有 30 ～ 35cm。桐花树根生长较浅，大苗移植成活

率高。

抚育管理 桐花树属慢生树种，苗木生长较慢，叶面肥对其作用不明显。因此在育苗主要施用适量尿素。尿素的施用方法有 2 种：用 0.3% 的尿素水喷施；或在无潮水涨期间直接将尿素撒施于营养袋中，撒施完后要及时浇水。

病虫害防治

（1）病害防治：病害较少。

（2）虫害防治：①桐花毛鄂小卷蛾：在每年幼虫发生盛期，用 90% 敌百虫或 90% 杀虫双 1000 倍液喷施。②柑橘长卷蛾：在害虫卵始盛期、盛期各放一次松毛虫赤眼蜂，每树每次放 1000 ～ 2000 头，有良好的防治效果；成虫发生期用糖醋液或灯光诱杀成虫；选用青虫菌 6 号液剂 1 mL/L 液或苏云金杆菌或青虫菌粉剂 1.00 ~ 1.25 g/L 液喷杀幼虫；注意保护柑橘长卷蛾的天敌。

海杧果

学名：*Cerbera manghas* L.

夹竹桃科海杧果属

别名：黄金茄、牛金茄、牛心荔、黄金调

【形态特征】 常绿小乔木。高可达5m，枝条粗厚；叶厚，长圆状披针形，两端渐尖，长约10～15 cm，具柄，侧脉横列，中脉色浅；幼枝及叶折断时 有白色乳汁流出；花簇生枝端，与叶片等长，白色，中央带红色，有香气；果卵形，成熟时红色，外皮有纤维层。花期3～10月，果期7月至翌年4月。果皮含海杧果碱、毒性苦味素、生物碱、氰酸，毒性强烈，人、畜误食能致死。

【生态习性】 分布于亚洲和澳大利亚热带地区，我国以广东南部、广西南部和台湾、海南分布为多，自然生于海边或近海边湿润的地方。属海滨红树林沼泽植物，远离海岸之处也可以生长。喜温暖、潮湿，充分阳光，多生于滨海的沙滩或泥滩上，常在高潮带或河口地段，杂生于红树林缘。不拘土壤，栽培容易。

【观赏与造景】 观赏特点：树冠美观，叶大、深绿色，花多，美丽而芳香，姿态优美，果熟鲜红色。

造景方式：适于庭园栽培观赏或用于海岸防潮。可作公园、道路绿化，适于湖旁周围栽植观赏。

【栽培技术】

采种 拾取成熟后掉在地上的果实，堆沤10天后，洗去果皮，晒干种仁后进行干藏。

育苗 用播种或扦插繁殖苗木。

（1）播种育苗：育苗地应选择坡度平缓、阳光充足、排水良好、土层深厚肥沃的沙壤土，苗床高15 cm左右，用小木板压平基质，点播种子后，用细表土或干净河沙覆盖，厚度约2～3 cm，以淋水后不露种子为宜，保持苗床湿润，播种后约30天种子开始发芽，经50天左右发芽结束，当苗有2～3片真叶时即可上营养袋（杯）或分床种植。用表土、火烧土混合均匀作营养土装袋。覆盖遮光网遮荫，种植40天后，生施1次浓度约为1%复合肥水溶液，用清水淋洗干净叶面肥液；培育1年苗高约50～80 cm，地径约2 cm，可达到造林苗木规格标准。

（2）扦插育苗：采用成熟枝扦插育苗。扦插在春季、夏季均可进行，插前将插穗基部浸入清水中7～10天，要换水数次，保持浸水新鲜，插后可提前生根，提高成活率。如全用水插，水温保持18～20° C，经常换水，尤易生根。

栽植 喜生于深厚、湿润、疏松的土壤，以中下坡土层深厚的地方生长较好。栽植株行距2 m×3 m或2.5 m×3 m。可采与其他沿海树种混交种植，裸根苗应在春季造林，营养袋苗在春夏季也可造林。若作园林绿化种植，宜采用高1.5 cm、地径2 cm以上的苗

木栽植。

抚育管理 造林后3年内，每年4～5月和9～10月应进行抚育各1次。抚育包括砍杂除草，并扩穴松土，穴施沤熟农家肥1.5 kg或施复合肥0.15 kg，肥料应放至离叶面最外围滴水处左右两侧，以免伤根，影响生长，3～4年即可郁闭成林。

病虫害防治 未见病虫害发生。

银叶树

学名：*Heritiera littoralis* Dryand. ex Ait

梧桐科银叶树属

别名：大白叶仔

【形态特征】 常绿乔木，高可达 20 m，具板状根，树皮银灰色或灰黑色，小枝、幼叶被白色鳞秕。叶互生，全缘，革质，长倒卵形、椭圆形或卵圆形，长 5 ~ 25 cm，宽 3 ~ 15 cm，先端钝或急尖，基部截形，稍歪斜，背面密被银白色 小鳞秕。托叶早落，针状。圆锥花序腋生，花单性，无花瓣，萼钟形，子房上位。果大，木质，近椭圆形，长 6 cm，宽 4 cm，背有龙骨状突起，2 ~ 3 聚生于果序上。果窄椭圆状、球形，种子卵形，长 2 cm。花期夏季，果实于翌年 1 ~ 3 月成熟。

【生态习性】 分布于印度尼西亚、菲律宾、泰国、斐济、日本、澳大利亚及我国海南、香港、广东和台湾等热带、亚热带的滨海地区。为热带海岸红树林树种之一，但多分布于高潮线附近的海滩内缘，以及大潮或特大潮水才能淹及的滩地，或海岸陆地，属典型的水陆两栖的半红树植物。

【观赏与造景】 观赏特色：银叶树树形优美、抗风、耐盐碱，叶子及果实性状奇异，是热带、亚热带海地区滨海城镇绿化和防护林的优良树种。

造景方式：为热带海岸红树林的树种之一，生长在潮间带，也能在陆地上生长，可孤植、列植和片状种植。可用于沿海生态景观林带种植。

【栽培技术】

采种　1 ~ 3 月采取成熟的果实。堆沤至外种皮腐烂，洗净晾干种子后，存放阴凉处。

育苗　自然情况下，银叶树通过种子进行繁殖，其种子为留土萌发，自行萌发率较低。采用营养袋育苗，每袋播种 1 粒，覆土 1 ~ 2 cm。培养介质：牛粪、红土或火烧土、河沙（3 ∶ 3 ∶ 4）混合而成。银叶树通过采取脱壳处理及用淡水浇灌，最快 29 天 就开始发芽，发芽率可达 90% 以上。

栽植　适应银叶树生长的土壤类型主要由滨海沙壤、滨海泥地及盐碱地，滨海泥地，土层深厚，保水保肥较好，土壤肥力较高，生长最好。造林宜采用 1 年生高约 35 ~ 40 cm 的种子袋装苗造林。

抚育管理　人工造林有较高的保存率，但生长缓慢，因此，银叶树人工造林时要加强抚育管理。加强除草、松土和淋水，生长季节每株施放 200g 的复合肥，苗期主干柔软，应支撑扶正。

病虫害防治　病虫害发生较少。

参考文献

REFERENCE

[1] Lowrance, R., Leonard, R. and Sheridan, J. managing riparian ecosystems to control nonpoint pollution. J. Soil & Water Conserv., 1985, 40, 87-97.

[2] 蔡良良，余国信．千岛湖景观防护林林相改造探讨 [J]. 浙江林学院学报 .1997，3：303-307.

[3] 曾冀，卢立华，贾宏炎．灰木莲生物学特性及引种栽培 [J]. 林业实用技术，2010，10：20-21.

[4] 查季清．城市林业建设的新方式——景观生态林 [J]. 安徽农学通报 .2011，15：188-190.

[5] 陈朝，周祥锋，仲秀林，等．优良绿化树种——落羽杉 [J]. 中国林业，2006，5A：44.

[6] 陈红锋，陈坚，邢福武，等．东莞园林植物 [M]. 武汉：华中科技大学出版社，2010.

[7] 陈俊愉，程绪珂．中国花经 [M]. 上海：上海文化出版社，2000.

[8] 陈鑫峰，沈国舫．森林游憩的几个重要概念辨析 [J]. 世界林业研究，2000，(01) .69-76.

[9] 陈玉军，廖宝文，郑松发，等．无瓣海桑、海桑、秋茄红树人工林群落动态及物种多样性研究 [J]. 应用生态学报，2004，15 (6)：924-928.

[10] 丰炳财，徐高福．生态景观林林分改造工程建设理论与千岛湖区实践研究 [J]. 华东森林经理 . 2006，20 (2)：9-13.

[11] 傅瑞树，陈友灿，廖晓英，等．三明城区周山森林生态景观林可持续经营的探讨 [J]. 福建林业科技 . 2000，27：70-72.

[12] 高继银，Clifford R. Parks，杜跃强．山茶属植物主要原种彩色图集 [M]. 杭州：浙江科学技术出版社，2005.

[13] 广东科学院丘陵山区综合科学考察队．广东山区植被 [M]. 广州：广东科技出版社，1991.

[14] 广东省林业局，广东省林学会．广东省城市林业优良树种及栽培技术 [M]. 广州：广东科技出版社，2005.
[15] 韩玉洁，孙海菁，朱春玲．上海沿海防护林树种适应性评价 [J]. 南京林业大学学报（自然科学版）. 2010，4：1-7.
[16] 何仲坚．广州市乡土观花植物调查 [J]. 广东园林，2010，32（3）：75-77.
[17] 胡卫民．池杉带化病调查与防治的研究 [J]. 北京园林，2005，3：45-47.
[18] 黄俊华，洪渊，张冬鹏．深圳 7 种园林植物叶绿素荧光特性及其对大气 SO2 浓度的响应 [J]. 生态科学，2007，（1）：22-26.
[19] 黄魁．池杉在农田林网应用中的优势及其速生林管护技术 [J]. 现代农业科技．2011，14：239-240.
[20] 蒋有绪．新世纪的城市林业方向——生态风景林 [J]. 四川师范学院学报（自然科学版），2000，（04）.309-311.
[21] 蒋有绪．新世纪的城市林业方向——生态风景林兼论其在深圳市的示范意义 [J]. 林业科学，2001，（01）.138-140.
[22] 孔国辉，陆耀东，刘世忠，等．大气污染对 38 种木本植物的伤害特征 [J]. 热带亚热带植物学报，2003，（4）：319-328，405-406.
[23] 孔运甫．丰产优质木本油料树种——竹柏 [J]. 林业科技通讯，1978，（11）：8-9.
[24] 兰思仁，陈登雄，方镇坤．厦门城市生态风景林树种选择与景观构建技术 [J]. 城镇绿化．2009，7（4）：16-19.
[25] 李慧仙，信文海．华南沿海城市绿化抗风树种选择及防风措施 [J]. 华南热带农业大学学报，2006，6（1）：15-17.
[26] 李苗，龙岳林，陈艳，等．河岸带景观生态研究进展 [J]，湖北林业科技，2008（05）44-47，51.
[27] 李顺，唐建华，雍枫．城市绿化抗污染树种的选择 [J]. 黑龙江环境通报，2005，29（1）：68-69.
[28] 李亚，姚淦，曾虹，李维林．江苏沿江生态防护林树种评价体系的建立与树种的初步筛选 [J]. 植物资源与环境学报，2010，（3）：73-78.
[29] 李作文，汤天鹏．中国园林树木 [M]. 沈阳：辽宁科学技术出版社，2008.
[30] 林敏捷．彩色植物在园林造景中的应用 [J]. 福建热作科技，2007，32（1）：38-40.
[31] 林协．浙江红山茶 [J]. 市场与技术 · 园林工程，2005（5）：46-47.
[32] 林雄平，彭彪，黄仁晓，等．优良菌用树种浙江润楠的育苗造林技术 [J]. 宁德师专学报，2011，23（2）：116-117.
[33] 刘娜娜．长三角平原水网地区耐湿景观树种引种适应性评价与选择 [J]. 中南林业科技大学学报，2010，30（8）：47-52.
[34] 刘世忠，薛克娜，孔国辉，等．大气污染对 35 种园林植物生长的影响 [J]. 热带亚热带植物学报，2003，（04）：329-335.

[35] 刘喜梅．观赏植物对甲醛的去除效果及其耐受机理初探 [D]. 扬州：扬州大学硕士论文，2009.
[36] 刘云鹏，施卫东，潘林，等．7 个造林树种对重金属污染的吸滞能力评价试验 [J]. 江苏林业科技，2010，(6)：13-17.
[37] 马甫韬，潘文英．瓯江生态景观林的可持续经营 [J]. 中国林业，2008，36-37.
[38] 马骏．生态景观林树种选择与结构配置定量研究 [D]. 硕士学位论文．
[39] 麦健儿，刘就，卢傲霜，等．火力楠的生态功能及其在园林绿化中的应用 [J]. 安徽农学通报（下半月刊），2011，(10)：196，208.
[40] 孟平，吴诗华．风景林概述 [J]. 中国园林，1995（04）.39-41.
[41] 缪诗孝．红花油茶高产栽培技术 [J]. 现代农业科技，2008（9）：37-40.
[42] 欧菊泉，齐建文．遵义市中心城区生态风景林景观改造设计探讨 [J]. 中南林业调查规划．2005，24（3）：25-27.
[43] 彭家成，李琼，李宏立等．莲雾（洋蒲桃）栽培 [J]. 中国果菜，2007（1）：17-18
[44] 汪贵斌，曹福亮．落羽杉抗性研究综述 [J]. 南京林业大学学报（自然科学版），2002，(06)：78-82.
[45] 王兵，张方秋，周平，等．广东省森林生态系统服务功能评估 [M]. 北京：中国林业出版社，2011.
[46] 王定胜．美国落羽杉优良种源扩繁技术 [J]. 林业实用技术，2004，7：22-23.
[47] 王定跃，刘永金，郝忠良．景观生态林的理论与实践——以深圳梧桐山泰山涧南亚热带景观生态实验林为例 [J]. 风景园林，2008，1：60-63.
[48] 王凌，罗述金．城市湿地景观的生态设计 [J]. 中国园林，2004，1：39-41.
[49] 王为营，冷子友．日照地区广玉兰大树移植技术 [J]. 河北林业科技，2009（05）：120-121.
[50] 王小德．风景林景观建设初探 [J]. 华东森林经理，2000（01）.12-14.
[51] 魏启舜，唐泉，肖旭．竹柏容器育苗及其盆栽应用 [J]. 现代农业科技．2009，23：214-216.
[52] 吴尚勇．三角梅的栽培管理 [M]．北京：中国林业，2010.
[53] 吴小英，何松，田雪琴，等．长叶竹柏的播种育苗 [J]. 林业实用技术．2008，7：25-26.
[54] 吴应龙，柳成俊，陈孟成，等．对景宁县城边生态景观林建设的思考 [J]. 现代农业科．2010，8：260-261.
[55] 武珊珊，张鸽香．芳香植物的应用研究 [A]. 中国风景园林学会 2010 年会论文集（下册）[C]，2010：899-901.
[56] 肖建忠．观果植物盆栽 [M]. 北京：中国农业出版社，2003.
[57] 肖智慧，吴焕忠，邓鉴锋，等．广东省生态景观林带植物选择指引 [M]. 北京：中国林业出版社，2011.

[58] 谢则谷．木荷栽培技术 [J]. 安徽林业，2004（4）：14.
[59] 徐燕千．广东森林 [M]. 广州：广东科技出版社，1990.
[60] 薛志成．抗污染树种介绍 [J]. 河南林业，2002，（2）：58.
[61] 严俊．抗污染树种的功能与应用 [J]. 江苏林业科技，2007，34（5）：49-51.
[62] 叶华谷，彭少麟．广东植物多样性编目 [M]. 广州：世界图书出版社，2006.
[63] 叶华谷，邢福武．广东植物名录 [M]. 广州：世界图书出版社，2005.
[64] 叶明琴，唐庆，徐少军．高速公路景观生态设计研究初探 [J]. 广西大学学报（自然科学版），2009，32：447-449.
[65] 尹澄清，兰智文，晏维金．白洋淀水陆交错带对陆源营养物质的截留作用初步研究 [J]. 应用生态学报，1995（01）：74-78.
[66] 于永福．中国野生植物保护工作的里程碑（国家重点保护野生植物名录《第一批》）[J]. 植物杂志，1999（5）：3-11.
[67] 余树勋，吴应祥．花卉词典 [M]. 北京：农业出版社，1993.
[68] 岳隽，王仰麟．国内外河岸带研究的进展与展望 [J]. 地理科学进展，2005，24（5）：33-40.
[69] 翟明普，张荣，阎海平．风景评价在风景林建设中应用研究进展 [J]. 世界林业研究，16（6）：16-19.
[70] 张德顺，朱红霞，有祥亮．我国观赏植物研究进展及其在城市绿化中的应用 [J]. 园林科技，2008，（4）：1-7.
[71] 张启翔，潘会堂．我国引种国外观赏植物的现状及对策 [A]. 第二届全国花卉科技信息交流会论文集 [C]，2001：133-142.
[72] 张咏新，赵思金，陈存及．厦门沿海防护林现状及更新改造 [J]. 辽宁林业科技，2007，1：49-51.
[73] 赵世伟，张佐双．园林植物景观设计与营造 [M]. 北京：中国城市出版社，2001.
[74] 赵世伟．园林工程景观设计植物配置与栽培应用大全 [M]. 北京：中国农业出版社，2000.
[75] 郑志力．福建沿海山地适宜混交树种的选择与搭配 [J]. 青海农林科技，2005，(3)：52-54，49.
[76] 中国科学院．中国植物志 [M]. 北京：科学出版社，2004.
[77] 中国科学院华南植物园．广东植物志 [M]. 广州：广东科技出版社，2005.
[78] 中国科学院植物研究所．中国珍稀濒危植物 [M]. 上海：上海教育出版社，1989.
[79] 中国农业百科全书编辑部．中国农业百科全书•观赏园艺卷 [M]．北京：农业出版社，1996.
[80] 中国农业百科全书总编辑委员会林业卷编辑委员会，中国农业百科全书编辑部．中国农业百科全书•林业卷上 [M]. 北京：农业出版社，1989.
[81] 中国树木志编辑委员会．中国树木志（第 1 － 4 卷）[M]. 北京：中国林业出版社，2004.

[82] 钟才荣，等 . 红树植物海漆育苗试验 [J]. 林业实用技术，2010，4：23-25.
[83] 周菊珍，杜铃，林榕庚 . 海南蒲桃的栽培技术 [J]. 广西林业科学，2001，30（2）：99-100.
[84] 周铁烽 . 中国热带主要经济树木栽培技术 [M]. 北京：中国林业出版社，2001.
[85] 庄晋谋，庄增富，韦如萍 . 大头茶的自然生长状况及其人工栽培技术 [J]. 2007，23（5）：47-50.
[86] 庄梅梅 . 深圳梧桐山植被景观色彩研究 [D]. 中国林业科学研究院硕士学位论文，2011.
[87] 庄雪影 . 园林树木学（华南本）（第二版）[M]. 广州：华南理工大学出版社，2006.
[88] 中国科学院华南植物园 . 中国景观植物 [M]. 武汉：华中科技大学出版社，2011.
[89] 邢福武，曾庆文，谢左章 . 广州野生植物 [M]. 贵阳：贵州科技出版社，2007.

书中前三章部分图片引自下列网络：
日本樱花大道 http：//japantravel.diandian.com
日本富士山樱花 http：//www.ahhzl.com
韩国木槿花 http：//www.julur.com/forum/thread-81589-1-1.html
印度菩提树 http：//www.nipic.com
澳大利亚金合欢 http：//www.fosu.edu.cn
新西兰桫椤 http：//www.sohuamu.com/yybk/bk.php?id=1274
法国梧桐 http：//www.plant.csdb.cn
西班牙石榴 http：//51spain.com/tour/1271471590.html
加拿大糖槭 http：//www.cpus.gov.cn
美国红杉 http：//www.nipic.com
阿根廷刺桐 http：//tupian.hudong.com/a4_73_61_01300000178518123978612463122_jpg.html
加蓬火焰木 http：// q.sohu.com
马达加斯加凤凰木 http：//www.ppmiao.com/baidu/641965
二球悬铃木 http：//www.plantphoto.cn/gallery/photo/2009/4/128848812165312500a.jpg

中文名称索引

D

E

F

J

K

L

T

W

X

拉丁名称索引

B

C

F

G

H

I

N

O

致谢 ACKNOWLEDGEMENTS

本书立题至今，无论章节脉络的把握，亦至初稿的修改完善，均得到了广东省林业厅的悉心指导和关怀。今书稿付梓，诚挚感谢广东省林业厅的大力支持！

中国西南野生生物种质资源库为本书提供了池杉、竹柏、南方红豆杉、乐昌含笑、樟树、木荷、垂枝红千层、水石榕、木棉、五月茶、山乌桕、乌桕、梅、山樱花、翅荚决明、腊肠树、凤凰木、任豆、刺桐、枫香、铁冬青、鸭脚木、盆架子、猫尾木、杨梅、罗浮槭、木芙蓉、桂花、毛杜鹃、朱砂根等30种树木种子的照片；华南师范大学陈定如教授为本书提供了海红豆、海南红豆、秋枫、木波罗和刺桐等5种树木的部分照片，在此深表感谢！

同时，对本书编著人员的辛勤工作表示感谢！在该书的编写过程中，也得到了广东省各林业相关部门及林业基层单位的支持，在此一并表示感谢！